Word之光

颠覆认知的Word必修课

冯注龙　李海潇◎著

電子工業出版社
Publishing House of Electronics Industry
北京•BEIJING

内容简介

知道命令按钮是什么，在什么位置，不知道怎么解决问题，知道等于不知道。

本书没有呆板的命令按钮介绍，而是直接从痛点入手，以真实办公应用场景为依托，教你怎么解决实际工作中遇到的各种问题。

本书不做简单知识点的堆积，而是形成一套点—线—面—展示的Word学习方法。

不管你是Word新人还是熟手，都能在书中找到惊喜。

图书在版编目（CIP）数据

Word之光：颠覆认知的Word必修课/冯注龙，李海潇著. —北京：电子工业出版社，2019.4
ISBN 978-7-121-36087-9

Ⅰ. ①W… Ⅱ. ①冯… ②李… Ⅲ. ①文字处理系统 Ⅳ. ①TP391.12

中国版本图书馆CIP数据核字（2019）第038571号

策划编辑：张月萍
责任编辑：葛　娜
印　　刷：北京捷迅佳彩印刷有限公司
装　　订：北京捷迅佳彩印刷有限公司
出版发行：电子工业出版社
　　　　　北京市海淀区万寿路173信箱　　邮编：100036
开　　本：720×1000　1/16　印张：18.5　字数：416千字
版　　次：2019年4月第1版
印　　次：2024年11月第11次印刷
定　　价：79.90元

凡所购买电子工业出版社图书有缺损问题，请向购买书店调换。若书店售缺，请与本社发行部联系，联系及邮购电话：（010）88254888，88258888。

质量投诉请发邮件至zlts@phei.com.cn，盗版侵权举报请发邮件至dbqq@phei.com.cn。

本书咨询联系方式：（010）51260888-819，faq@phei.com.cn。

序言

我听过这么一个故事，很受启发：

有两个农民唠嗑，论及皇帝的生活起居与日常工作。

一个说："皇上肯定天天吃肉馅饺子。"

另一个补充道："那还用说，他上山砍柴使的都是金斧头呢！"

有时候因为习惯性思维，导致我们就是想破脑袋，也无法走出固有的观念。

就像Word，很多人认为Word软件最简单了。但其实每次，你都用20分钟写完稿子，却要用2小时排版，结果还不满意。我们总是在看似简单的问题上，浪费了大量时间。这真不是划算的买卖。

Word作为我们工作中使用频率最高的一款软件，几乎每天都要用到。我一直以为，在所有办公软件中，它是最值得我们花时间和精力去学习的。因为简单、易学、上手快，因为小成本大回报，稳赚不赔。因为在强竞争的今天，多一项技能可以让你的生活更加从容。

"最清晰的脚印都出自最泥泞的路上。"

《Word之光：颠覆认知的Word必修课》与市面上其他Word书籍最大的区别就在于：它不是一本呆板无趣的Word软件说明书，不会囿于软件功能按钮的介绍；它是教你快速提高办公效率的方法论，分享的是职场办公中常见问题的解决方案。而且，书中每一页的图文排版都是经过精心考究的，在帮助理解内容的同时，希望对你有所启迪。这里要特别感谢我的小伙伴吴沛文在设计排版上付出的努力！

如果你对Word一无所知，或者只是在某方面略懂一些；如果你在使用Word时遇到了难题不知如何解决；如果你对自己的工作效率不满意，想要快速提高文档办公效率；如果你想快速掌握Word的某方面应用技能，如排版、表格、邮件合并等；如果你想找本书自学，在以后的工作和学习过程中方便查阅知识或技巧……

那么，选择它！学习它！感谢它！

大礼包与配套视频获取方式

本书使用软件版本为微软Office 2016

微信扫描关注公众号，回复：Word之光

即可下载讲解视频、素材与思考题答案等图书配套资源

此部分内容配有讲视频解

书中此图标说明

此部分内容配有可下载素材

具体操作步骤

留下你的脚印

个人一小步，人生一大步。

1969年7月20日下午4时17分43秒（美国休斯顿时间），阿姆斯特朗与奥尔德林成为了首次踏上月球的人类。

阿姆斯特朗走出登月舱，一步步走下舷梯。9级踏板的舷梯，他花了3分钟才走完。

7月24日，“阿波罗11号”载着3名航天员安全返回地球。

目录

第7章 域与邮件合并：1000份批量制作就这么简单 201

第8章 查找和替换：给你一个不加班的理由 229

第9章 高效排版：不能错过的神技能 253

附录A Word常用快捷键 285

第1章

小设置，大苦恼：这些问题一定让你很困扰

难题一 更改内容时，后面的字总是被吃掉

难题二 行尾空白，下一行内容上不来

难题三 行首空白，只能删除上一行的内容

难题四 插入文档的图片，只能显示一小部分

难题五 微软雅黑字体行间距太大无法调整

难题六 段落前面的小黑点无法删除

……

地球上的Word难题
就靠我们啦！

难题 1.1　更改内容时，后面的字总是被吃掉

锄禾，海宝最辛苦

ri'dang'wu

1. 日当午　2. E

锄禾日当午最辛苦

咦？“海宝”去哪了？

很多人都会遇到这样的问题：编辑文档时在文字前面插入内容，“惊喜”地发现，光标后面的文字会莫名其妙地被“吃”掉！简直堪比卡冈图雅黑洞！

怎么办！？不慌，1秒搞定它！

解决方案一：**<Insert>键**

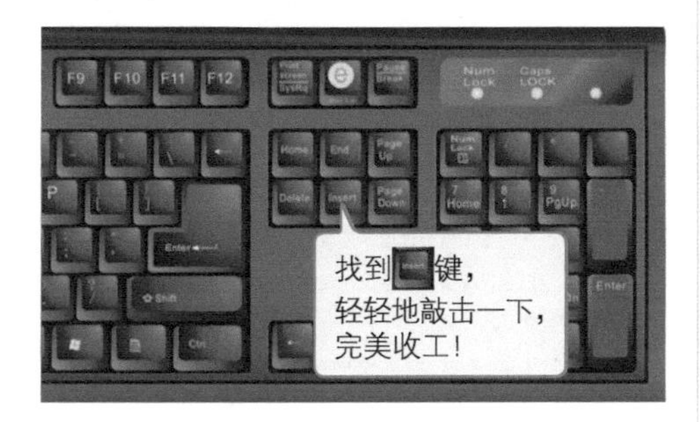

解决方案二：**状态栏**

另一种方法是，在状态栏进行可见化控制。清楚文档现在处于什么编辑状态。

第 1 页，共 1 页　0 个字　中文(中国)　插入

显示【插入】时，说明文档现在处于正常编辑状态，可以正常输入文字。

第 1 页，共 1 页　0 个字　中文(中国)　改写

显示【改写】时，光标后面的文字就会被“吃”掉。单击该命令，可以在两者间自由切换。

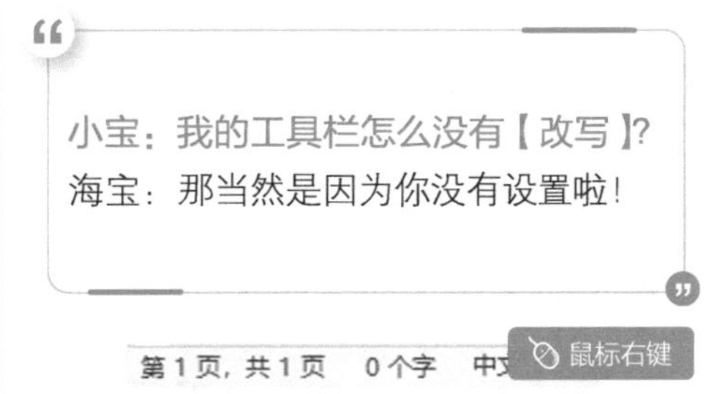

把光标置于底端的状态栏，单击鼠标右键。

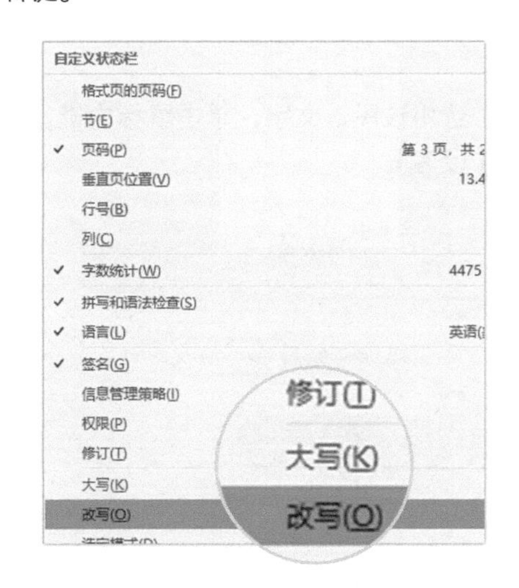

找到“改写”项打勾就可以啦！

难题 1.2 行尾空白，下一行内容上不来

汉字汉字汉字汉字汉字汉字汉字汉字汉字汉字汉字汉字汉
字汉字汉字汉字汉字汉字汉字汉字汉字汉字汉字汉字汉字
汉字汉字汉字汉字汉字汉字汉字汉字汉字汉字汉字汉字汉
字汉字汉字汉字汉字汉字汉字汉字汉字汉字汉字汉字汉字
汉字汉字汉字汉字汉字汉字汉字汉字汉字汉字汉字汉字汉
字 汉 字 。 咦 ， 有 一 个 英 文 单 词 ：
Pneumonoultramicroscopicsilicovolcanoconiosis

哎呀，英文怎么就自动换行了？

行尾有单词或者网址的时候，西文总是会自动换行，导致上一行空白。

文档看起来丑丑的。别着急，其实就是段落设置的事儿！

解决方法 Step1

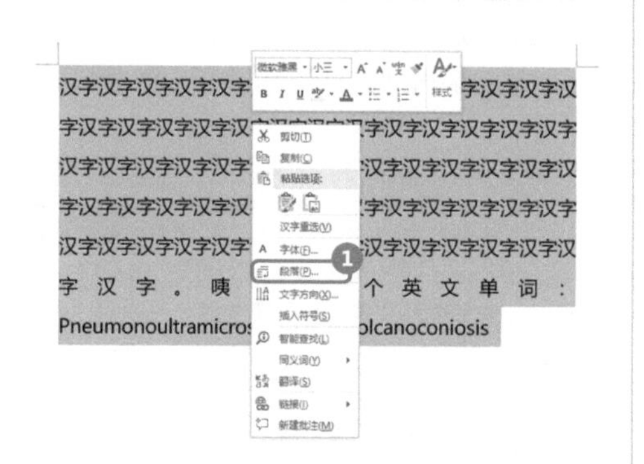

选中该段落文字，单击鼠标右键，选择【段落】。

解决方法 Step2

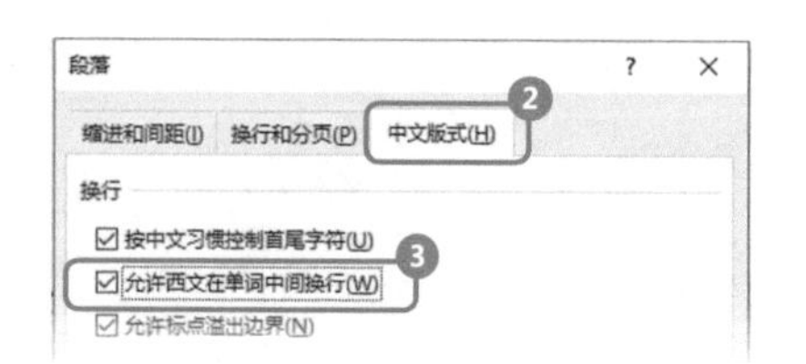

在【段落】对话框中，选择【中文版式】，勾选【允许西文在单词中间换行(W)】复选框，单击【确定】按钮即可。

看看效果

汉字汉字汉字汉字汉字汉字汉字汉字汉字汉字汉字汉字汉
字汉字汉字汉字汉字汉字汉字汉字汉字汉字汉字汉字汉字
汉字汉字汉字汉字汉字汉字汉字汉字汉字汉字汉字汉字汉
字汉字汉字汉字汉字汉字汉字汉字汉字汉字汉字汉字汉字
汉字汉字汉字汉字汉字汉字汉字汉字汉字汉字汉字汉字汉
字 汉 字 。 咦 ， 有 一 个 英 文 单 词 ：
Pneumonoultramicroscopicsilicovolcanoconiosis

汉字汉字汉字汉字汉字汉字汉字汉字汉字汉字汉字汉字汉
字汉字汉字汉字汉字汉字汉字汉字汉字汉字汉字汉字汉字
汉字汉字汉字汉字汉字汉字汉字汉字汉字汉字汉字汉字汉
字汉字汉字汉字汉字汉字汉字汉字汉字汉字汉字汉字汉字
汉字汉字汉字汉字汉字汉字汉字汉字汉字汉字汉字汉字汉
字汉字。咦，有一个英文单词：Pneumonoultramicroscopicsi
licovolcanoconiosis

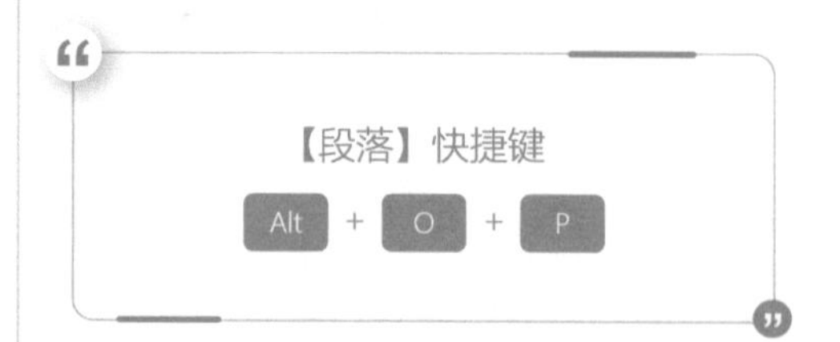

难题　1.3　行首空白，只能删除上一行的内容

行首空白分为两种情况，一种是段落第一行正常，后面几行行首空白。

视频提供了功能强大的方法帮助您证明您的观点。当您单击联机视频时，可以在想要添加的视频的嵌入代码中进行粘贴。您也可以键入一个关键字以联机搜索最适合您的文档的视频。
为使您的文档具有专业外观，Word 提供了页眉、页脚、封面和
文本框设计，这些设计可互为补充。例如，您可以添加匹配的封面、页眉和提要栏。单击“插入”，然后从不同库中选择所需元素。

集百家之长，创自家之新。有时为了做一个优秀的汇报，我们会从网上复制一些内容到Word里面，粘贴的时候总是出现各种问题。其中一个问题就是行首空白。

这种情况是因为段落应用了【悬挂缩进】格式。【悬挂缩进】是相对于【首行缩进】而言的，在【悬挂缩进】格式下，段落的首行文本不改变，除首行以外的文本会向右缩进一定的距离。

解决方法　Step1

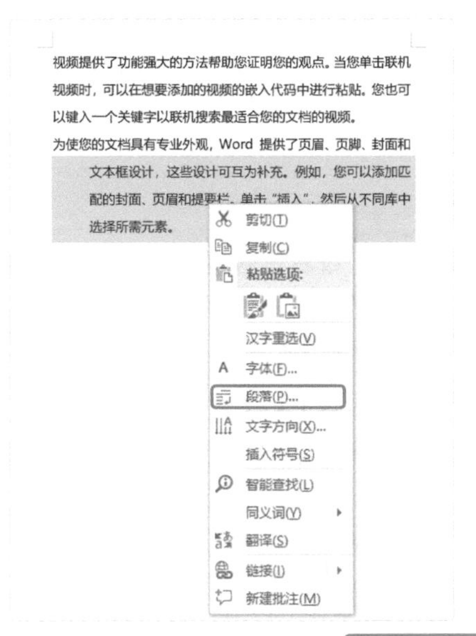

选中该段内容，单击鼠标右键，选择【段落】。

解决方法　Step2

段落
缩进和间距(I)　换行和分页(P)　中文版式(H)
常规：对齐方式(G): 两端对齐　大纲级别(O): 正文文本
缩进：左侧(L): 0 字符　右侧(R): 0 字符　特殊格式(S): 悬挂缩进（(无)／首行缩进／悬挂缩进）　缩进值(Y): 2.83 字符
间距：段前(B): 0 行　段后(F): 0 行　行距(N): 单倍行距
预览
制表位(T)...　设为默认值(D)　确定　取消

在【段落】对话框中，选择【缩进和间距】，把【特殊格式】的“悬挂缩进”改成“无”即可。

难题

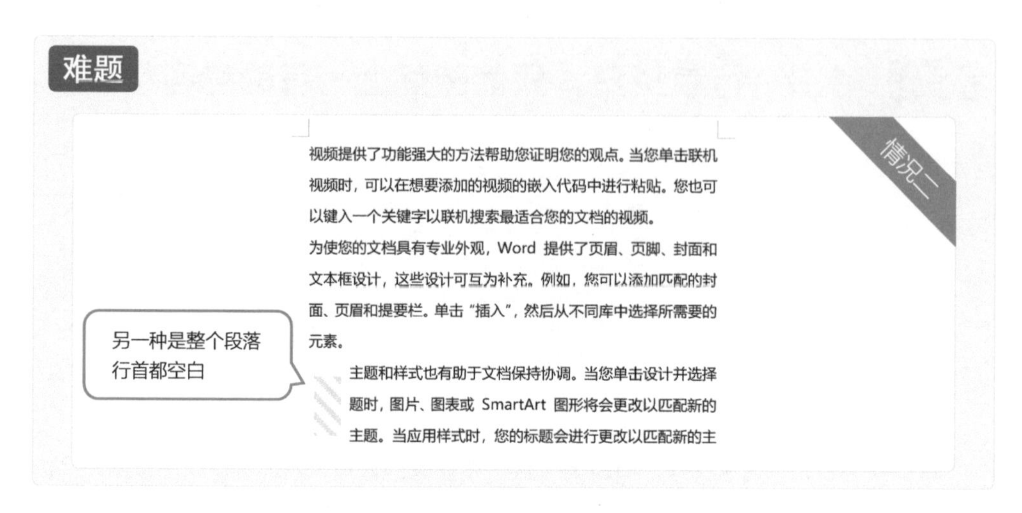

这种情况是因为段落应用了【左缩进】格式。

【左缩进】是指设置整个段落左端距离页面左边界的起始位置，与之相对应的就是【右缩进】。

解决方法

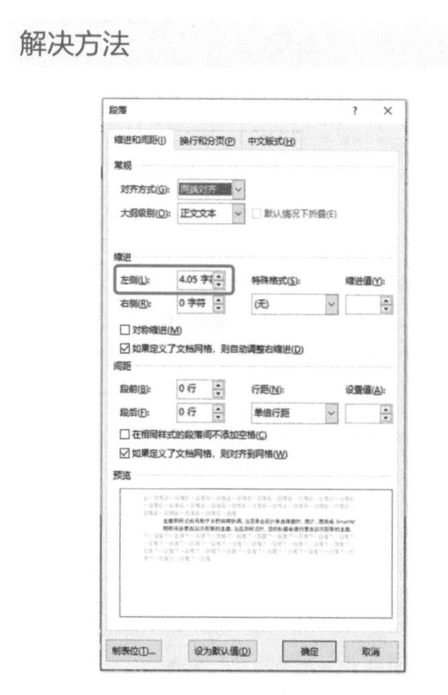

用同样的方法打开【段落】对话框，选择【缩进和间距】，把【缩进】的“左侧”改为“0”即可。

其实，查看段落格式问题还有一种更快捷的方式：使用水平标尺！具体的使用方法可以查看3.2.3节。

在【视图】→【显示】这里，可以勾选【标尺】和【导航窗格】来启动该项功能。

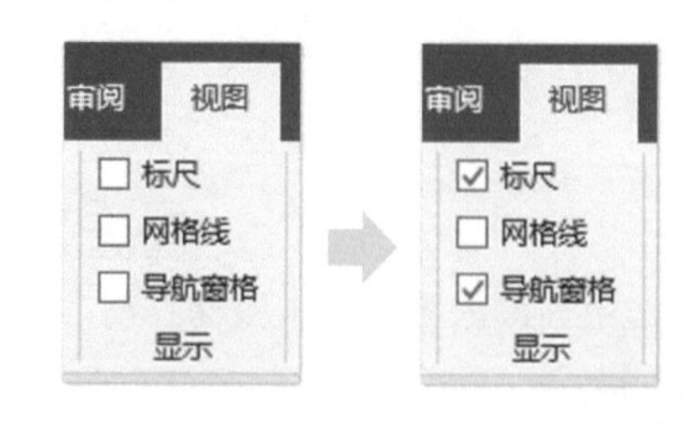

难题 1.4　插入文档的图片，只能显示一小部分

图片

海宝是个什么样的人呀，梨涡里都藏着蜜糖吧，温柔起来心都沦陷啦，正经模样魅力无限大。

一份优秀的文档，一定不能没有图片，图片是文档的灵魂。可是当我们在文档中插入图片时，图片经常显示不全。

这是因为图片所在的行间距太小了，装不下图片的大尺寸，怎么办呢？

解决方法　Step1

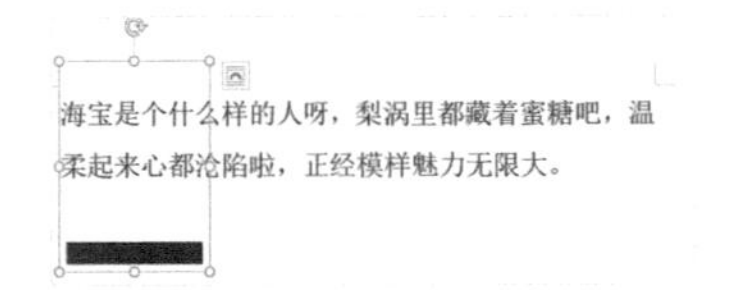

选中图片，按<Alt+O+P>快捷键，打开【段落】对话框。

解决方法　Step2

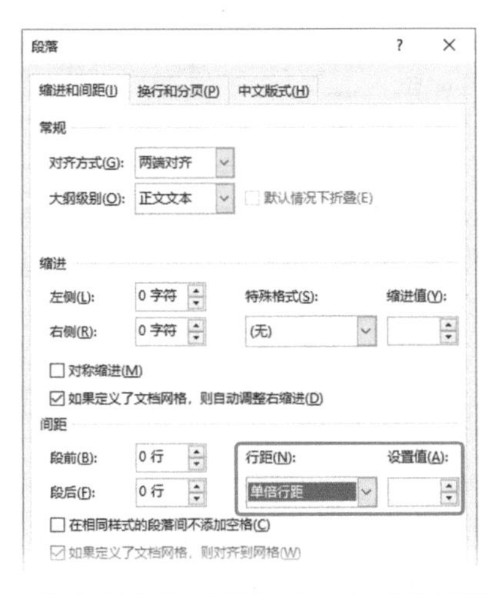

在【段落】对话框中，把【行距】改为“单倍行距”即可。

看看效果

海宝是个什么样的人呀，梨涡里都藏着蜜糖吧，温柔起来心都沦陷啦，正经模样魅力无限大。

表格里面插入的证件照不显示，也是同样的道理哦！

Tips：选中图片，直接按<Ctrl+1>快捷键（设置单倍行距）即可。

难题 1.5 微软雅黑字体行间距太大无法调整

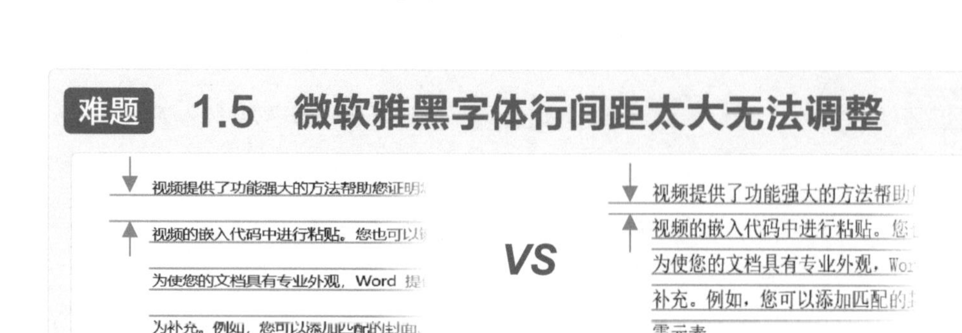

我们总希望所有的距离都能有个尽头，但Word有一种情况，是无论如何也无法调整行间距的。以微软雅黑字体为例，当文档设置了微软雅黑字体时，段落的行间距很大，而且调小间距也不起作用。

其实这是因为文字自动对齐到了文档网格。

解决方法 Step1

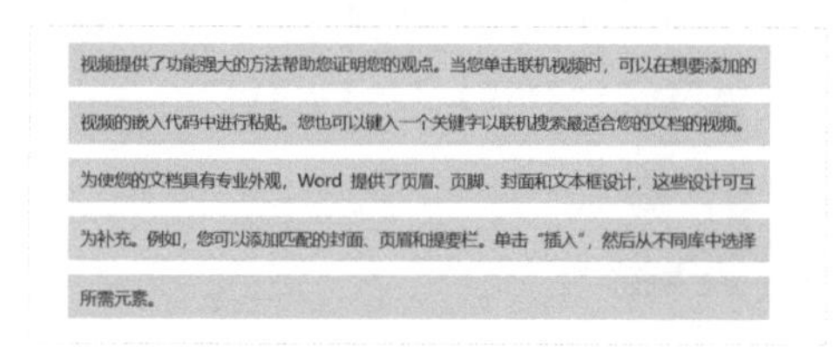

选中需要调整行间距的文字。

解决方法 Step2

单击鼠标右键，选择【段落】。

解决方法 Step3

在【段落】对话框中，找到【如果定义了文档网格，则对齐到网格（W）】复选框，取消勾选即可。

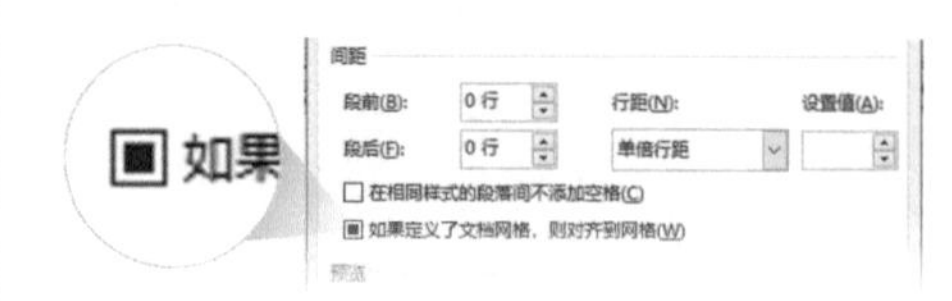

Tips：当复选框为黑色色块时，说明选中的文字有的自动对齐到文档网格，有的没有，如果要去掉文档网格，则单击复选框两下即可。

难题 1.6 段落前面的小黑点无法删除

第一章·海宝是

1.1 一名不伟大的女性

吧啦吧啦假装有一大段话介绍，吧啦吧啦假装有一大段话介绍。

1.2 向天歌 Word·讲师

有时段落或标题前面会有小黑点，虽然不影响最终的打印效果，但是在排版时真的很碍眼啊！

其实小黑点只是一种编辑标记，它标示文档都做过哪些格式设置。如果看着不舒服，那就把它隐藏起来吧！

显示/隐藏编辑标记：【开始】→【段落】→【显示/隐藏编辑标记】灰色为显示，否则为不显示。

> 小宝："师父，你骗人！人家明明都已经点它了，可小黑点还是嚣张地存在呀？"
>
> 海宝："那是因为，**你的高级设置出了问题。**"

解决方法 Step1

依次单击【文件】→【选项】，打开【Word选项】窗口。

解决方法 Step2

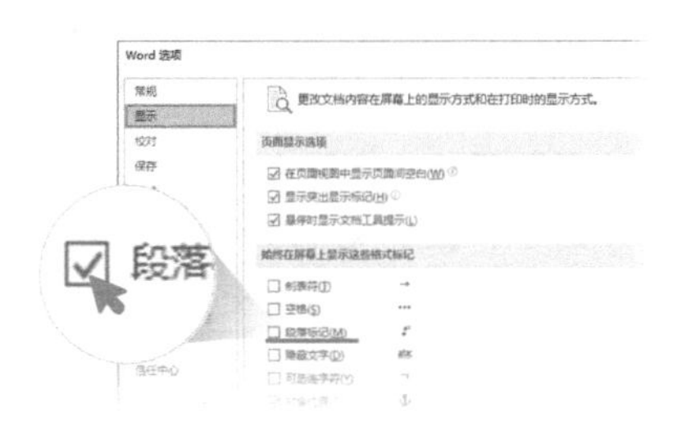

单击【显示】，找到【始终在屏幕上显示这些格式标记】一栏，取消勾选【段落标记】复选框就可以啦！

小黑点是怎么产生的呢？

在【段落】→【换行和分页】窗口中，"与下段同页""段中不分页""段前分页"3个复选框，任意一个或多个处于勾选状态，都会出现小黑点。

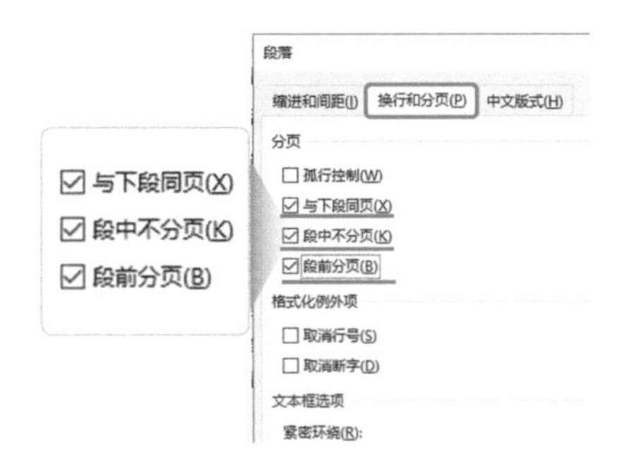

所以想要去掉小黑点，只要打开【段落】对话框，取消勾选这几个复选框就可以啦！

难题 1.7 着急！空白页怎么也删不掉

平时用Word写文档时，经常会遇到这种情况：编辑处理完文档，Word文档中会多出一个或多个空白页，而且这些空白页上根本没有任何内容却怎么也删不掉，很是苦恼。

不要着急，我们来一一分析。

状况一：**最后一页空白**

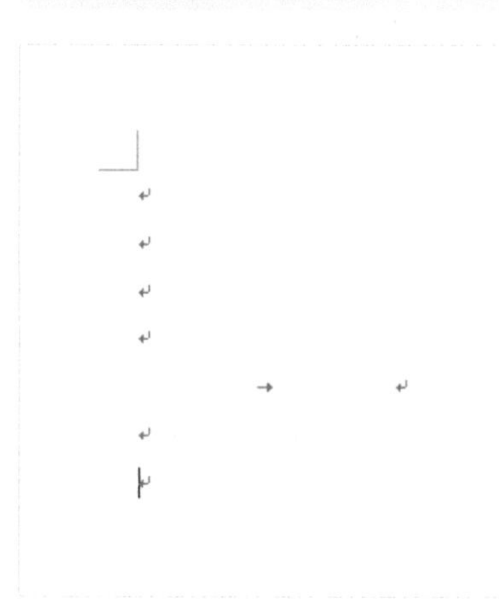

解决方法：**直接删除法**

将光标定位到最后一页，然后按键盘上的<Backspace>或<Delete>键删除即可。

原因解析：最后一页是空白页，多数是因为有多余的回车符或制表符或分页符，对于这种情况直接删除即可。

Tips：<Backspace>键删除光标前面的内容，<Delete>键删除光标后面的内容。

状况二：**表格后的空白页**

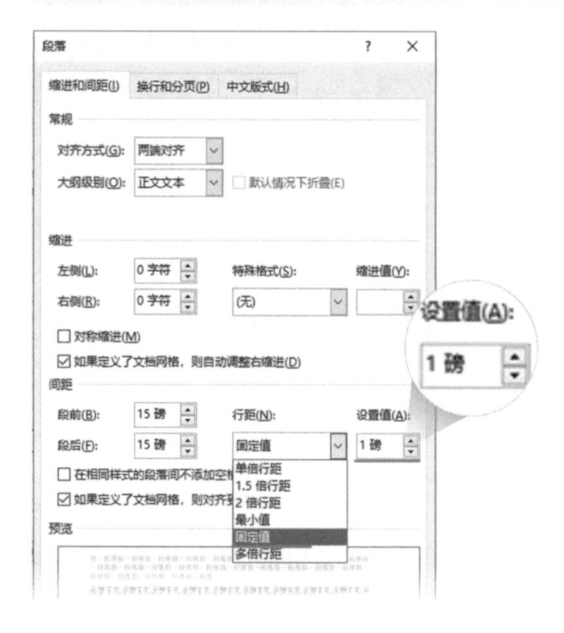

解决方法：**缩小段落行距**

将光标置于最后的空白页中，打开【段落】对话框，将【行距】设置为“固定值”，将【值】设置为“1磅”，单击【确定】按钮即可。

原因解析：表格太大，把上一页占满了，表格后面的回车符无处安放。缩小回车符的大小，把回车符强挤到上一页中。

Tips：这种方法适用于无论是<Backspace>键还是<Delete>键都无法删除空白页的情况。

状况三：Word 文档中有多个空白页

解决方法：利用查找和替换来搞定

按<Ctrl+H>快捷键，打开【查找和替换】对话框。

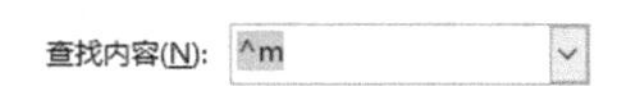

在【查找内容】框中输入“^m”；或者单击“更多”按钮，在“特殊格式”中选择“手动分页符”。

【替换为】框留空，然后单击“全部替换”按钮，就可以将所有的空白页删除了。

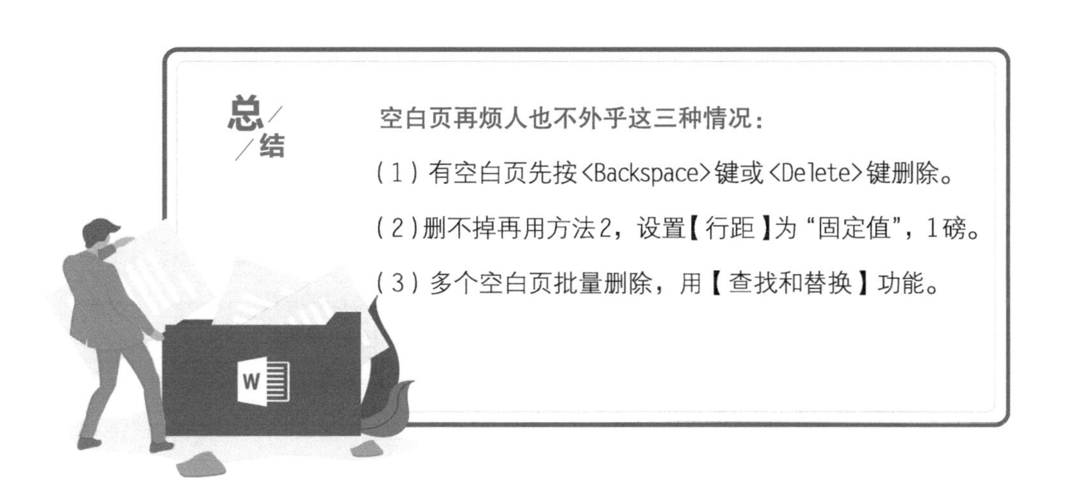

总结

空白页再烦人也不外乎这三种情况：

(1) 有空白页先按<Backspace>键或<Delete>键删除。

(2) 删不掉再用方法 2，设置【行距】为“固定值”，1 磅。

(3) 多个空白页批量删除，用【查找和替换】功能。

难题 1.8 回车后总是产生自动编号

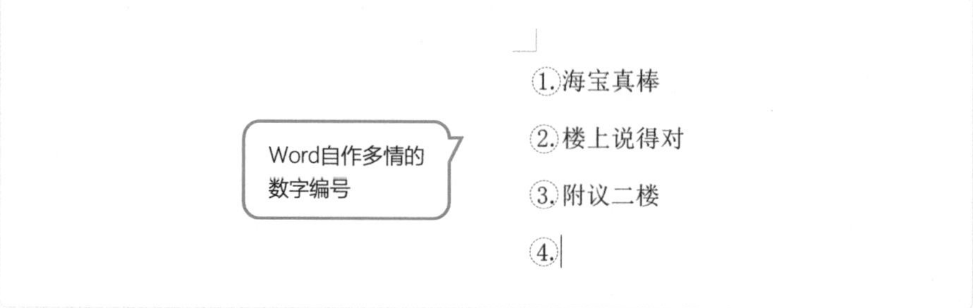

Word自作多情的数字编号

1.海宝真棒

2.楼上说得对

3.附议二楼

4.

在使用Word时，经常会遇到这样的情况：输入数字和标点后再输入文字，只要按下回车键，Word就会自作多情地生成后续数字编号。虽然很智能，但有时也会给排版造成一定的麻烦。

怎么快速撤销这些编号呢？3个小技巧分享给大家。

解决方案一：**利用快捷键**

快捷键01：**<Enter>键**

产生自动编号后，按<Enter>键。

编号取消，文本顶端对齐。

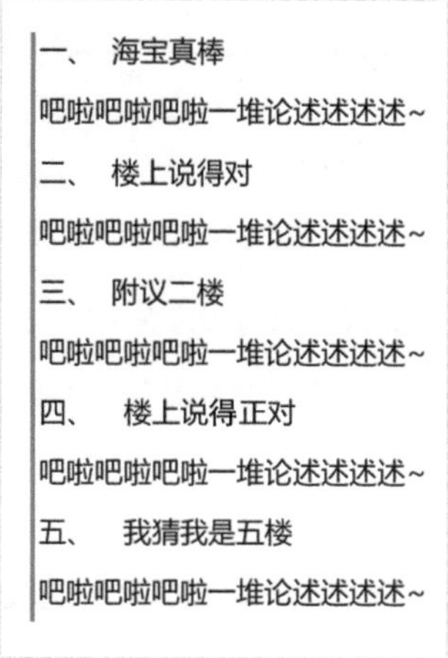

一、 海宝真棒
吧啦吧啦吧啦一堆论述述述述~
二、 楼上说得对
吧啦吧啦吧啦一堆论述述述述~
三、 附议二楼
吧啦吧啦吧啦一堆论述述述述~
四、 楼上说得正对
吧啦吧啦吧啦一堆论述述述述~
五、 我猜我是五楼
吧啦吧啦吧啦一堆论述述述述~

快捷键02：**<Backspace>键**

产生自动编号后，按<Backspace>键。

文本会自动首行缩进两个字符。

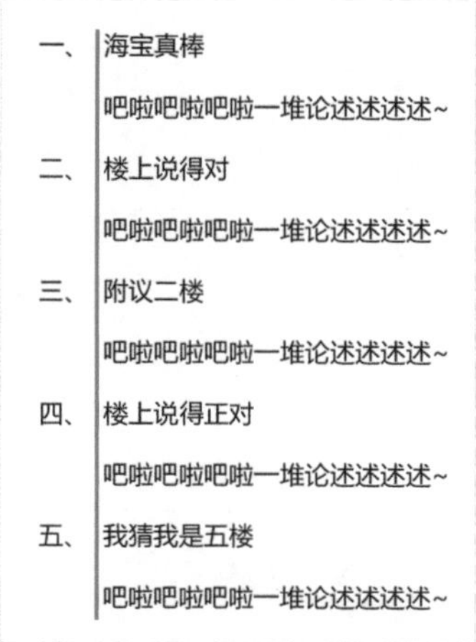

一、 海宝真棒
吧啦吧啦吧啦一堆论述述述述~
二、 楼上说得对
吧啦吧啦吧啦一堆论述述述述~
三、 附议二楼
吧啦吧啦吧啦一堆论述述述述~
四、 楼上说得正对
吧啦吧啦吧啦一堆论述述述述~
五、 我猜我是五楼
吧啦吧啦吧啦一堆论述述述述~

解决方案二：**利用快捷命令按钮**

当我们输入完第一个编号内容后，单击左上角出现的黄色闪电按钮，单击旁边的下拉三角按钮，就会出现一个下拉菜单。

撤消自动编号(U) —— 单击【撤消自动编号】就会临时取消自动编号。

停止自动创建编号列表(S) —— 单击【停止自动创建编号列表】，可以直接禁用这个功能。

控制自动套用格式选项(C)...

Tips：这种方法仅适用于需要一个编号的情况。

解决方案三：**利用“自动更正选项”**

如果你想永久禁用这项功能，或者想做更多的设置，就需要进行高级选项设置了。

依次单击【文件】→【选项】→【校对】→【自动更正选项】。

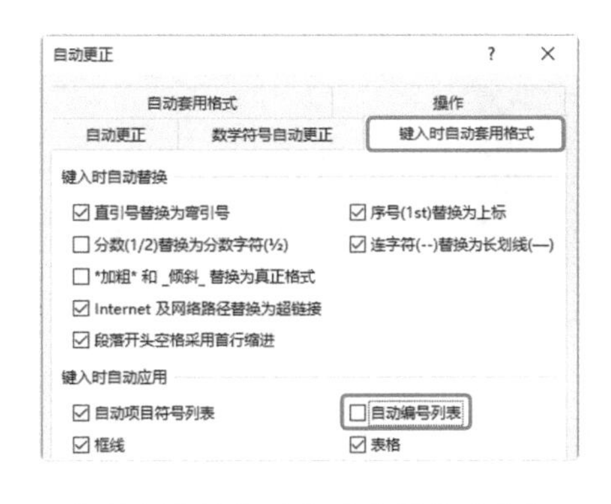

切换至【键入时自动套用格式】窗口，取消勾选【自动编号列表】复选框就可以了。

Tips：以上提供的是取消自动编号的三种方案，具体选哪种，各位量体裁衣吧！

难题 1.9 输入网址后，网址自动变成超链接

不要搜这个网址： www.topppt.cn

里面除了一群好玩儿的人，一无所有！

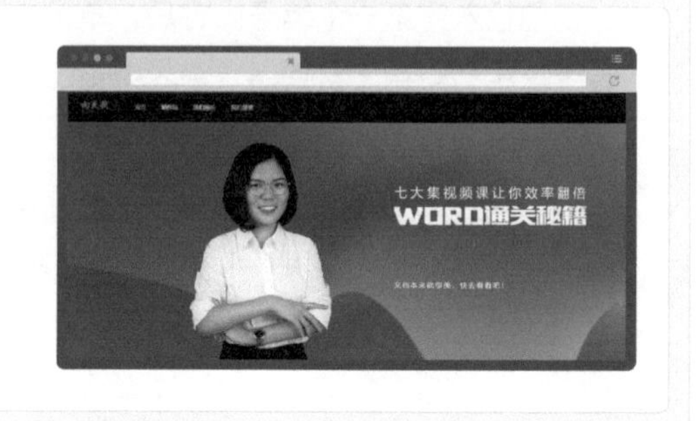

在Word文档中，当输入的内容是一个网址时，内容就会自动转变为超链接形态。如果不小心点到它，就会自动跳转到网页，给排版造成麻烦。

怎么禁用这个功能，使输入的网址就是纯文本呢？

解决方法 Step1

单击菜单栏左上角的【文件】→【选项】。

解决方法 Step2

在打开的【Word选项】对话框中，单击【校对】→【自动更正选项】。

解决方法 Step3

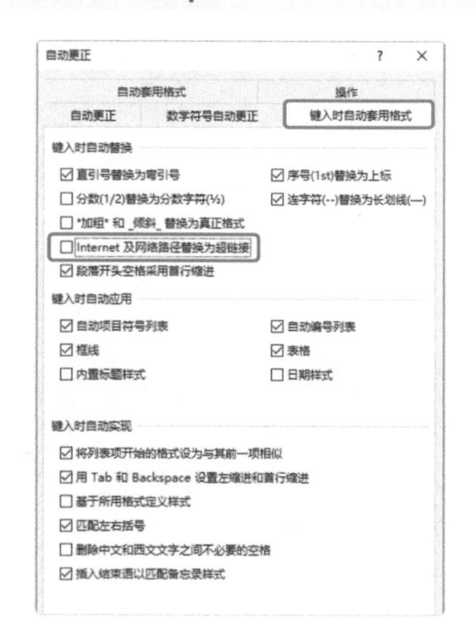

此时会打开【自动更正】对话框，切换到【键入时自动套用格式】窗口，然后取消勾选【Internet及网络路径替换为超链接】复选框。

Tips：英文首字母自动变大写，也是【自动更正】的问题哦。

难题　1.10　下载的文档被保护，无法编辑

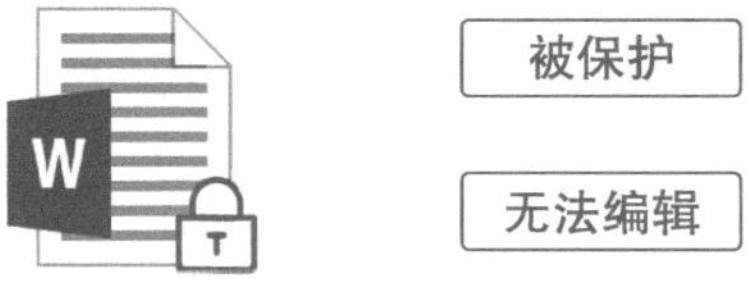

有时千辛万苦地从网上下载了一份文档，打开后却发现文档被保护了，没有办法进行编辑。这可怎么办呢？

解决方法　Step1

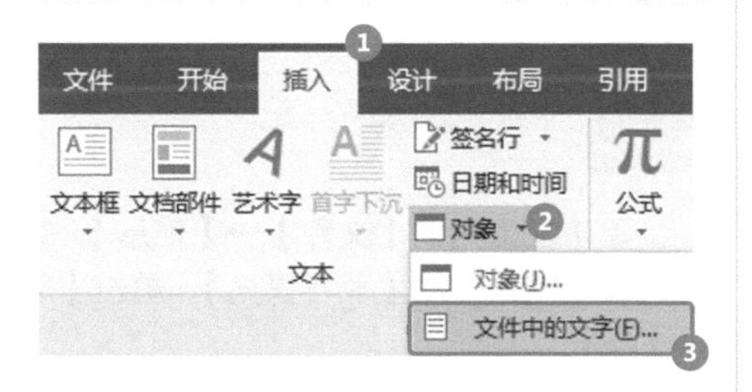

依次单击【插入】→【文本】→【对象】→【文件中的文字】。

解决方法　Step2

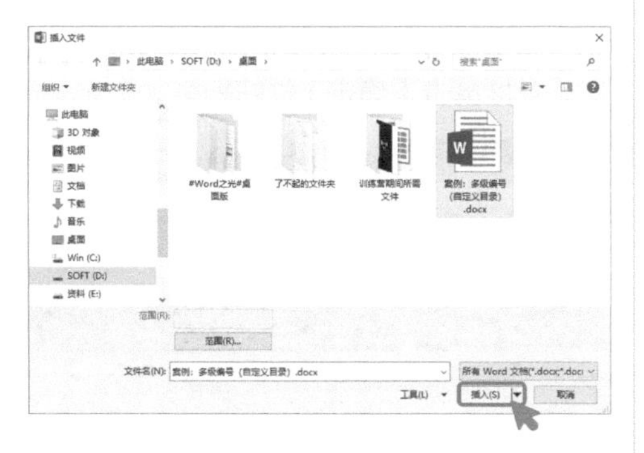

找到文件位置，直接单击【插入】按钮即可。

知识点拓展

还有一种情况：有时打开别人发过来的文档，发现格式损坏了！像这样：

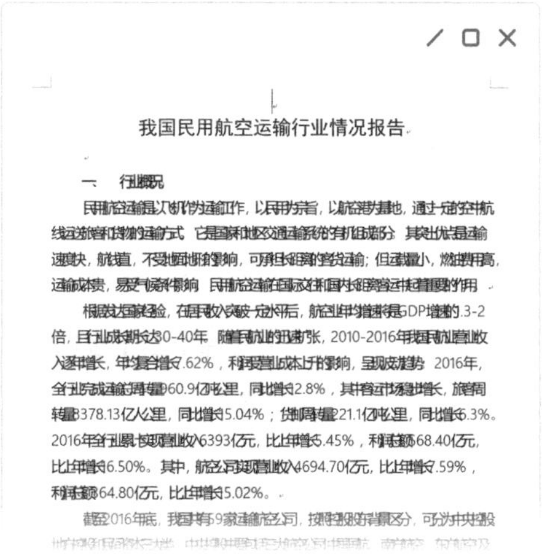

我国民用航空运输行业情况报告

无论怎么调整行间距和字间距都没有用。

此时也可以用插入【对象】的方法：

依次单击【插入】→【文本】→【对象】→【文件中的文字】，找到文件位置，直接单击【插入】按钮即可。

难题 1.11 在兼容模式下很多功能按钮不能用

兼容模式，很多功能无法使用：

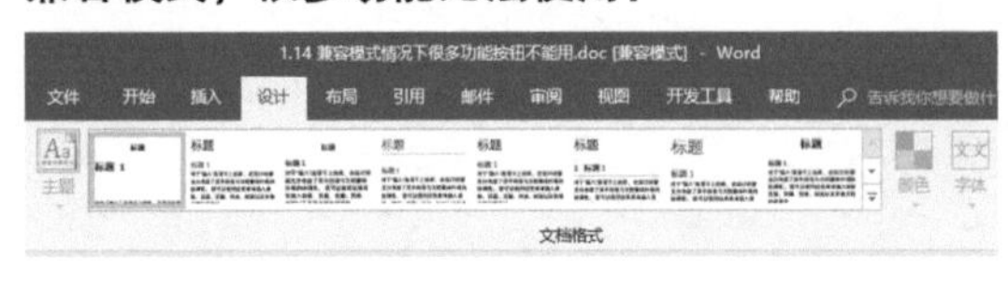

Microsoft Office软件每三年更新一次版本，目前最新版本是Office 2016。但由于各种原因，很多人还在用Office 2010甚至Office 2003，这就导致了软件兼容性问题。

自Office 2007以来，Word文档的后缀名就由原来的.doc变成了.docx。.docx是一种新的基于XML的压缩文件格式，更加节约空间，也更加安全。

一般使用Word 2003版本是打不开.docx文档的，而Word 2007及以上版本可以向下兼容Word 2003版本的.doc文档。那么问题就来了——

状况一：将.docx文档发给对方

如果你使用的是Word 2016，而领导使用的却是Word 2003，那么你发文件给领导，领导根本就打！不！开！

所以，随手另存一份.doc格式文档给对方，是基本的文档商务礼仪，也会给自己减少很多不必要的麻烦！

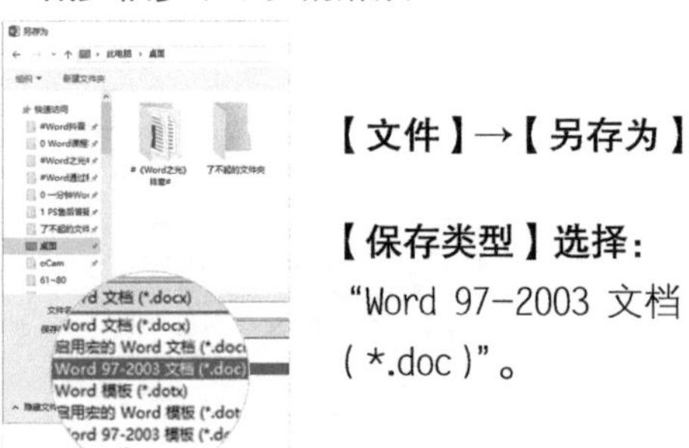

【文件】→【另存为】

【保存类型】选择：“Word 97-2003 文档（*.doc）”。

Tips：【另存为】的快捷键是<F12>。

状况二：对方发.doc文档给自己

另一种情况是，你使用的是Word 2016，而领导发了.doc格式文档给你。

文档是打开了，但是你会发现：文件名后面会有“[兼容模式]”字样，而且很多Word 2016的新功能命令按钮是灰色的，不能使用。

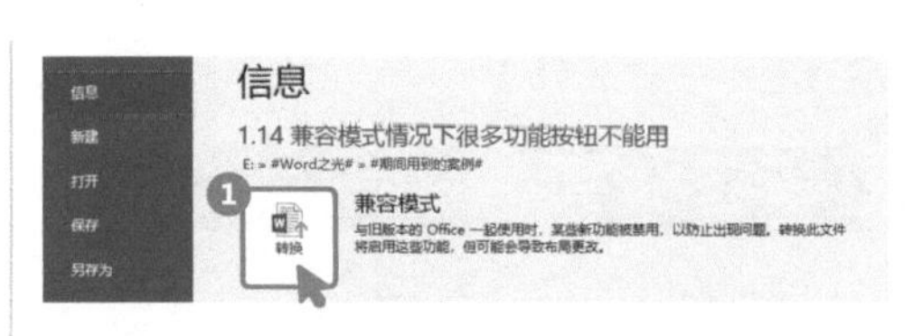

单击左上角的【文件】→【信息】，锁定窗口中的第一项【兼容模式】，单击【转换】按钮。

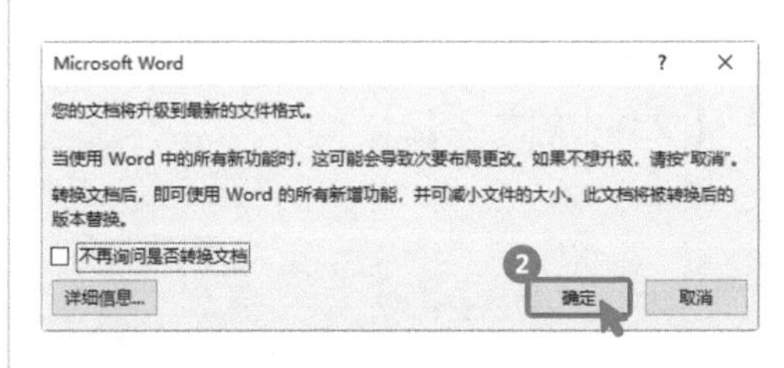

此时会打开【Microsoft Word】对话框，直接单击【确定】按钮即可。

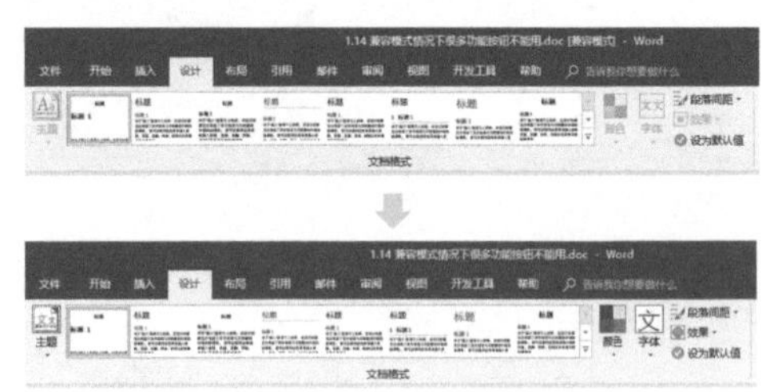

经过一番操作后，“[兼容模式]”字样消失，说明文件升级成功。同时那些灰色的命令按钮也会被激活。

第2章

小习惯，大用处：养成好习惯，关键时刻能“救火”

故障一 文档没保存，电脑死机了

故障二 做好文件的重命名，不要懒

故障三 电脑文件建得太多，文档找不到了

故障四 文档自动备份，准备“后悔药”总不会错

故障五 发给对方的文档，为什么总是乱版

……

阿！小宝，我们的飞船
出故障啦！

故障 2.1 文档没保存，电脑死机了

关于文档保存，

你只要记住<Ctrl+S>就！够！了！

职场生存法则，一是不要被自己坑；二是不要被别人坑！不被别人坑的关键是要做好文档的保护，而不被自己坑的关键是要做好文档的保存！

输入完标题，按一下< Ctrl+S >键；思考下一步，按一下< Ctrl+S >键；起身休息时，按一下 < Ctrl+S >键……总之，把按< Ctrl+S >键训练成为你的下意识行为。相信我，如果在职场没有吃过文档保存的亏，那么只有“上辈子拯救过银河系”这一种可能！

要点一：设置文档自动保存时间

除了快捷键，还可以通过设置文档自动保存时间来保护文档。

依次单击【文件】→【选项】→【保存】，把【保存自动恢复信息时间间隔】改为1分钟，单击【确定】按钮即可。

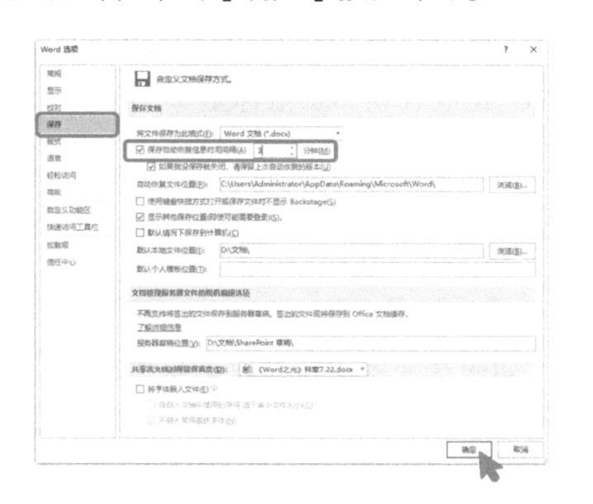

这样设置以后，Word就会每隔1分钟自动保存一次文档。即使以后文档非正常关闭，顶多也就损失1分钟之内的内容。

要点二：设置Word文档自动保存位置

小宝：“师父，那我要到哪里去找Word自动保存的内容啊？”

还是在原来的位置：【文件】→【选项】→【保存】→【自动恢复文件位置】处，单击【浏览】按钮就OK啦！

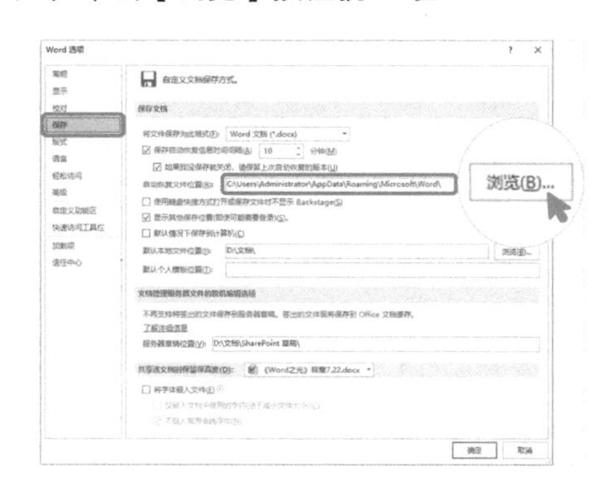

同时，我们也可以在这里手动设置自动保存位置，把文档自动保存到自己熟悉的文件夹中。

其实在2013版以后的Word中，在打开文件时就会自动跳出【恢复未保存的文档】命令按钮，单击它即可找到未保存的文档！总之，软件及时更新很重要！

故障 2.2 做好文件的重命名，不要懒

当然，除保存文档以外，文档的规范命名也是非常重要的。在命名时虽然不需要像父母给孩子起名字那样煞费苦心，但也不能因为文件命名而给自己带来麻烦。

所以，为了方便以后快速找到文件，为了在反复修改文稿以后还有回头的机会，做好文件的重命名真！的！非！常！重！要！

命名格式建议：**资料文件**

如果是资料文件，则命名的格式建议是：

编号+主题内容

例如："01-Word一键转PPT""02-文档被保护不让编辑怎么办"。这样规范起来，便于以后通过名字快速找到文件。

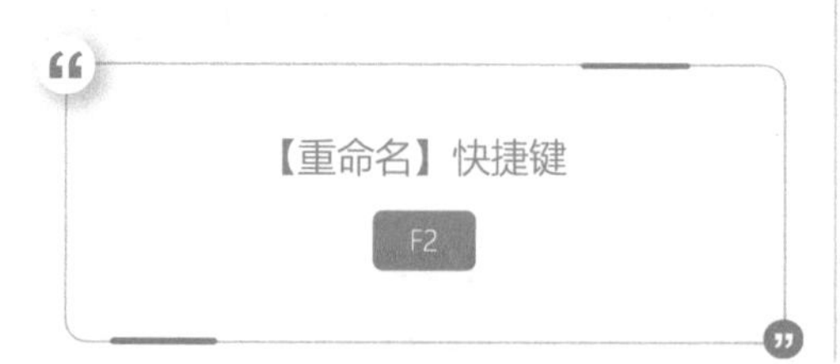

命名格式建议：**公文文书类**

如果是公文文书类的文件，则命名的格式建议是：

类型+用途

例如："申请书-电脑显卡换新""申请书-定制公司 logo鼠标垫""申请书-公司东山岛团建"。

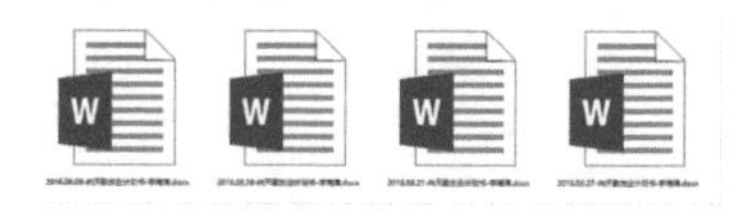

如果是需要反复修改的项目文件，那么命名的格式建议是：**时间日期+项目名称+制作者**。例如："20180719-向天歌商业计划书-李海潇"。

这样不仅便于以后查找，而且还可以预防返工等突发状况。

总之，做好文件的重命名非常重要，千万不要图一时省事而偷懒！

故障 2.3 文件建得太多，文档找不到了

电脑文件捉迷藏术

解决方案一：**更改“保存路径”**

很多人在保存文件的时候都有一个坏习惯：将接收的文件直接默认保存到“我的文档”中，或者干脆全丢到桌面上。久而久之，就会有大量的文件堆积在一起，杂乱无章，找的时候非常麻烦。

所以，在接收文件的时候，请大家务必根据自己的工作情况，建立不同的文件夹，把文件存放在恰当的文件夹中。

解决方案二：**单独建好文件夹**

在做一份大的项目工作时，往往需要准备很多相关文件资料，如图片、参考资料等。所以强烈建议大家，一定要做好文件的分类管理。例如：在编写Word文档之前，需要给Word文档新建一个文件夹，并且要命名好，命名的格式建议依然是：**时间日期+项目名称+制作者**。

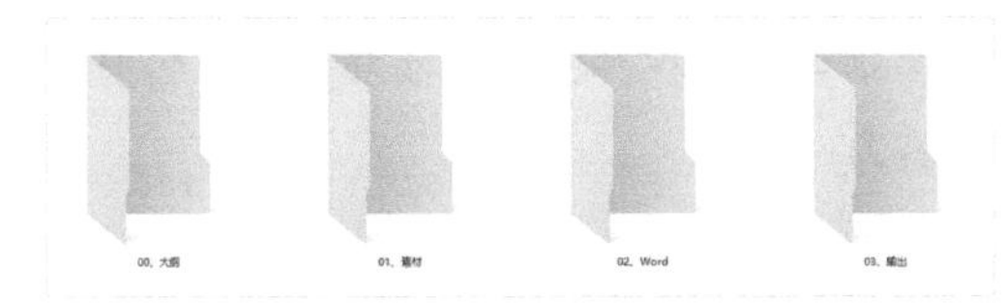

接着在文件夹中新建四个子文件夹，分别是“00.大纲”“01.素材”“02.Word”“03.输出”。

文件夹建好以后，把素材分别放在对应的文件夹里。例如：

“00.大纲”文件夹：放思维导图、提纲等内容。

“01.素材”文件夹：放图片、参考资料等。

“02.Word”文件夹：放Word文档的一稿、二稿、三稿等。

“03.输出”文件夹：项目定稿以后，分别以.docx、.doc、PDF格式各保存一份文档，放于此文件夹中。为什么要输出3个版本呢？怎么保存成PDF格式呢？请看2.5节，这里暂且不讲。

总之，规范管理文件夹，大有裨益！

解决方案三：**文件快速预览**

这个功能刚被发现的时候完全惊艳了我，可以说是相当厉害了！很多时候，为了查看一个文档的内容，需要一个一个打开很多相关文档，这样做无疑会浪费大量的时间。

而且如果电脑配置低的话，打开文档等待的时间就会更加漫长，甚至可能会导致软件崩溃、电脑宕机。

其实Windows系统为我们提供了一个工具，叫作“预览窗格”，使我们在不打开文档的情况下，就能对文档进行快速预览。

Step1：双击“我的电脑”，打开文件资源管理器。

Step2：单击【查看】→【窗格】→【预览窗格】。

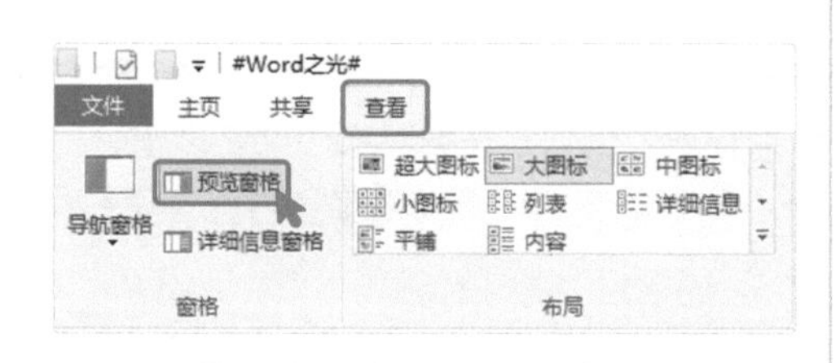

此时在窗口的右侧就会出现文件预览区。

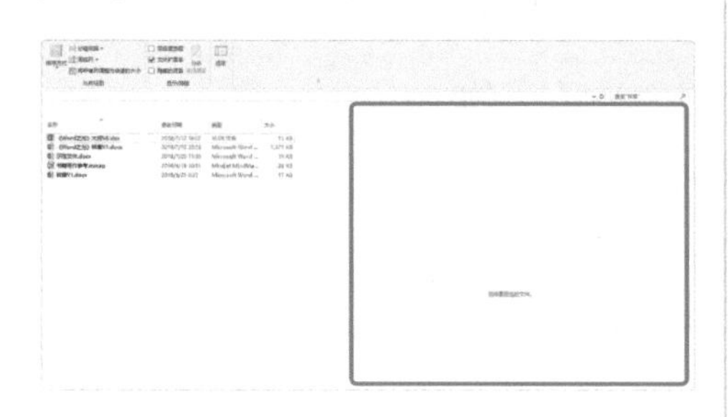

Tips：启动【预览窗格】快捷键：<Alt+P>。打开【文件资源管理器】快捷键：<Windows+E>。

Step3：单击左侧文档列表中的任意一个文档，在预览区中就会显示出此文档的内容。

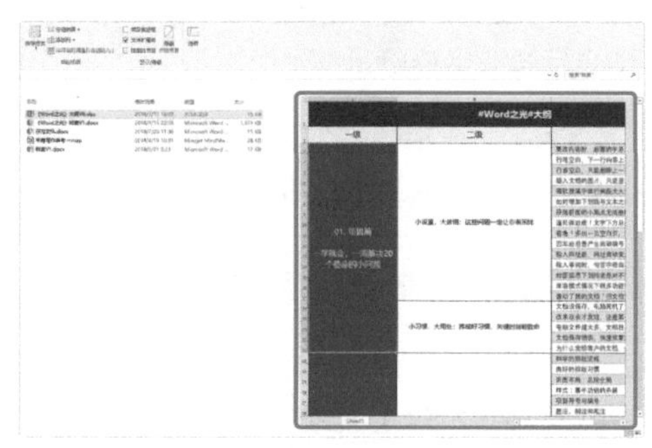

是不是很神奇呀！而且对Word、Excel、PPT、图片、TXT、思维导图、PDF等格式的文档，均可以快速预览，省时、省力！

故障　2.4　文档自动备份，准备“后悔药”总不会错

在做一些大型项目的时候，往往需要反复修改资料。有时就会出现这种尴尬：忙活了半天，发现修改的内容都是错误的。

这时候，如果很幸运没有退出Word程序还好，按<Ctrl+Z>快捷键，快速撤销；或者在关闭Word程序的时候，选择【不保存】。

但如果已经保存了文档并退出了程序，那么老天爷也帮不了你了。所以，凡事还得靠自己，我们应未雨绸缪，在每次修改之前自动备份文档。

Step1：单击【文件】→【选项】，打开【Word选项】对话框。

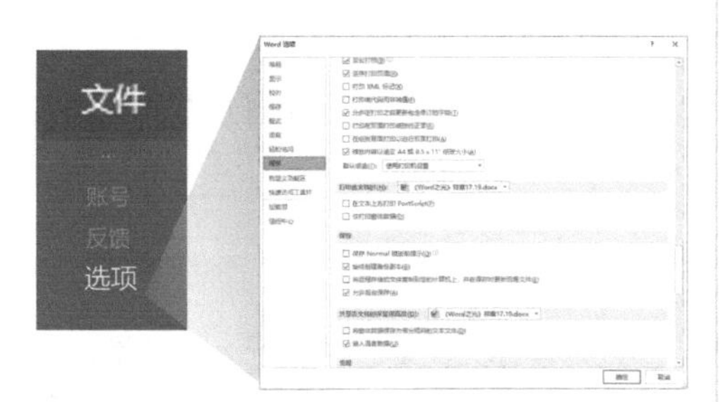

Step2：单击【高级】，找到【保存】区域，勾选【始终创建备份副本】复选框。

这样每次在编辑Word文档时，Word都会自动保存一个名为“备份属于×××.wbk”的副本。像这样：

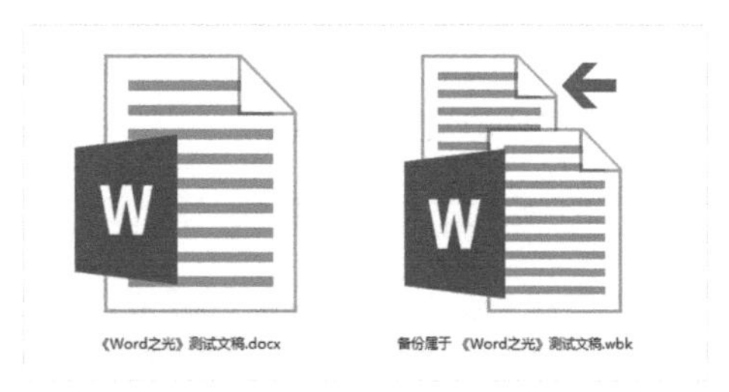

这个副本有什么神奇之处呢？

保存Word文档后即会生成副本文件，副本文件会与原文件如影随形，而且下一次再打开文档时，副本文件也会被更新。

回到最初的起点，记忆中原始的文档！

故障 2.5 发给对方的文档，为什么总是乱版

Word软件有一个很尴尬的问题：用不同版本的Word打开同一份文档，版式千奇百怪，自成一家。Word这么任性，那么我们的问题就来了——

辛辛苦苦、任劳任怨地排版好一份Word文档发给老板，由于软件问题，很可能会造成以下三种状况："这发给我的是什么呀？打都打不开！""排版排得这么差，这工作态度不行啊！""图和文字都对不上号，这让我怎么看？"其实都是Word的"锅"，但是"背锅侠"却是自己。碰上这么一个特立独行、不让人省心的Word，我们能怎么办呢？好好伺候着呗！

状况一：**发给对方的文档对方直接打不开**

这个问题我们在1.11节介绍过，很可能就是因为对方用的是Word 2003版本，而你发过去的是.docx格式文档，软件无法兼容，所以文档打不开。

解决方法是把文档另存为.doc格式发给对方，不明白的读者可以翻到1.11节，这里就不赘述了。

状况二：**发给对方的文档是乱版**

如果对方使用的是Word 2007或以上版本，那么恭喜你完美躲过了状况一。但是，正如前面所讲，Word文档有一个很尴尬的问题：用不同版本的Word打开同一份文档，版面很可能有较大的差异。那么怎么确保别人在其电脑上打开的文档版面和自己排好的文档版面是完全一致的呢？最完美的解决方案就是：把文档另存成PDF格式发给对方。

PDF（Portable Document Format）是一种便携式文档格式，最大的优势是可以固定文档版面。也就是说，对于同一份PDF文档，无论在哪台电脑上使用哪种PDF阅读器打开，版面肯定都是一样的。

解决方法：依次单击【文件】→【另存为】，【保存类型】直接选择"PDF（*.pdf）"即可。

Tips：【另存为】快捷键：<F12>。

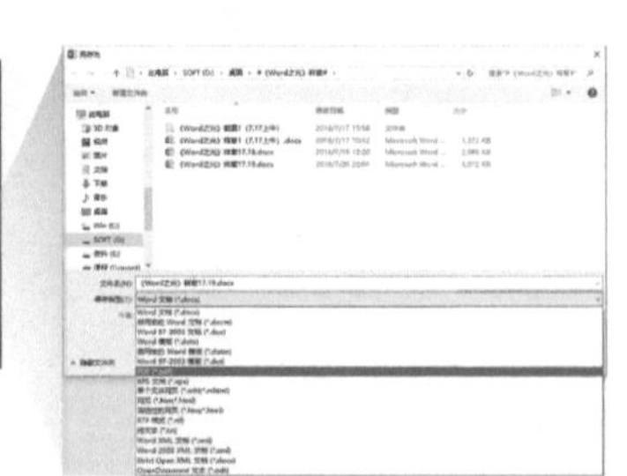

状况三：**将原文件发给对方，版面图文不对照**

将文档以PDF格式发给对方，版面不会乱固然好，但是这样做也有一个缺点，就是无法对PDF文档进行编辑。

所以，如果文档内容需要对方审阅批改，那么在发PDF文档给对方的时候，最好附上.docx原文件。但是.docx原文件存在一个风险，就是文档很可能会乱版，图文不对照。那么，如何最大限度地避免这个问题呢？

解决方法

在进行图文排版时，图片的【文字环绕方式】统一使用Word默认的“嵌入型”。在这种布局方式中，图片就相当于一个大号的字符，被牢牢地固定在字里行间，绝不会轻举妄动。

而其他类型的文字环绕方式，图片会随心所欲地乱跑，不好统一管理。

知识点拓展：**怎么判断图片的文字环绕方式是不是“嵌入型”呢？**

单击图片右上角的小按钮，就会弹出一个【布局选项】面板，第一项就是“嵌入型”文字环绕方式。

如果你对这个【布局选项】面板很陌生，那么对下面这个对话框可能会更熟悉：

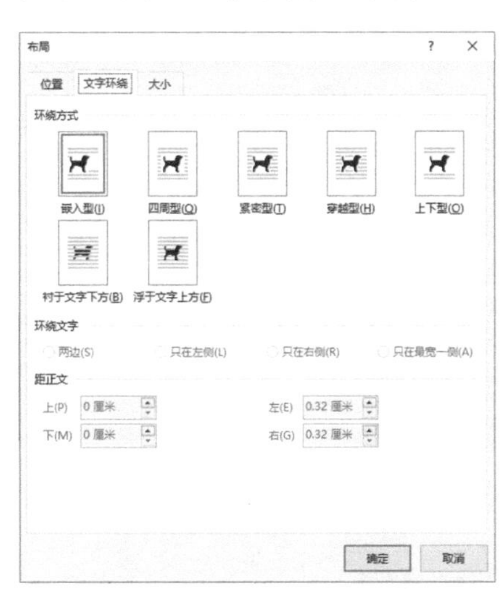

二者的设置内容是一致的。【布局选项】面板是Word 2016的新变化之一，如影随形地出现在图片的右上角，方便我们更快捷地调整图片的文字环绕方式。

总 结

当我们需要发送文件给对方的时候，为了确保万无一失：

（1）把文档分别另存为.doc、.docx、.pdf给对方。

（2）在对原文件进行图文排版时，图片的文字环绕方式使用“嵌入型”。

至此，完美！

第3章

内功树规范：规范的文档就要智能化

险境一 页面布局：总统全局

险境二 样式：事半功倍的杀器

险境三 项目符号与多级列表

险境四 题注、脚注和尾注

险境五 目录：拒绝手动输入

险境六 页眉和页脚，真心不好搞

……

生存还是死亡

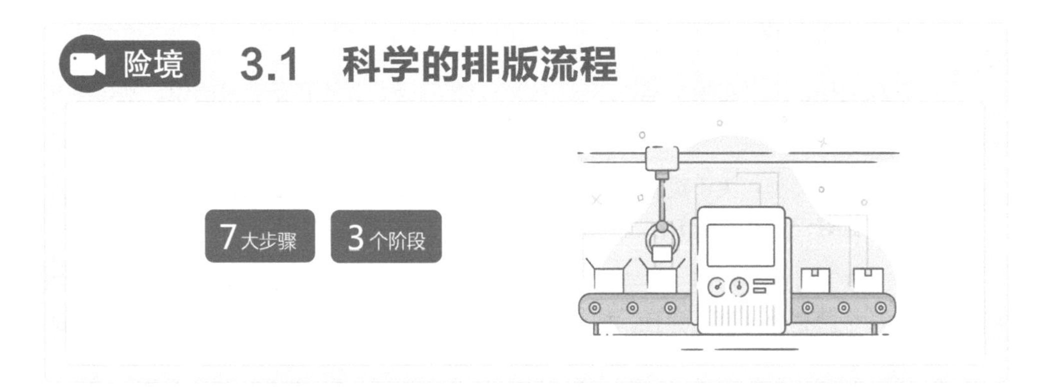

良好的排版流程对长文档排版至关重要。在工作中，很多人都习惯于先录入文字，后插入图片，待一切都搞定之后，再考虑格式排版的问题。像这种先录入再排版其实也未尝不可，只是效率较低。而且，如果没有一定的Word办公技巧，后期排起版来也会相当吃力。

边录入边排版：

最优的排版流程应该是边录入边排版。也就是说，应事先花几分钟时间把格式都设置好，然后在这个格式框架内输入内容。这样就可以省去后期几小时的格式调整时间。具体流程如下：

7 步成诗　页面设置 / 创建样式 / 录入内容 / 图表编号 / 引用目录 / 页眉页脚 / 打印输出

更细致一些，文档排版可以分成3个阶段：**写作前、写作中和写作后。**

1 写作前（搭建框架）

- 页面设置：页面设置作为文档排版的第一步，虽然简单却至关重要。只有先设置好文档的纸张大小、纸张方向、页边距等，才能确保后面的排版不用返工。
- 创建样式及多级列表：样式在长文档排版中占有举足轻重的地位，是所有自动化排版的基础。而多级列表是文档逻辑的重要呈现方式，当二者联用时威力无穷。

2 写作中（自动化排版）

- 套用样式：就是让文档内容，例如文字、图片、表格等，自动应用事先创建好的样式。
- 图表排版及编号：一份优秀的文档肯定少不了文字、图片、表格三要素，将它们排版工整并使图表自动编号就显得尤为重要。

3 写作后（完善美化）

- **自动引用目录：** 每份文档必不可少的肯定是目录，关于目录我只想说，别再手动输入了。
- **设置页眉页脚：** 关于页眉页脚大家肯定都不陌生，但就是在设置时总是难倒一大片英雄好汉。在3.8节中，会跟大家好好介绍一下页眉页脚那些事儿。
- **制作封面并存为模板：** 在完成文档主体内容以后，如果需要，则可以再给文档制作一个漂亮的封面。并且，把我们经常使用的文档类型存成模板，方便以后随时套用。
- **打印输出：** 虽然现在都提倡无纸化办公，但是在工作中打印文档还是必不可少的。而且，打印输出作为文档排版的最后一步，如果这里出了问题，那么前面的苦心经营都将付之东流。

在了解了文档排版流程以后，后面的章节会一步一步地教大家设置方法。总之，我们的目标是：一劳永逸，省时省力。

先录入再排版：

在职场中，其实有90%的人是没有排版流程意识的，有70%的人是没有Word办公自动化思维的，大部分人还是习惯于先录入再排版。而且在录入文档时内容东拼西凑，导致一份文档多种格式，后期排版时简直苦不堪言。

不是表格出问题，就是文字对不齐，有时候设置没反应都不知道问题出在哪里。针对这些情况，我给出的建议就是：在开始排版前，先把所有格式清零。

就像手机出了问题，先关机再重启一样，排版出了问题，先把格式清零，这样90%的问题基本都能得到解决。

【清除所有格式】：

首先按<Ctrl+A>快捷键，选中全文，然后单击【开始】→【清除所有格式】。

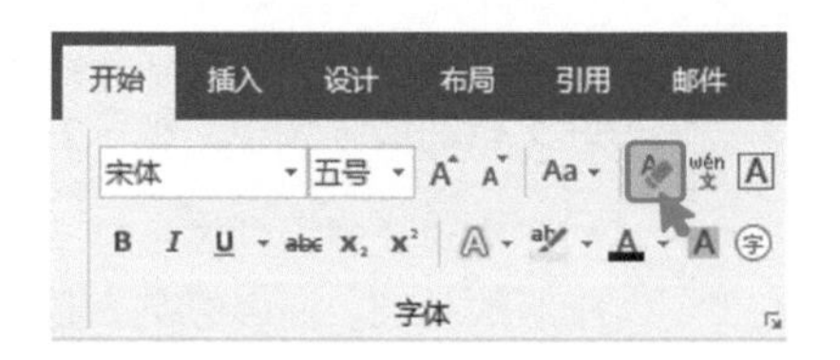

这样文档中所有乱七八糟的格式都会被清除，恢复到文档默认的初始格式。接下来就跟边录入边排版一样：首先进行页面设置，然后再创建样式、图表编号、设置页眉页脚、引用目录、打印输出。

如果Word文档中有复制PDF的内容，那么在清除格式以后多半会有多余的空格和空行，这时就需要先整理文档，然后再开始排版。文档整理方法，请看8.3节“利用替换，删删删”。

险境 3.2 良好的操作习惯

上一节介绍了文档排版流程，这一节再来说说在进行文档排版时一些良好的操作习惯。

例如：打开文档时，利用【文件】中的【打开】菜单栏；编辑文档时，打开【显示编辑标记】、【标尺】及【导航窗格】等。

3.2.1 快速打开文档

在编辑大的项目文档时，会经常需要参考很多资料，同时打开很多文档。如果整理不清楚就可能找不到文档的位置了。

其实Word可以自动记录文档的浏览痕迹，方便在下次需要时快速打开文档。

文档打开方式

单击文档左上角的【文件】按钮，在【打开】菜单栏里有最近打开的所有文档列表。单击即可打开文档。

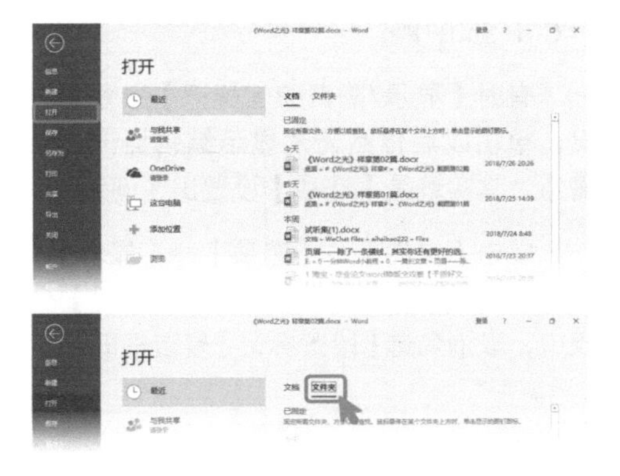

同时，单击旁边的【文件夹】选项，可以快速锁定文档所在位置。

Tips:【打开】快捷键：<Ctrl+O>。

固定文档至列表顶端

对于最近需要经常使用的文档，将光标置于文档处，单击尾端的小图钉就可以把该文档置于列表顶端，方便我们快速查阅。

从列表中删除文档

将光标置于文档位置，单击鼠标右键，即可对文档进行处置。例如，把文档从列表中删除，也可以直接删除该文档。

设置文档显示数目

假如临时将计算机借给别人使用，若想保护自己的隐私，不希望对方浏览我们最近打开的文档，那么除把文档从列表中删除以外，还可以把文档在列表中的显示数目设置为0。

单击【文件】→【选项】→【高级】，找到【显示】部分，把“显示此数目的‘最近使用的文档’”设置为0，单击【确定】按钮即可。

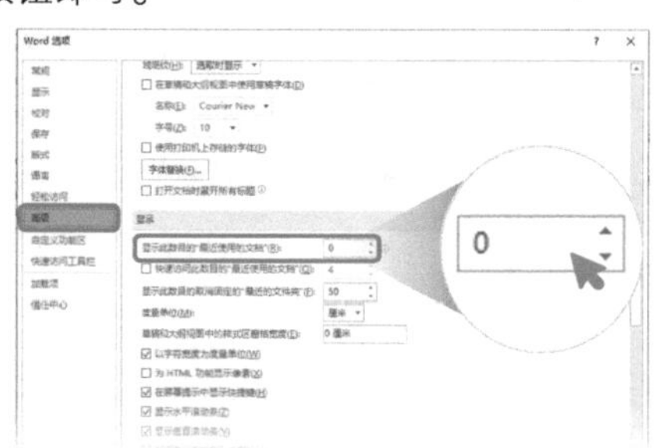

这样对方就看不到我们最近打开的文档啦。

恢复列表显示也非常简单，只需要在原位置重新设置一下数值即可。

善于利用【文件】中的【打开】菜单栏，可以帮助我们节约大量的时间。

3.2.2 显示编辑标记

在进行文档排版，尤其是长文档排版时，【显示编辑标记】是一个非常好的操作习惯。因为在【显示编辑标记】状态下，文档的所有格式都会无所遁形，帮助我们快速发现异常的文档格式。而且，在第8章学习“查找和替换”时，认识这些编辑标记也是学习该功能的基础。

编辑标记是什么呢?

编辑标记是一种格式标记，是一种在Word文档中可以显示，但不能被打印出来的字符，如空格符、回车符等。具体有哪些编辑标记呢? 可以翻至8.1节，那里有详细介绍。

如何显示编辑标记呢?

单击【开始】→【段落】→【显示/隐藏编辑标记】命令按钮即可。

Tips:【显示/隐藏编辑标记】快捷键：<Ctrl+Shift+8>。

有时【显示/隐藏编辑标记】命令会失灵，单击以后依然无法显示编辑标记。别着急，其实就是【选项】设置出了问题。

单击【文件】→【选项】→【显示】，在【始终在屏幕上显示这些格式标记】列表中，取消勾选【段落标记】复选框即可。

总之，通过【显示编辑标记】可以快速发现文档格式设置的问题。例如：单词之间是否有多余的空格、段落是否真正结束等。这样在文档格式编辑异常时，才方便我们对症下药。

3.2.3　标尺及导航窗格

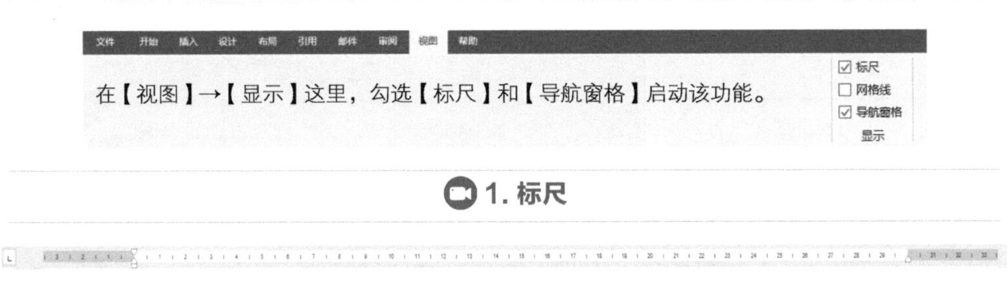
文件
开始
插入
设计
布局
引用
邮件
审阅
视图
帮助
在【视图】→【显示】这里，勾选【标尺】和【导航窗格】启动该功能。
标尺
网格线
导航窗格
显示

1. 标尺

在编辑区上方，如果你看到有一个标有数字，像尺子一样的东西，那就是水平标尺无疑了！

标尺上的数字代表着“字符”，不受字号大小的影响。了解标尺，最重要的是了解怎么用标尺。

标尺上面有四个滑块：控制着文档中文字的位置，也就是文字的缩进，包括左缩进、右缩进、首行缩进和悬挂缩进。

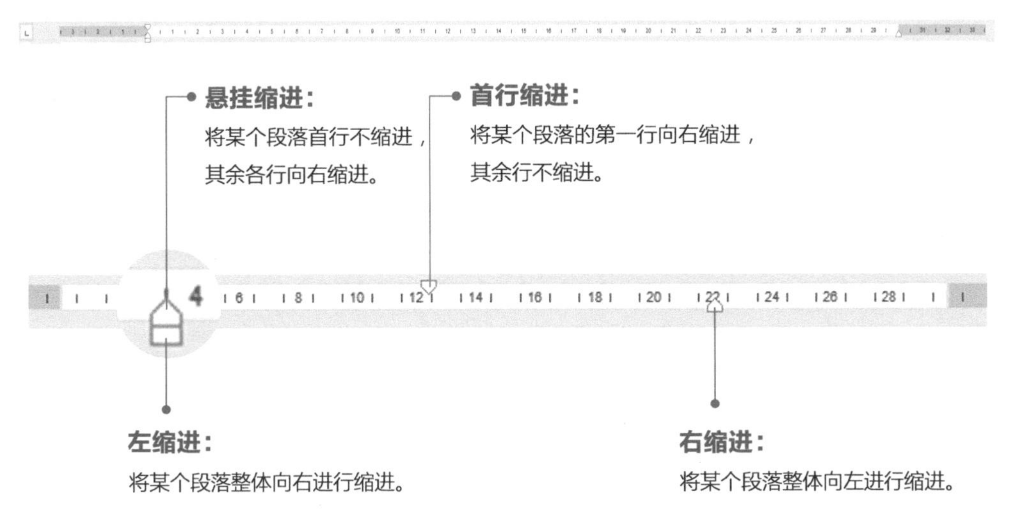
悬挂缩进：
将某个段落首行不缩进，其余各行向右缩进。
首行缩进：
将某个段落的第一行向右缩进，其余行不缩进。
左缩进：
将某个段落整体向右进行缩进。
右缩进：
将某个段落整体向左进行缩进。

如果需要调整文字缩进的间距，则直接拖动标尺上的滑块就可以进行调整。

按住 Alt 键，可以微调标尺。

有了标尺，排版过程中的段落格式问题就无所遁形了。

像1.3节所讲的行首空白的状况一，文字悬挂缩进，如图所示，标尺呈现这种状态：

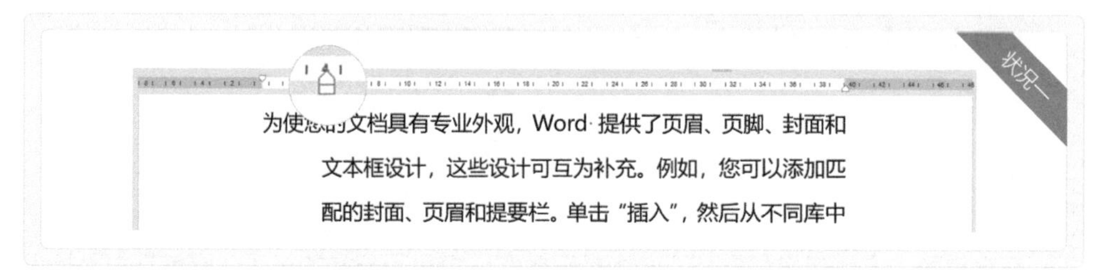

行首空白的状况二，文字左缩进，如图所示，标尺呈现这种状态：

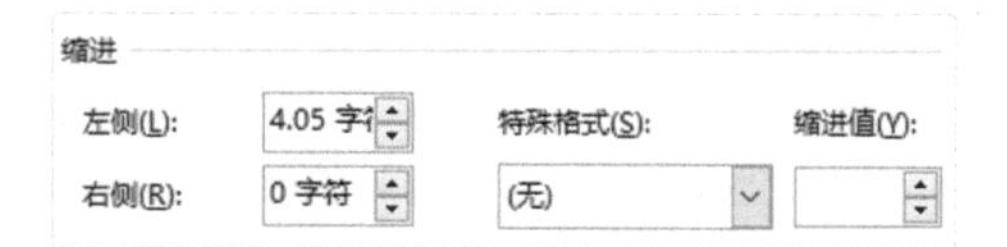

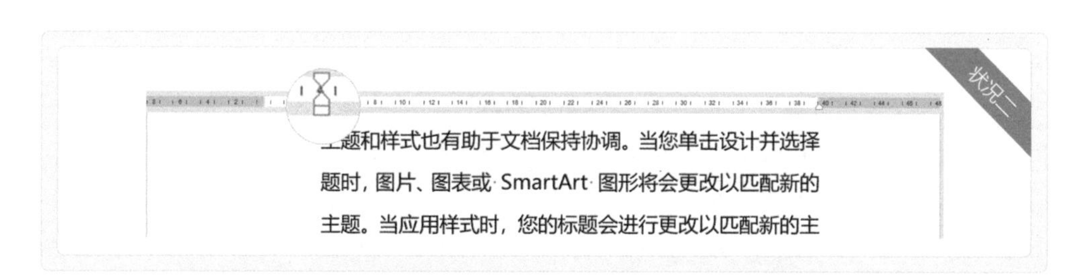

在中文排版中最常用到的是首行缩进两个字符，如图所示，标尺呈现这种状态：

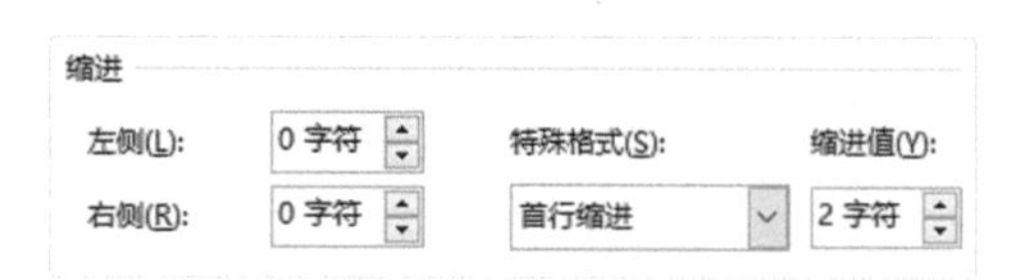

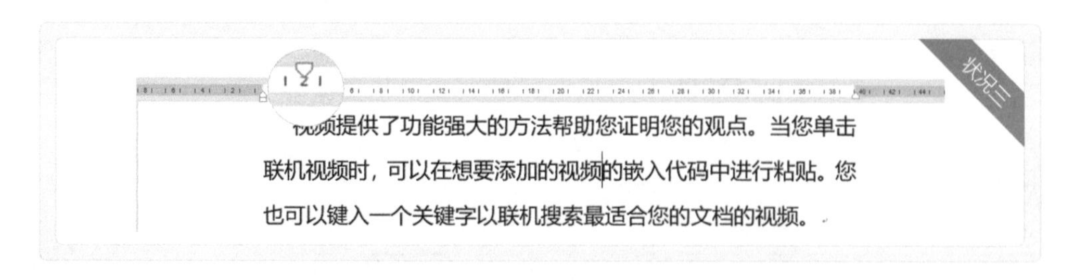

2. 导航窗格

“导航窗格”主要用于显示Word文档的标题大纲，是一种可以容纳很多重要标题的导航控件。

导航窗格有什么用呢？

- 时刻把握各级标题的层次结构，帮助整理文档的逻辑层次。
- 快速定位到标题所对应的正文内容处。
- 快速移动文本的位置。

导航窗格位置：

在【视图】→【显示】这里，勾选了【导航窗格】后，在文档界面的左侧就会出现一栏【导航】窗格。

单击第一项【标题】，就可以快速查看文档的整体组织结构了。

【导航窗格】使用方法

（1）快速定位到指定的文档内容

在查看长文档时，比如一份文档有几十页，如果使用鼠标滚轮想必大家都深有体会，不仅费时费力，而且定位也不精准。

如果使用【导航窗格】的话，只需要轻轻单击一下标题，即可快速跳转到标题所对应的正文内容处。

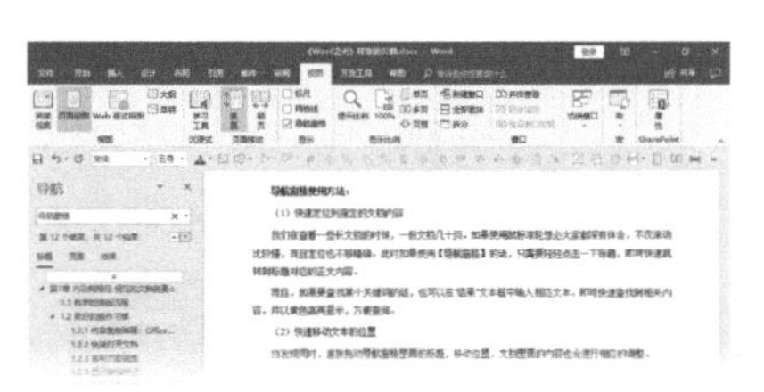

而且，如果要查找某个关键词，则可以在“结果”内容框中输入相应的文本，即可快速查找到相关内容，并以黄色高亮显示，方便查阅。

（2）快速移动文本的位置

如果需要调整文档的逻辑结构，比如把文档中的某一部分内容整体向前或向后移动，此时如果使用剪切、粘贴则不免落了下乘。但是在【导航窗格】中，只要选中标题，按住鼠标左键直接进行拖动，就可以快速调整内容的前后顺序。

（3）仅打印部分内容

如果只是想打印文档中某章节的内容，而不是全文，那么只需把光标置于章节标题之上，单击鼠标右键，选择【选择标题和内容】，将该标题下的内容全部选中。再选择【打印标题和内容】，即可实现只打印该标题章节的内容。

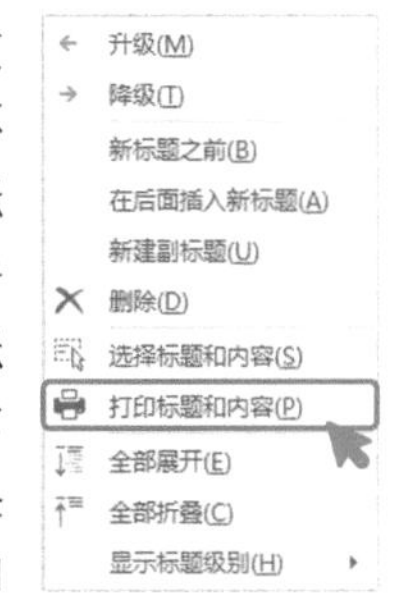

【导航窗格】启动方式

很多人打开了【导航窗格】却发现里面什么也没有，明明标题内容是一应俱全的呀。

这是因为【导航窗格】的启动对标题文本有大纲级别的设置要求。

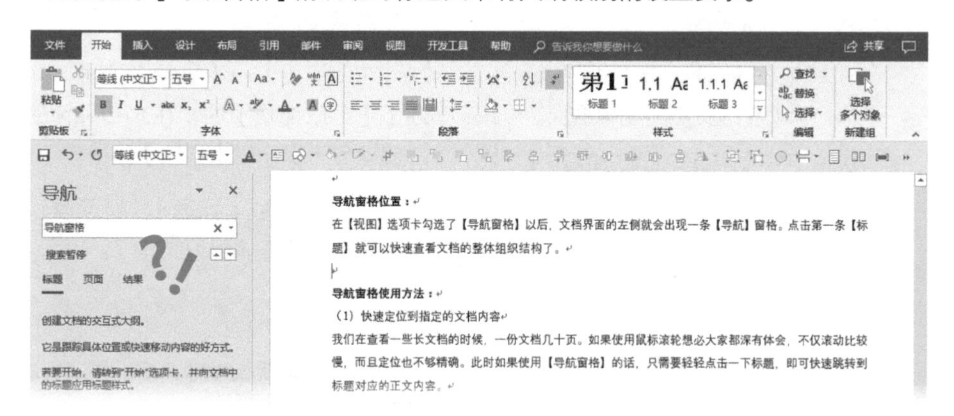

方法一：**直接设置大纲级别**

选中标题文本，打开【段落】对话框，把【大纲级别】里面的"正文文本"改成"1级"，小标题设置为"2级"，依此类推。

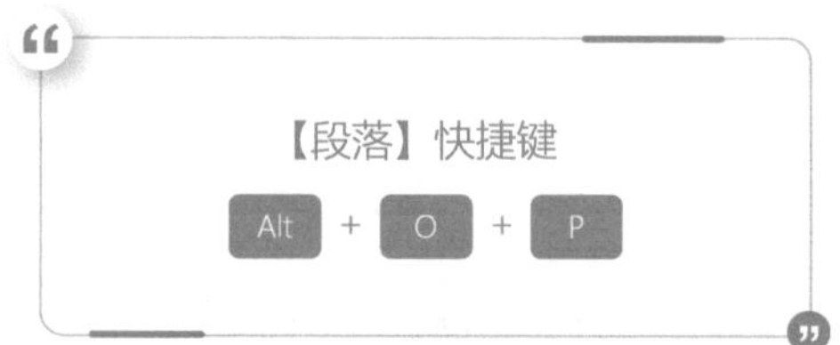

方法二：**对标题套用标题样式**

强烈建议大家使用这个方法，只要对标题应用了样式，不仅【导航窗格】可以显示，而且还能批量修改标题的格式。

险境　3.3　页面布局：总统全局

如果可以，页面布局一定要提前设置好！因为页面布局不仅事关文档输出的纸张大小、排版方向，而且也决定了文档每一页可容纳的内容。

如果在文档排版完成以后再调整页边距等，则很可能会导致原来排版在上一页的图片被硬生生地挤到下一页，打乱了原来的排版。

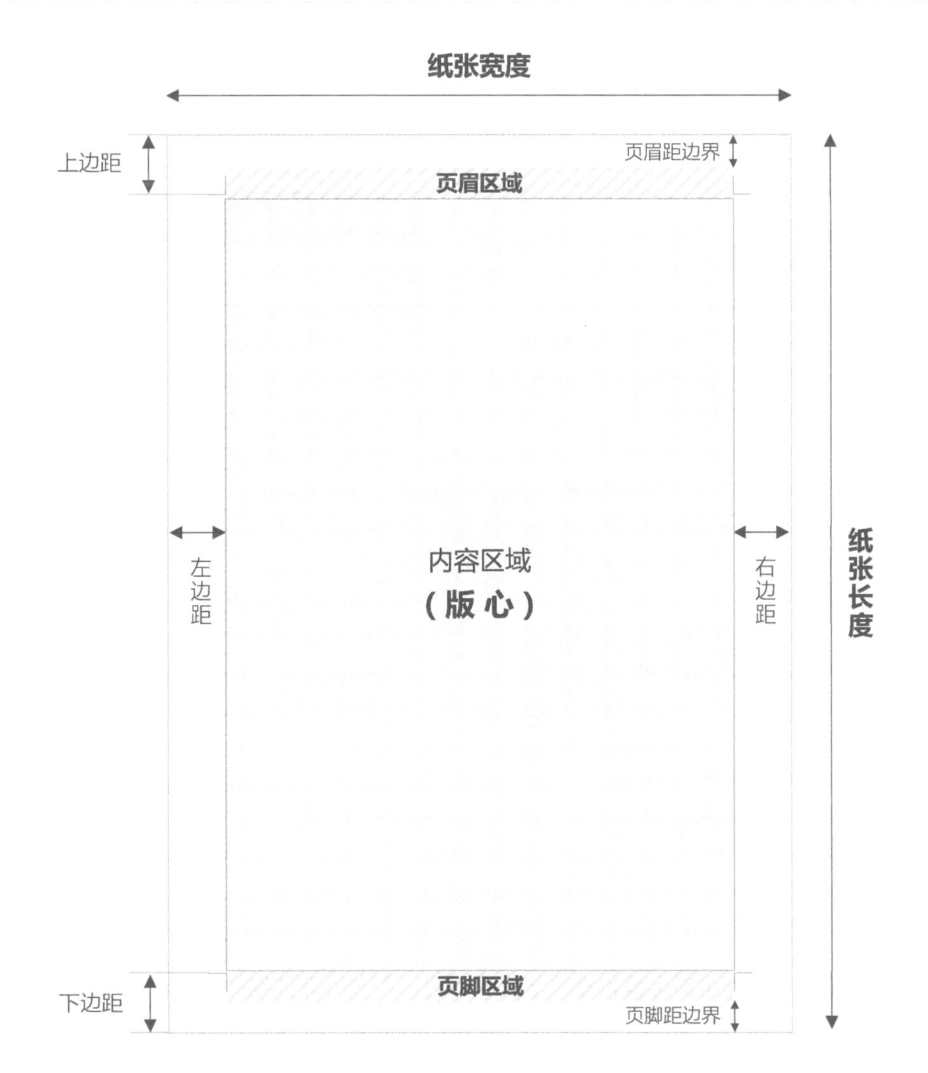

3.3.1 基础设置

在Word 2016中，要调整页面布局非常简单，可以通过以下两种方法来设置。

方法一：在选项卡中直接设置

单击【布局】选项卡，在【页面设置】组中即可对文档进行基础的页面设置。

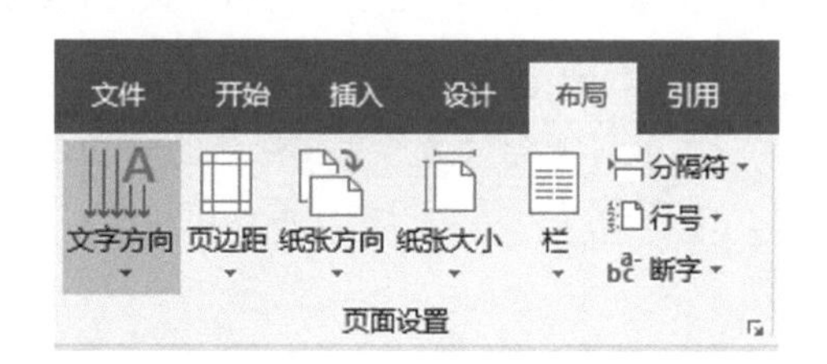

方法二：在【页面设置】对话框中详细设置

单击【页面设置】右下角的“命令启动器”按钮。

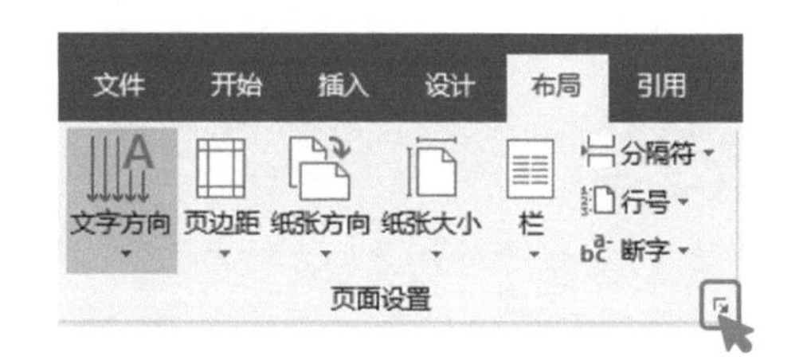

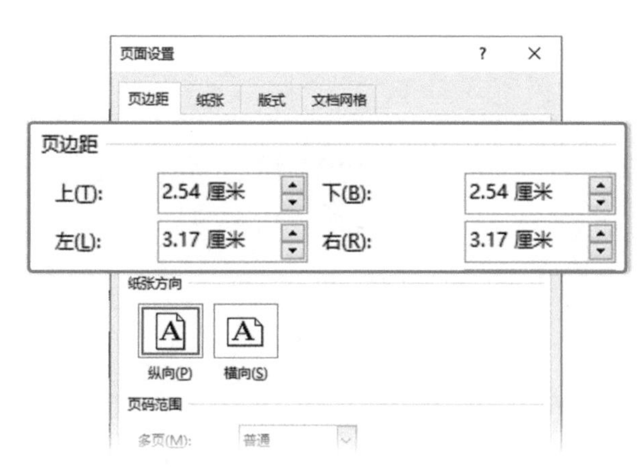

打开【页面设置】对话框，在这里就可以对页面进行更详细的参数设置。

3.3.2 双面打印

文档双面打印时，还需要在一侧留出空间来装订。也就是说，如果按照默认的在左侧装订的话，奇数页页面要在左侧留出较大的空间，偶数页页面要在右侧预留较大的空间。

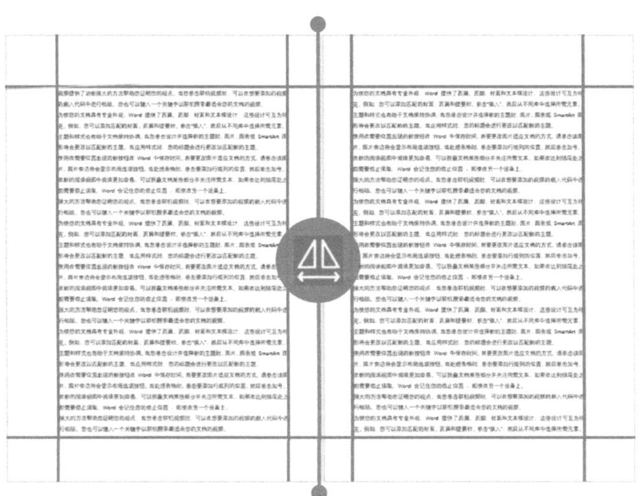

这种设置的实现非常简单。首先打开【页面设置】对话框：

1. 在【页码范围】中选择“对称页边距”，文档页边距即会自动变成内外侧对称。
2. 把【装订线】设置为1厘米，其他按照格式要求设置即可。

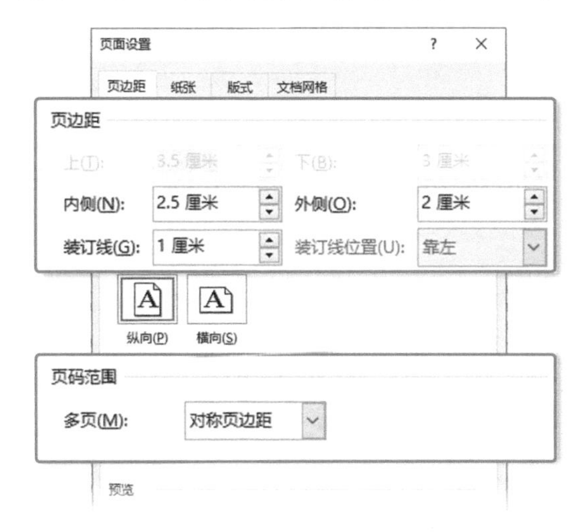

3.3.3 纵横页面设置

一篇专业的文档肯定少不了用数据说话。有了数据，自然就少不了表格。那么，如何把正文内容页纵向显示，而表格内容页横向显示呢？

Step1

将光标置于表格前内容的末尾，依次单击【布局】→【分隔符】→【连续】分节符。

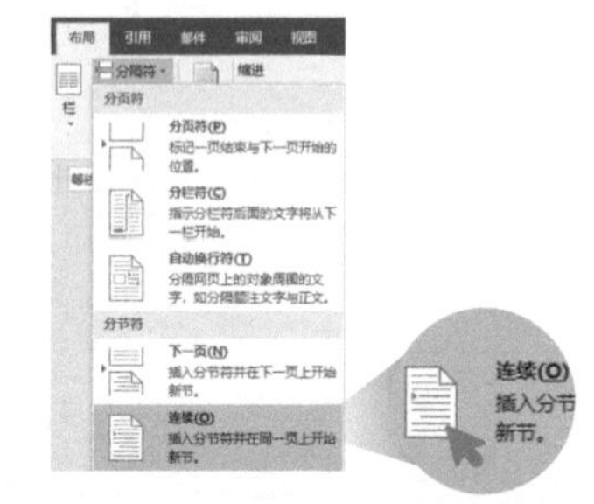

Step2

在【开始】选项卡中，打开【显示编辑标记】。

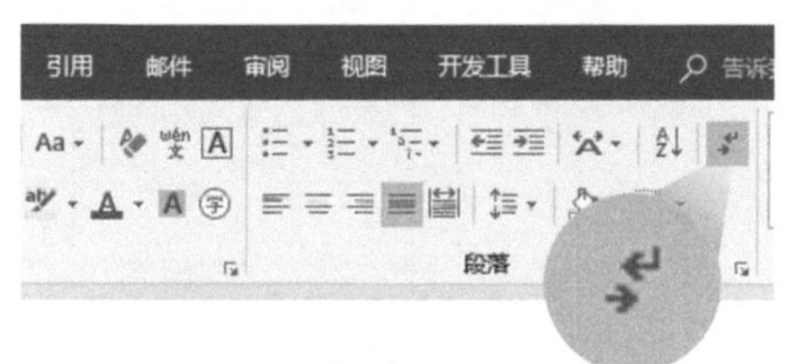

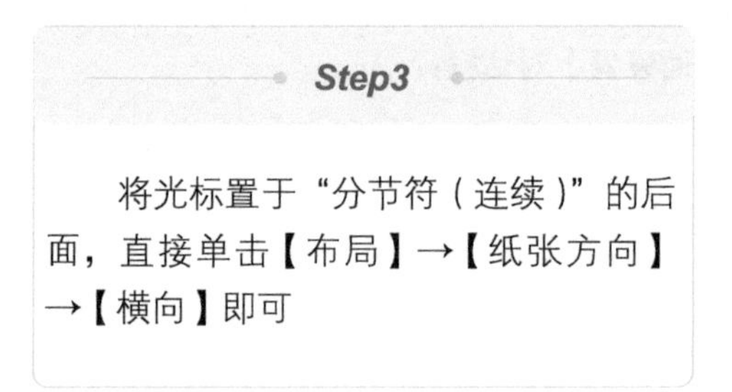

Step3

将光标置于“分节符（连续）”的后面，直接单击【布局】→【纸张方向】→【横向】即可

如果表格下面还有文字，文字要重新纵向排版，则只需要把光标置于横向页面内容的末端，再插入一个“分节符（连续）”。然后重复第3步操作，把纸张方向改成【纵向】即可。像这样：

险境　3.4　样式：事半功倍的杀器

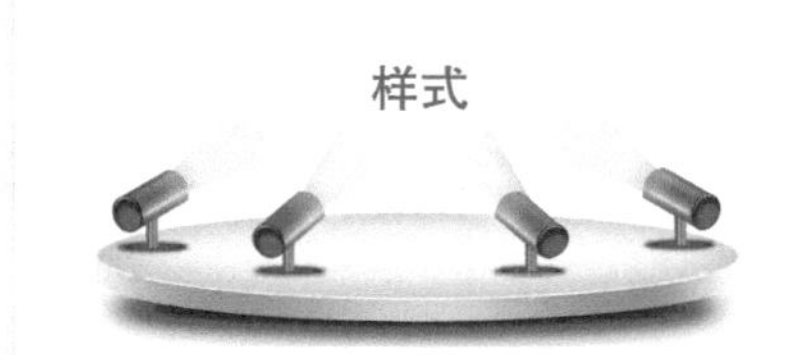

样式有什么用呢？很多人只知道样式在Word功能区占据着黄金席位，不仅在【开始】菜单栏中，而且还占地儿最多！可是对具体怎么用，却一知半解。

样式其实是字符格式和段落格式的集合，在编排重复格式时反复套用样式，就可以避免对内容进行重复的格式化操作。可以说，样式是所有排版自动化的基础。

3.4.1　样式的价值

样式最大的价值就是**避免重复操作**。以前，设置一个标题格式需要几步？选中标题→字体“黑体”→字号“小三”→段落“居中”→回车。至少5步，甚至5+***n***步。

试想，一篇文档有***m***个这样的标题要设置，全篇文档仅标题格式设置，就需要***m***×***n***个步骤。

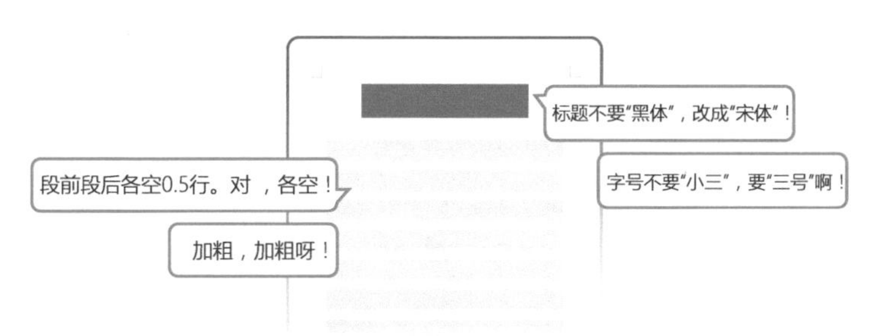

如果你有一点Word基础，第一个标题设置完后，剩下的标题用格式刷一路刷下来也不是不可以，这说明你已经意识到要提高自己的工作效率了，这样非常好！遗憾的是，当你将文档完成以后，导师或领导说你的文档标题格式不规范，要重新修改一遍。标题不要“黑体”要“宋体”，字号不要“小三”要“三号”，而且还要“加粗”，段前段后各空0.5行。怎么办？再循环***m***×***n***个步骤？这个时候，即使有格式刷也救不了你！更恐怖的是，这只是一个级别的标题，还有很多其他级别的小标题，每一个标题回车以后的正文内容，肯定都要再重新设置一遍格式，再重复***m***×***n***个步骤？虽然重复是一种力量，但它绝对不是用在这个地方的！

所以，这个时候拿什么可以拯救你？样式！只有样式！！！样式是什么呢？样式就是让***m***×***n***（个步骤）=1（次操作）。**只要是应用了同一个样式的内容，只需修改一次样式格式，所有套用了此样式的内容格式就都会同步更改。**

除此之外，样式还会自动形成大纲结构，这也就奠定了样式是**一键生成目录、文档结构导航、Word一键转成PPT、轻松汇总*n*篇文档**的必要基础。这些功能是怎么实现的呢？我们会在相应的章节中进行详细介绍。

好了，对样式有了一定的了解之后，接下来我们说一说该怎么用好样式。

3.4.2 套用和修改样式

其实在内置样式中，我们最常用的样式就这么几个：

【正文】、【正文缩进】、【标题】、【标题1】、【标题2】、【标题3】，再有的话就是【标题4】。

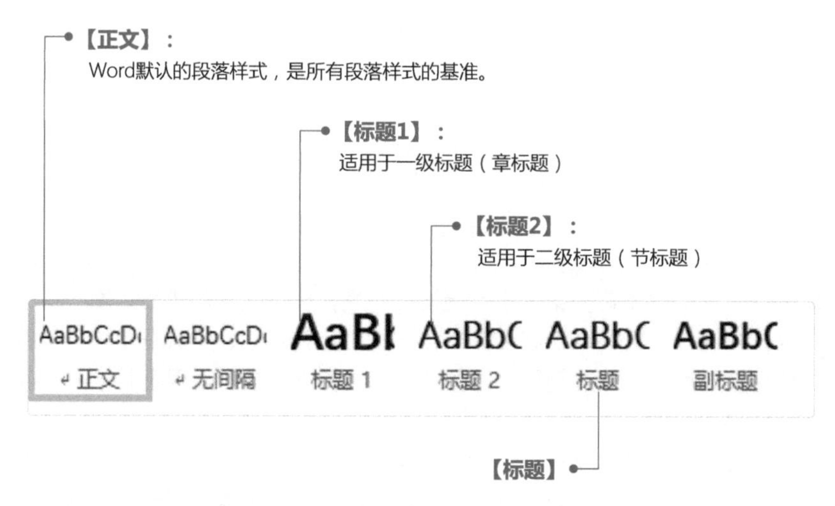

（在【开始】→【样式】功能区，在样式库中默认只显示16种内置样式。关于其他样式的调用，我们会在3.4.3节进行详细介绍。）

如何直接应用Word的这些内置样式呢？

1. 套用样式

直接套用内置样式非常简单，只需要选中标题，单击样式命令即可。

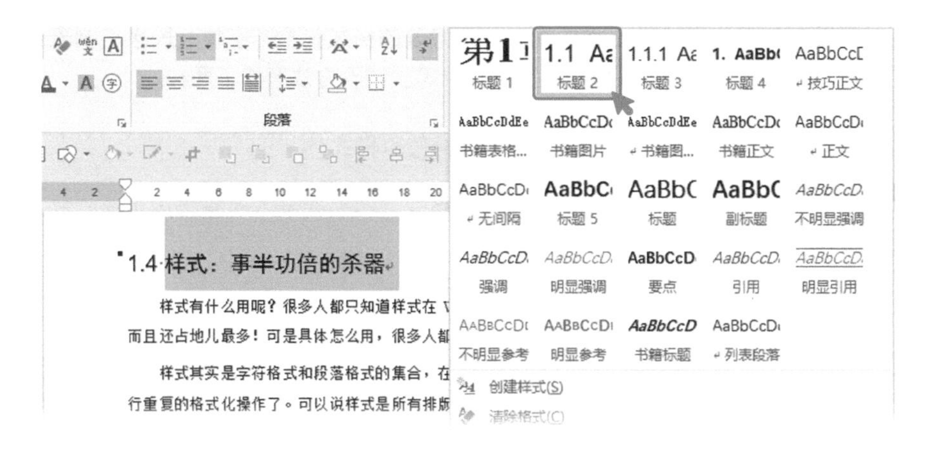

Tips：如果已经为所有的标题设置过统一的格式，那么可以一键选中所有标题，然后直接单击标题样式命令，就可以给所有标题套用样式了！

快速选择技巧：

首先选中一个标题，然后在【开始】→【编辑】中单击【选择】的下拉按钮，选择【选定所有格式类似的文本(无数据)】即可。

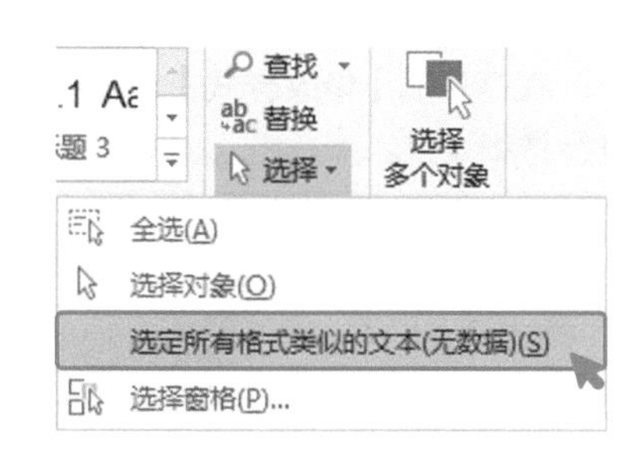

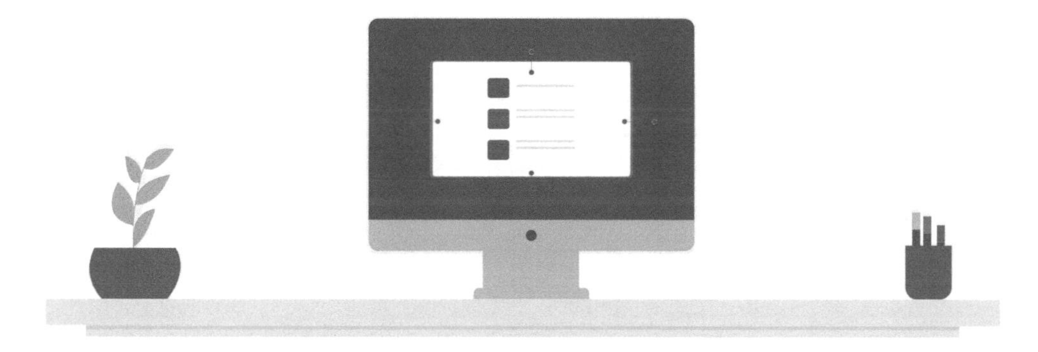

2. 修改样式

大部分内置样式是不符合排版要求的，直接套用的话整体效果会显得非常丑。所以，就需要对套用的样式进行格式修改。可修改的格式包括：字体、段落、制表位、边框、语言、图文框、编号、快捷键、文字效果等。修改方法有如下两种。

方法一：直接修改样式

我们可以在录入内容前，先修改好样式格式，然后在录入时直接应用该样式即可，方便、快捷。

这里以修改【标题1】样式为例：

将光标置于【标题1】之上，单击鼠标右键，选择【修改】。

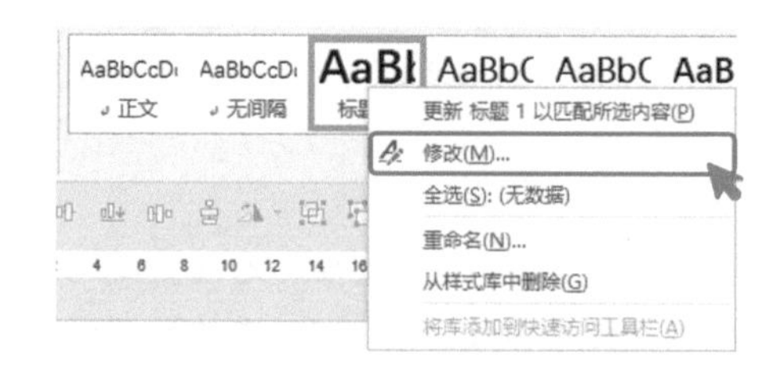

在打开的【修改样式】对话框中，单击左下角的【格式】按钮，即可按要求对标题进行详细设置。

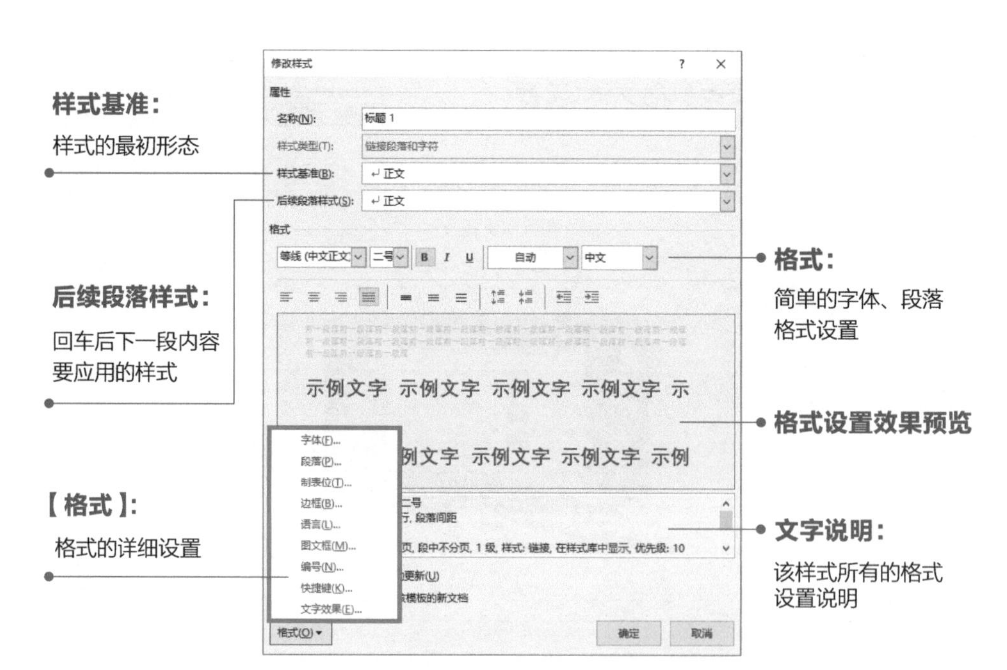

一般用得最多的就是【字体】和【段落】，直接单击对应的命令按钮，即可打开相应的对话框进行设置。

注意事项：

我们可以在这里单独设置中英文字体效果。有些类型的文书会特别要求：中文用"宋体"，英文用"Times New Roman"。只要在这里设置好以后，Word会自动匹配相应的字体内容。

Tips：如果觉得在【字体】下拉列表中寻找相应的字体很麻烦，则可以直接在内容框里面输入字体名称。

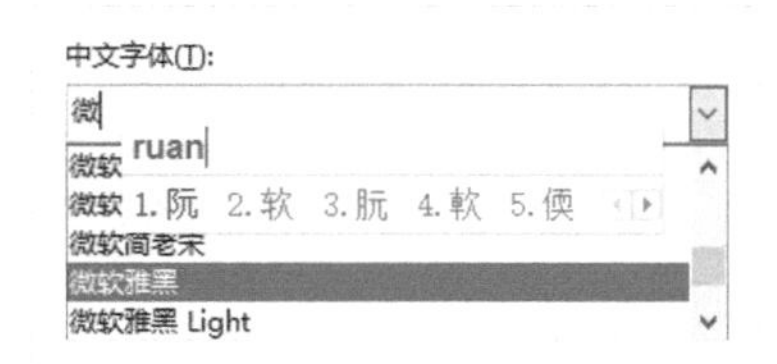

知识点拓展：【自动更新】的意义

在【修改样式】对话框的下方有一个【自动更新】复选框，如果勾选它，那么只要应用了该样式的文本内容有一项发生了改变，其他所有应用了该样式的文本内容就都会即刻同步更新。

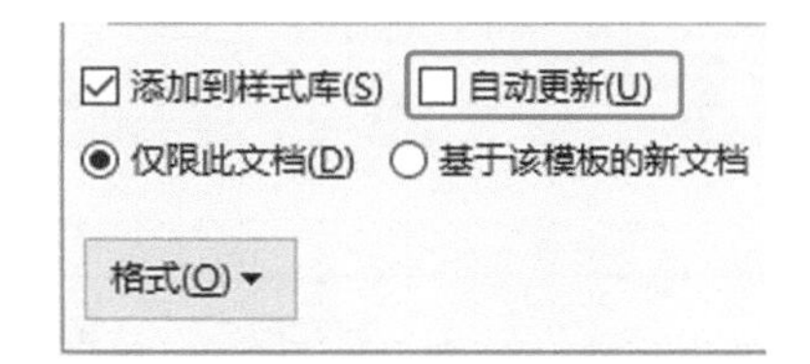

所以，建议标题类样式勾选此复选框，这样只要有一个标题更改了格式，其他所有该样式下的标题就都会自动更新。

但是正文样式不要勾选该复选框，因为正文内容往往会有局部的格式调整，并不需要应用于全文。

大纲级别：

标题和标题1对应“1级”，标题2对应“2级”，依此类推。其他非标题类内容均选择“正文文本”。

大纲级别就是一键生成目录、文档结构导航、Word一键转成PPT等功能的依据。

对齐方式：

一般标题会选择“居中”，其他的都选择“两端对齐”。

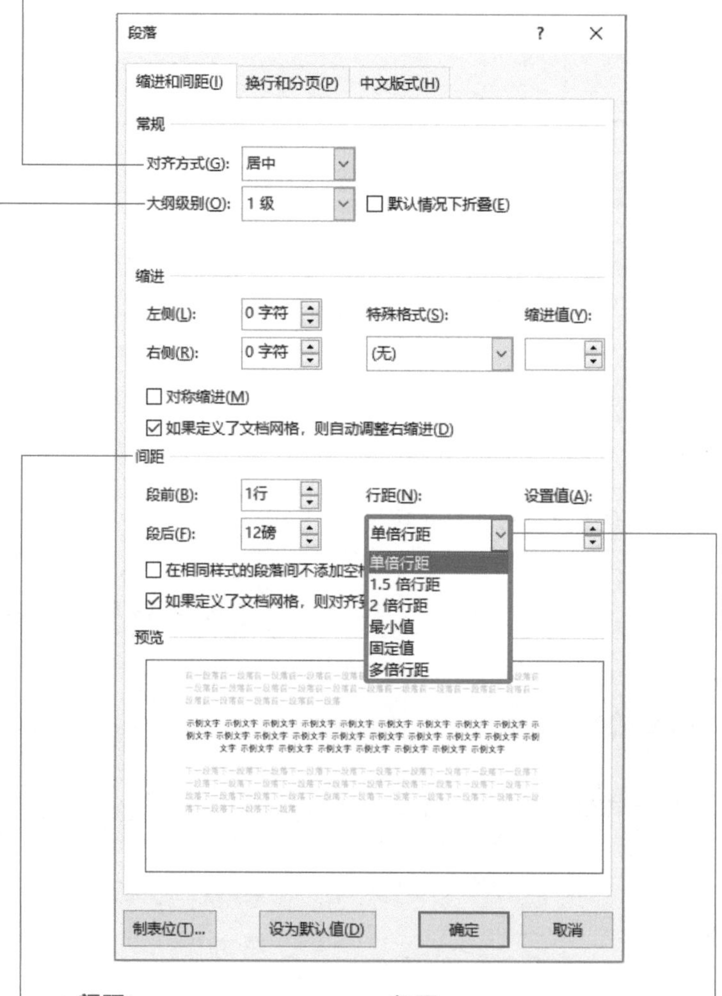

间距：

间距一般有两种度量单位，行和磅。需要更改数值时，直接在内容框中输入相应的文字即可。

行距：

选择“固定值”时，可以设置磅数。选择“多倍行距”时，可以设置非整数倍行距（例如：1.15倍行距）。具体用哪种，根据具体的排版要求而定。

方法二：更新以匹配所选内容

第二种方法更加方便、快捷：

在文章中为标题设置好格式以后，选中标题，然后将光标置于样式之上，单击鼠标右键，选择第一项【更新 标题1 以匹配所选内容】即可。

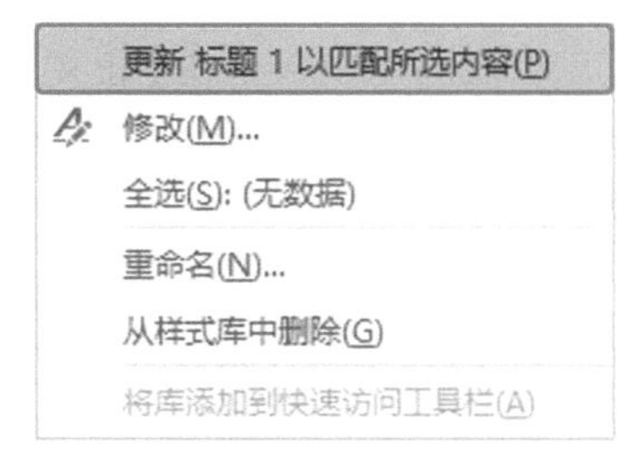

这样样式的格式就会自动匹配所选标题的格式！

注意：如果是写论文的话，也要记得给中英文摘要、附录、致谢等大标题套用“标题”样式。总之，只要是需要在目录中出现的标题，就统统都要套用样式。

3.4.3　显示隐藏样式

在【开始】→【样式】功能区，在样式库中默认只显示16种内置样式。如果要给三级标题设置【标题3】样式，给四级标题设置【标题4】样式，给正文设置【正文缩进】样式，这个时候就需要调出那些隐藏的样式了。

1. 快速调出【标题3】、【标题4】样式

Step1

单击【样式】组右下角的“命令启动器”按钮，打开【样式】窗格。

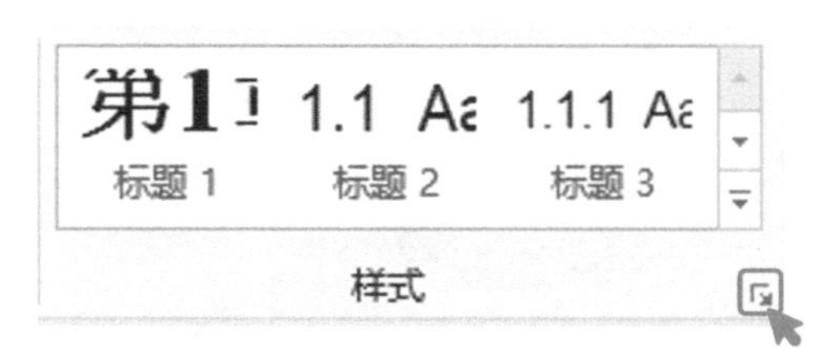

Step2

单击【标题2】即可快速调出【标题3】，单击【标题3】即可快速调出【标题4】，依此类推。而且新出现的【标题3】、【标题4】样式会同步显示在样式库里。

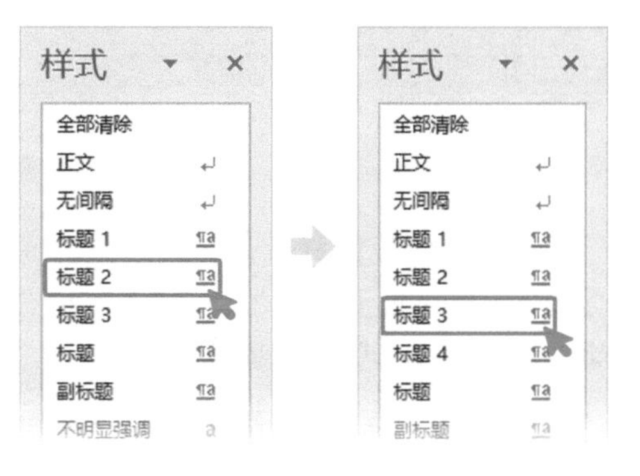

2. 快速调出【正文缩进】样式

【正文缩进】样式就是在【正文】样式的基础上添加了首行缩进两个字符，比较符合我们的中文排版习惯。

【正文缩进】样式不能像【标题3】、【标题4】样式那样显示在【样式】窗格中，要单击下方的【管理样式】按钮，打开【管理样式】对话框。

在【管理样式】对话框中，切换至【推荐】窗口，找到【正文缩进】样式，单击【指定值】按钮，设为1级，然后单击【显示】按钮和【确定】按钮即可。

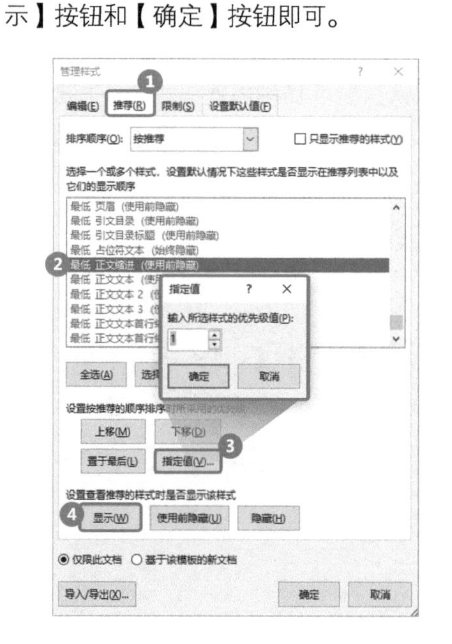

刚调出的【正文缩进】样式不能直接显示在样式库中，要在“样式”窗格中进行二次设置。单击【正文缩进】样式右侧的下拉按钮，选择最后一项【添加到样式库】即可。

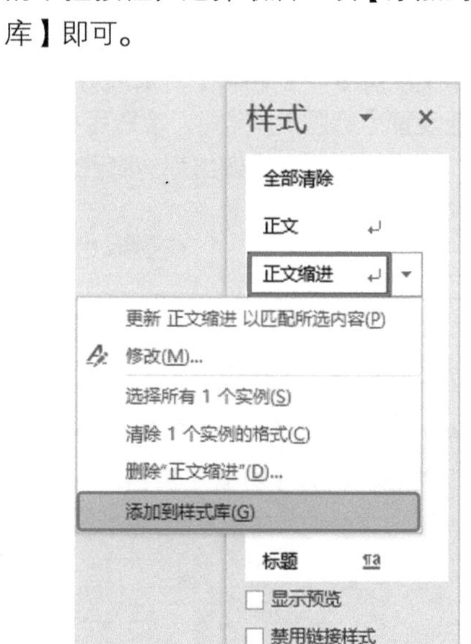

3. 删除样式

对于不需要的样式，删除起来非常简单。将光标置于样式之上，单击鼠标右键，选择【从样式库中删除】即可。

Tips：*启动“样式”窗格快捷键：*<Alt + Ctrl + Shift + S>。

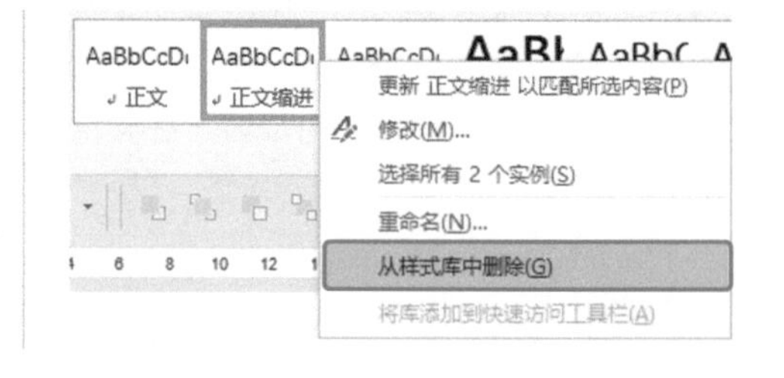

3.4.4　新建样式

内置样式并不能完全满足我们的实际需要，这时就要自己创建样式了。例如正文内容，建议大家不要使用Word默认的【正文】样式，因为【正文】样式不能轻易修改。

【正文】样式是Word中所有内置段落样式的基础，一旦【正文】样式发生了变化，就会牵一发而动全身，所有的样式都会跟着变化，也会影响我们已经设置好的标题样式的格式。

所以，对于正文内容建议大家使用【正文缩进】样式，或者新建样式，我个人比较推荐后者。因为【正文缩进】样式找起来挺麻烦的。

方法一：先新建样式，再设置格式

Step1

单击【样式】旁边的下拉按钮，打开样式库的拓展面板，选择【创建样式】。或者打开“样式”窗格，单击左下角的【新建样式】按钮，同样可以新建样式。

Step2

在打开的【根据格式化创建新样式】对话框中，为新样式命名。

然后单击【修改】按钮，按照要求设置格式，完成后单击【确定】按钮即可。

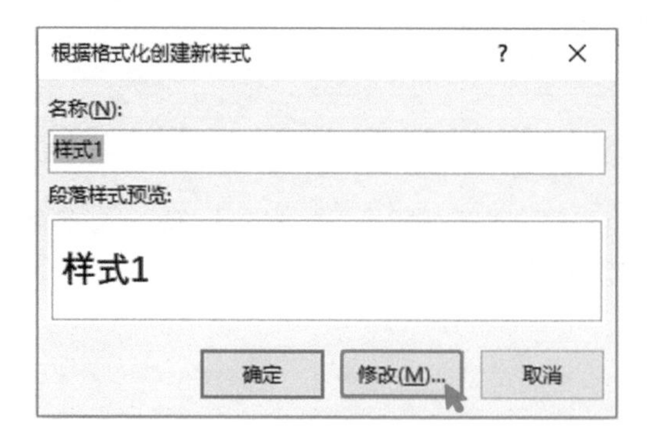

名称：

新样式的命名非常重要，原则就是样式代表什么就命名为什么。例如"标书正文""论文正文"等，这决定了后期我们是否能够快速找到该样式并应用。

样式类型：

样式类型有5种：**段落、字符、链接段落和字符、表格、列表。**

其中最常用的有3种：**段落、字符、表格。**

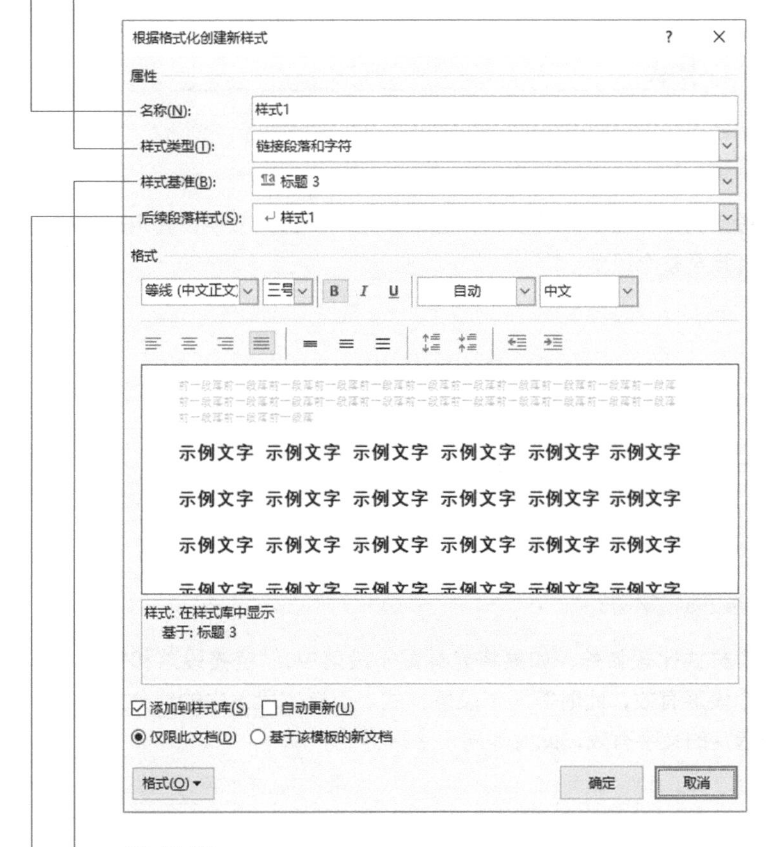

样式基准：

样式基准选择正文。

后续段落样式：

后续段落样式指该段内容回车后，下段内容自动套用的样式。此处一般选择新建的正文样式，例如新建样式命名为"标书正文"，则【后续段落样式】就选择"标书正文"；新建样式命名为"论文正文"，则【后续段落样式】就选择"论文正文"。

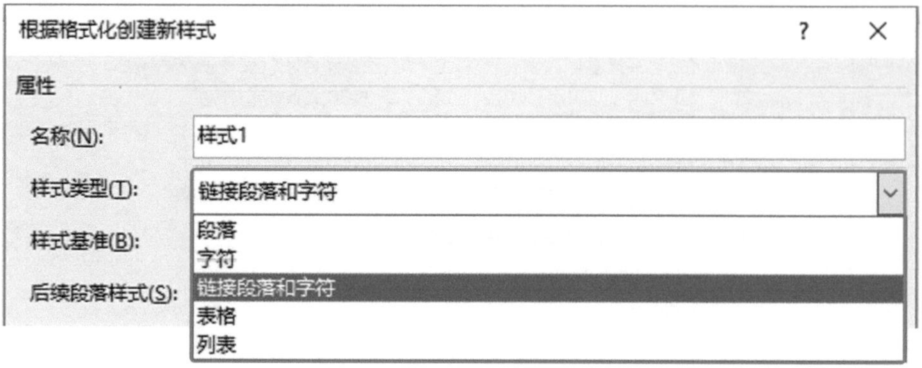

根据格式化创建新样式 ? ×

属性

名称(N): 样式1

样式类型(T): 链接段落和字符

样式基准(B):

后续段落样式(S):

段落
字符
链接段落和字符
表格
列表

段落样式：

以段落为最小套用单位。即使选取段落内一部分文字，套用时该样式也会自动套用至整个段落。

字符样式：

以字符为最小套用单位。换言之，它仅用于所选的文字。

链接段落和字符：

这类样式比较特殊，如果将光标置于段落中，“链接段落和字符”样式会对整个段落有效，此时等同于段落样式。而选定段落中的部分文字时，其只对所选定的文字有效，此时等同于字符样式。

表格样式：

只有选取表格内容时，才能创建该类样式。创建后，此类样式不会显示至样式表中，而是显示在【表格工具】→【设计】→【表格样式】区域内。关于此内容第5章会详细介绍。

如果你实在搞不清楚也没关系，大部分时候只要使用默认的样式类型即可。

方法二：先设置格式，再新建样式

我们也可以先按照要求，为正文内容设置好字体和段落格式。然后选中内容，单击【新建样式】按钮，做好重命名即可。这样就省去了在【根据格式化创建新样式】对话框中分别设置【字体】和【段落】格式的麻烦。

除了这些文字格式的样式，还可以**创建图片样式、表格样式、公式样式**等。总之，对于文章中要频繁使用的格式设置，都建议创建样式。

3.4.5　自定义样式快捷键

一篇规范的自动化文档，往往会用到七八种样式。那么如何又快又好地使用这些样式呢？在使用样式时，重命名与快捷键更配哦！

Step1

单击【修改样式】对话框左下角的【格式】按钮，选择【快捷键】。

字体(F)...
段落(P)...
制表位(T)...
边框(B)...
语言(L)...
图文框(M)...
编号(N)...
快捷键(K)...
文字效果(E)...

Step2

打开【自定义键盘】对话框，在【请按新快捷键】中按下一组未指定的快捷键，例如给“标题1”设置<Alt+1>快捷键（注意：不是手动输入Alt的，而是直接按<Alt>键）。然后单击【指定】→【关闭】按钮即可。

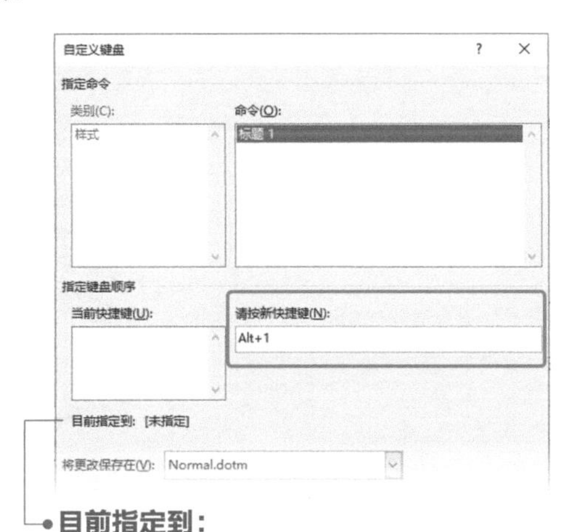

目前指定到：

如果输入的快捷键跟Word系统已存在的快捷键重复，此处会显示该快捷键的指定含义。

修改样式
属性
名称(N): 标题 1 Alt+1
样式类型(T): 链接段落和字符
样式基准(B): (无样式)
后续段落样式(S): 书籍正文

即使快捷键设置得太多记不住也没关系，直接在样式命名时带上快捷键即可。例如：“标题1 Alt+1”，代表这是“标题1”样式且快捷键为<Alt+1>。

这样使用快捷键，会让你的操作如虎添翼！

3.4.6 复制样式

假如你看到别人文档的样式设置得很规范，想要直接拿来用，那么直接复制过来就好了。

Step1：打开【管理器】

单击【样式】右下角的“命令启动器”按钮，打开“样式”窗格，单击【管理样式】按钮。

在【管理样式】对话框中，单击左下角的【导入/导出】按钮，即可打开【管理器】对话框。

Step2：打开文件

在【管理器】对话框中，左侧默认是自己的文档，只要在右侧打开目标文档即可。

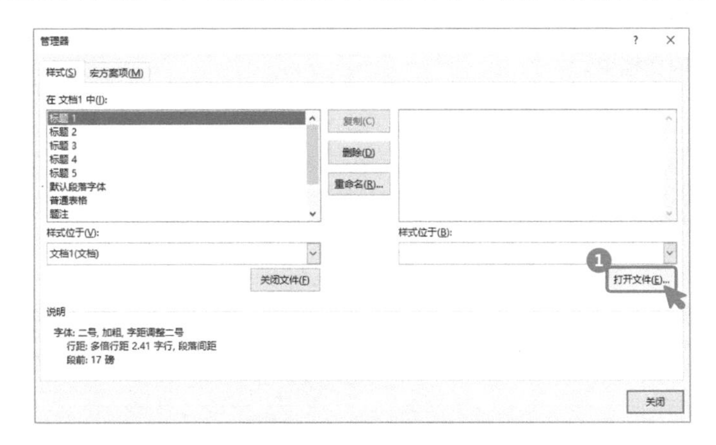

首先单击右侧文档的【关闭文件】按钮，清空原内容，然后单击【打开文件】按钮。

文件类型选择【所有文件】，找到目标文件，单击【打开】按钮即可。

Step3：复制样式

在右侧打开目标文档后，其所有的样式都会显示在内容面板里。按住<Ctrl>键，同时选中目标样式（这里以自定义的书籍样式为例），单击【复制】按钮，目标样式就会同步复制到自己的文档中。

复制完成后，单击右下角的【关闭】按钮，直接关闭【管理器】对话框即可。此时复制的所有目标样式就会显示在样式库中！

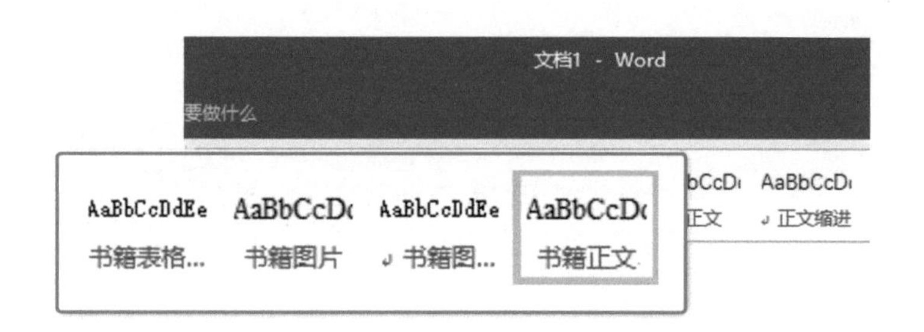

复制样式功能不仅可以帮助我们站在巨人的肩膀上，而且也是计算机二级考试常考的内容，所以要加油！

险境　3.5　项目符号与多级列表

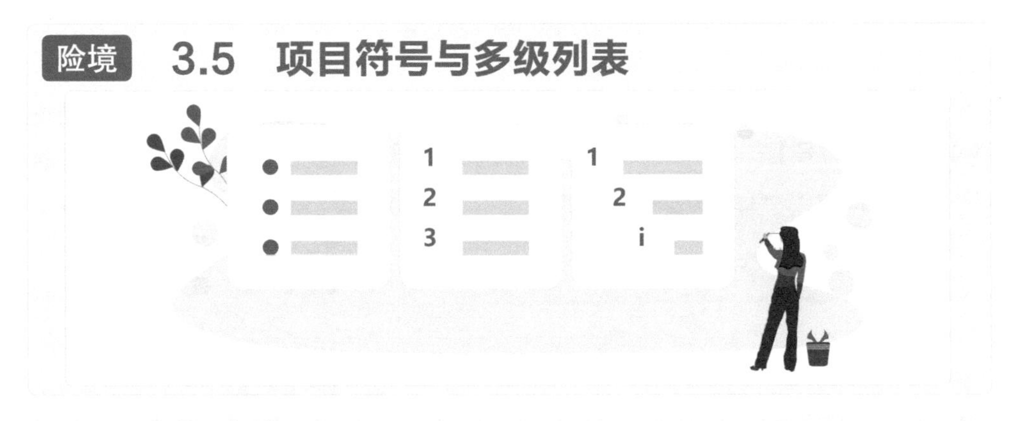

3.5.1　项目符号与编号

在【开始】→【段落】中，第一排的前两个命令即是【项目符号】和【编号】。这两个命令用起来非常简单，但在Word排版中却占有举足轻重的地位。

1. 项目符号

项目符号是一种平行排列标志，表示在某项下可有若干条目。项目符号本身并没有实际意义，但对于视觉化呈现至关重要。例如图一和图二，哪一个内容阅读起来更舒适呢？

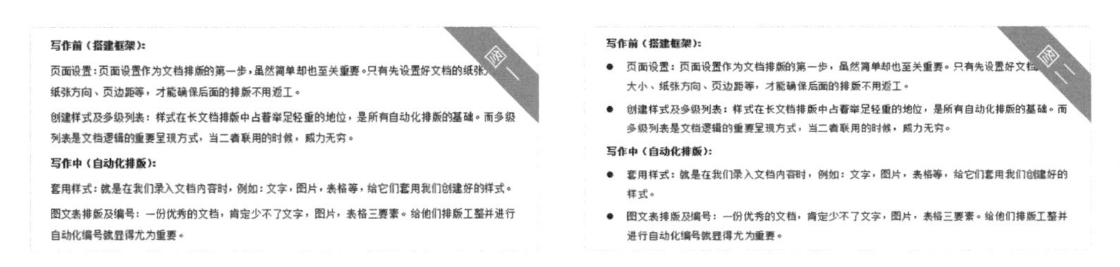

图一

写作前（搭建框架）：

页面设置：页面设置作为文档排版的第一步，虽然简单却也至关重要。只有先设置好文档的纸张纸张方向、页边距等，才能确保后面的排版不用返工。

创建样式及多级列表：样式在长文档排版中占着举足轻重的地位，是所有自动化排版的基础。而多级列表是文档逻辑的重要呈现方式，当二者联用的时候，威力无穷。

写作中（自动化排版）：

套用样式：就是在我们录入文档内容时，例如：文字，图片，表格等，给它们套用我们创建好的样式。

图文表排版及编号：一份优秀的文档，肯定少不了文字，图片，表格三要素。给他们排版工整并进行自动化编号就显得尤为重要。

图二

写作前（搭建框架）：

- 页面设置：页面设置作为文档排版的第一步，虽然简单却也至关重要。只有先设置好文档大小、纸张方向、页边距等，才能确保后面的排版不用返工。
- 创建样式及多级列表：样式在长文档排版中占着举足轻重的地位，是所有自动化排版的基础。而多级列表是文档逻辑的重要呈现方式，当二者联用的时候，威力无穷。

写作中（自动化排版）：

- 套用样式：就是在我们录入文档内容时，例如：文字，图片，表格等，给它们套用我们创建好的样式。
- 图文表排版及编号：一份优秀的文档，肯定少不了文字，图片，表格三要素。给他们排版工整并进行自动化编号就显得尤为重要。

图二只是在图一的基础上加了圆点项目符号而已，却能最大限度地帮助阅读者吸收信息。

（1）添加项目符号的方法

选中内容，依次单击【开始】→【段落】→【项目符号】。

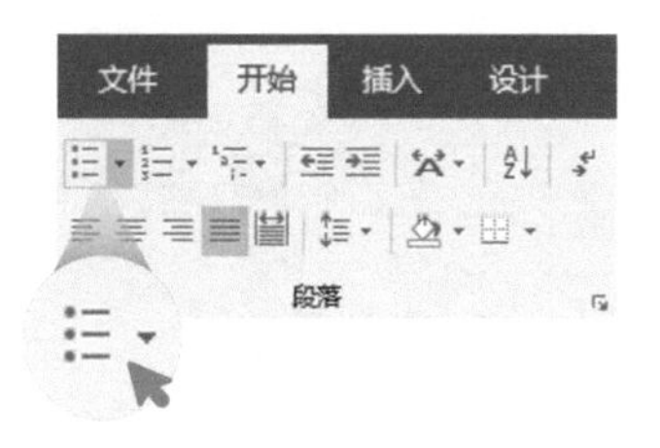

在打开的【项目符号库】中，任选一个符号即可。

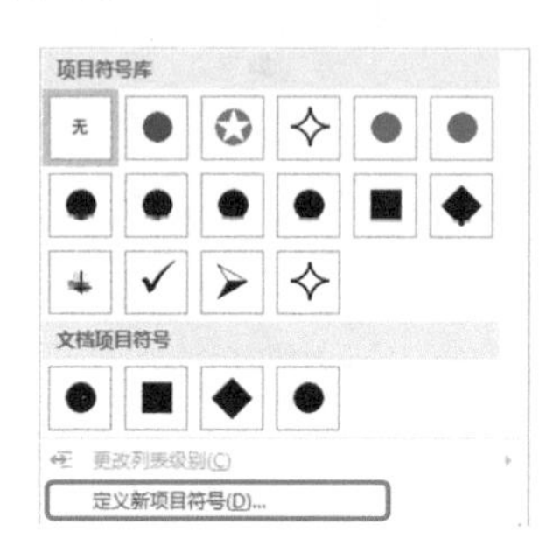

（2）自定义项目符号

如果要自定义、定制个性化项目符号，则单击【项目符号库】下方的“定义新项目符号”，打开【定义新项目符号】对话框，在这里进行自定义设置。

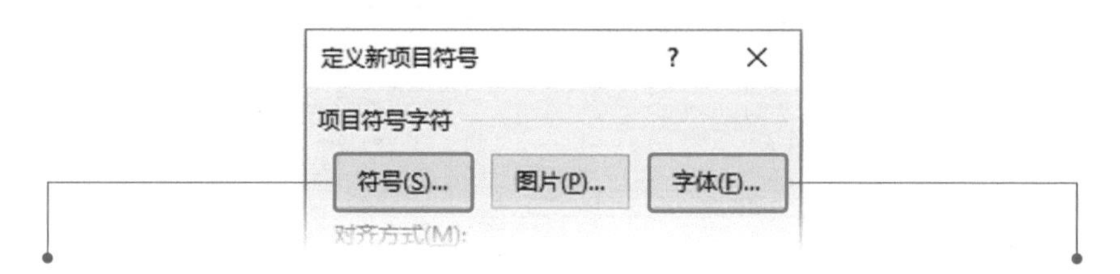

符 号：在【符号】里面选择符号的形状。

字 体：在这里自定义符号的大小和颜色。

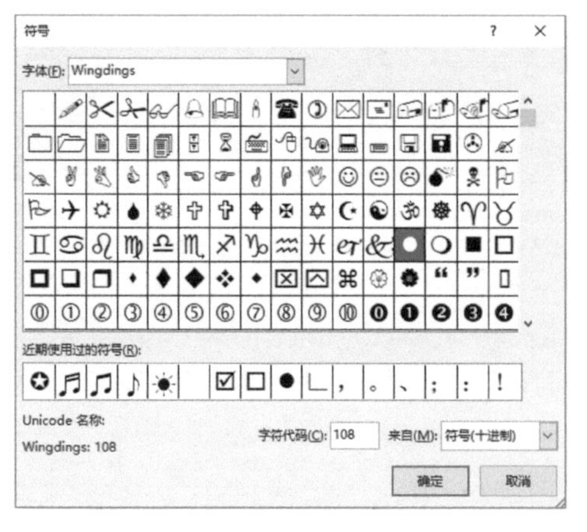

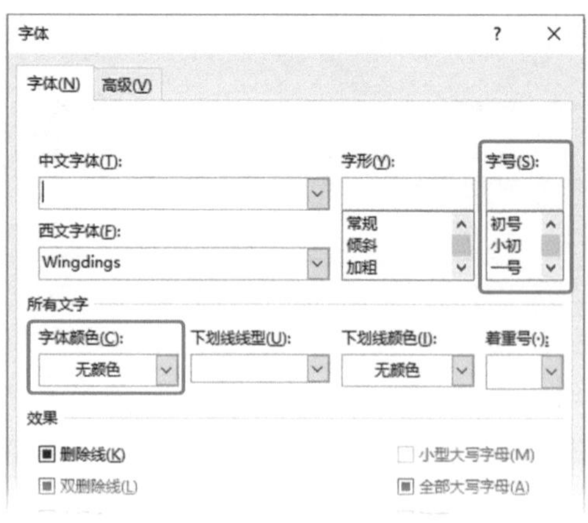

2. 编号

编号和项目符号的使用方法差不多，但是能看出先后顺序，更具条理性，方便识别条目所在位置。在排版规则条令、试题试卷时，【编号】可以帮助我们节省大量的时间和避免重复操作。

当应用了编号的项目位置发生移动或者中间有条目删除时，【编号】都能自动重新编号，保证序号的连贯性。

【编号】使用起来也非常简单：选中内容，依次单击【开始】→【段落】→【编号】。

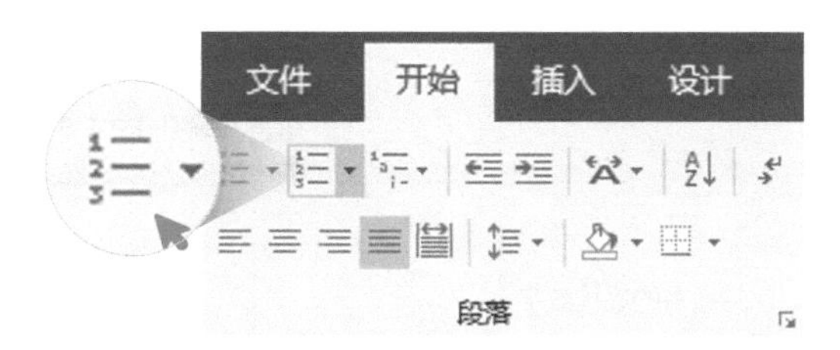

打开【编号库】，任选一种样式即可。

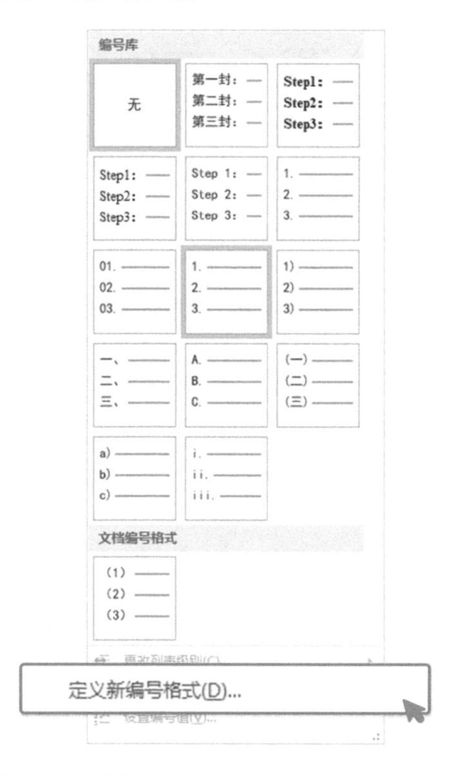

同时单击【编号库】下方的【定义新编号格式】，可以对编号进行自定义设置。

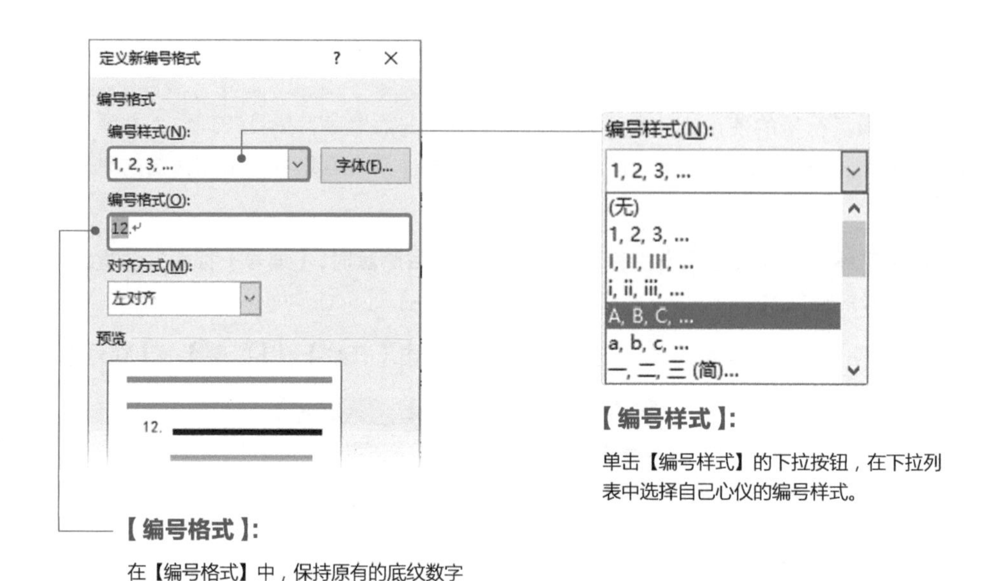

例如，在数字前后分别输入“第”和“条”，编号格式就会自动更改。

第一章　行政办公纪律管理规定

第1条 工作时间内不应无故离岗、串岗，出去办事要请假，确保办公环境的安静有序。
第2条 上班时间不要看报纸、玩电脑游戏、打瞌睡或做与工作无关的事情。
第3条 进入工作场所应及时进入工作状态，严禁在工作场合闲聊、打闹。
第4条 严禁用公司电话打私人电话或信息电话，不准占用本部电话谈论与工作无关的事。
第5条 办公室所有的办公用品、用具由行政办公室全面负责，其他部门予以配合。
第6条 未经领导批准和部门领导授意，不要索取、打印、复印其他部门的资料。
第7条 员工上下班实行打卡机考勤制度，不得迟到早退，不得代他人刷卡。
第8条 平时加班必须经部门领导批准，报办公室备案。
第9条 如请病假，需有见证人或出示挂号条/病假条，否则将一律认同为事假。
第10条 请假条应于事前交办公室，否则会视为旷工处理。
第11条 不准私自动用办公室物品，如有需要应向办公室登记并做好领取记录。
第12条 无工作需要不要进入领导办公室、实验室、财务室、会议室。

3.5.2　缩小编号与文本的间距

在使用自动编号时，经常会遇到这样的问题：编号与其后面的文本之间距离过大。其实编号与文本之间的距离是通过制表位来控制的，而制表位又与文本缩进相关联。了解了这些内容，再解决编号与文本的距离问题就轻松了。

方法一：借助标尺

首先选择需要调整的内容，然后按住标尺上的【悬挂缩进】游标，左右拖动就可以随心所欲地调整编号与文本之间的距离了。

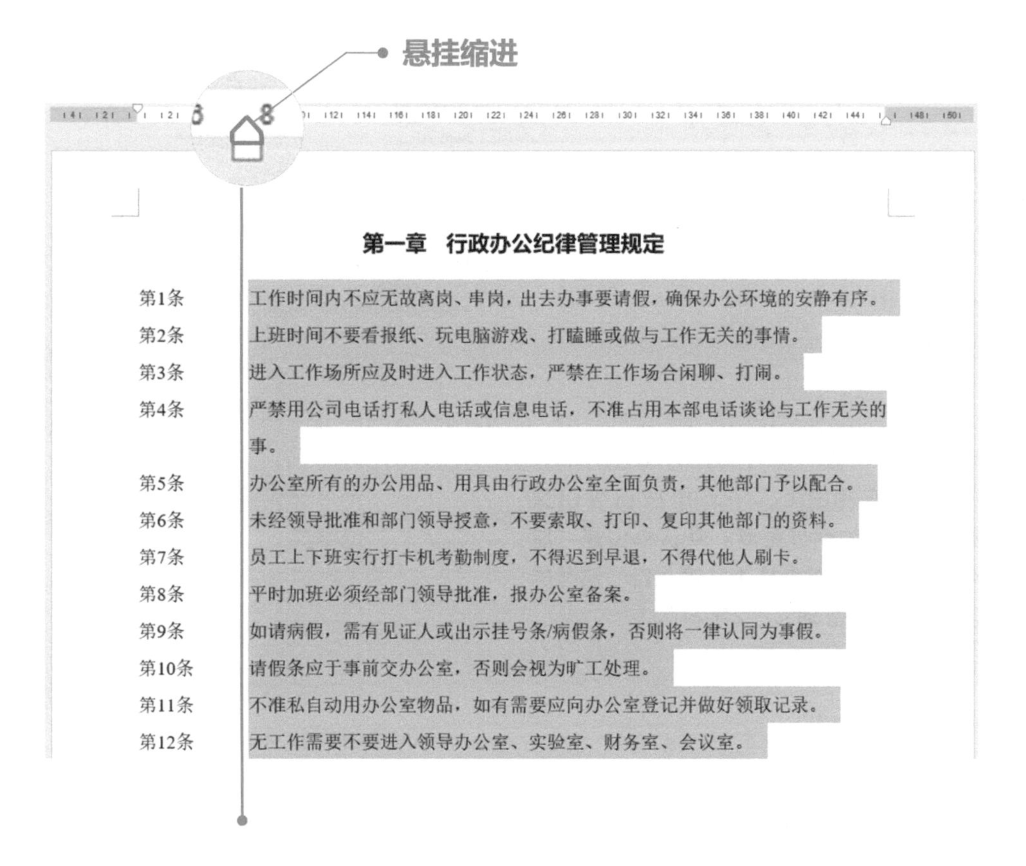

3.2.3节已经讲过标尺的妙用，不明白的读者可以往前翻查阅。

方法二：调整缩进量

首先选择需要调整的内容，然后单击鼠标右键，选择【调整列表缩进】，打开【调整列表缩进量】对话框。

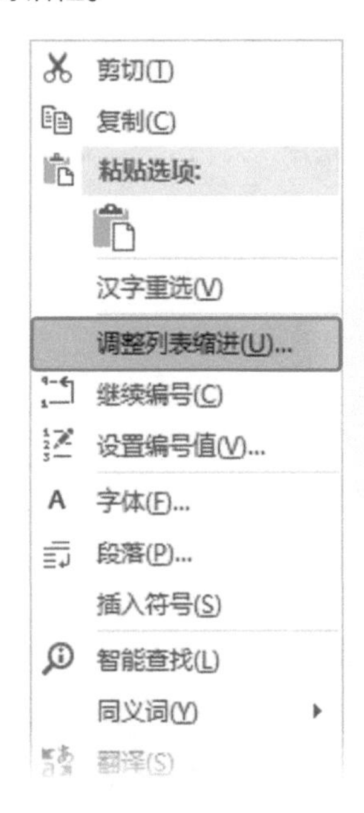

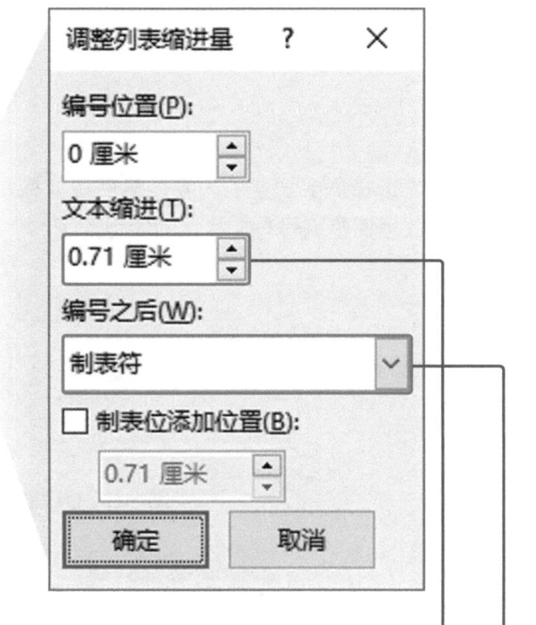

【文本缩进】：

单击右侧的上、下三角按钮可以直接调整文本的缩进距离。默认单位是“厘米”，当然也可以直接手动输入自己熟悉的距离单位，例如输入“2字符”。

【编号之后】：

单击【编号之后】右侧的下拉按钮，更改“制表符”为“空格”，这样编号与文本之间就缩小为一个空格的距离了。

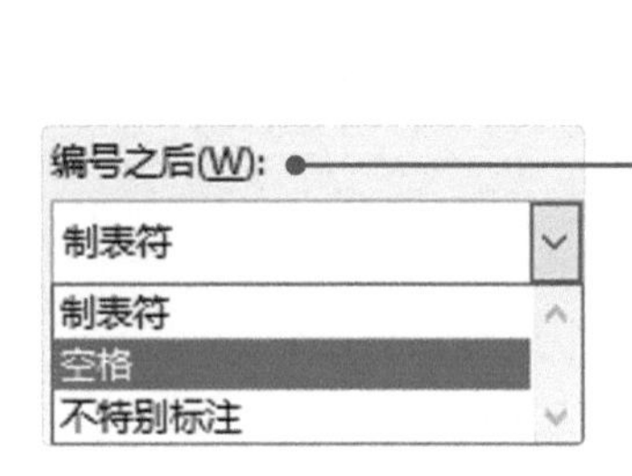

【文本缩进】和【编号之后】两个功能，只要调整其一即可。

3.5.3 多级编号简单应用

前面讲的都是同一级内容编号的简单应用，如果要对整篇文档的标题都应用编号，该怎么办呢？换句话说，你肯定遇到过这样的要求：

（六）各级标题

正文各部分的标题应简明扼要，不使用标点符号。各大部分的标题用“一、二……（或第1章、第2章……）”，次级标题为“（一）、（二）……（或1.1、2.1……）”，三级标题用“1、2……（或1.1.1、2.1.1……）”，四级标题用“(1)、(2)……”。不再使用五级以下标题。

在长文档中往往会有很多标题，不同级别的标题又都要有编号。对于多级编号大部分人都不得其法，选择手动输入。这样不仅会影响后面题注等功能的使用，而且在调整章节顺序时编号又不能自动更新，衍生出更多无意义的工作。那怎么才能用好多级编号呢？

技巧一：应用内置多级编号

选中所有标题，依次单击【开始】→【段落】→【多级列表】，然后在【列表库】中选择一种样式。

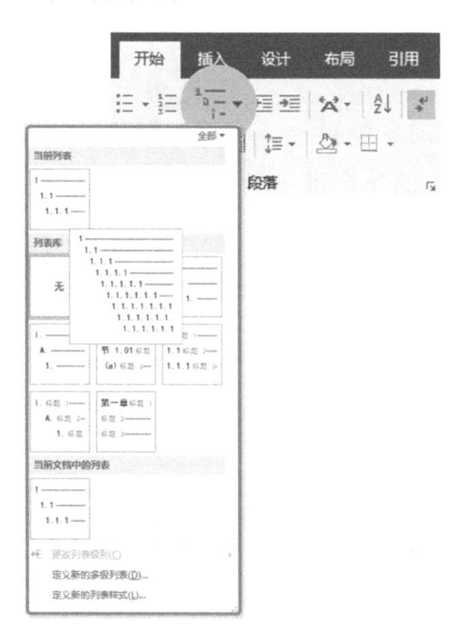

在设置了内置多级编号后会发现，文档中的所有标题应用的都是一级编号，并没有像我们预想的那样：二级标题1.1、三级标题1.1.1，为什么呢？**因为Word识别标题等级是按照标题缩进量来判断的。**

1 海宝是谁

2 一名不伟大的女性

吧啦吧啦假装有一大段话介绍，吧啦吧啦假装有一大段话介绍，吧啦吧啦假装有一大段话介绍。

3 向天歌Word讲师

吧啦吧啦假装有一大段话介绍，吧啦吧啦假装有一大段话介绍，吧啦吧啦假装有一大段话介绍。

4 为什么要关注海宝

5 学习WORD办公技巧

吧啦吧啦假装有一大段话介绍，吧啦吧啦假装有一大段话介绍，吧啦吧啦假装有一大段话介绍。

6 关注谁不是关注

吧啦吧啦假装有一大段话介绍，吧啦吧啦假装有一大段话介绍，吧啦吧啦假装有一大段话介绍。

技巧二：调整编号级别

将光标置于二级标题的前面（或者全选二级标题），单击一下【段落】里的【增加缩进量】，标题编号即会自动降一级。连续单击两下，标题编号即会自动降两级。

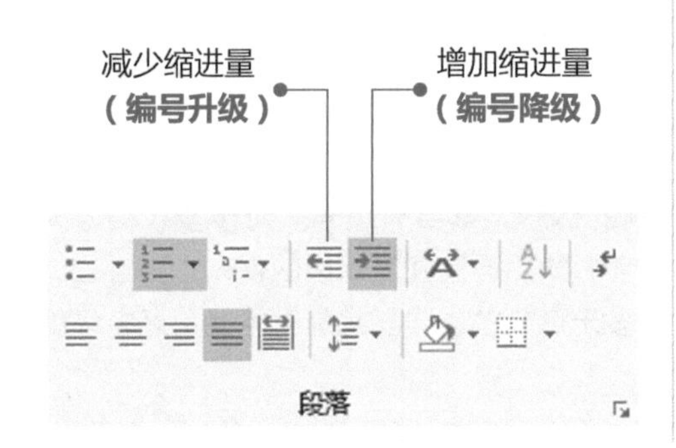

1 海宝是谁

1.1 一名不伟大的女性

吧啦吧啦假装有一大段话介绍，吧啦吧啦假装有一大段话介绍，吧啦吧啦假装有一大段话介绍。

1.2 向天歌 Word 讲师

吧啦吧啦假装有一大段话介绍，吧啦吧啦假装有一大段话介绍，吧啦吧啦假装有一大段话介绍。

2 为什么要关注海宝

2.1 学习 WORD 办公技巧

吧啦吧啦假装有一大段话介绍，吧啦吧啦假装有一大段话介绍，吧啦吧啦假装有一大段话介绍。

2.2 关注谁不是关注

吧啦吧啦假装有一大段话介绍，吧啦吧啦假装有一大段话介绍，吧啦吧啦假装有一大段话介绍。

Tips：降级快捷键：<Tab>。
升级快捷键：<Shift+Tab>。

技巧三：标题过长，分行显示

当应用了自动编号的标题过长时，分行显示排版效果更佳。但是当将光标置于标题中间按<Enter>键后，第二行的文字总是会自动应用标题编号，让人非常烦恼。

第一章 海宝是太阳系银河系蓝星
第二章 这片美丽的土地上的那个谁

正确的分行方法应该是：将光标置于文字中间，按<Shift+Enter>快捷键，插入一个手动换行符就可以了。

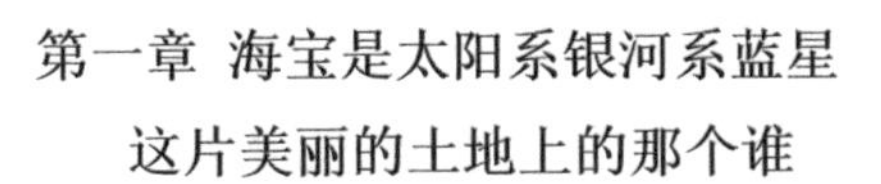

知识点拓展：**手动换行符与段落标记的区别**

手动换行符是一种换行符号，按＜Shift+Enter＞快捷键后就会出现向下箭头，该标记又叫软回车。其作用是换行显示，但它不是真正的段落标记，因此被换行符分割的文字仍然还是一个段落中的，在Word中基于段落的所有操作都是不会识别手动换行符的。

段落标记是Word中按回车键（<Enter>键）后出现的弯箭头标记，该标记又叫硬回车。段落标记是真正意义上的重起一段，在一个段落的尾部显示，包含段落格式信息。

3.5.4　编号与标题样式链接

前面介绍的方法只是多级编号的简单应用，而要实现文档整体的自动化排版，则推荐将多级编号链接到标题样式。

这里依然以通用的文档规范为例，假设文档的标题样式要求为：一级标题用“第1章、第2章、…”样式，二级标题用“1.1、2.1、…”样式；三级标题用“1.1.1、2.1.1、…”样式。

Step1：根据上一节的内容，在给标题设置好标题样式以后，依次单击【开始】→【段落】→【多级列表】　→【定义新的多级列表】。

Step2：在打开的【定义新多级列表】对话框中，单击左下角的【更多】按钮，显示完整的设置界面。

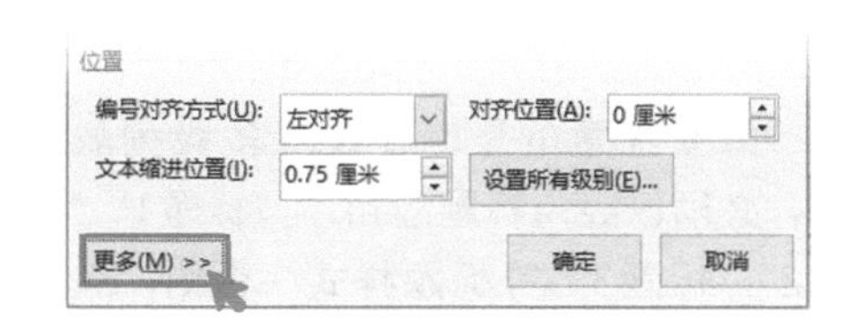

Step3：设置一级标题。

首先选中左侧的级别【1】，在【输入编号的格式】中，保持原有的底纹数字不变，手动在“1”前后分别输入“第”和“章”。

【将级别链接到样式】选择“标题1”。

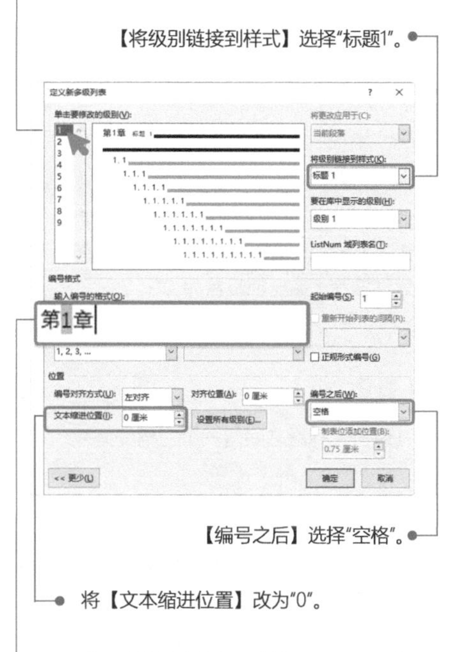

【编号之后】选择“空格”。

将【文本缩进位置】改为“0”。

这个底纹数字代表一个域，是Word系统可以自动识别的内容，**千万不能自行更改。**

Step4：设置二级标题和三级标题。

- 同理，设置二级标题，首先选中左侧的级别【2】。
- 【将级别链接到样式】选择“标题2”。
- 将【文本缩进位置】以及【对齐位置】皆改为“0”。
- 【编号之后】选择“空格”。

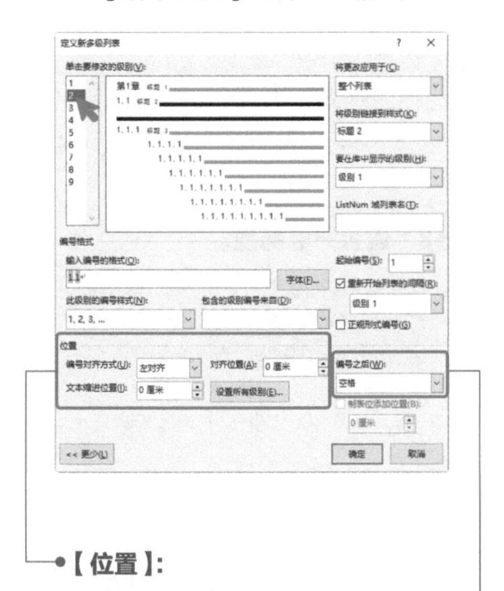

【位置】：

此处可根据实际情况进行设置。但是由于文字总是存在各种对不齐的问题，索性推荐大家全部设置为“0”。

【编号之后】：

在编号和标题之间留一个空格的间隔。

设置三级标题与设置二级标题的方法一样，选中左侧的级别【3】，【将级别链接到样式】选择“标题3”。

其他设置内容同上，完成后单击【确定】按钮即可。

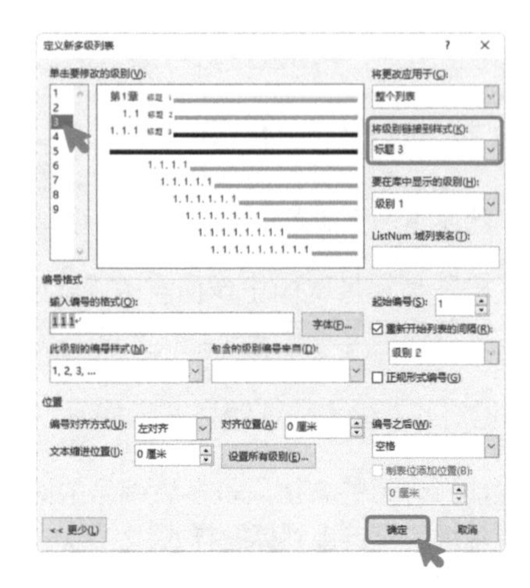

此时，样式库中的标题样式即会相应地发生变化。

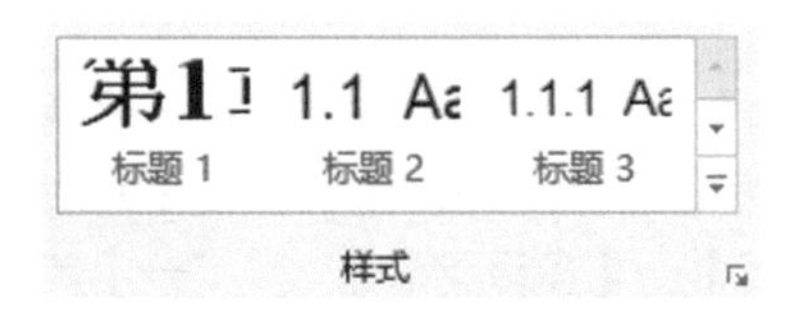

在文章中应用了标题样式的标题前面也会自动生成自定义好的编号。

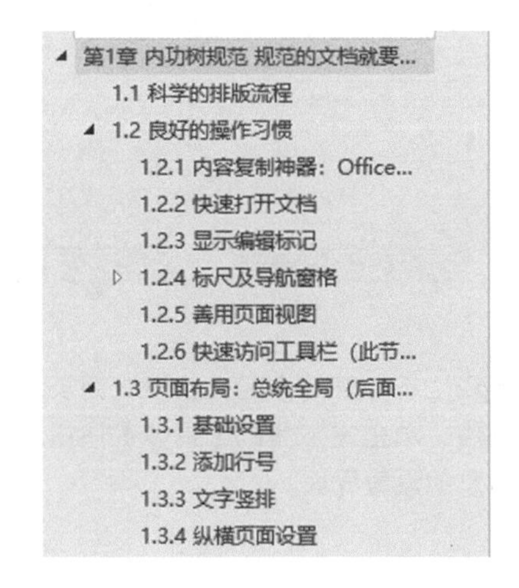

需要注意的是，在设置多级列表之前，必须已经为标题应用了“标题1”“标题2”“标题3”等标题样式；否则，编号是不能一键自动应用于全文的。

3.5.5 题注变成“图一 -1”怎么办

前面我们展示的一级标题编号都是“第1章”“第2章”等这样的阿拉伯数字格式，但是如果公文规范要求编号是“第一章”“第二章”等这样的中文小写数字格式的话，那么在给图片添加题注时，势必会遇到题注变成“图一-1”的问题，这明显不符合规范。如果希望题注依然是“图1-1”的形式，这要怎么办呢？

方法一：障眼法 —— 插入“域”

首先要清楚题注的格式是由一级标题所使用的多级编号的格式决定的。所以，只要保证一级标题的编号表面上看使用的是中文小写数字格式，而实际上与样式链接时应用的还是阿拉伯数字格式即可。这么讲大家可能有些难理解，下面直接看操作。

Step1：首先选中一级标题自动生成的标题编号“第1章”，然后按<Ctrl+D>快捷键，打开【字体】对话框，勾选【隐藏】复选框。

第1章 内功树规范

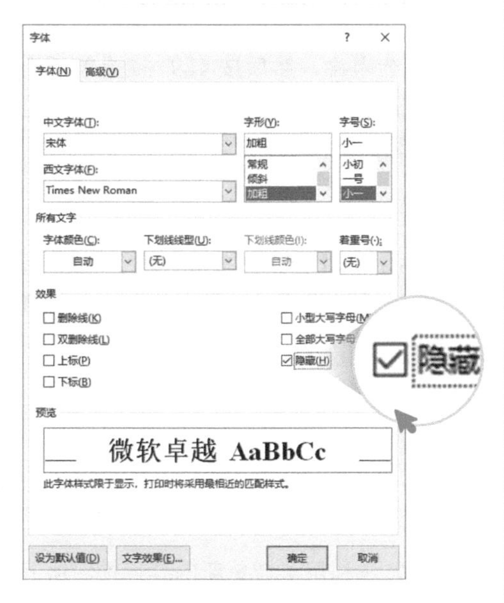

此时，自动编号“第1章”字样会被隐藏起来。

内功树规范

打开【显示/隐藏编辑标记】命令可以看到，被隐藏的文字下方会显示虚线，而且在打印时也不会被打印出来。

第1章·内功树规范

Step2：首先在标题前面输入“第”“章”两个字（蓝字部分），然后将光标置于两个字中间。

第章 内功树规范

依次单击【插入】→【文本】→【文档部件】→【域】。

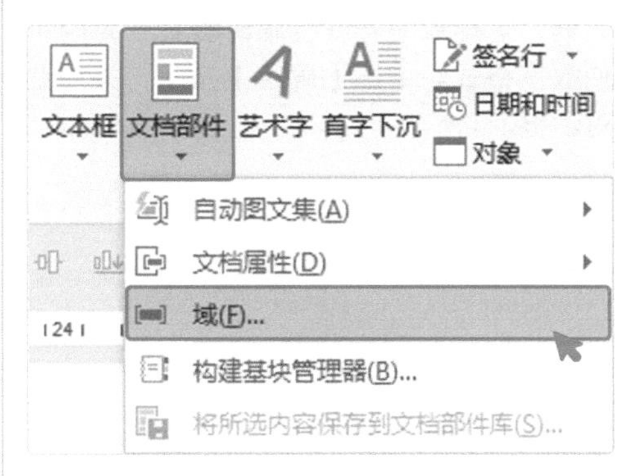

在打开的【域】对话框中，【域名】选择“AutoNum”，【格式】选择“一、二、三（简）…”，单击【确定】按钮即可。

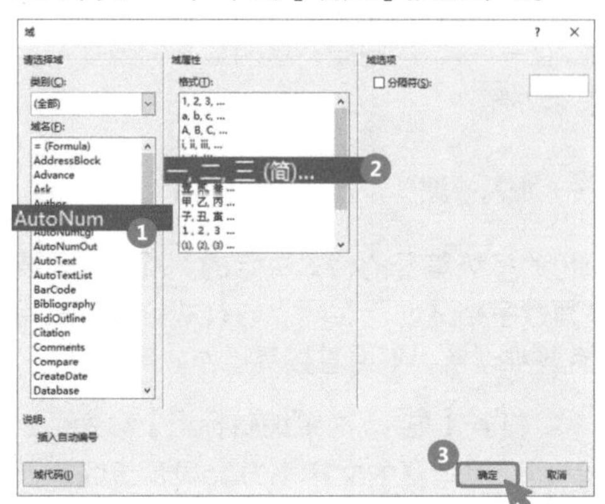

效果如下：

第一章　内功树规范

设置隐藏以后，后续章节一级标题的所有自动编号都会被隐藏；只要把插入的域文本“第一章”字样依次复制/粘贴到其他一级标题前面即可。

而且，粘贴完成以后，编号域会自动更新为“第二章”“第三章”等字样。

方法二：一次性法 —— 正规形式编号

当文档的所有题注都按照“图一-1”的形式插入完成以后，最后可以一次性更改。

Step1：选中任意标题，依次单击【开始】→【段落】→【多级列表】→【定义新的多级列表】。

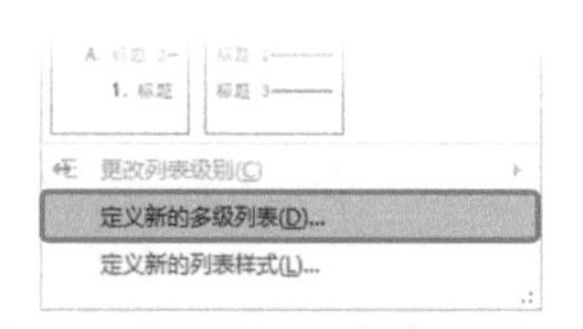

Step2：在【定义新多级列表】对话框中，选择级别【1】，勾选【正规形式编号】复选框，这样章编号就会临时被更正为阿拉伯数字格式。单击【确定】按钮，关闭此对话框。

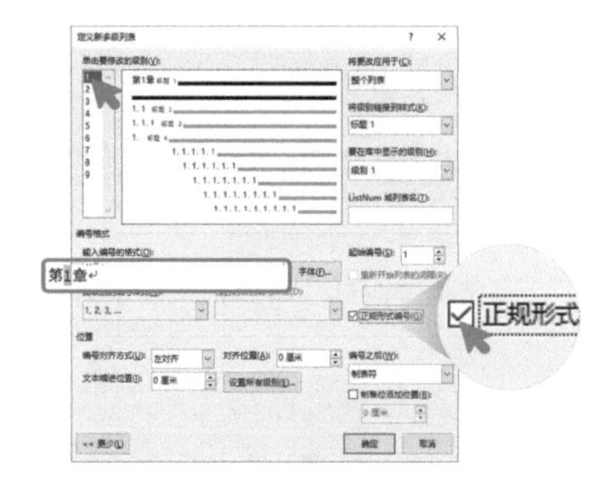

Step3：回到文档窗口，按<Ctrl+A>快捷键全选内容，然后按<F9>键更新所有域，此时所有的题注编号都会显示为阿拉伯数字格式“图 1 -1”。

Step4：打开【定义新多级列表】对话框，取消勾选【正规形式编号】复选框，使章编号恢复为中文小写数字格式即可。

声明：

此方法利用了域更新的延迟性。所以其只适用于不再对文档中的域进行更新的情况。

如果以后文档再次更新了域，题注就会再次变成“图一-1”的形式。

险境 3.6　题注、脚注和尾注

一篇专业的文档排版，肯定少不了题注、脚注和尾注。这些名字听着都很熟悉，可真要问起它们是干什么的，又很难说出个子丑寅卯来。

简单地讲，题注、脚注和尾注都是用来给文档添加注释的。不同的是，题注是给文章的图片、表格、图表、公式等项目添加自动编号和名称的；而脚注和尾注是对一些从其他文章中引用的内容或名词、事件等加以注释的。脚注和尾注的区别是：脚注放在每一个页面的底端；而尾注是放在文档的结尾处。

3.6.1　图片自动编号——题注

> 文档我都排版完了，中间还要加图片！（一级震惊）
>
> 图片编号还要再重新手打一遍！！（二级震惊）
>
> 还有第二次、第三次！！！（三级震惊）
>
> 天啊，饶了我吧！

其实，要想摆脱这个死循环的魔咒非常简单，只要给图片添加题注就可以了！题注的作用就是给文章的图片、表格、图表、公式等项目添加**自动编号**和名称。

自动编号的意思就是：**无论项目数量是否增删、位置是否移动，编号都会按照顺序自动更新**。这一节我们就以给图片加题注为例，来说一说题注的应用。

1. 给图片添加题注

Step1：在文档中插入图片以后，选中图片，然后单击【引用】→【题注】→【插入题注】。

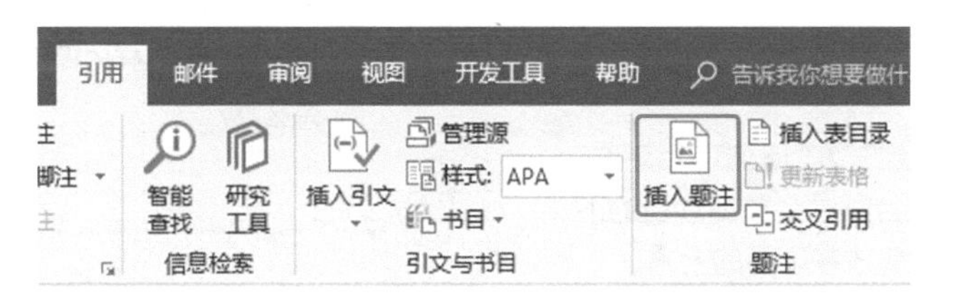

Step2：在弹出的【题注】对话框中，首先选择“标签”和“位置”。

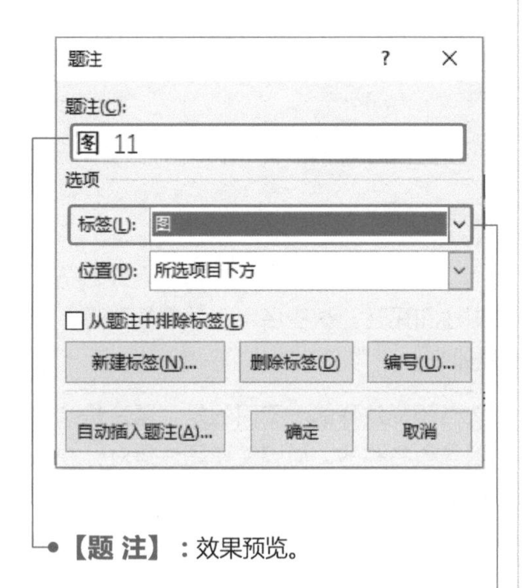

【题 注】：效果预览。

【标 签】：

根据插入的项目选择对应的标签，例如“图”“表”“公式”等。如果没有所需要的标签，则单击【新建标签】，输入对应的标签即可。

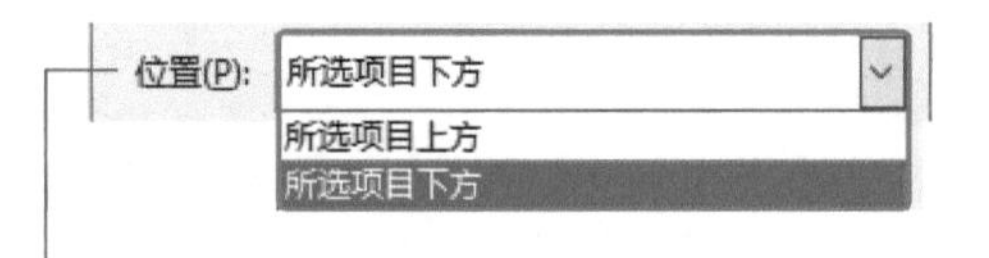

【位 置】：

有“所选项目上方”和“所选项目下方”两种。一般图片题注会放在项目的下方，表格题注会放在项目的上方。

Step3：单击【编号】按钮，弹出【题注编号】对话框。勾选【包含章节号】的复选框，单击【确定】按钮。

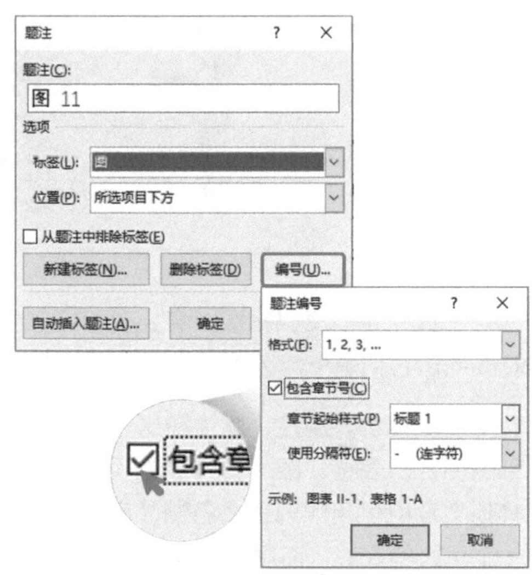

此时会发现，在“题注”的效果预览中，不仅含有标签，而且还包含了章节号。单击【确定】按钮，即完成了图片题注的插入。

但是！题注章节号显示错误！！

还附赠一个这样的提示窗口！！！

怎么办？

冷静地分析一下，“选择一种链接到标题样式的编号方案”，不就是把编号链接到标题样式吗？这个内容我们在3.5.4节 **“编号与标题样式链接”** 中刚讲过呀！

所以，若要在题注中正常地显示章节号，必须满足以下两个条件：

① 为章节标题设置了标题样式。

② 章节标题与多级列表链接。

这分别对应3.4节和3.5节的内容，不明白的读者就往前翻进行查阅，别偷懒。所以说，Word排版自动化的每一个环节都是环环相扣、紧密连接的，一个都不能少！

知识点拓展：**修改题注样式**

题注插入完成以后，最好再顺手修改一下题注样式。因为默认的题注格式是左居中，而且其字体、字号等往往也很难满足我们的要求。

Step1：选中任意一个题注，单击【开始】→【样式】右侧的下拉按钮，打开样式库。Word 会自动识别到【题注】样式。

Step2：将光标置于样式之上，单击鼠标右键，选择【修改】。关于样式的修改方法，3.4.2节已经讲得很多了，这里不再赘述。重点提醒大家：记得修改“后续段落样式”为**正文应用的样式。**

如果这部分内容学得晕晕乎乎、不明所以然，海宝老师强烈建议大家再次巩固3.4.2节和3.5.4节的内容。记住：**排版自动化的每一个环节都是环环相扣、紧密连接的，一个都不能少！**

2. 自动添加题注

在刚才打开的【题注】对话框中，可能有的读者已经注意到，其左下角有一个【自动插入题注】按钮，这个按钮好用吗？

先单击一下看看，弹出【自动插入题注】对话框。

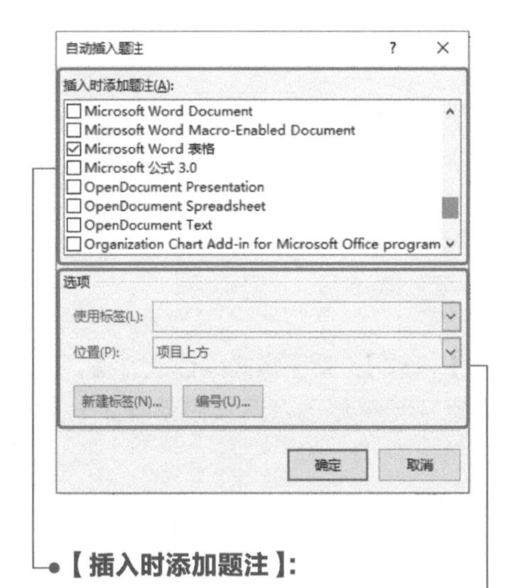

【插入时添加题注】：

这里列出了Word所支持的自动插入题注的所有文件类型，可以多选。只有当我们插入的内容属于已勾选的任一文件类型时，才能自动生成题注。

【选项】：

这些功能的设置与【题注】对话框的设置大同小异。每勾选一个文件类型，都需要单独设置一下"选项"。

例如，当勾选了“Microsoft Word 表格”时，就会启动“选项”设置区。新建一个标签“表”，位置位于“项目上方”，编号勾选“包含章节号”，然后根据提示单击【确定】按钮即可。

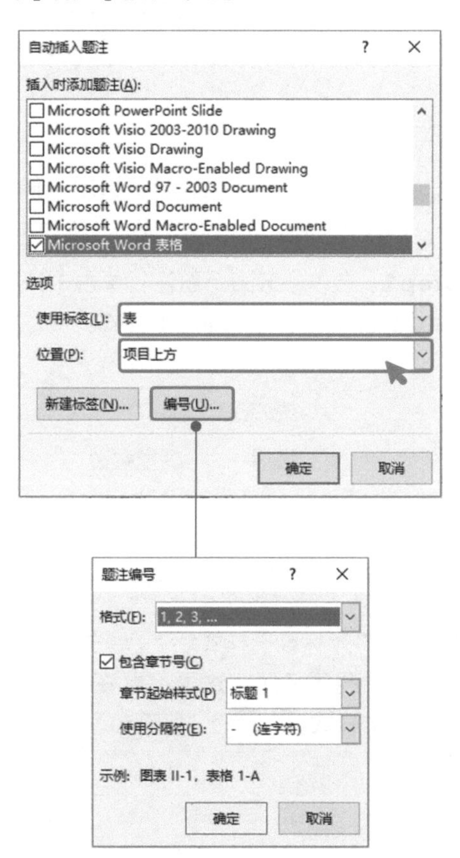

这样设置以后，每次在Word里面插入表格时，都可以自动生成题注了！

但是需要注意，只有在设置了【自动插入题注】之后插入的表格才能自动添加题注，如果是此前已经存在的表格，那么即使符合此文件类型的要求，也是不能自动插入题注的。

3. 题注编号自动更新

当文章中的图片、表格有增删，或者位置发生变化时，你会发现，咦？我们原本承诺的自动编号怎么没有一丝动静呢？这是因为，在Word中题注编号是通过域来控制的，而域的更新具有延迟性，需要借助<F9>键辅助完成。所以，每当项目内容变化时，都要选中题注，或者直接按<Ctrl+A>快捷键全选文章，然后**按<F9>键，编号才能自动更新**！

下面再介绍一下与题注总是如影随形的交叉引用。

Step1：将光标置于需要交叉引用的地方，即“如”和“所示”之间，然后依次单击【引用】→【题注】→【交叉引用】。

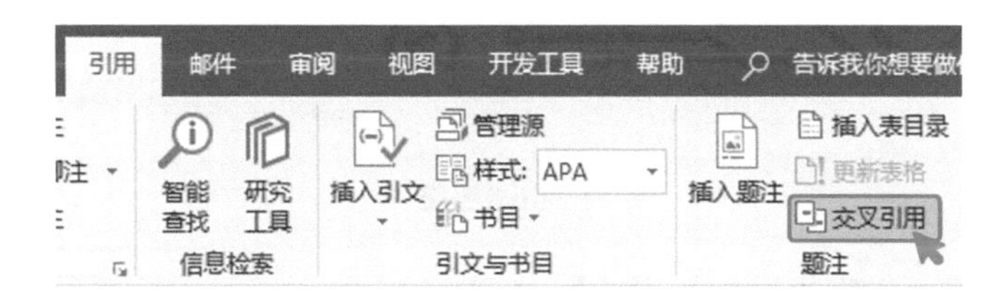

Step2：【引用类型】选择题注所使用的标签，例如“图”；【引用内容】一般选择“仅标签和编号”，单击【插入】按钮就可以了。

题注的交叉引用有两个好处：

① 交叉引用的编号随题注编号自动更新。

② 无论将【交叉引用】插入在文章的哪个位置，只要按住<Ctrl>键，单击一下交叉引用的内容，即可瞬间跳转到引用对象所在的位置。

3.6.2 内容解释说明——脚注

脚注是我们在书籍中经常能看到的，就在每一个页面的底端，标明资料来源或者对文章内容进行补充注解。

所以，当你在编辑文档时想要对某个词语或句子进行特别说明，就可以借助脚注来完成，既专业又不会打乱文章的节奏。

【脚注】：

通过一条短横线与正文区分，字号略小。

每次教授别人“身体语言”时，我都会被问及同一个问题：

“乔，最初是什么让你对身体语言产生了兴趣？”

其实，当初与身体语言结缘纯属偶然。一切都很自然，这是一种因需要而产生的兴趣，因为我需要成功地适应崭新的生活。8 岁那年，我从古巴流浪到了美国。我们是在“猪湾事件”*几个月后离开古巴的，当时以为自己只会在美国待上一小段时间，毕竟只是为了避难。

最初，我完全不会讲英语。和成千上万来美国的移民一样，我去了学校。但是，我很快发现，要想和其他同学打成一片，我必须要对周围的“其他”语言（身体语言）有所了解，甚至应该是比较敏感。我知道，这是一种我可以立即理解的语言。在一个孩子的眼中，人体就像一个布告板，通过手势、姿态、面部表情和肢体动作向人们传达一个人的思想。我能够读懂这种表达。时间一天天过去了，当然，我学会了英语，不过同时也丢掉了一些西班牙语——但是，我也学会了一种不用张口说话的语言，这种语言是我一辈子都不会忘记的，我可以一直使用它与人交流。

* 猪湾事件：1961 年 4 月 17 日，在美国中央情报局的协助下，逃往美国的古巴人向卡斯特罗领导的革命政府进行的一次武装进攻。

1. 添加脚注

Step1：选中需要插入脚注的内容，单击【引用】→【脚注】→【插入脚注】。

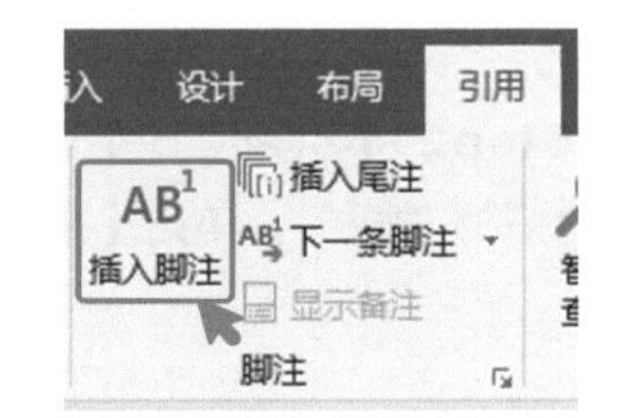

Step2：此时光标会自动跳转至页面底端，直接输入脚注内容即可。

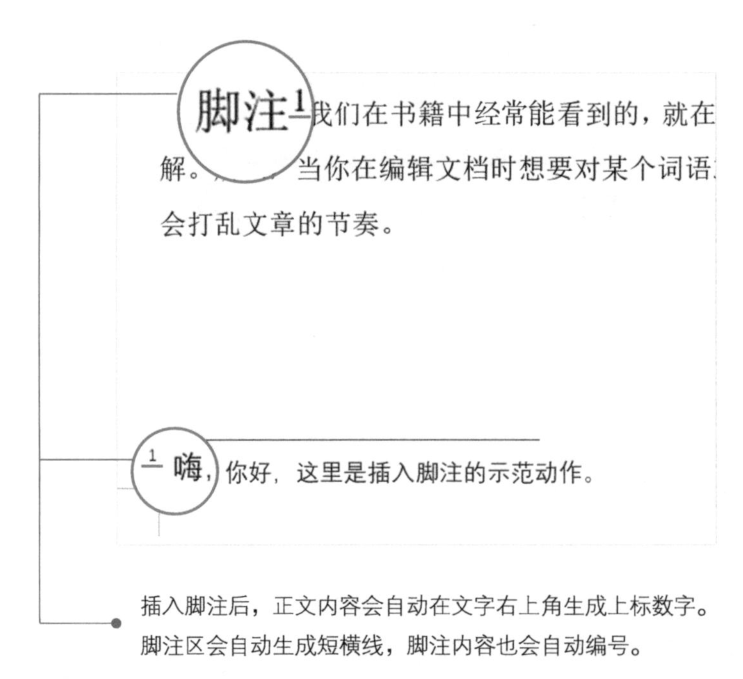

插入脚注后，正文内容会自动在文字右上角生成上标数字。脚注区会自动生成短横线，脚注内容也会自动编号。

知识点拓展：**脚注编号自动调整**

有时在一页文档中会添加多个脚注，Word会根据文中脚注的先后顺序，自动调整脚注编号。

例如，第二次插入脚注的正文内容在第一次插入脚注内容的前边，Word会自动把第二次插入的脚注编号变成1，以此保证整个页面的脚注编号都是从1开始的。

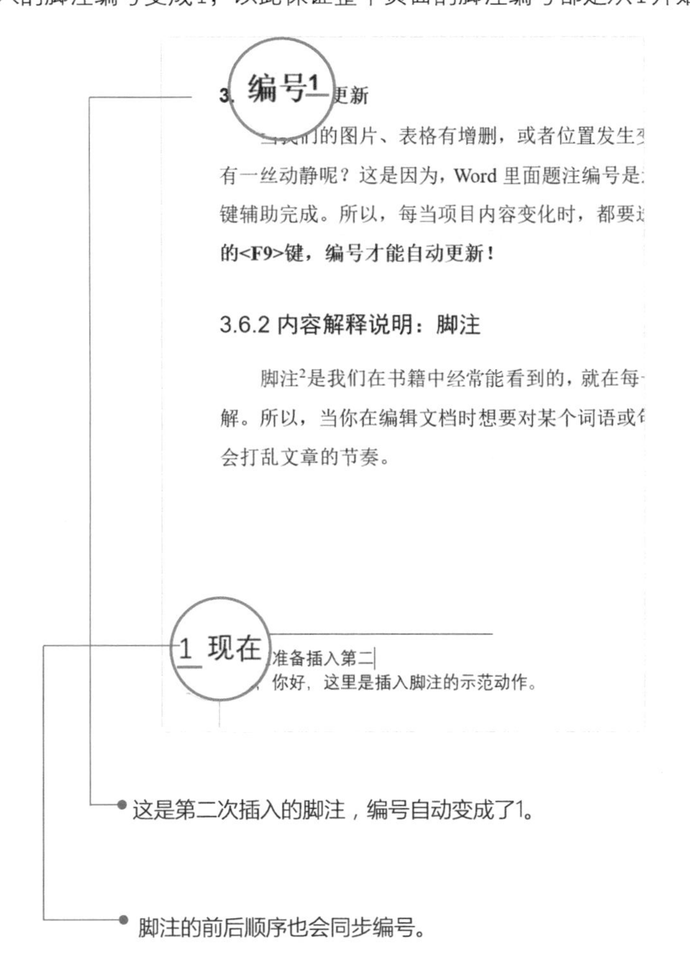

知识点拓展：**正文与脚注相互链接**

当在文章中添加的脚注较多时，一一对照正文内容与脚注进行查阅就会变得很困难。

其实，脚注编号与正文内容右上角的数字是相互链接的，双击脚注编号可以快速跳转到对应的正文内容处；同理，双击正文内容的上标数字可以迅速跳转到对应的脚注条目处。

2. 删除脚注

常见错误：很多人删除脚注时都是在脚注区直接删除脚注条目，删除完成后发现，脚注区有一个空行，脚注无法连续编号。

这里空行删不掉，编号无法连续。

正确示范：直接在正文内容中删除脚注的上标数字即可。

直接删除这里的上标数字，剩下的脚注会自动重新编号。

嗨 这里是插入脚注的示范动作。

3. 自定义格式

（1）设置【脚注和尾注】对话框

单击【脚注】右下角的"命令启动器"按钮，打开【脚注和尾注】对话框。

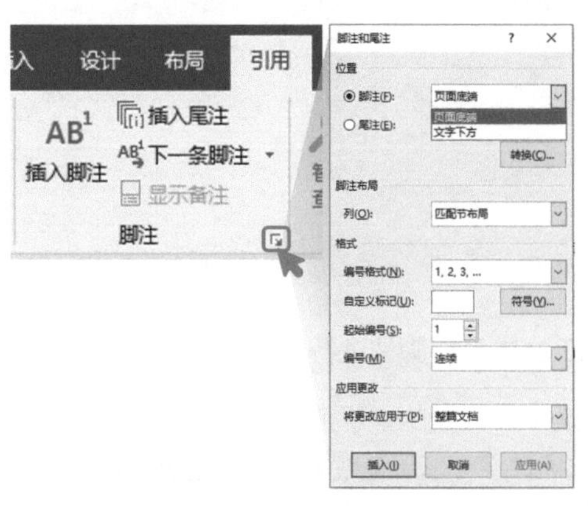

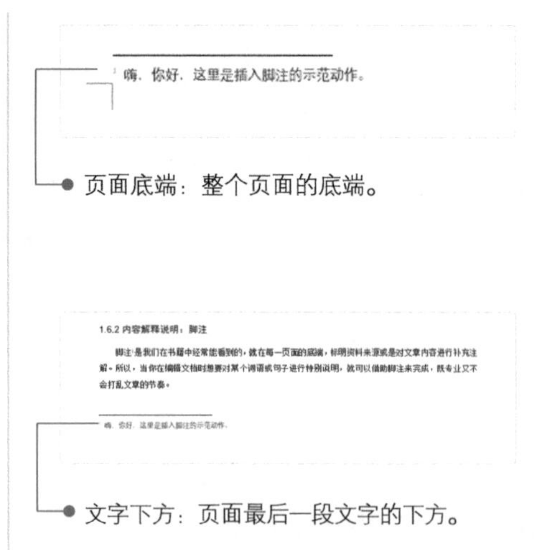

页面底端：整个页面的底端。

文字下方：页面最后一段文字的下方。

匹配节布局
1 列
2 列
3 列
4 列

【脚注布局】：

控制脚注的分栏，像给正文内容分栏一样，脚注也可以分为1栏、2栏、3栏、4栏。

其中默认选项是“匹配节布局”，也就是分栏状态和主文档的保持一致。

¹ 嗨，你好，这里是插入脚注的示范动作。
ⁱⁱ 这里是第二条示范脚注。

【格式】：

“编号格式”及“符号”：用来设置脚注内容前面显示的数字形态和符号。

例如：“编号格式”设置成“大写罗马文”，“自定义标记”单独给第一条脚注添加自定义“符号”。

连续
每节重新编号
每页重新编号

【起始编号】和【编号】：

用来设置脚注编号的顺序。“编号”中的“每节重新编号”，“节”是指段落符号中的分节符。

关于这个内容我们会在3.8节中进行详细阐述。

本节
整篇文档

【应用更改】：

更改后的设置可以应用于整篇文档，也可以仅应用于本章节。

这里的“节”也是指段落符号中的分节符（我们会在3.8节中进行详细阐述）。

（2）更改脚注编号的上标格式

脚注编号在脚注条目的最前面，默认是上标格式，这样在查阅时会多有不便。取消上标格式非常简单，选中脚注，单击【开始】→【字体】→【上标】即可。

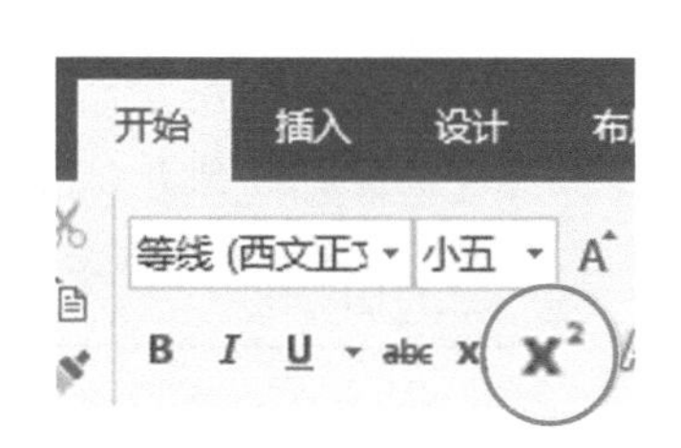

Tips：上标快捷键：<Ctrl + Shift + +>。

3.6.3 参考文献引用——尾注

尾注一般位于文档的末尾，列出引文的出处。例如，在列举参考文献时，就经常使用尾注功能来完成。

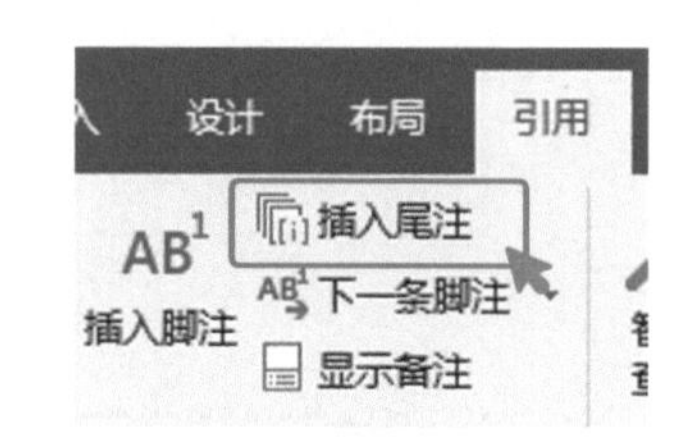

【插入尾注】命令就在【插入脚注】命令的旁边，二者经常联合使用，不分你我。可以说，尾注和脚注除了位置不同，其他设置基本一致。所以，这节就不详细介绍插入尾注的方法了，而是分享几个关于尾注的小技能。

1. 快速查阅尾注内容

脚注是相对于一个页面来讲的，而尾注是相对于一整篇文档而言的。试想，一份完整的文档，少则十几页，多则几十页，要在这样一份长文档里翻阅检查插入的尾注内容，困难可想而知。然而，Word 自带解决方案。

（1）【显示备注】对话框

无论在文档的哪个位置，只要单击【引用】→【脚注】→【显示备注】，打开【显示备注】对话框。选择“查看尾注区”，单击【确定】按钮，即可迅速跳转至尾注位置。

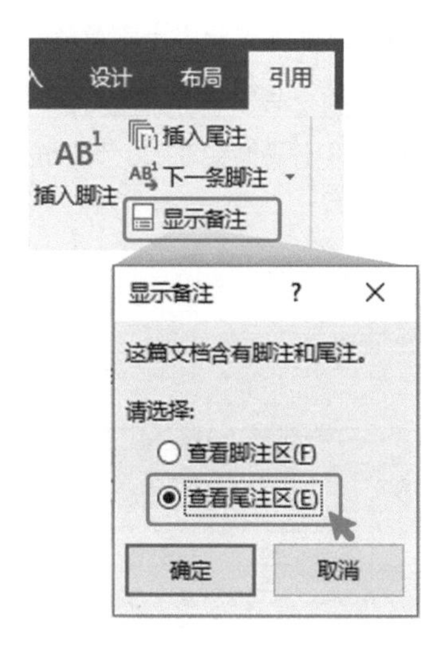

（2）正文上标与尾注编号相互链接

与脚注一样，尾注编号与正文内容右上角的上标数字也是相互链接的。双击尾注编号可以快速跳转到对应的正文内容处；同理，双击正文内容的上标数字可以迅速跳转到对应的尾注条目处。

（3）下一条尾注

在【显示备注】命令的上方，有一个【下一条脚注】命令。单击其右侧的下拉按钮，选择“下一条尾注”或“上一条尾注”，光标就可以在正文中各尾注之间自由跳转。

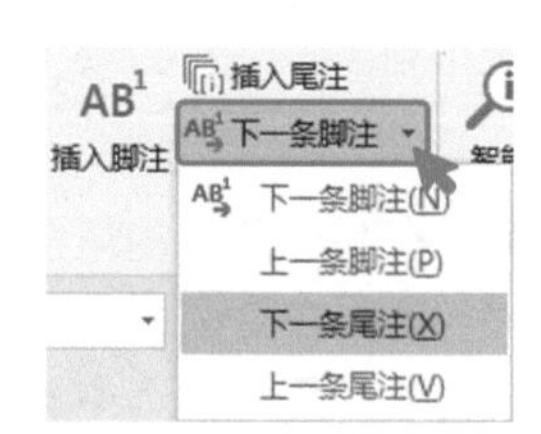

知道了这三个快速跳转的小技巧，以后无论再长的文档，我们也可以如鱼在水，自由查阅尾注了！

2. 删除脚注/尾注横线

无论是尾注还是脚注，如影随形地都有一条横线。这条横线看起来简单，要删除可没那么简单。

Step1：单击【视图】→【大纲】，进入大纲视图界面。

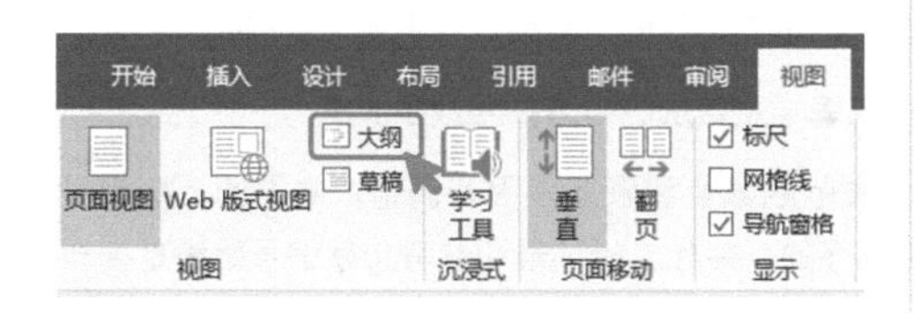

Step2：切换至【引用】选项卡，单击【显示备注】，打开【显示备注】对话框，选择"查看尾注区"，单击【确定】按钮。

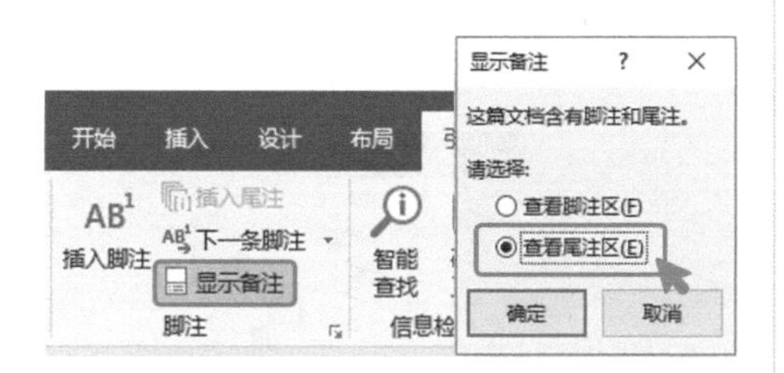

（删除脚注横线的步骤与之相同，只是在【显示备注】对话框中选择的是"查看脚注区"。）

Step3：此时在文档底部会出现"尾注"栏。单击"所有尾注"右侧的下拉按钮，分别选择"尾注分隔符"和"尾注延续分隔符"，然后将光标置于出现的黑色线条前面，按<Delete>键删除即可。

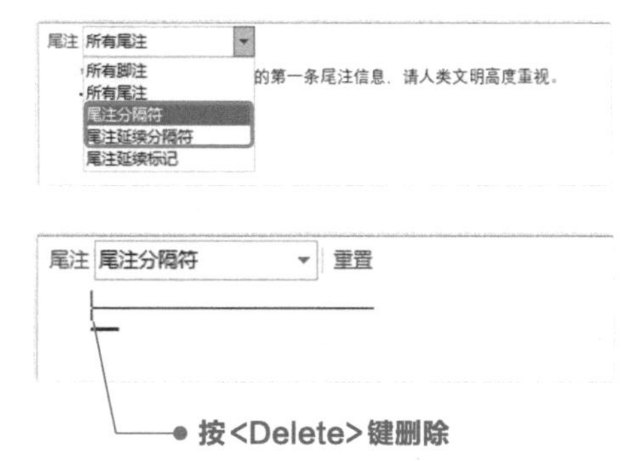

删除以后，依次单击【视图】→【视图】→【页面视图】，返回正常编辑状态就好了！

3. 利用尾注引用参考文献

随便一篇论文报告，参考文献少说也有二三十篇。手动引用参考文献的话，一旦参考文献的顺序发生变化，文中的引用也要逐个修改，工作量可想而知。

所以，最优的方案就是利用尾注功能引用参考文献。

首先明确此番操作
最终要达到的效果：

① 文中的引用编号是带方括号的上标格式，例如文档内容[1]。

② 参考文献前面的编号是常规的带方括号数字。

③ 无论中途参考文献的数量和顺序是否有调整，文中的上标序号都是从1开始排序的，并且上标序号和参考文献编号始终是一一对应的。

（1）文档基础设置

Step1：在文中输入“参考文献”四个字以后，依次单击【布局】→【分隔符】→【下一页】分节符，紧接着插入分节符（下一页）。

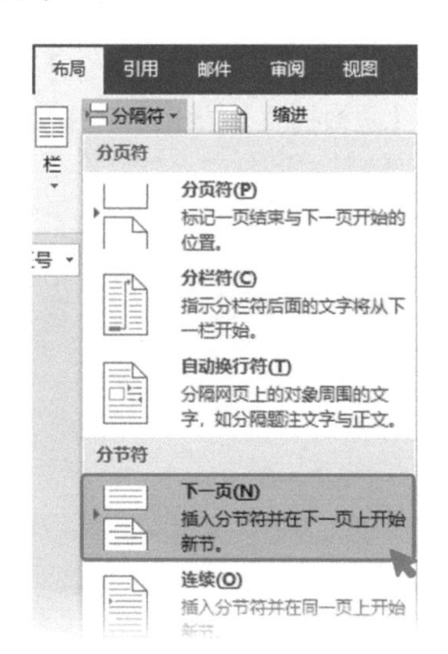

Step2：单击【引用】→【脚注】右下角的“命令启动器”按钮，打开【脚注和尾注】对话框。

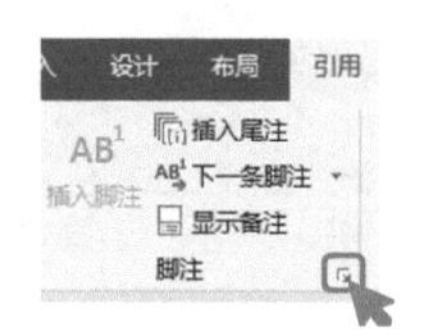

选择尾注【位置】为“节的结尾”，【编号格式】选择“1,2,3,…”格式，单击【应用】按钮即可。

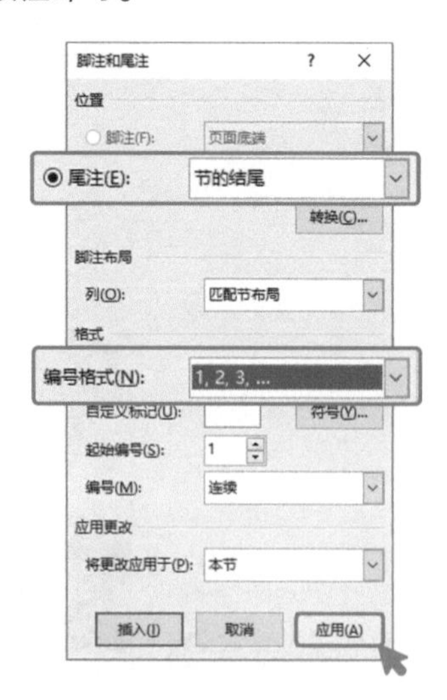

（2）以插入尾注的方式在文档中制作参考文献

将光标置于正文中要引用参考文献的位置，单击【引用】→【插入尾注】，页面会自动跳转到尾注位置，即时录入参考文献内容即可。

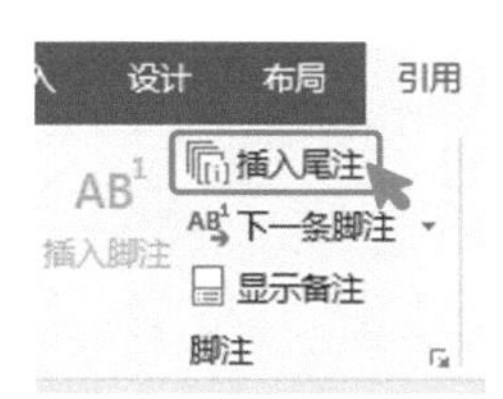

这样引用的参考文献，无论后来正文顺序进行怎样的调整，Word都能自动更新编号，不用再一个一个手动更改了。

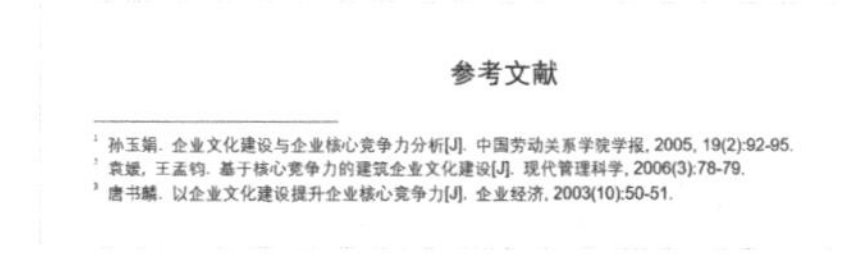

参考文献

[1] 孙玉娟．企业文化建设与企业核心竞争力分析[J]．中国劳动关系学院学报，2005，19(2):92-95.
[2] 袁媛，王孟钧．基于核心竞争力的建筑企业文化建设[J]．现代管理科学，2006(3):78-79.
[3] 唐书麟．以企业文化建设提升企业核心竞争力[J]．企业经济，2003(10):50-51.

（3）去除尾注横线

当所有参考文献内容都录入完成以后，就要去除尾注上方的短横线了。

Step1：单击【视图】→【大纲】，进入大纲视图界面。

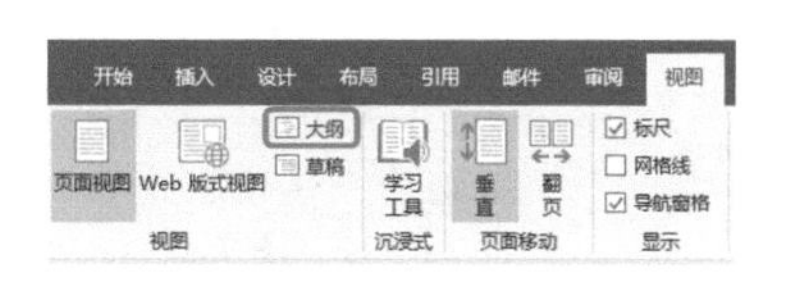

Step2：切换至【引用】选项卡，单击【显示备注】，此时在文档底部会出现“尾注”栏。

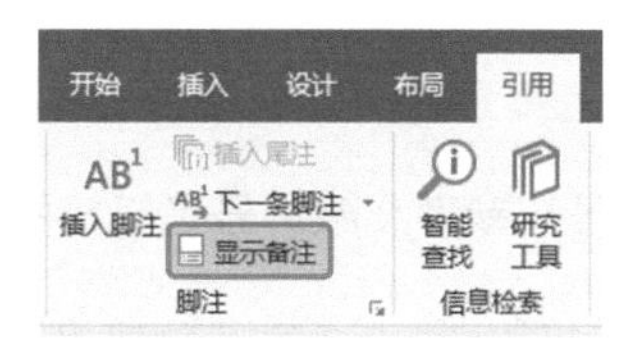

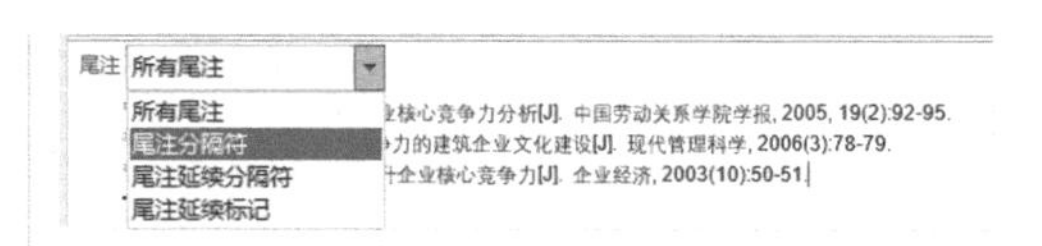

删除操作同前，完成以后，单击【视图】→【视图】→【页面视图】，返回正常编辑状态就好了！

（4）给所有编号添加方括号

利用尾注插入的参考文献编号是没有方括号的，我们可以利用【查找和替换】功能，一次性添加方括号。

将光标置于正文区（不要置于参考文献内容区），按<Ctrl+H>快捷键，打开【查找和替换】对话框。在【查找内容】框中输入“^e”，在【替换为】框中输入“[^&]”，然后单击【全部替换】按钮即可。

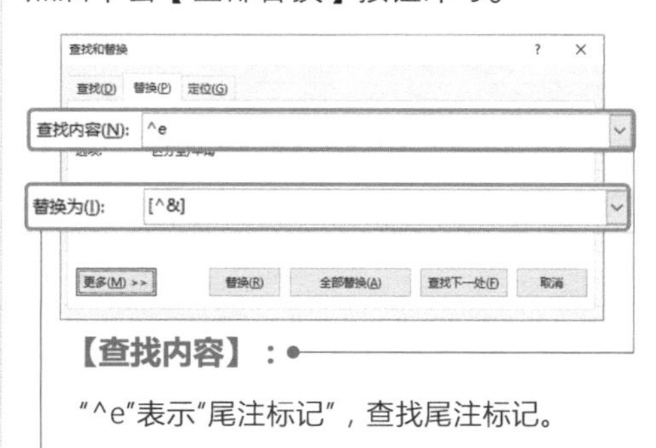

【查找内容】：

“^e”表示“尾注标记”，查找尾注标记。

【替换为】：

“^&”表示“查找内容”，“[^&]”表示给所有的查找内容添加方括号。

这样正文中的上标序号和参考文献编号就被添加上方括号了。而且，**这一步一定是在所有参考文献已经引用完成以后再操作的，否则会出现一层套一层的方括号。**

（5）去除参考文献编号的上标格式

此时你会发现，正文中的序号和参考文献编号都是带方括号的上标格式。正文中的上标格式正是我们需要的，但是参考文献编号不要上标格式呀！

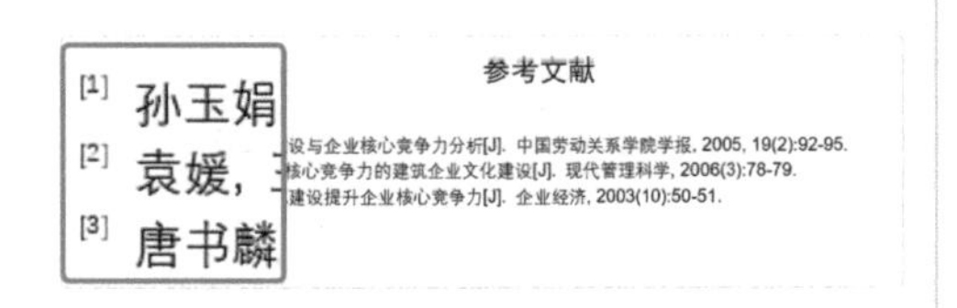

选中参考文献内容，按<Ctrl+H>快捷键，打开【查找和替换】对话框。

【查找内容】框留空，格式填入“上标”；【替换为】框留空，格式填入“非上标/下标”，然后单击【全部替换】按钮即可。

“查找内容”设置方法：依次单击【更多】→【格式】→【字体】，勾选【上标】复选框，单击【确定】按钮即可。

替换内容设置方法：将光标置于“替换为”框内，依次单击【格式】→【字体】，打开【替换字体】对话框。取消勾选【上标】复选框，单击【确定】按钮即可。

利用尾注功能引用的参考文献，正文中的上标序号与参考文献编号是链接的，只要双击编号数字就可以相互跳转，以方便我们快速查阅！

知识拓展1：多处引用同一篇文献

有时在一篇文档中，多处引用同一篇文献。第一次引用时我们使用插入尾注法，而后面再次引用时，怎么办呢？为了不使编号发生错误，推荐大家使用【交叉引用】功能。

Step1：将光标置于正文中需要再次引用参考文献处，依次单击【引用】→【题注】→【交叉引用】，打开【交叉引用】对话框。

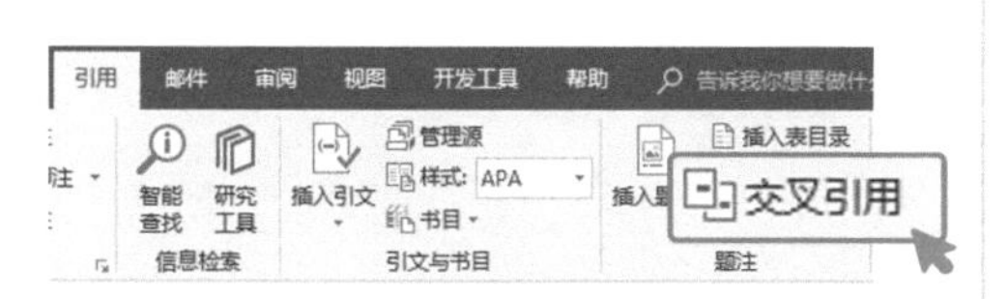

Step2：【引用类型】选择“尾注”，【引用内容】选择“尾注编号（带格式）”，在尾注内容框中选择需要引用的参考文献内容，单击【插入】按钮即可。

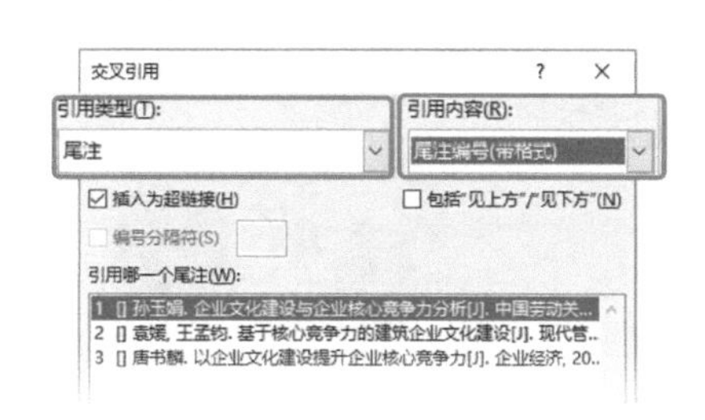

Step3：根据具体情况，把正文中的序号格式统一为带方括号的上标即可。

注意：如果之后又在前面的文档中插入了新的尾注，后继的尾注会自动更新编号，但是交叉引用不会。可以按<Ctrl+A>快捷键全选内容，再按<F9>键更新域即可。

知识拓展2：一处引用多篇文献

在编辑文档时，有时一处内容会引用多篇文献。很多序号列一排，看起来着实不大美观。这些引用文献的序号又不能删除，否则参考文献的内容也会一并自动删除。那怎么把诸如“[1][2]3][4][5][6]”变成“[1-6]”的形式呢？我们可以使用隐藏字符法。

Step1：利用尾注引用参考文献并且格式设置完成以后，选中字符“][2]3][4][5][”，按<Ctrl+D>快捷键快速打开【字体】对话框。

单击要添加行或列的位置，然后单击 号[1][2][3][4][5][6]。

Step2：在【效果】选项中，勾选【隐藏】复选框，单击【确定】按钮。此时，选中的字符就会在形式上被隐藏起来，但依然保留原引文的链接。

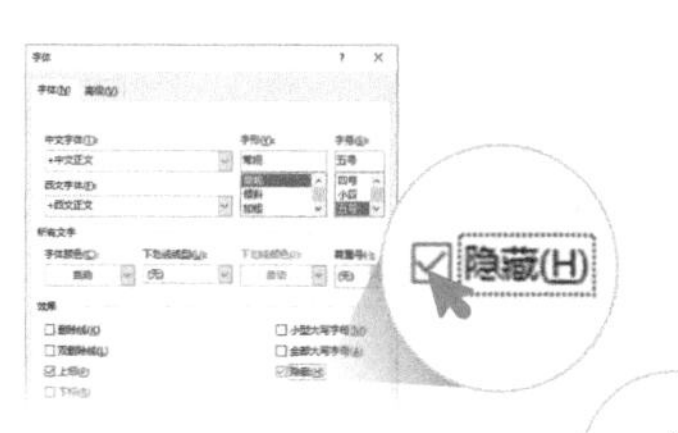

单击要添加行或列的位置，然后单击 号[16]。

Step3：在字符“6”之前加上连接符“-”即可。（注意：所添加的连接符也要设置成上标格式。）

单击要添加行或列的位置，然后单击 号[1-6]。

Tips：上标快捷键：<Ctrl + Shift + +>。

险境 3.7 目录：拒绝手动输入

在工作中，90%的人都会遇到这样的问题：每次文档编辑好后，目录还要再手打一遍！打完目录后还总是对不齐，版面看起来巨丑无比！自己也知道引用目录的功能按钮在哪里，可是就是不得其法！不知道怎么使用！

其实制作目录说简单也简单，说麻烦也很麻烦。关键看你怎么操作。

3.7.1 自动引用目录

为什么单击了引用目录的功能按钮以后目录还是不出来呢？

那是因为，Word有自己的语言识别系统，在引用目录之前，必须先对标题设置系统可以识别的语言：样式。例如：一级标题使用“标题1”样式，二级标题使用“标题2”样式，等等。

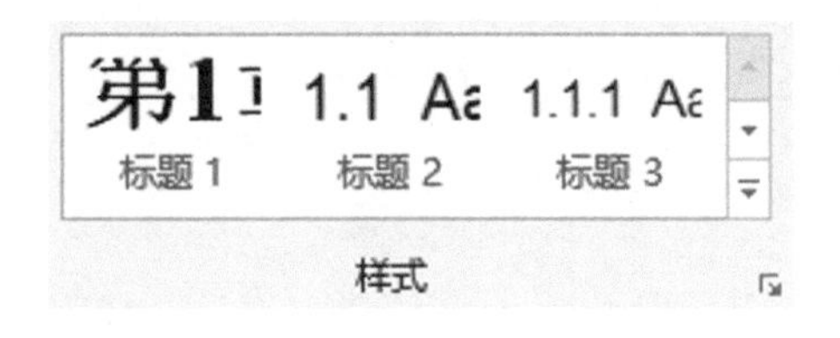

关于样式的应用，我们在3.4节已经讲得很清楚了，所以这里直接介绍如何自动引用目录。

Step1：插入空白页。

自动引用目录是在正文内容完成以后，一次性生成的。将光标置于整篇文章的最前面，依次单击【插入】→【页面】→【空白页】，插入一个空白页。

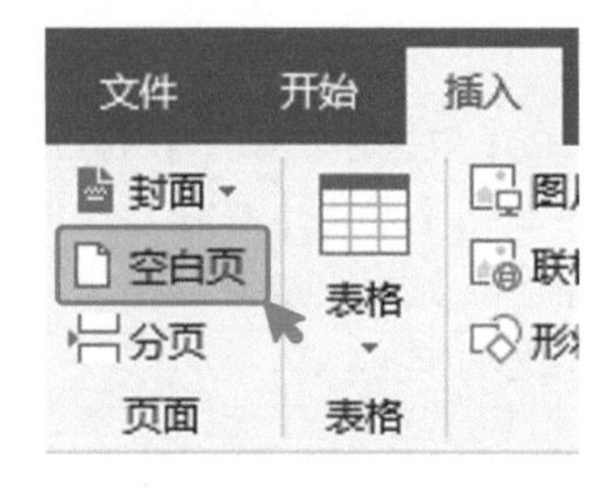

Step2：自动引用目录。

将光标置于空白页中，依次单击【引用】→【目录】→【目录】。

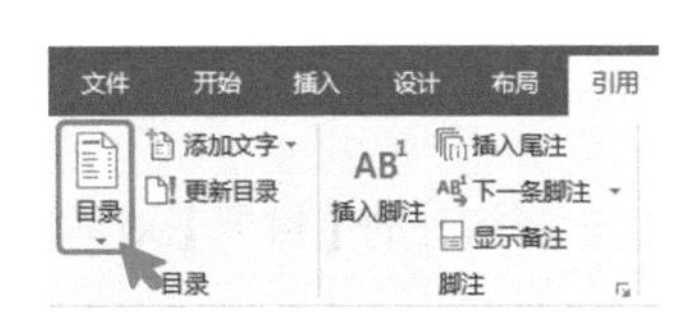

在打开的【内置】目录面板中，直接选择一种自动目录样式即可。

此为【自动目录1】的样式。

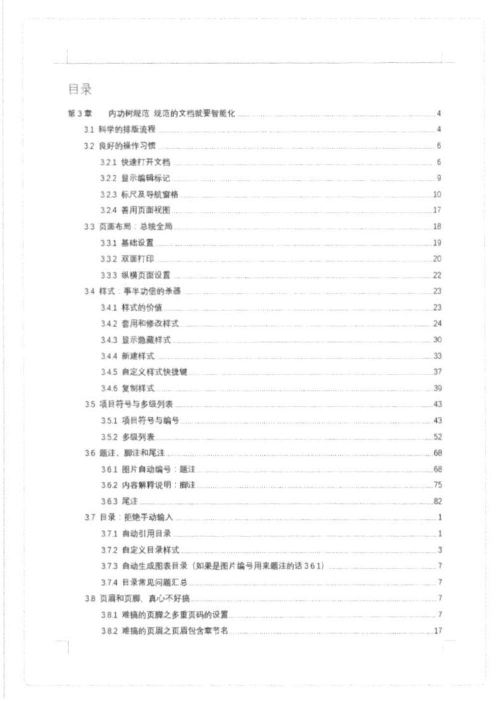

目录

总结：只要提前对文章标题应用了样式，自动引用目录也就那么回事儿！

3.7.2　自定义目录样式

如果公文规范对目录的字体格式有明确要求，就需要自定义目录样式了。

依次单击【引用】→【目录】→【目录】，在打开的【内置】目录面板中，单击下方的【自定义目录】。

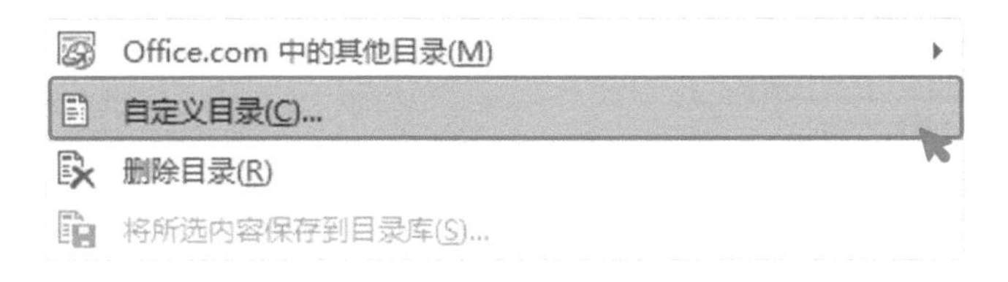

1. 修改目录显示样式

在打开的【目录】对话框中，根据各选项的名称就可以知道它们的含义及效果。

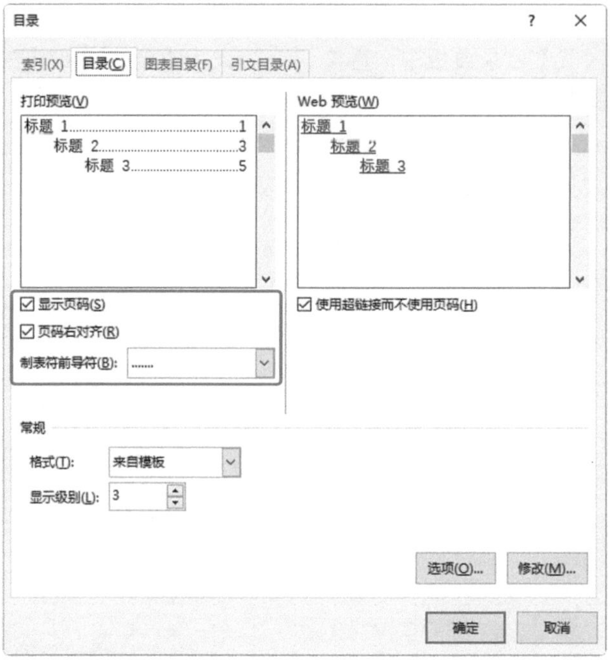

情况一：取消勾选【显示页码】复选框，目录只显示标题而不显示页码。

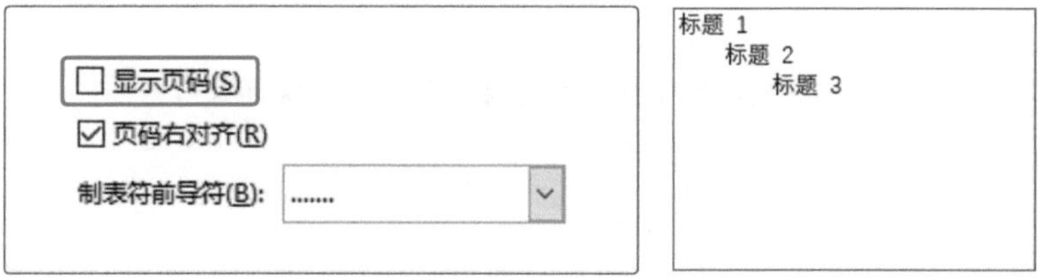

情况二：取消勾选【页码右对齐】复选框，页码紧跟标题显示。

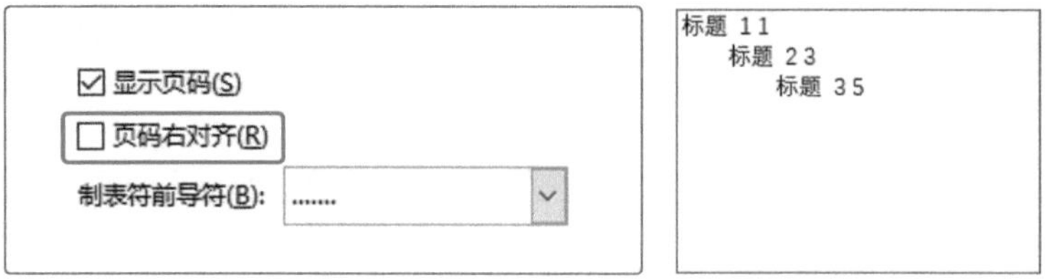

情况三：选择【制表符前导符】，即标题与页码之间连接线的样式。

例如样式选择【(无)】，则呈现如下样式。

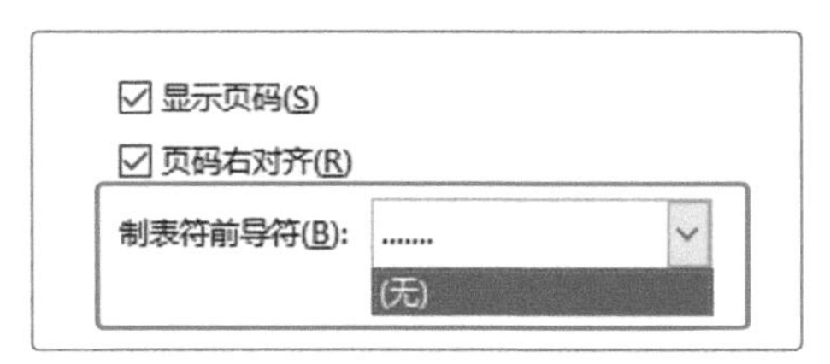

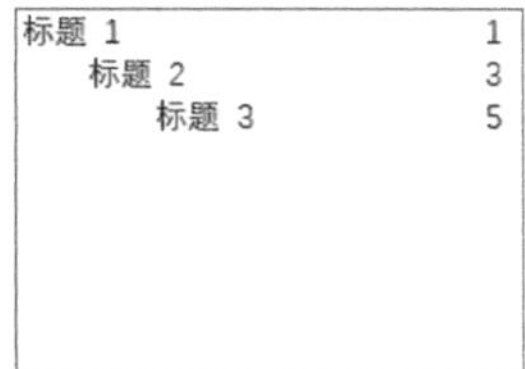

2. 修改目录字体格式

若要修改目录字体格式，则需要在【修改样式】对话框中进行设置。

Step1：依次单击【引用】→【目录】→【自定义目录】→【修改】。

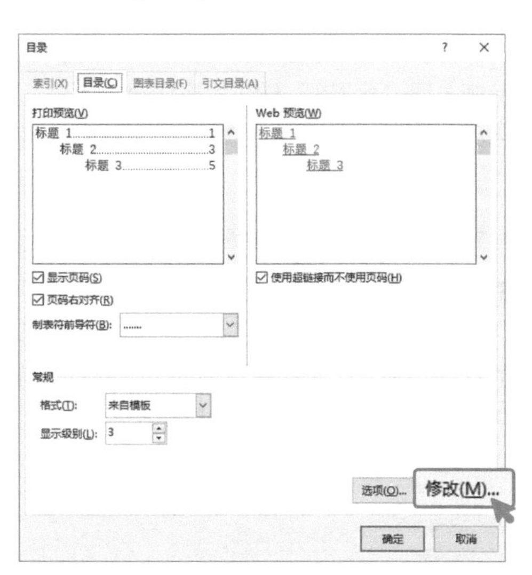

Step2：在打开的【样式】对话框中，"TOC 1"即为目录中的一级标题样式，"TOC 2"即为目录中的二级标题样式，"TOC 3"即为目录中的三级标题样式。

需要修改哪一层级，首先选中相应样式，直接单击【修改】按钮即可。

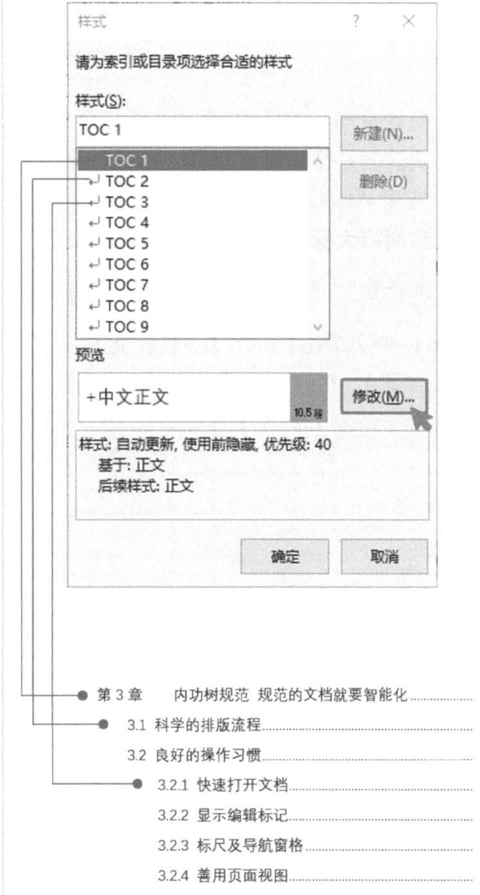

Step3：打开【修改样式】对话框，这里想必大家已经很熟悉了。

直接在【格式】中选择相应的“字体”和“段落”就可以了！

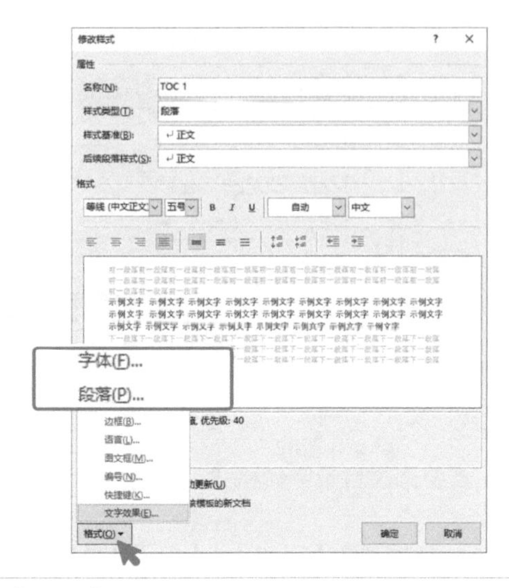

3. 目录显示【标题】样式

写论文时，在正常情况下我们会给论文正文标题应用“标题1”“标题2”“标题3”等样式。但是像中英文摘要、附录、致谢等大标题，跟“标题1”样式的格式要求不同，不能应用“标题1”样式。为了让它们可以在目录中显示，建议大家对**中英文摘要、附录、致谢等大标题应用“标题”样式。**

在应用了“标题”样式后，在目录中却没有显示【标题】样式内容。怎么办呢？

Step1：依次单击【引用】→【目录】→【自定义目录】，在打开的【目录】对话框中，单击右下角的【选项】按钮。

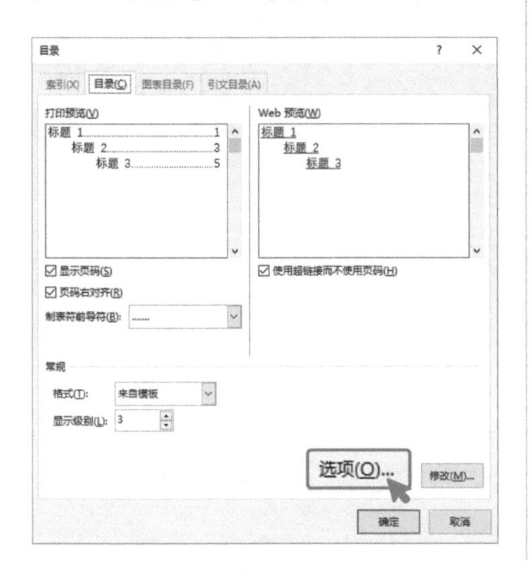

Step2：在【有效样式】中，首先找到“标题”（论文中中英文摘要、附录、致谢等应用的样式名称），然后在右侧的【目录级别】中输入“1”，单击【确定】按钮即可。

3.7.3　自动生成图表目录

如果文章中使用了大量的图片或表格，那么可以给所有图片或表格制作一个图表目录，方便以后查阅和引用。怎么制作呢？这里以制作图片的图表目录为例进行详细讲解。

Step1：根据 3.6 节介绍的内容，为文章中的所有图片都插入题注。**题注是自动引用图表目录的基础。**

Step2：将光标置于引用处，依次单击【引用】→【题注】→【插入表目录】。

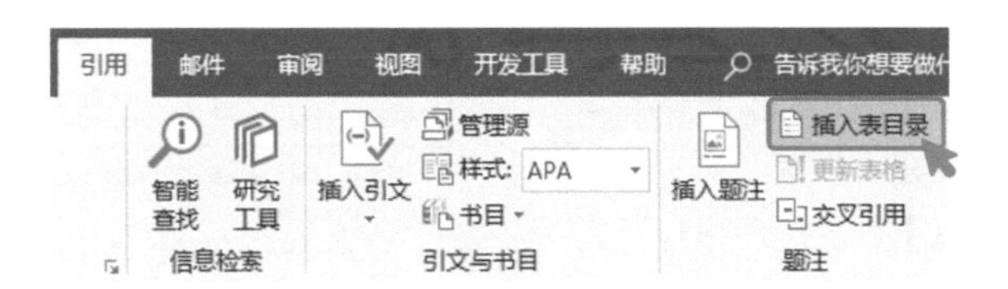

Step3：在打开的【图表目录】对话框中，首先选择【题注标签】(必须与文章中自定义的题注标签一致)，然后单击【确定】按钮即可。

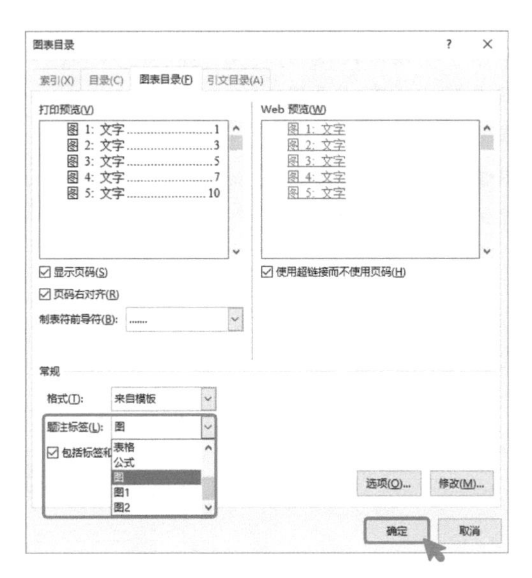

无论是图片还是表格，制作图表目录的方法都是一样的！

自定义图表目录与自定义目录样式的方法大同小异，这里就不赘述了。

总结：制作目录的关键是，为文章中的所有标题应用标题样式。
制作图表目录的关键是，为所有图片、表格插入题注。

3.7.4 目录常见问题汇总

问题一：自动更新目录

当文档标题调整、页码变动时，我们就要更新目录了。如何自动更新目录呢？有三种方法。

功能区法：依次单击【引用】→【目录】→【更新目录】，在弹出的【更新目录】对话框中，根据需要选择【只更新页码】或【更新整个目录】，然后单击【确定】按钮。

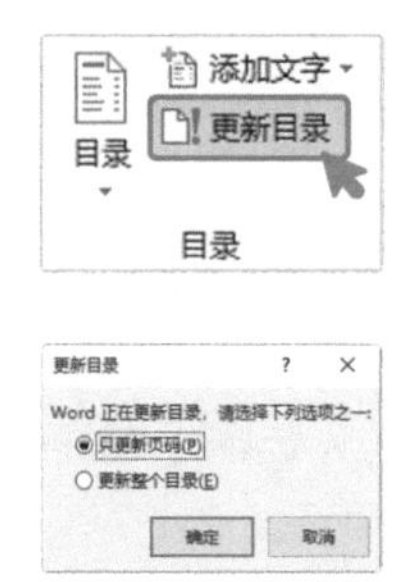

提示：如果你直接在目录中手动修改过格式，那么当更新整个目录时，所有的设置都会被打回原形。如果你是按照3.7.2节介绍的方法自定义目录样式的，那么当更新整个目录时，所有的格式设置将不会受到影响。

右键法：将光标置于目录中，单击鼠标右键，选择【更新域】，也可以自动更新目录。

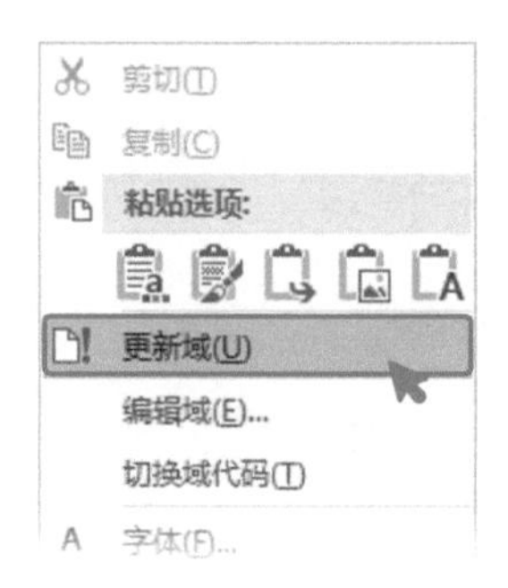

快捷键法：选中目录，按<F9>键，也可以快速更新目录。

问题二："目录"二字被列入目录中

在制作目录时，如果顺手给"目录"应用了样式或者设置了大纲级别，那么在引用自动目录时，"目录"二字也会出现在目录中。

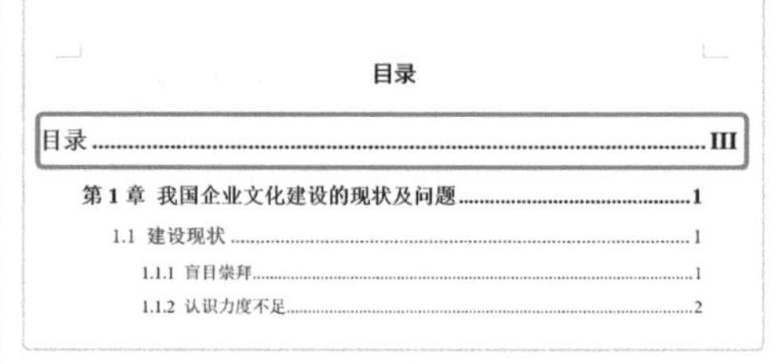

目录

目录 ………………………………………… III

第 1 章 我国企业文化建设的现状及问题 ………… 1

1.1 建设现状 ………………………………… 1

1.1.1 盲目崇拜 ……………………………… 1

1.1.2 认识力度不足 …………………………… 2

Step1：选中"目录"二字，打开【段落】对话框，把【大纲级别】改为"正文文本"。

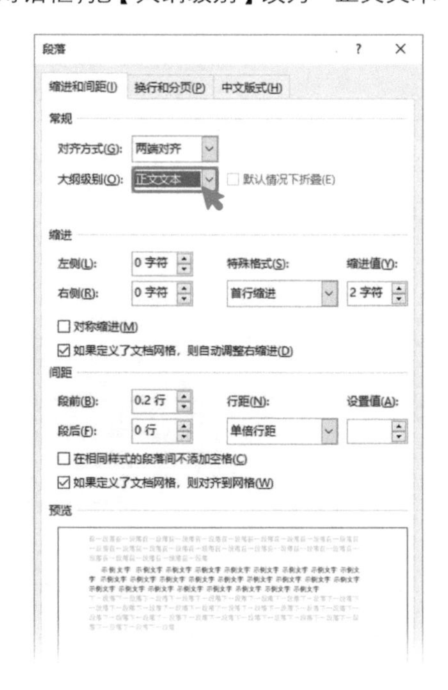

Tips：【段落】快捷键：<Alt + O + P>。

Step2：选中目录，按<F9>键，更新目录即可。

问题三：一份文档，两个目录

在一篇特别长的文档中，为了方便查看，有时会需要插入两个目录。怎么办呢？

Step1：正常插入第一个目录以后，光标定位到需要插入第二个目录的位置；然后依次单击【引用】→【目录】→【自定义目录】→【确定】。

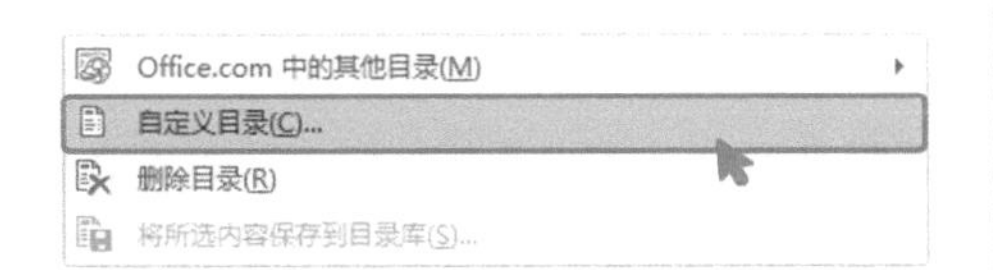

提示：这里必须是【自定义目录】，如果选择内置的【自动目录】，则会覆盖第一个目录，无法生成两个目录。

Step2：在弹出的提示框中，单击【否】按钮，即可生成第二个目录。

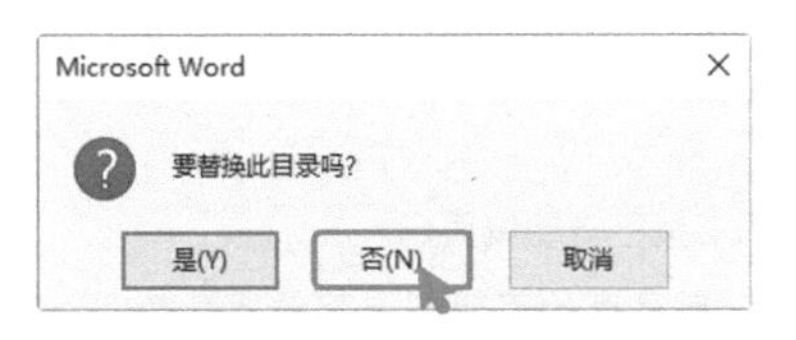

问题四：按 <Ctrl+Shift+F9> 快捷键，取消超链接

我们在引用自动目录时，默认目录标题都是带有超链接的：只要按住 <Ctrl> 键，单击目录标题，即可快速跳转到文档标题所在的正文位置。

但由于超链接在执行自动更新时，总是会把目录中手动设置的格式瞬间打回原形，所以有时也会给我们添一些小麻烦。那么如何有效地避免这个问题呢？

解决方法：选中目录，按下 <Ctrl+Shift+F9> 快捷键，快速取消目录超链接。

取消目录超链接以后，即会变成纯文本格式，此时就可以对目录文字进行任意编辑了。

提示：此项操作最好是在文档目录最终确定以后、打印前进行。因为取消目录超链接以后，自动【更新目录】功能也会失效。

问题五：打印时页码显示“错误！未定义书签”

在打印文档时，我们有时会把文档拷贝到另一台电脑上进行打印。

如果文档有引用自动目录的话，则可能就会出现打印故障：打印出来的页码显示“错误！未定义书签”。别慌！

目录

第 3 章 内功树规范 规范的文档就要智能化 ....错误!未定义书签。
3.1 科学的排版流程 ....错误!未定义书签。
3.2 良好的操作习惯 ....错误!未定义书签。
3.2.1 快速打开文档 ....错误!未定义书签。
3.2.2 显示编辑标记 ....错误!未定义书签。
3.2.3 标尺及导航窗格 ....错误!未定义书签。
3.2.4 善用页面视图 ....错误!未定义书签。
3.3 页面布局：总统全局 ....错误!未定义书签。
3.3.1 基础设置 ....错误!未定义书签。
3.3.2 双面打印 ....错误!未定义书签。
3.3.3 纵横页面设置 ....错误!未定义书签。
3.4 样式：事半功倍的杀器 ....错误!未定义书签。
3.4.1 样式的价值 ....错误!未定义书签。
3.4.2 套用和修改样式 ....错误!未定义书签。
3.4.3 显示隐藏样式 ....错误!未定义书签。
....错误!未定义书签。

解决方法：首先按 <Ctrl+Z> 快捷键，撤销上一步操作，使文档恢复到页码状态。然后选中目录内容，按 <Ctrl+Shift+F9> 快捷键，取消目录超链接即可。

险境 3.8 页眉和页脚，真心不好搞

这个页眉怎么又乱了

页码什么的最不让人省心了

页眉和页脚是什么，自不必多说；页眉和页脚又难倒了多少英雄好汉，就更不必多说了。页眉和页脚的设置要求总是多而烦琐，让人摸不着头脑。其实只要摸清了它们的设置套路，则完全可以玩转页眉和页脚。

页眉往往放置文档信息，而页脚基本等同于页码。这一节我们通过几个典型的案例来解析页眉和页脚的设置。

3.8.1 难搞的页脚之多重页码的设置

1. 多重页码的设置

写论文时，页眉和页脚**经常会被要求：**

- 封面、诚信声明书页不需要编页码；
- 中英文摘要页、目录页的页码用大写的罗马数字（I, II, III…）单独编排；
- 正文页的页码用“第*M*页”的形式，其中*M*为阿拉伯数字。

是不是挺烦琐的，看着都心累呢！其实设置多重页码的关键点无非就两个：**插入分节符（下一页）和取消“链接到前一条页眉”**。首先分析设置要求：封面、诚信声明书页不要页码，中英文摘要页、目录页用罗马数字页码，正文页用阿拉伯数字页码。也就是说，整篇文档总共有三种页码格式：无页码+罗马数字+阿拉伯数字。所以，我们需要把文档分成三节。

Step1：给文档插入分节符（下一页）。

快速给文档分节，只需要在每一个要分节部分的第一个字前面插入分节符即可。例如：在摘要页之前不需要页码，就把光标置于摘要页前面，单击【布局】→【页面设置】→【分隔符】→分节符【下一页】即可。

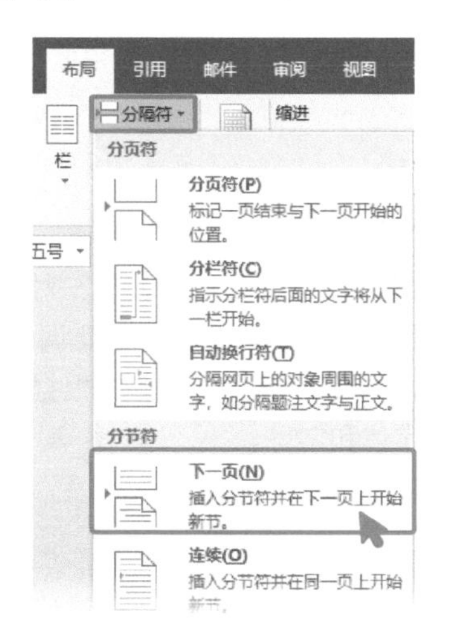

怎么判断是否已经插入成功了呢？单击【开始】→【段落】→【显示/隐藏编辑标记】(【显示/隐藏编辑标记】功能介绍请看3.2.2节)。

此时就可以在各节的后面看到“分节符（下一页）”的标记了。

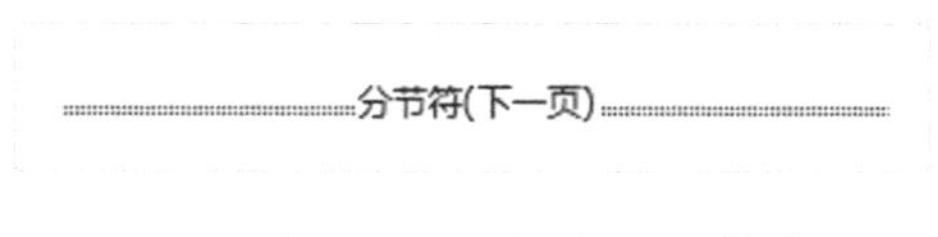

目录页和正文页之间也要分节哦！

Step2：取消【链接到前一条页眉】选项。

把文档分成三节以后，接下来就断开各节之间的联系，让我们可以单独对各节的内容进行编辑，不会相互牵连。

只要取消【链接到前一条页眉】选项即可。

知识点拓展：**【链接到前一条页眉】**

平时在编辑Word文档的页眉和页脚时，改动一页的页眉和页脚，所有页都会跟着变化。

如果在文档中某页插入了分节符，再取消【链接到前一条页眉】选项，那么当更改分节符之前的页眉或页脚时，分节符之后的内容就不会跟着改变。

双击页码位置，进入页眉和页脚编辑状态，Word将会打开【页眉和页脚工具—设计】隐藏窗口。

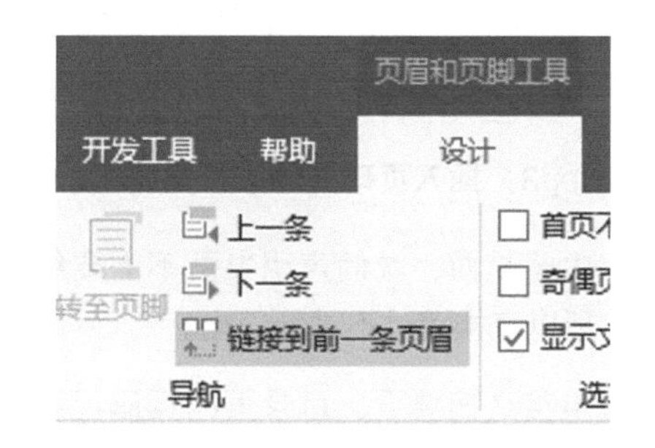

此时页码编辑区左侧会显示所在节的位置信息，右侧会显示“与上一节相同”字样。

将光标置于每节第一页的页码位置（例如：摘要页的页码位置、正文第一页的页码位置），然后单击【导航】功能区中的【链接到前一条页眉】按钮，按钮的灰色底纹消失即取消了链接。

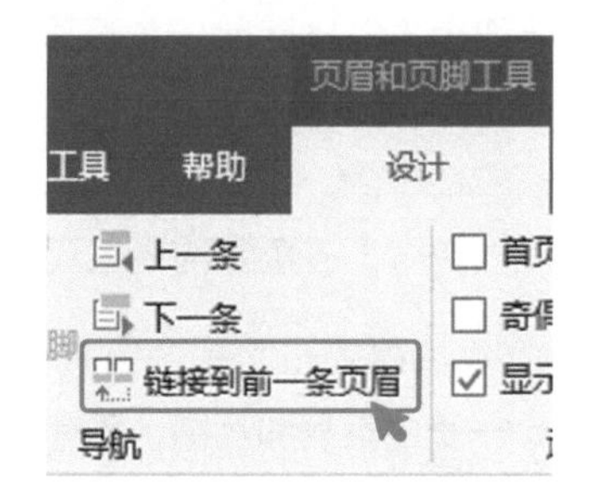

此时页码编辑区右侧的“与上一节相同”字样也会消失。

按照同样的方法，取消第1节和第2节之间的链接、第2节和第3节之间的链接。

Step3：插入页码并修改页码格式。

由于封面、诚信声明书页不需要编页码，所以直接跳过不进行设置。

中英文摘要页、目录页的页码用大写的罗马数字（I，II，III，…）单独编排，所以将光标置于摘要页的页码位置，然后依次单击【页码】→【当前位置】→【普通数字】，插入页码数字。

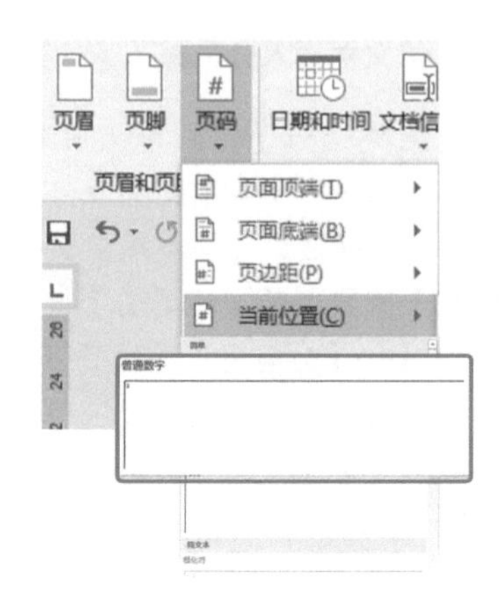

设置页码格式：

页码插入完成后，默认是左对齐的阿拉伯数字，按<Ctrl+E>快捷键调整为居中。然后在【开始】选项卡中根据格式要求调整字体和字号。

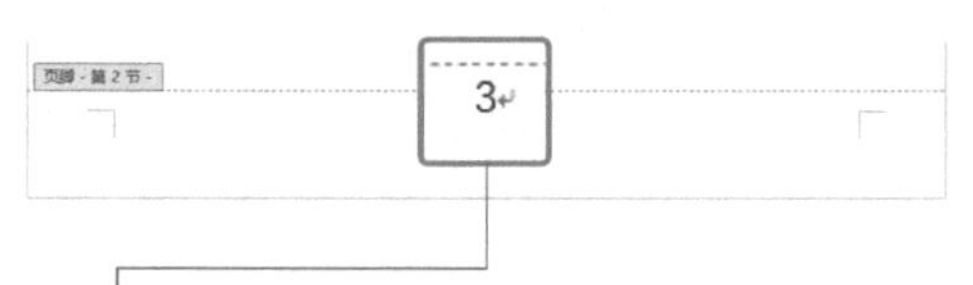

由于在摘要页前面还有封面、诚信声明书页，所以页码数字显示为“3”。

选中页码，依次单击【页眉和页脚工具—设计】→【页眉和页脚】→【页码】→【设置页码格式】，弹出【页码格式】对话框。

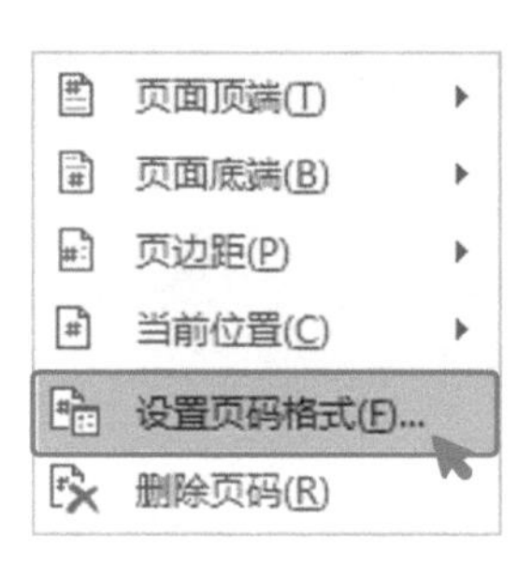

“编号格式”选择大写的罗马数字，“页码编号”选择【起始页码】为1，单击【确定】按钮即可。

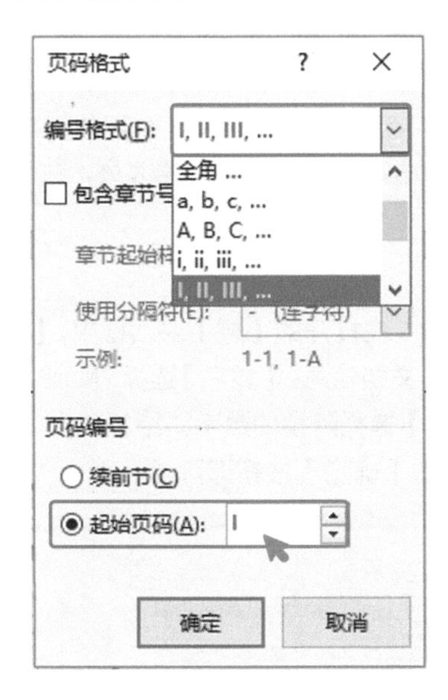

这样摘要页、目录页的页码不仅是大写的罗马数字，而且还是从1开始编号的。

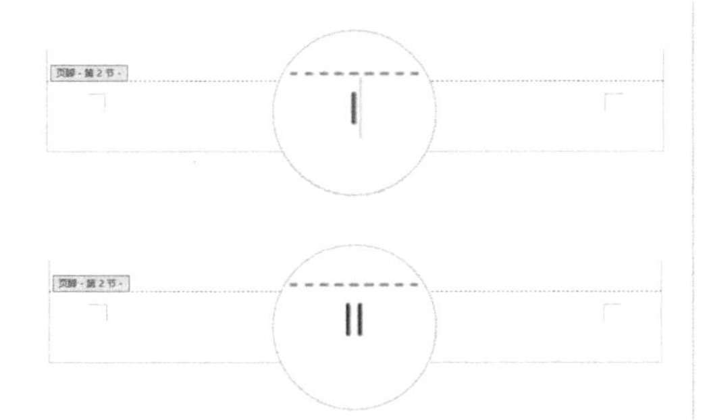

设置正文的页码：

按照同样的方法，给正文页插入页码。

由于正文页的页码是“第*M*页”的形式（*M*为阿拉伯数字），所以在设置页码格式时，“编号格式”选择默认的阿拉伯数字【1，2，3，…】，“页码编号”选择【起始页码】为1即可。

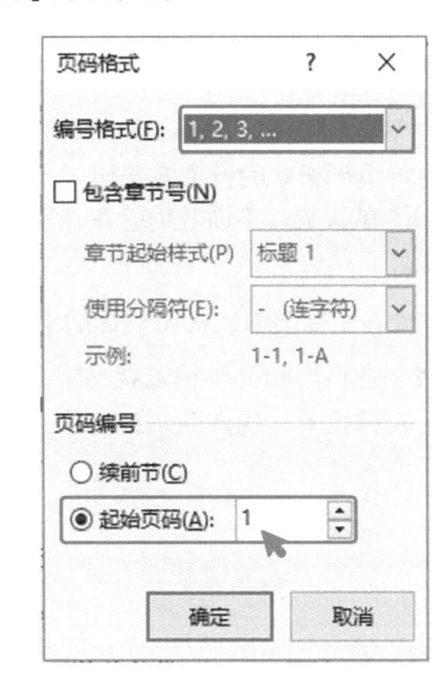

此时，页码是这样子的：

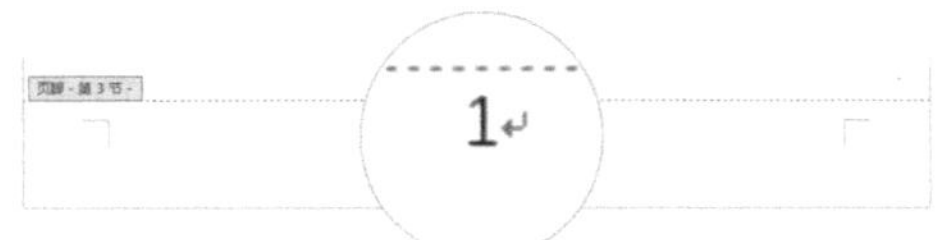

接下来，直接在阿拉伯数字“1”的前面和后面分别手动输入“第”和“页”，这样整个第3节的页码样式就可以全部应用了！

2. 第X页，共Y页

写商业计划书时可能会遇到这样的要求：首页不要页码；目录页的页码用大写的罗马数字（I，II，…）单独编排；正文页的页码用“第X页，共Y页”的形式，其中X、Y为阿拉伯数字。

这种页码格式的设置方法与“多重页码的设置”完全相同，只是正文页的页码多了“共Y页”的设置。下面我们就在“多重页码的设置”基础上延伸介绍“第X页，共Y页”的设置。

这个设置需要借助Word里面的【域】来完成。

Step1：在页眉和页脚编辑状态下，将光标置于页码位置，输入除页码数字以外的所有文字信息。

Step2：将光标置于“共”和“页”之间，单击【页眉和页脚工具—设计】选项卡，在【插入】组中单击【文档部件】→【域】。

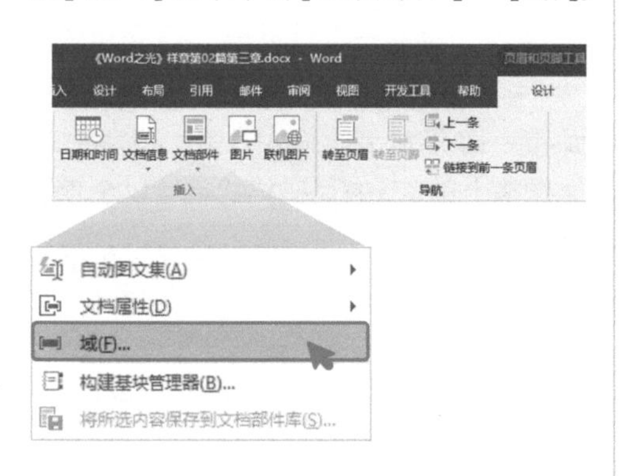

Step3：在打开的【域】对话框中，【类别】选择“文档信息”，【域名】选择“NumPages”，【格式】选择阿拉伯数字“1, 2, 3, …”，然后单击【确定】按钮即可。

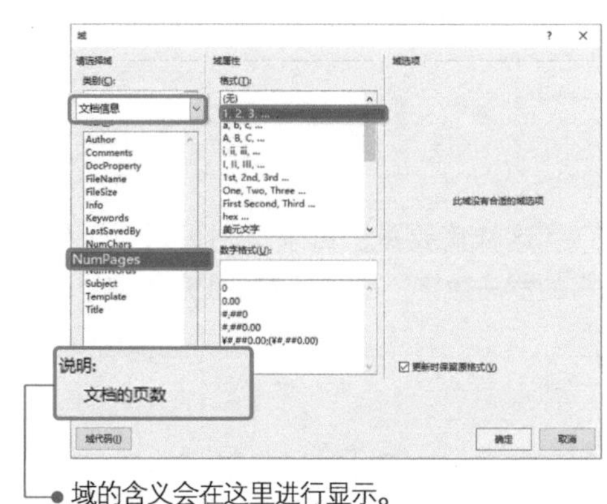

域的含义会在这里进行显示。

设置完成后，显示的页码就会与文档信息一致。而且，“NumPages”域会随着文档页数的变化自动更新。

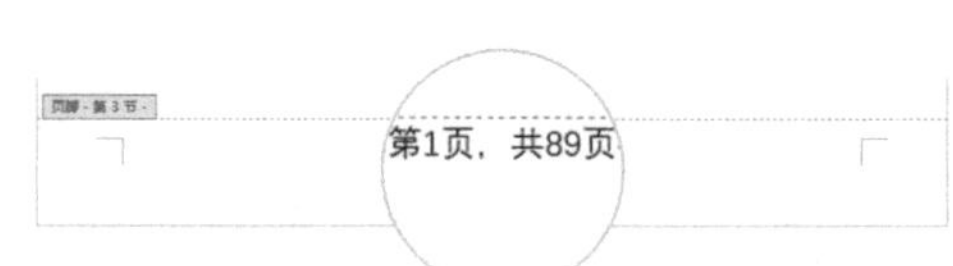

3. 奇偶页页码左右分布

如果文档需要双面打印，就会经常被要求奇偶页页码左右分布。最常见的就是书籍页码格式的排版。

Step1：首先进入页眉和页脚编辑状态，然后在【选项】组中勾选【奇偶页不同】复选框。

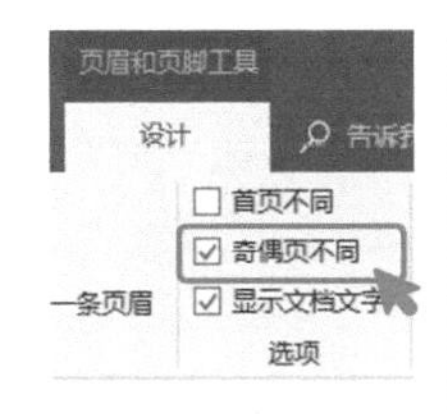

此时页码编辑区的上方左侧就会区分显示奇数页页脚和偶数页页脚。

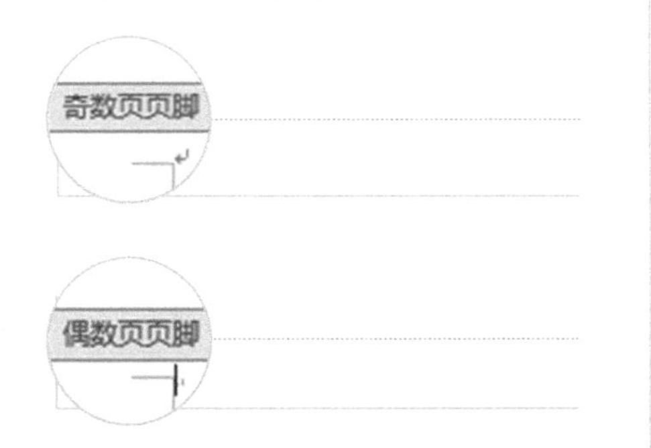

Tips：在设置页眉和页脚时，一定要养成良好的排版习惯——只要文档有分节，就先取消“链接到前一条页眉”，并设置页码格式，将“起始页码”设置为1。

若文档区分奇数页页码和偶数页页码，就将光标分别置于奇数页页脚和偶数页页脚处，取消“链接到前一条页眉”，并将“起始页码”设置为1。

【页眉和页脚工具—设计】→【导航】→【链接到前一条页眉】。

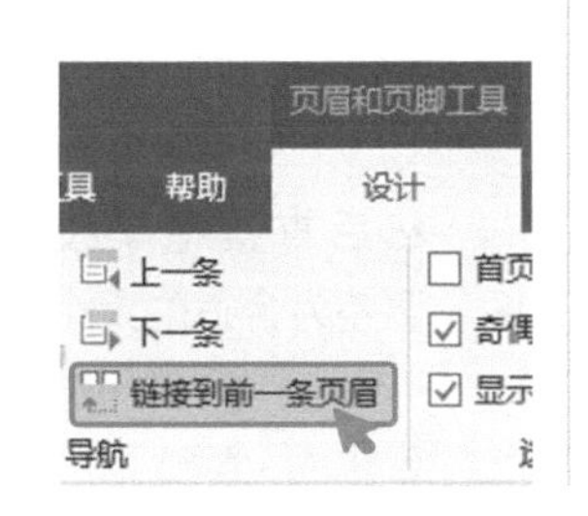

【页码】→【设置页码格式】→【起始页码】设置为“1”→【确定】。

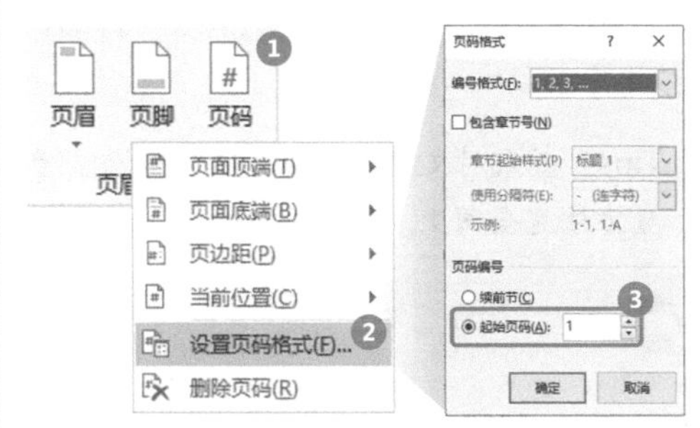

Step2：设置奇数页页码右对齐。

首先将光标置于奇数页页码区，然后依次单击【页码】→【当前位置】→【普通数字】，插入页码数字。

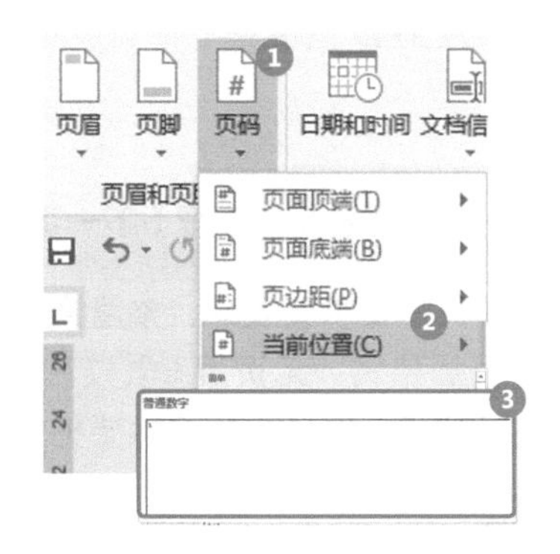

页码插入完成后，默认是左对齐的阿拉伯数字，按<Ctrl+R>快捷键调整为右对齐。接下来，在【开始】选项卡中根据格式要求调整字体和字号。

Step3：设置偶数页页码左对齐。

将光标移动到偶数页页脚，采用同样的方法插入偶数页页码，默认左对齐。

设置完成以后，就会出现奇数页页码在右边，偶数页码在左边的情况。

该设置配合3.3.2节介绍的双面打印，效果更佳哦！

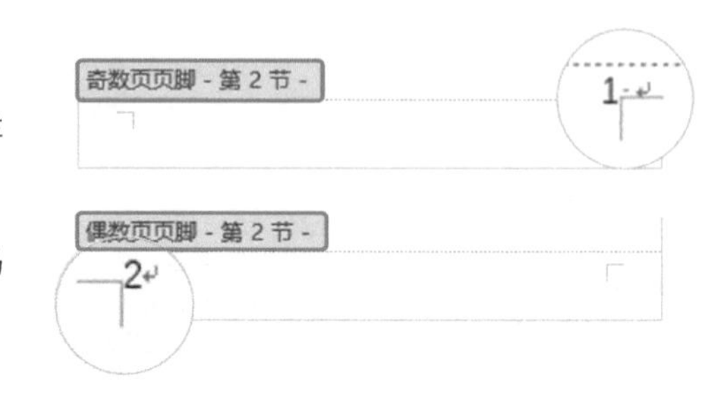

Tips：*如果对文档进行了分节，那么要重新设置其他节的奇数页页脚和偶数页页脚，设置方法完全同上。*

 3.8.2 难搞的页眉之页眉包含章节名

1. 页眉包含章节名

这里依然以论文的页眉排版要求为例，因为论文的页眉和页脚设置要求最多，当我们掌握了论文的页眉和页脚设置方法后，就基本完全掌握了页眉和页脚设置的原理。

页眉设置要求：

- 封面、诚信声明书页不要页眉；
- 摘要页、目录页的页眉应用学校名称；
- 正文奇数页页眉为章标题，偶数页页眉为论文名称。

Step1：给文档插入分节符（下一页）。

分析页眉要求会发现，整篇文档总共有三种页眉格式：无页眉+学校名称+奇偶页不同的页眉。所以，依然要把文档分成三节，在各节之间插入分节符（下一页）。

设置方法与上一节相同，如果在设置页码时已经插入过“分节符（下一页）”，则此处不需要重复操作。

Step2：设置摘要页、目录页页眉。

因为封面、诚信声明书页不要页眉，所以不需要设置。

首先将光标置于摘要页页眉位置，然后单击【页眉和页脚工具—设计】→【链接到前一条页眉】，断开页眉与上一节的联系。

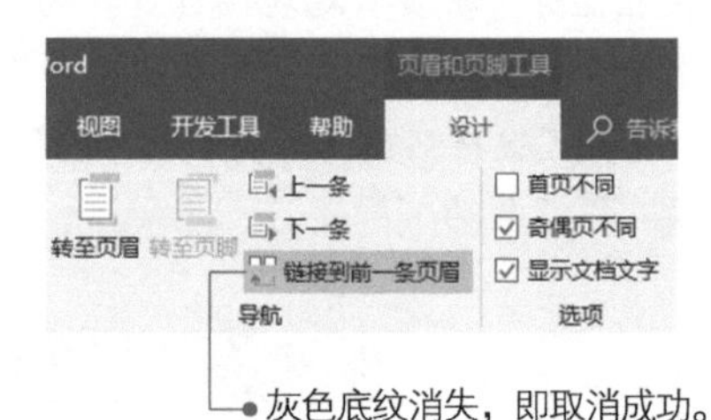

灰色底纹消失，即取消成功。

然后直接把学校的logo粘贴到页眉区，调整为合适的大小即可。

Step3：设置正文页页眉。

正文奇数页页眉为章标题，偶数页页眉为论文名称。

将光标置于正文页页眉区，勾选【奇偶页不同】复选框，然后分别在奇数页和偶数页取消"链接到前一条页眉"。

单击【页眉和页脚工具—设计】→【选项】，勾选【奇偶页不同】复选框。

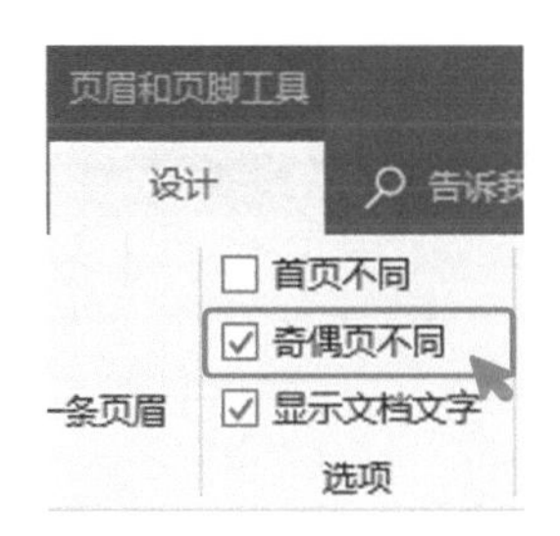

设置奇数页页眉：

取消"链接到前一条页眉"以后，将光标置于奇数页页眉区，然后依次单击【页眉和页脚工具—设计】→【插入】→【文档部件】→【域】。

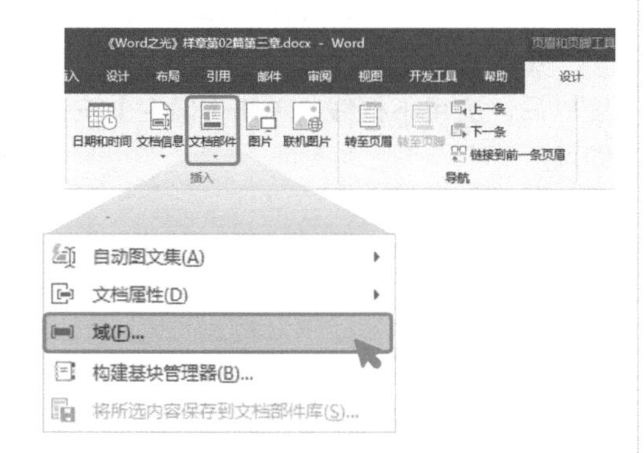

在打开的【域】对话框中，【类别】选择"链接和引用"，【域名】选择"StyleRef"，【样式名】选择"标题1"，单击【确定】按钮即可。

只有文章标题应用了"标题1"样式时，这个方法才奏效哦！

设置完成以后，第1章的奇数页页眉就会显示为"第1章　XXX"，第2章的奇数页页眉显示为"第2章　XXX"，第3、4章等依此类推。

而且，当标题内容改变时，页眉也会随之自动更改。

第 1 章　我国企业文化建设的现状及问题

第 1 章　我国企业文化建设的现状及问题

第 2 章　企业文化建设对策

第 2 章　企业文化建设对策

Tips：如果页眉没有自动更新，则按<F9>键，自动更新域即可。

设置偶数页页眉：

奇数页页眉设置完成以后，偶数页页眉的设置就非常简单了。

直接把论文标题复制到偶数页页眉位置，就可以全部应用于第3节了。

2. 三招快速去掉页眉横线

有时不小心打开了页眉和页脚编辑状态，我们发现页眉位置即使没有内容，也可能会出现一条横线，删又删不掉，看着甚是碍眼。其实有三种办法可以简单搞定！

方法一：应用【正文】样式

将光标置于页眉横线处，在【开始】→【样式】组中，单击【正文】样式即可。

Tips：快捷键：<Ctrl + Shift + N>

方法二："清除所有格式"

将光标置于页眉横线处，在【开始】→【字体】组中，单击【清除所有格式】命令即可。

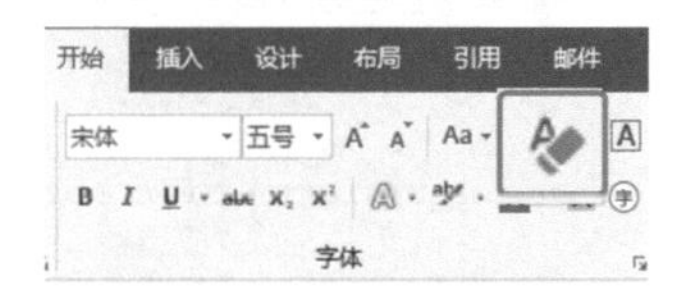

方法三：设置【段落】格式无框线

选中页眉横线上的回车符，然后依次单击【开始】→【段落】→【边框】→【无框线】即可。

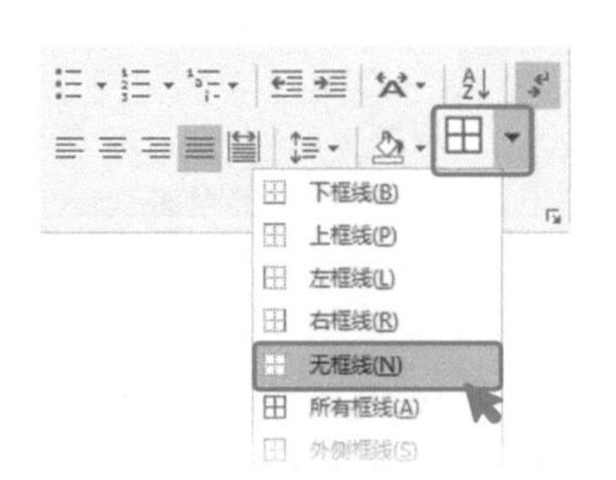

通过这个方法，我们还可以**更改页眉横线的样式、颜色和宽度等。**选中页眉横线上的回车符，在【边框】命令选项中单击【边框和底纹】，打开【边框和底纹】对话框。

在此处设置心仪的样式、颜色和宽度以后，应用下框线，单击【确定】按钮即可。

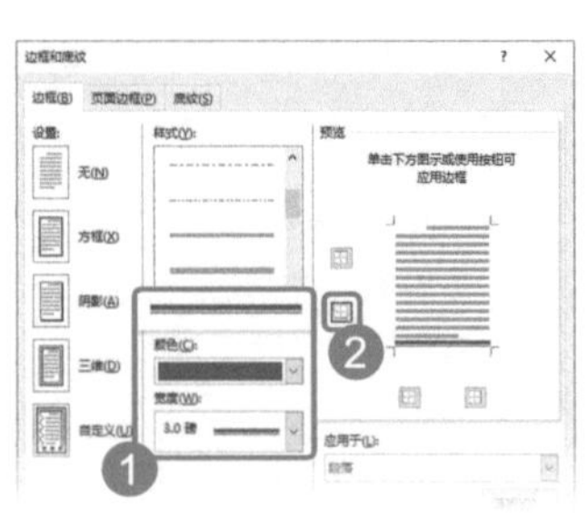

看到这里大家明白了吗？其实**页眉横线就是在页眉文字的默认样式中，段落应用了下框线。**所以，在清除页眉横线时，只需要把段落下框线去掉即可。

至此，页眉和页脚的设置就讲完了。其实只要找到了页眉和页脚的设置套路，你就会发现页眉和页脚的设置难度不过如此。但凡稍微复杂一些的格式要求，设置起来也不过如下几步。

第一步：在不同的格式之间插入分节符（下一页）对文档进行分节。

第二步：将光标分别置于页眉和页脚处，取消“链接到前一条页眉”，断开各节之间的链接。

第三步：在各自独立的节中根据要求进行精耕细作。

总结起来不过四句话：

文档内容先分节，各节之间去链接。

节节独立再耕作，起始页码紧衔接。

知识点拓展：**分页符和分节符的区别**

前面我们一直在强调，想要制作不同的页眉和页脚，就一定要插入分节符。那么分节符到底是什么呢？它与分页符又有什么区别呢？

分页符

分页符

分页符只是用来分页，使文章的内容在不同页面显示，但前后还是同一节。按 **<Ctrl+Enter>** 快捷键可以快速插入分页符。分页符的格式标记见上图。

使用分页符，分页前后的页眉和页脚设置完全相同。就像封面和诚信声明书页，前后内容的页面编排方式与页眉和页脚设置都一样，只是需要从新的一页开始，所以使用分页符即可。

分节符

分节符(下一页)

分节符用来把文章分成不同的节，各节可以独立编辑。就相当于把一根藕切成几段，藕断丝连，每一段又可以单独拿来做菜。分节符的格式标记见上图。

分页符和分节符的最大区别就在于页眉和页脚及页面设置。比如：目录页与正文页的页眉和页码格式需要不同，那么就可以将目录页作为单独的一节，正文页作为另一节。再比如：在文档编排中，有几页需要横排，或者需要不同的纸张、页边距等，那么就可以将这几页单独设为一节，与前后内容不同节。

分节符是把文章分成不同的节，在同一页中可以有不同的节，在分节的同时也可以下一页。

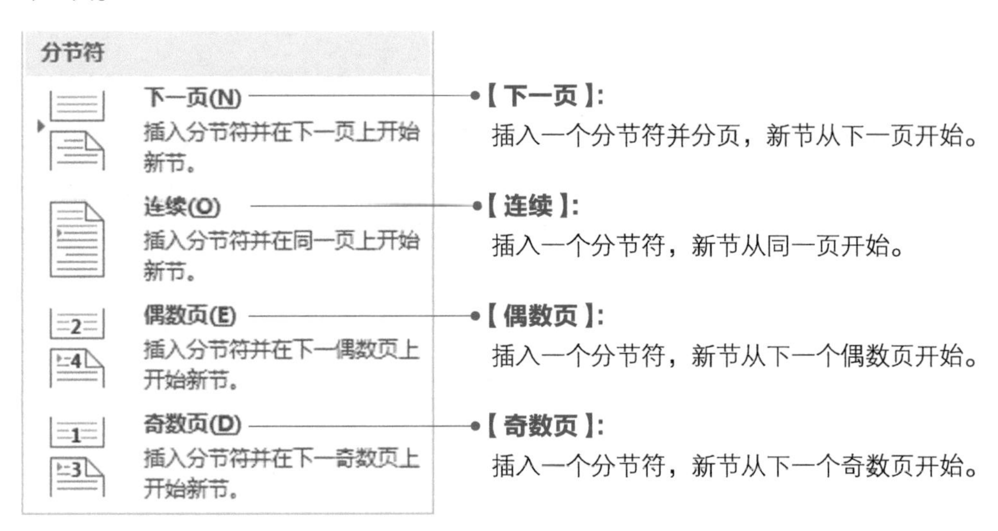

险境 3.9　模板：一劳永逸的魔板

Word模板保存了对页面布局、字体、段落、样式等各种格式的设置，还可以包含文字等信息。

我们可以通过Word模板来轻松创建各种具有固定格式内容的文档。

一说到“模板”二字，大家第一个想到的肯定是PPT，殊不知Word也是有模板的。每次新建文档，其实都是基于预置的Normal模板创建的。

简单来讲，假如在一份Word文档中，在页眉区添加了公司logo，在页脚区添加了公司网址，然后保存为模板，并在桌面创建了快捷方式。这样以后双击该快捷方式，就可以直接使用页眉有公司logo、页脚有公司网址的文档了，不用每次都进行重新设置。

3.9.1　自定义模板

前面讲了那么多，又是规划页面布局，又是创建/修改样式，如果每次编辑新文档时都要重新设置一遍，则未免有些费时费力。所以，我们可以把这些需要经常用到的有固定格式、版式要求的内容，存成一份Word模板，并在桌面创建一个快捷方式，以后每次新建文档时就都可以直接使用现成的了。

1. 创建Word模板

创建模板非常简单：当文档的版式、格式等设置完成以后，按<F12>键（“另存为”的快捷键），【保存类型】选择“Word模板（*.dotx）”即可。

Word 文档 (*.docx)
启用宏的 Word 文档 (*.docm)
Word 97-2003 文档 (*.doc)
Word 模板 (*.dotx)
启用宏的 Word 模板 (*.dotm)
Word 97-2003 模板 (*.dot)
PDF (*.pdf)
XPS 文档 (*.xps)
单个文件网页 (*.mht;*.mhtml)
网页 (*.htm;*.html)
筛选过的网页 (*.htm;*.html)
RTF 格式 (*.rtf)
纯文本 (*.txt)
Word XML 文档 (*.xml)
Word 2003 XML 文档 (*.xml)
Strict Open XML 文档 (*.docx)
OpenDocument 文本 (*.odt)

Word模板图标如图所示，像一个厚厚的记事本，且文件的后缀名为“.dotx”。

只要双击该图标，即可新建一份Word文档。新建的文档类型是.docx格式，且此文档的主题、版式和格式都与原来设置的文档别无二致。

如果在自定义文档时启用了宏，则文档保存类型选择“*.dotm”格式的模板，“*.dotm”格式是启用宏的模板。宏者，非高阶博学者无以用也。

所以，在正常使用Word模板时，*.dotx”格式即可。

Word文档图标
后缀名为“.docx”

图标有一个感叹号
是启用宏的Word模板
后缀名为“.dotm”

Word模板图标
后缀名为“.dotx”

2. 快速查找已创建的模板

当文档模板创建过多时，可以在【新建】选项卡中快速查找已创建的模板。

单击【文件】→【新建】，选择【个人】，可以在这里快速找到自定义的Word模板。单击模板图标，即可快速完成创建。

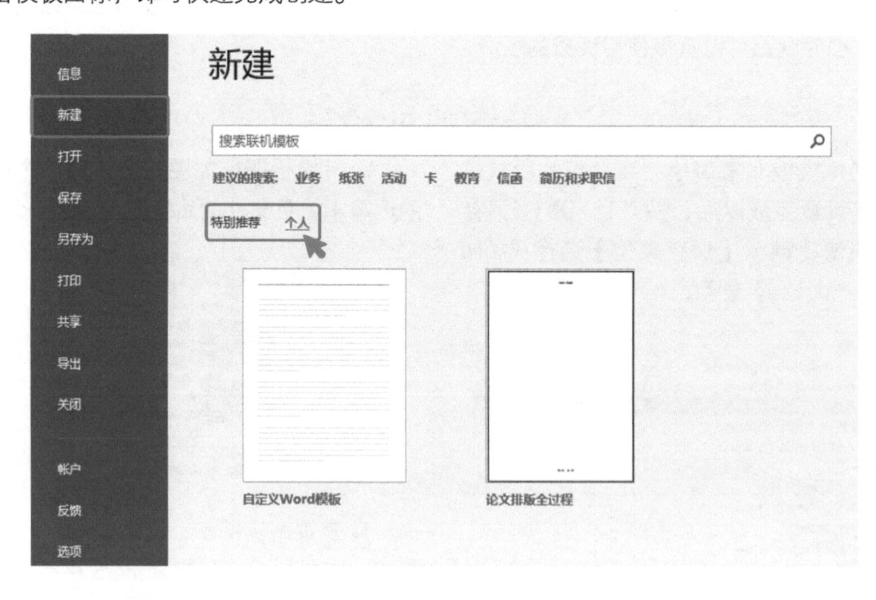

若要删除不要的模板，则首先找到模板所在的文件夹位置，然后直接在【资源管理器】中删除不要的模板即可。

3.9.2 Normal模板

说完自定义模板，接下来说一说平时最常使用的Normal模板。

我们平时新建的Word空白文档（或者通过<Ctrl+N>快捷键新建的文档）都是基于Normal（后缀名为.dotm）模板创建的。那Normal模板究竟是什么呢？Normal模板是Word的默认模板，是所有新建文档的基准。Normal模板是Word的基层模板，只要是在Normal模板中保存的设置，就会影响到所有的文档。

简单来讲，Normal模板就像印刷里面的模具，只要模具没问题，我们就可以在此基础上创建成千上万个新文档。

1. Normal模板损坏了怎么办

因为Normal模板的特殊性，一旦Normal模板出了问题，Word就会无法正常启动。你可能经常会遇到这样的问题：由于一些无法预料的操作事故，在使用Word文档时会出现提示文件损坏，文档无法正常打开的情况。这多半是由于不正常关闭文件或者Word打开时突然关闭电源所导致的，例如：在U盘中打开了Word文档却强制拔出U盘等。

解决方法也非常简单：**找到Normal模板直接删除即可。**

因为Normal模板的重要性，所以它被赋予了无限再生的能力。一旦Normal模板被移走、损坏或重命名，Word在下次启动时就会自动创建新的版本，恢复Word原始设置。

2. 查看Normal模板位置

（1）在【Word选项】中确认模板位置

Step1：单击任意文档左上角的【文件】→【选项】，打开【Word选项】对话框。

Step2：在【Word选项】对话框中，单击【信任中心】→【信任中心设置】。

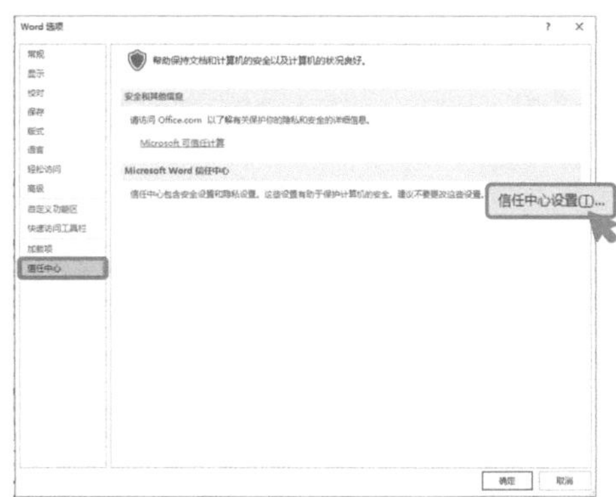

Step3：在打开的【信任中心】对话框中，单击【受信任位置】，在中间的列表中单击第一行的“用户模板”默认位置，再单击【修改】按钮，在打开的【Microsoft Office 受信任位置】对话框中复制该路径。

Step4：按 <Windows+R> 快捷键，打开【运行】对话框。把该路径粘贴到【打开】框中，单击【确定】按钮即可快速打开 Normal 模板所在的文件夹，在这里就可以找到 Normal 模板。

（2）在资源管理器中搜索“Normal.dotm”位置

Step1：按 <Windows+E> 快捷键，打开资源管理器。选择 C 系统盘，然后在右上角的搜索框中输入“Normal.dotm”，按回车键开始搜索。

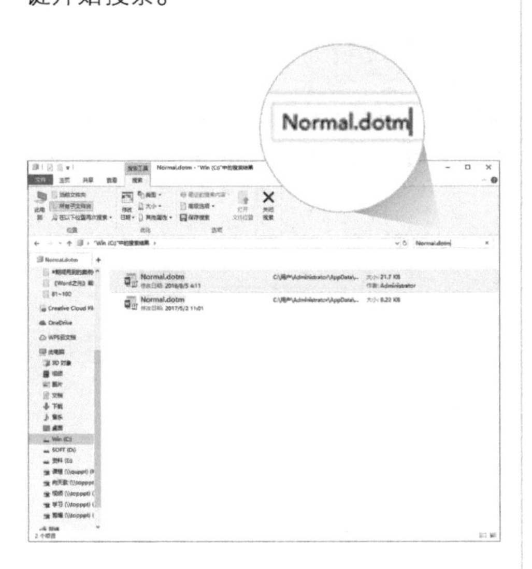

Step2：选中目标文件，单击鼠标右键，选择【打开文件所在的位置】，即可打开 Normal.dotm 模板所在的文件夹。

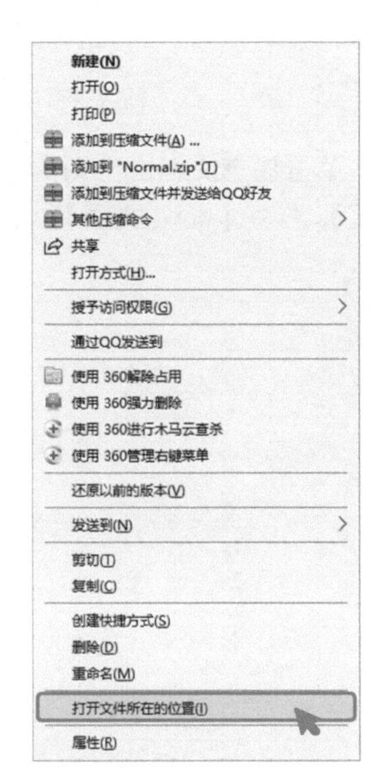

险境 3.10　打印：白纸黑字的真相

打印作为整个排版流程的最后一步，也是至关重要的。虽然现在提倡无纸化办公，但是在工作中打印文档还是必不可少的。接下来我们就以几个具体的办公小场景为例来讲一讲打印设置。

【特别提醒】以下情况均针对办公室打印，如果是到打印店打印，则只需要把Word文档存成PDF格式即可。按<F12>键打开【另存为】对话框，【保存类型】选择“PDF(*.pdf)”。

3.10.1　打印效果不尽如人意，避免重复打印

有时文档打印出来效果不尽如人意，总是有一些小瑕疵。重新打印不仅浪费纸张，而且非常耽误时间。其实Word打印有一项很人性化的功能：打印预览。在打印前，我们可以通过“打印预览”来浏览文档是否符合要求，避免打印以后出现问题，省时省力。

按<Ctrl+P>快捷键，或者单击【文件】→【打印】，即可快速进入【打印】界面。左侧是打印设置，右侧是打印预览。

打印
【打印区】：
单击【打印】即可直接打印。
【预览区】：
通过预览界面查看预览效果。
【页码区】：
选择预览页码进行翻页。
【缩放区】：
通过显示比例调整页面大小。
CONTENTS
共 31 页
72%

"打印预览"效果所见即所得，我们可以通过"打印预览"对Word打印效果有一个直观的了解。在打印前，先通过"打印预览"检查文档，养成良好的操作习惯，大有裨益。

3.10.2 最后一页才两行字，太浪费纸了

有时一篇文档编辑到最后发现，最后一页就两行字，不打印肯定不行，打印也太浪费纸了！怎么把这两行字悄无声息地缩回去呢？

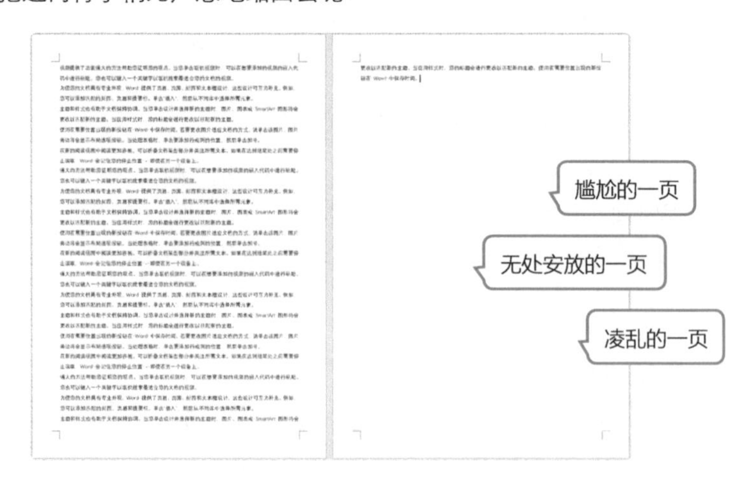
尴尬的一页
无处安放的一页
凌乱的一页

Step1：打开【打印预览编辑模式】

在功能区菜单栏内有一个搜索文本框，相信大家经常能看到它，但很少有人知道它的用处。

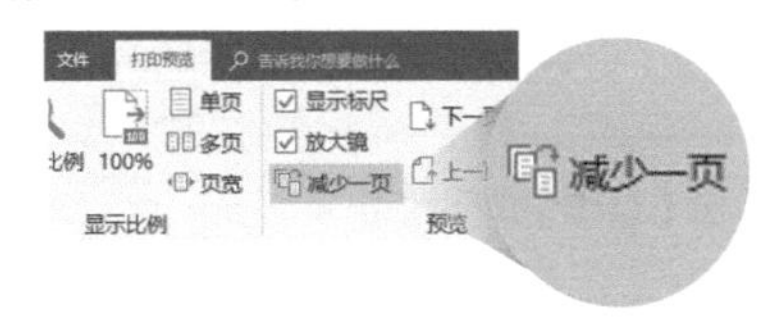

在文本框内直接输入“打印”二字，选择【预览和打印】选项，在级联菜单中选择【打印预览编辑模式】。

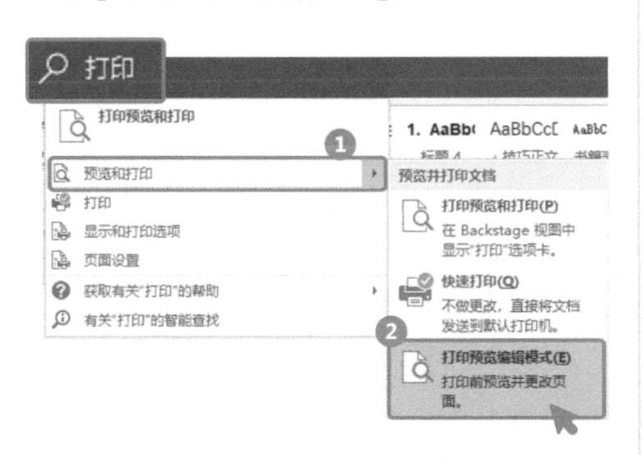

Step2：执行【减少一页】命令。

在打开的【打印预览】编辑模式中，单击【预览】组中的【减少一页】命令，即可使多出的一两行文字挤到上一页，快速减少一页文档。

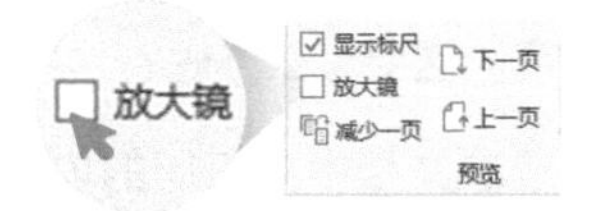

此功能的原理是通过略微缩小文字大小及间距将文档缩减一页，所以这个方法未必每次都能成功，要由多出的文字量而定。

另外，在【打印预览】编辑模式中，取消勾选【放大镜】复选框，就可以在打印预览模式下直接对文档进行编辑了。

放大镜 显示标尺 放大镜 减少一页 下一页 上一页 预览

3.10.3　文档页数太多，只需要打印其中一部分

一篇长文档，有时只需要打印其中的几页或部分内容。这要怎么做呢？

1. 打印指定页数

一篇文档几十页，假如只需要打印第13、14页，这要怎么办呢？

按<Ctrl+P>快捷键，快速进入【打印】界面。在【页数】文本框中输入“13,14”，设置需要打印的份数，然后单击【打印】按钮即可。

Tips：如果是打印不连续的页面，则页码之间用逗号隔开。例如：2,5,8，即可打印第2页、第5页和第8页。

如果是打印连续的页面，则页码之间用短横线隔开。例如输入页码：6-9，即可打印第6页、第7页、第8页和第9页。

当然，也可以组合使用。例如输入页码：3,6-9，即可打印第3页、第6页、第7页、第8页和第9页。

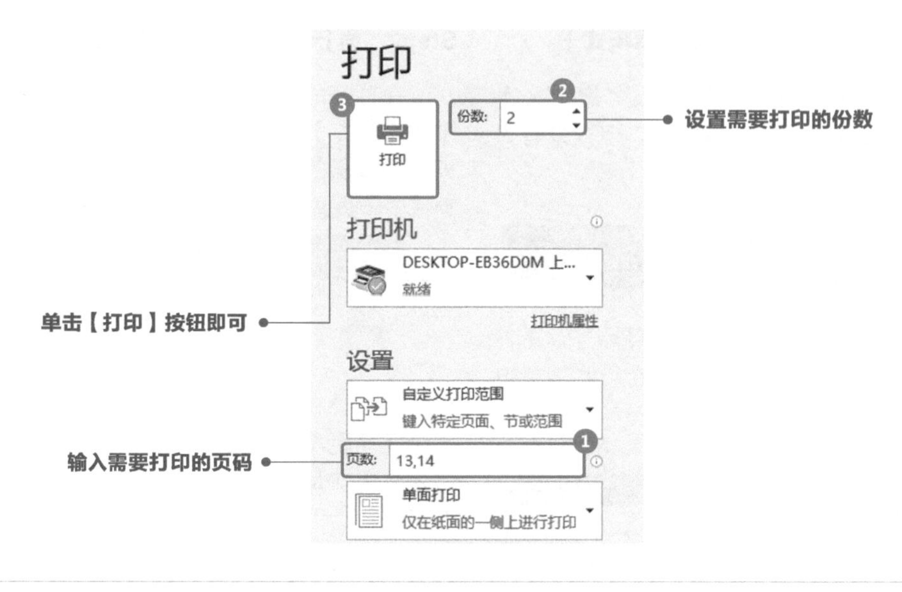

2. 打印所选内容

有时候，我们不一定要打印某一页或某几页的内容，而是要打印文档中某段或某一章节的内容。这要怎么办呢?

首先选中文档中要打印的内容，按住<Ctrl>键可以进行间断选择。然后按<Ctrl+P>快捷键进入【打印】界面，选择设置中的【打印选定区域】即可。

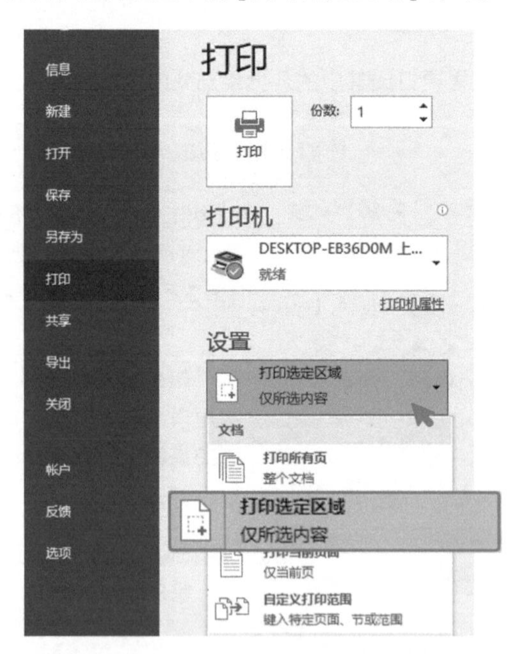

3.10.4　拒绝浪费！将多页文档打印到一张纸上

在一些非正式场合中，我们可以将2页、4页或更多页的内容压缩到一张纸上打印出来。这样不仅可以减少纸张的浪费，而且当打印文档过多时，还可以大大节省打印时间。

按<Ctrl+P>快捷键进入【打印】界面，在打印【设置】的底部，单击【每版打印1页】的下拉按钮，自由选择每版打印的页数，然后设置需要打印的份数，单击【打印】按钮即可。

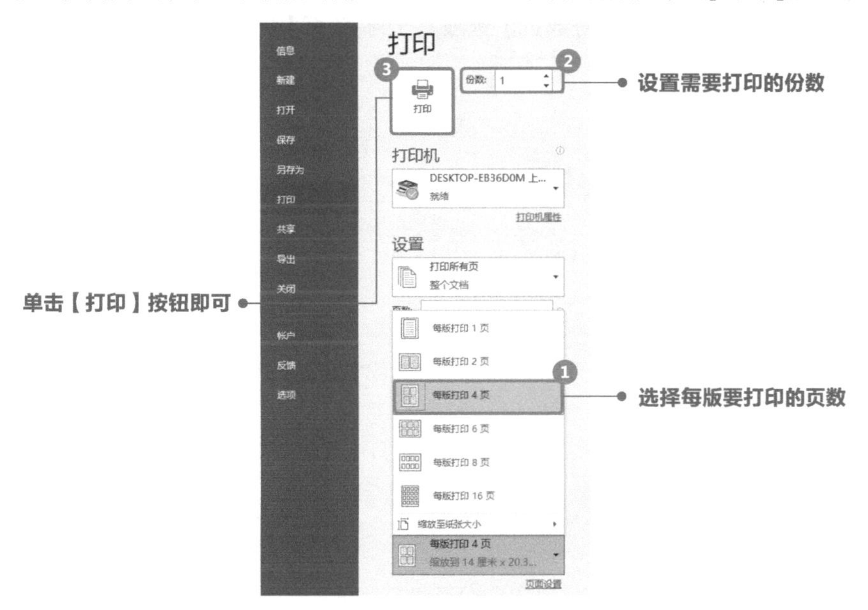

建议大家选择“每版打印2页”或“每版打印4页”，若页数太多的话，打印出来就影响阅读效果了。

3.10.5　好累！文档打印完还要再手动调整顺序

Word打印顺序一般是从第1页开始打印到最后一页的。如果打印内容过多，打印完成后还要再手动调整顺序，工作量也不小。但是，只要把Word设置成逆序打印，就可以完美地解决这个问题：直接从最后一页开始打印，打印完成以后，最上面刚好是第1页。

单击文档左上角的【文件】→【选项】→【高级】，在右侧列表中找到【打印】，然后勾选【逆序打印页面】复选框，单击【确定】按钮即可。

3.10.6 双面打印时，设置奇偶页不同的打印

如果对文档设置了双面打印，那么就需要把奇数页和偶数页分开打印。我们可以先打印奇数页，然后再打印偶数页。

Step1：按 <Ctrl+P> 快捷键进入【打印】界面，在打印【设置】中单击【打印所有页】的下拉按钮，选择【仅打印奇数页】选项即可。

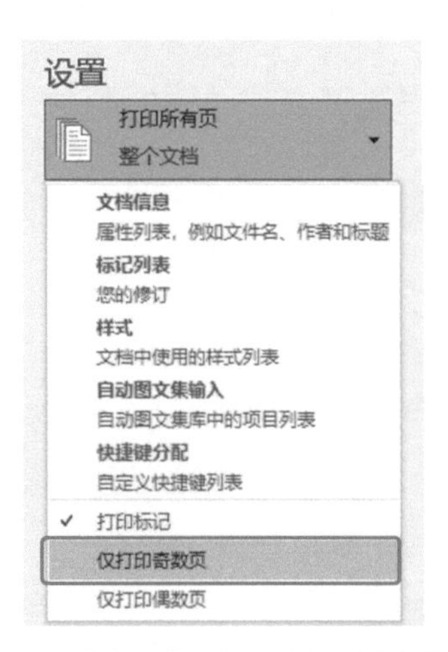

Step2：打印完成后，直接将纸张反过来放入打印机中，在原来的位置选择【仅打印偶数页】即可。

3.10.7 打印多份文档时，文档自动分页

当打印多份文档时，理想的打印顺序是：从第1页打印到最后一页，然后重复*N*遍。这个怎么设置呢?

按<Ctrl+P>快捷键进入【打印】界面，在打印【设置】中选择【对照】，再设置相应的打印份数即可。

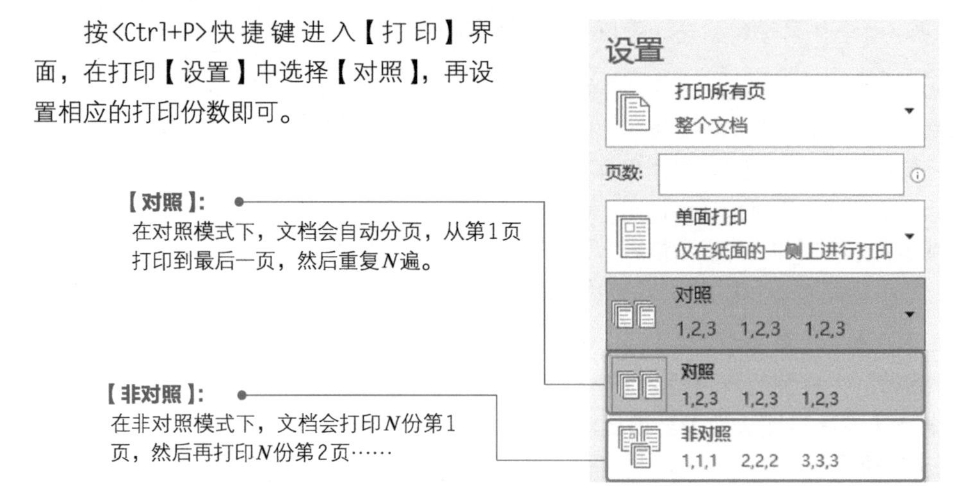

3.10.8　文档中有表格，纵向页面横向打印

当文档中有表格时，表格太宽，我们就可以给纵向页面设置横向打印。

按<Ctrl+P>快捷键进入【打印】界面，在打印【设置】中直接把【纵向】改为【横向】即可。

3.10.9　文档明明有内容，打印不出来怎么办

1. 打印背景颜色和背景图片

有时我们给文档设置了美美的背景颜色或背景图片，打印时却发现，背景内容根本就没打印出来。

【文档页面】效果

【打印预览】效果

解决方法非常简单：

依次单击【文件】→【选项】→【显示】，在底部我们可以看到【打印选项】，勾选【打印背景色和图像】复选框，单击【确定】按钮即可。

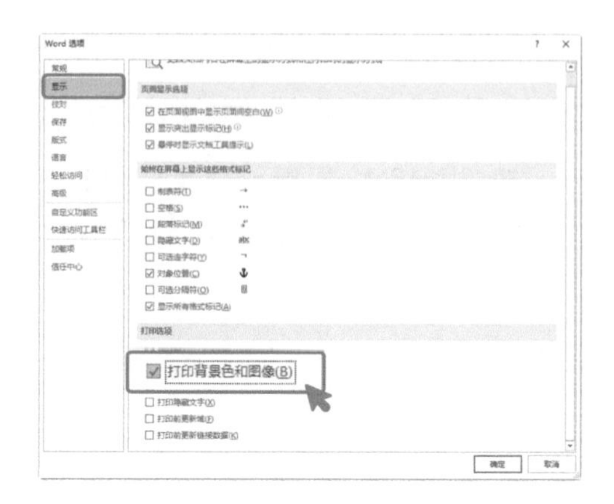

2. 打印在Word中创建的图形

除勾选【打印背景色和图像】复选框外，也建议大家同时勾选【打印在Word中创建的图形】和【打印前更新域】复选框。

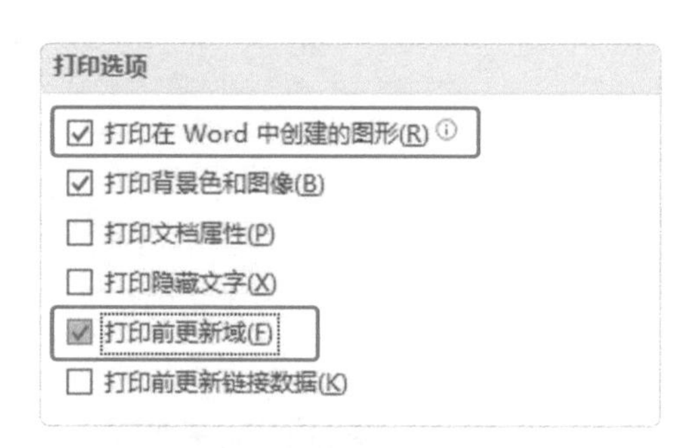

只有勾选了【打印在Word中创建的图形】复选框，当我们在文档中使用了文本框或者插入了形状时，这些内容才能够被打印出来。

【文档页面】效果　　【打印预览】效果

而勾选了【打印前更新域】复选框，则可以确保在打印前，在文档中自动生成的内容更新到最新状态，例如：页码、目录、交叉引用、题注等，确保打印的准确性。

第4章

外功修美观：
精美的文档打动人

WORD之光
放心吧，今晚我一定会让你艳压全场的！
还是师父厉害，只要赢得王子青睐，Word真经就好办啦！

装扮 4.1　打动人的文档是什么样的

Word 文档
难道只是一堆文字吗？

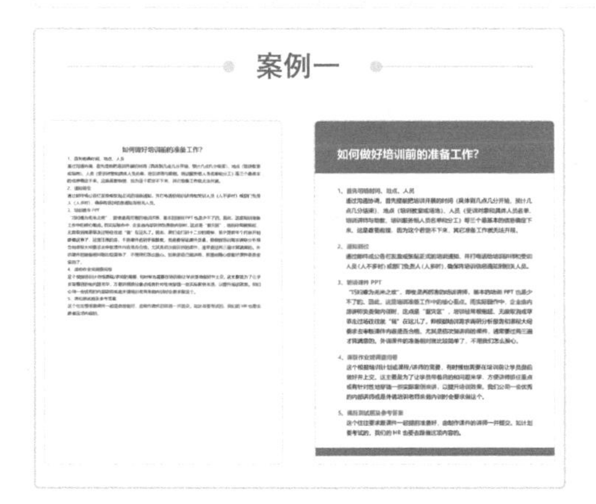

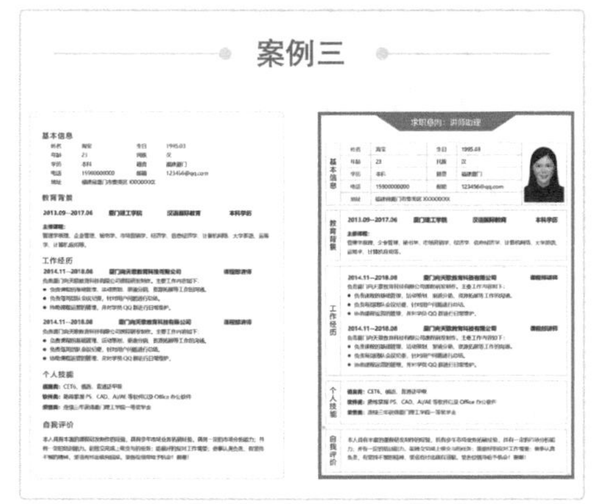

看了这些案例的前后对比，不知你有何感受？内容完全一样的两份文档摆在你的面前，你更愿意阅读哪一份呢？

这就是这一章的意义：美化文档的形式，吸引目标阅读者的目光。毕竟，阅读行为的开始，一定是阅读者有阅读的兴趣。Word 文档，其实是表达自己观点的一堆字，如果别人没有兴趣阅读，又谈何表达自己的观点呢？

Word 就像是一个女人，版式就是其妆容。只有外形先吸引到别人，别人才愿意开始了解其内在。

那么优秀的版式究竟是什么样的？我们怎么才能快速设计出好看的Word文档版式呢？设计是感性的，但也是理性的。在大多数情况下，我们都还停留在感性层面。

比如，看到一页优秀的排版设计，我们会感觉很舒适，舒适谈何而来，却不能道出一二，这就是感性层面。而如果能说出这个页面中什么样的元素导致我们视觉上舒适，这就是理性层面。只要掌握了理性层面的元素规则，我们就能够快速设计出好看的Word文档版式。

好看的设计作品，肯定不会无缘无故地好看。我们看一个简单的案例，比较图一和图二，观察它们有什么区别呢？

如何做好培训前的准备工作？

1、首先明确时间、地点、人员

通过沟通协调，首先提前把培训开展的时间（具体到几点几分开始，预计几点几分结束）、地点（培训教室或场地）、人员（受训对象和具体人员名单、培训讲师与助教、培训服务组人员名单和分工）等三个最基本的信息确定下来。这是首要前提，因为这个若定不下来，其他准备工作就无法开展。

2、通知到位

通过邮件或公告栏发放或张贴正式的培训通知，并打电话给培训讲师和受训人员（人不多时）或部门负责人（人多时），确保将培训信息通知到相关人员。

3、培训课件 PPT

“巧妇难为无米之炊”，即使是再厉害的培训讲师，基本的培训 PPT 也是少不了的。因此，这是培训准备工作中的核心重点。而实际操作中，企业由内部讲师负责做内训时，这点是“重灾区”，培训经常被拖延、无故取消或草草走过场往往就“栽”在这儿了。因此，我们会打起十二分的精神，至少提前半个月就开始跟催这事了，这里注意的是，不是课件追到手就算数，而是要保证课件质量，即根据培训需求调研分析报告和课程大纲要求去审核课件内容是否合格，尤其是初次做讲师的课件，通常要过两三遍才算满意的。外训课件的准备相对就比较简单了，不用我们怎么操心。如果是自己做讲师，那提前精心准备好课件更是应该的了。

4、课前作业或调查问卷

这个根据培训计划或课程/讲师的需要，有时候也需要在培训前让学员提前做好并上交。这主要是为了让学员带着目的和问题来学，方便讲师抓住重点或有针对性地穿插一些实际案例来讲，以提升培训效果。我们公司一些优秀的内部讲师或是外请培训老师来做内训时会要求做这个。

5、课后测试题及参考答案

这个往往要求跟课件一起提前准备好，由制作课件的讲师一并提交。如计划要考试的，我们的 HR 也要去跟催这项内容的。

图一

如何做好培训前的准备工作？

1、首先明确时间、地点、人员

通过沟通协调，首先提前把培训开展的时间（具体到几点几分开始，预计几点几分结束）、地点（培训教室或场地）、人员（受训对象和具体人员名单、培训讲师与助教、培训服务组人员名单和分工）等三个最基本的信息确定下来。这是首要前提，因为这个若定不下来，其他准备工作就无法开展。

2、通知到位

通过邮件或公告栏发放或张贴正式的培训通知，并打电话给培训讲师和受训人员（人不多时）或部门负责人（人多时），确保将培训信息通知到相关人员。

3、培训课件 PPT

“巧妇难为无米之炊”，即使是再厉害的培训讲师，基本的培训 PPT 也是少不了的。因此，这是培训准备工作中的核心重点。而实际操作中，企业由内部讲师负责做内训时，这点是“重灾区”，培训经常被拖延、无故取消或草草走过场往往就“栽”在这儿了。即根据培训需求调研分析报告和课程大纲要求去审核课件内容是否合格，尤其是初次做讲师的课件，通常要过两三遍才算满意的。外训课件的准备相对就比较简单了，不用我们怎么操心。

4、课前作业或调查问卷

这个根据培训计划或课程/讲师的需要，有时候也需要在培训前让学员提前做好并上交。这主要是为了让学员带着目的和问题来学，方便讲师抓住重点或有针对性地穿插一些实际案例来讲，以提升培训效果。我们公司一些优秀的内部讲师或是外请培训老师来做内训时会要求做这个。

5、课后测试题及参考答案

这个往往要求跟课件一起提前准备好，由制作课件的讲师一并提交。如计划要考试的，我们的 HR 也要去跟催这项内容的。

图二

❶ 分组（呼吸感）

将相互关联的内容放在一起，有关系的部分就会被看作一个组，并与其他组的内容区分开来。**比如在页面中，每一个小标题与其相关的正文部分就是一个组，并与其他组的内容通过扩大段间距分隔开。**分组可以使阅读者快速了解文章所传达的信息，使文章条理清晰，减少页面的混乱感，增强页面的呼吸感。

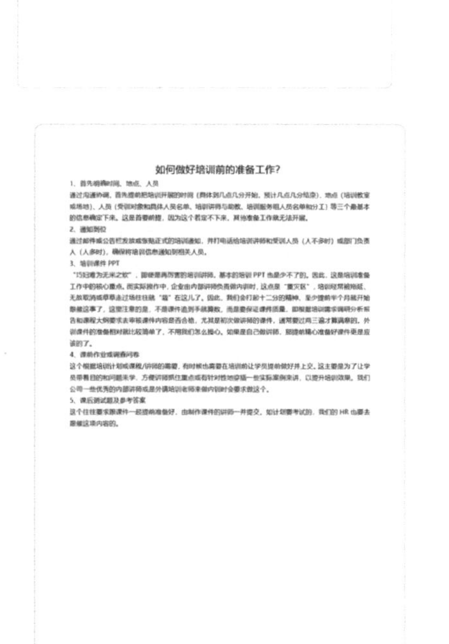

如何做好培训前的准备工作?

1、首先明确时间、地点、人员

通过沟通协调，首先提前把培训开展的时间（具体到几点几分开始，预计几点几分结束）、地点（培训教室或场地）、人员（受训对象和具体人员名单、培训讲师与助教、培训服务组人员名单和分工）等三个最基本的信息确定下来。这是首要前提，因为这个若定不下来，其他准备工作就无法开展。

2、通知到位

通过邮件或公告栏发放或张贴正式的培训通知，并打电话给培训讲师和受训人员（人不多时）或部门负责人（人多时），确保将培训信息通知到相关人员。

3、培训课件 PPT

“巧妇难为无米之炊”，即使是再厉害的培训讲师，基本的培训 PPT 也是少不了的。因此，这是培训准备工作中的核心重点。而实际操作中，企业由内部讲师负责做内训时，这点是“重灾区”，培训经常被拖延、无故取消或草草走过场往往就“栽”在这儿了。即根据培训需求调研分析报告和课程大纲要求去审核课件内容是否合格，尤其是初次做讲师的课件，通常要过两三遍才算满意的。外训课件的准备相对就比较简单了，不用我们怎么操心。

4、课前作业或调查问卷

这个根据培训计划或课程/讲师的需要，有时候也需要在培训前让学员提前做好并上交。这主要是为了让学员带着目的和问题来学，方便讲师抓住重点或有针对性地穿插一些实际案例来讲，以提升培训效果。我们公司一些优秀的内部讲师或是外请培训老师来做内训时会要求做这个。

5、课后测试题及参考答案

这个往往要求跟课件一起提前准备好，由制作课件的讲师一并提交。如计划要考试的，我们的 HR 也要去跟催这项内容的。

❷ 对比（清晰感）

例如，每一个小标题都放大字号、加粗，并用蓝色突出显示，跟正文内容形成对比。对比把需要突出显示的信息用和其他元素截然不同的方式凸显出来，使阅读者一眼看到。通过对比把主次要信息区别开，使阅读者快速抓取关键信息，降低阅读成本，快速领会创作者的意图。对比是突出显示版面核心信息的好办法，增强了核心信息的清晰感。

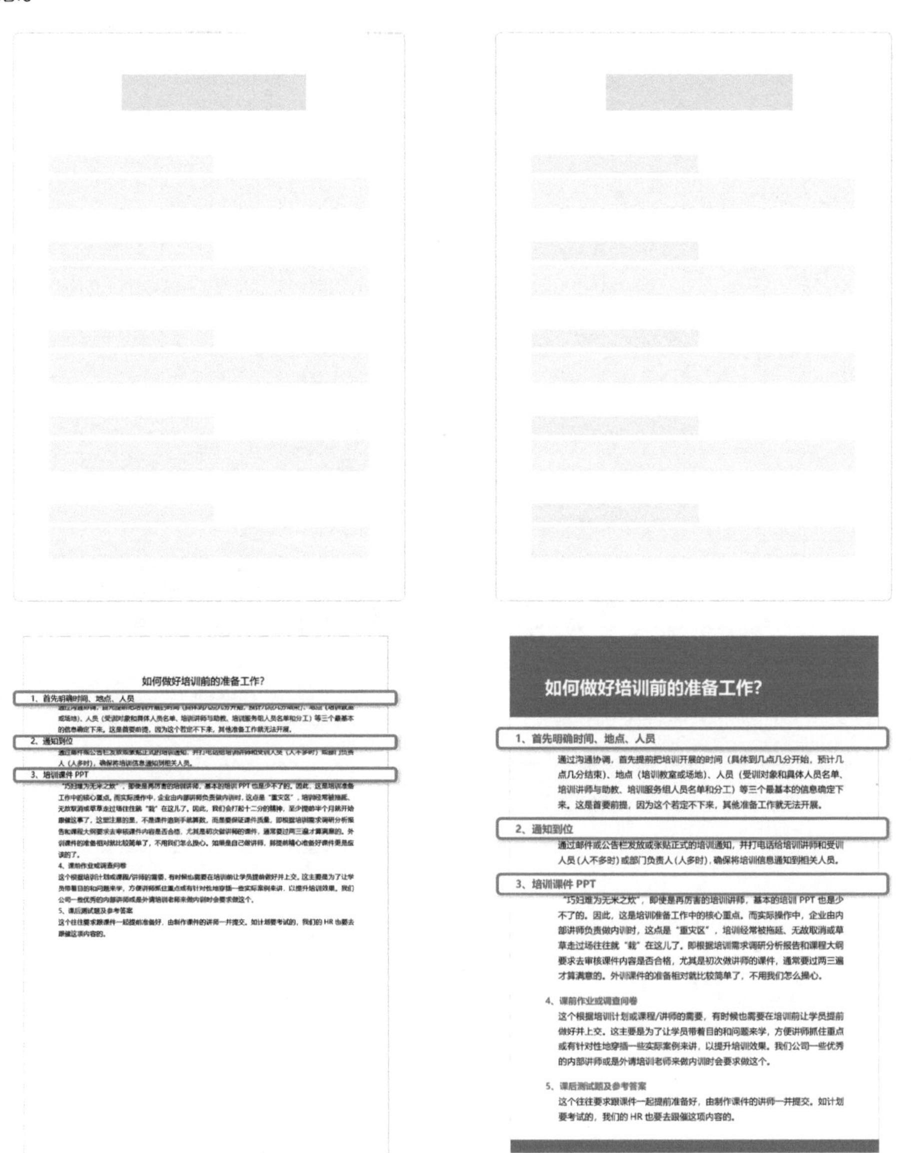

❸ 对齐（舒适感）

页面中任何一个元素都不是随意摆放的，页面元素之间彼此都存在着联系，对齐就是通过一条无形的线将页面元素连接起来。不难看出，页面中的所有文本都采用了左对齐的方式。对齐让版面看起来干净整洁，井然有序，增强了阅读者的舒适感。

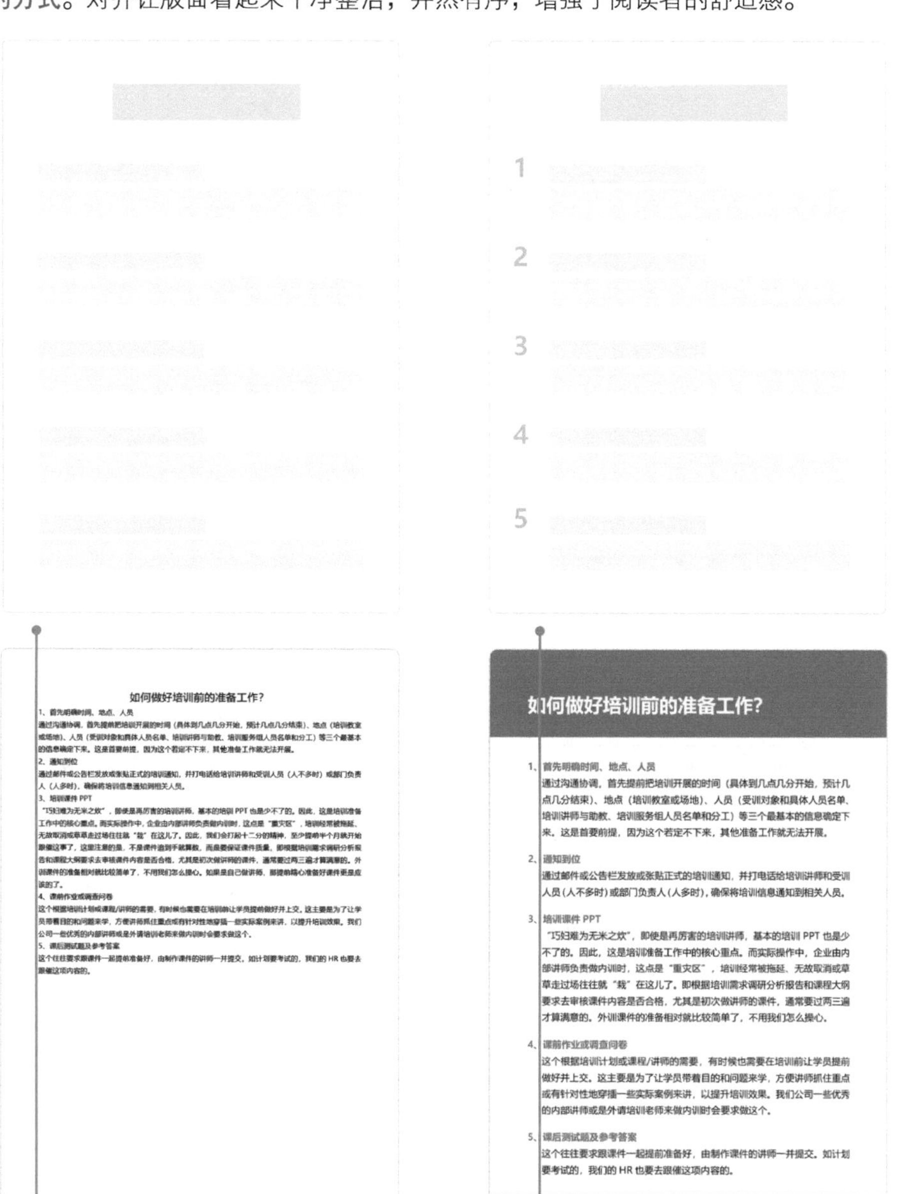

❹ 重复（力量感）

重复的作用主要是营造一种氛围。**比如标题与正文的格式搭配反复出现，使版面整齐划一，营造出统一、和谐的气氛。**重复在排版中的应用就是使一种符号、一种结构或一种颜色等在页面中不断地反复出现。重复是营造版面统一气氛的最强武器，增强了版面的力量感。

如何做好培训前的准备工作?

1、首先明确时间、地点、人员

通过沟通协调，首先提前把培训开展的时间（具体到几点几分开始，预计几点几分结束）、地点（培训教室或场地）、人员（受训对象和具体人员名单、培训讲师与助教、培训服务组人员名单和分工）等三个最基本的信息确定下来。这是首要前提，因为这个若定不下来，其他准备工作就无法开展。

通过邮件或公告栏发放或张贴正式的培训通知，并打电话给培训讲师和受训人员（人不多时）或部门负责人（人多时），确保将培训信息通知到相关人员。

3、培训课件 PPT

"巧妇难为无米之炊"，即使是再厉害的培训讲师，基本的培训 PPT 也是少不了的。因此，这是培训准备工作中的核心重点。而实际操作中，企业由内部讲师负责做内训时，这点是"重灾区"，培训经常被拖延、无故取消或草草走过场往往就"栽"在这儿了。即根据培训需求调研分析报告和课程大纲要求去审核课件内容是否合格，尤其是初次做讲师的课件，通常要过两三遍才算满意的。外训课件的准备相对就比较简单了，不用我们怎么操心。

4、课前作业或调查问卷

这个根据培训计划或课程/讲师的需要，有时候也需要在培训前让学员提前做好并上交。这主要是为了让学员带着目的和问题来学，方便讲师抓住重点或有针对性地穿插一些实际案例来讲，以提升培训效果。我们公司一些优秀的内部讲师或是外请培训老师来做内训时会要求做这个。

5、课后测试题及参考答案

这个往往要求跟课件一起提前准备好，由制作课件的讲师一并提交。如计划要考试的，我们的 HR 也要去跟催这项内容的。

装扮 4.2　版式设计的四大原则

好的设计大都离不开四大原则：分组、对比、对齐、重复。掌握好这四大原则，不仅可以帮助我们设计出好的作品，同时还可以以它们为标准，去衡量其他作品的优劣；以它们为理论，去表达自己作品的设计思路。

接下来，我们将讨论在实际操作中如何应用这四大原则，总结出几种常见的设计手法。

4.2.1　设计原则之**分组：内容紧凑，增加间距**

分组的原则：将相互关联的内容放在一起，并通过一定的方法与其他不相关的内容区分开来，以方便阅读者快速了解文档信息。其实在生活中，也有很多应用了分组原则的例子。比如阅兵仪式，根据兵种、部队类型来划分方阵；水果店的水果，就是按照分组原则进行摆放的。

在Word排版中，很多优秀的作品都会通过不同的手法来运用这个原则，其中常用的分组方法有3种：**留白、线条和底纹**。

1. 留白

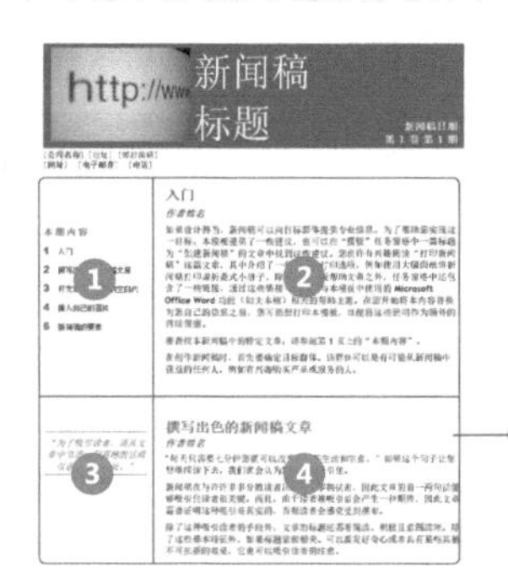

留白也是间距，通过控制内容之间不同的间距来实现分组原则。通常段落组与段落组之间的距离要大于段落组内部的距离，这样才能体现出留白的作用。

【把内容分隔成4块】：

通过留白我们能一眼看出正文内容被分成4个部分。

例如，图一跟图二相比，图一的行间距为2倍，但是因为每行之间的距离都是一样的，所以就休现不出留白的作用；而图二的行间距为1.25倍，但是标题行段前缩进了1行，所以分组效果明显，将有关的信息组合排列在一起，读起来流畅、自然。

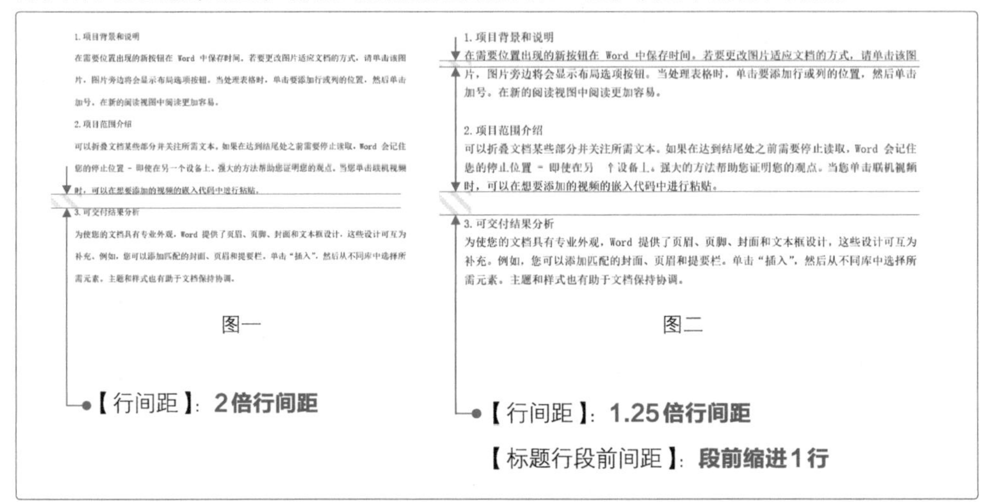

Step1：全选内容，打开【段落】对话框。【行距】选择“多倍行距”，【设置值】手动输入“1.25”即可。

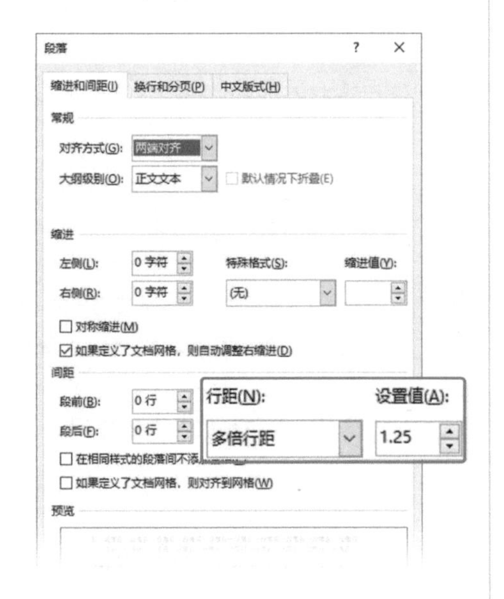

Step2：选中所有标题行，段前间距选择“1行”，单击【确定】按钮即可。

Tips：如果Word中段前间距单位显示的是“磅”，那么直接手动输入“1行”即可。

2. 线条

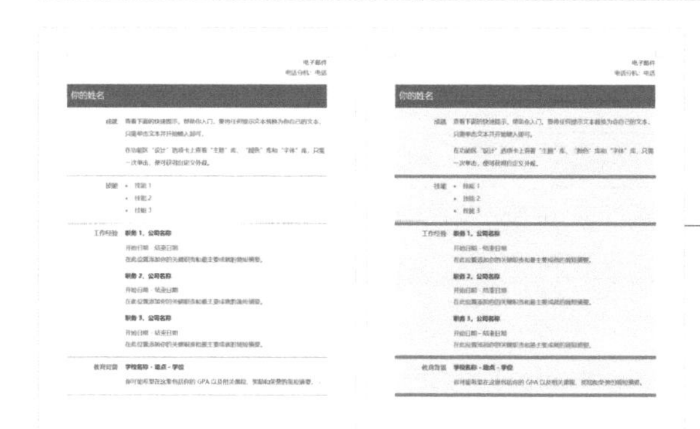

【把内容分隔成 4 块】：

通过线条我们能一眼看出正文内容主要包含4个部分

1. 项目背景和说明

在需要位置出现的新按钮在 Word 中保存时间。若要更改图片适应文档的方式，请单击该图片，图片旁边将会显示布局选项按钮。当处理表格时，单击要添加行或列的位置，然后单击加号。在新的阅读视图中阅读更加容易。

2. 项目范围介绍

可以折叠文档某些部分并关注所需文本。如果在达到结尾处之前需要停止读取，Word 会记住您的停止位置 - 即使在另一个设备上。强大的方法帮助您证明您的观点。当您单击联机视频时，可以在想要添加的视频的嵌入代码中进行粘贴。

3. 可交付结果分析

为使您的文档具有专业外观，Word 提供了页眉、页脚、封面和文本框设计，这些设计可互为补充。例如，您可以添加匹配的封面、页眉和提要栏。单击“插入”，然后从不同库中选择所需元素。主题和样式也有助于文档保持协调。

图一（无线条）

1. 项目背景和说明

在需要位置出现的新按钮在 Word 中保存时间。若要更改图片适应文档的方式，请单击该图片，图片旁边将会显示布局选项按钮。当处理表格时，单击要添加行或列的位置，然后单击加号。在新的阅读视图中阅读更加容易。

2. 项目范围介绍

可以折叠文档某些部分并关注所需文本。如果在达到结尾处之前需要停止读取，Word 会记住您的停止位置 - 即使在另一个设备上。强大的方法帮助您证明您的观点。当您单击联机视频时，可以在想要添加的视频的嵌入代码中进行粘贴。

3. 可交付结果分析

为使您的文档具有专业外观，Word 提供了页眉、页脚、封面和文本框设计，这些设计可互为补充。例如，您可以添加匹配的封面、页眉和提要栏。单击“插入”，然后从不同库中选择所需元素。主题和样式也有助于文档保持协调。

图二（有线条）

Step1：选中标题和段落（需要在上方插入线条的段落），然后依次单击【开始】→【段落】→【边框】，选择【边框和底纹】。

Step2：在打开的【边框和底纹】对话框中，首先选择颜色和宽度，然后在预览效果中选择上框线，【应用于】选择“段落”，单击【确定】按钮即可。

Tips：线条颜色要弱化，不能喧宾夺主。颜色应比背景深，比文字浅。

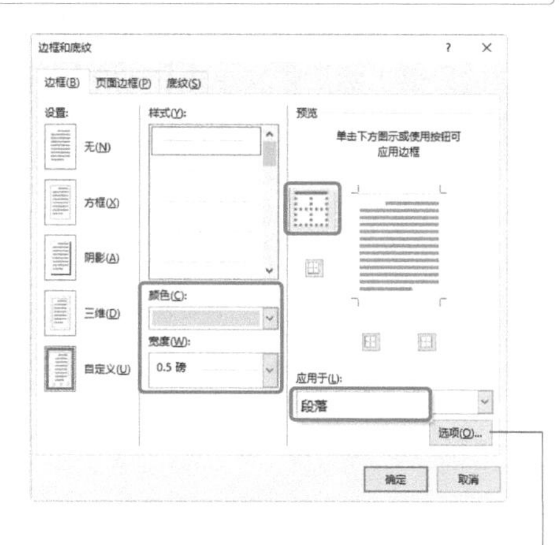

单击【选项】按钮，打开【边框和底纹选项】对话框，在这里调整线条与段落文本的距离。例如本案例中，线条与正文间距为0.5行。

距正文间距

上(O): 0.5行　左(E): 4 磅

3. 底纹

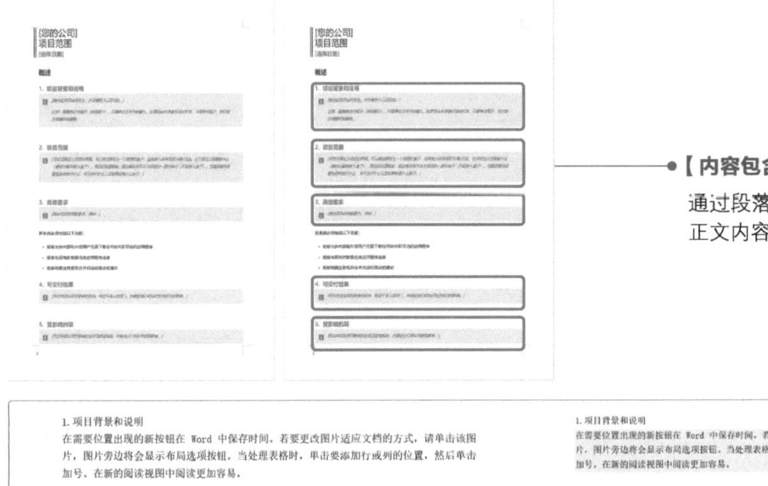

【内容包含5个部分】：

通过段落底纹我们很容易看出正文内容主要包含5个部分。

1. 项目背景和说明
在需要位置出现的新按钮在 Word 中保存时间。若要更改图片适应文档的方式，请单击该图片，图片旁边将会显示布局选项按钮。当处理表格时，单击要添加行或列的位置，然后单击加号。在新的阅读视图中阅读更加容易。

2. 项目范围介绍
可以折叠文档某些部分并关注所需文本。如果在达到结尾处之前需要停止读取，Word 会记住您的停止位置 - 即使在另一个设备上。强大的方法帮助您证明您的观点。当您单击联机视频时，可以在想要添加的视频的嵌入代码中进行粘贴。

3. 可交付结果分析
为使您的文档具有专业外观，Word 提供了页眉、页脚、封面和文本框设计，这些设计可互为补充。例如，您可以添加匹配的封面、页眉和提要栏。单击“插入”，然后从不同库中选择所需元素。主题和样式也有助于文档保持协调。

图一（无底纹）

1. 项目背景和说明
在需要位置出现的新按钮在 Word 中保存时间。若要更改图片适应文档的方式，请单击该图片，图片旁边将会显示布局选项按钮。当处理表格时，单击要添加行或列的位置，然后单击加号。在新的阅读视图中阅读更加容易。

2. 项目范围介绍
可以折叠文档某些部分并关注所需文本。如果在达到结尾处之前需要停止读取，Word 会记住您的停止位置 - 即使在另一个设备上。强大的方法帮助您证明您的观点。当您单击联机视频时，可以在想要添加的视频的嵌入代码中进行粘贴。

3. 可交付结果分析
为使您的文档具有专业外观，Word 提供了页眉、页脚、封面和文本框设计，这些设计可互为补充。例如，您可以添加匹配的封面、页眉和提要栏。单击“插入”，然后从不同库中选择所需元素。主题和样式也有助于文档保持协调。

图二（有底纹）

Step1：选中标题下的正文段落（需要加底纹的段落），然后依次单击【开始】→【段落】→【边框】，选择【边框和底纹】。

Step2：在打开的【边框和底纹】对话框中，切换至【底纹】。选择【填充】颜色→【应用于】→【段落】，然后根据提示依次单击【确定】按钮即可。

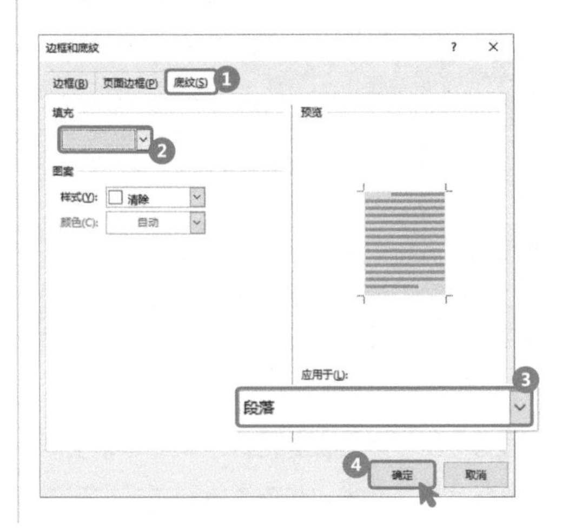

4.2.2　设计原则之**对比：增强反差，重点突出**

对比非常好理解：大跟小、粗跟细、高跟低、胖跟瘦，这些都是对比。在Word中，对比就是给文章划重点，把自己想要表达的核心内容通过反差凸显出来，让阅读者一眼就能抓到文章的重点。对比原则就是要避免元素之间太过相似，尽可能制造大的反差。

在Word排版中，应用对比原则时常用的方法有5种：**大小、颜色、粗细、字体和形状**。

1. 大小

1. 项目背景和说明
在需要位置出现的新按钮在 Word 中保存时间。若要更改图片适应文档的方式，请单击该图片，图片旁边将会显示布局选项按钮。当处理表格时，单击要添加行或列的位置，然后单击加号。在新的阅读视图中阅读更加容易。

2. 项目范围介绍
可以折叠文档某些部分并关注所需文本。如果在达到结尾处之前需要停止读取，Word 会记住您的停止位置 - 即使在另一个设备上。强大的方法帮助您证明您的观点。当您单击联机视频时，可以在想要添加的视频的嵌入代码中进行粘贴。

3. 可交付结果分析
为使您的文档具有专业外观，Word 提供了页眉、页脚、封面和文本框设计，这些设计可互为补充。例如，您可以添加匹配的封面、页眉和提要栏。单击“插入”，然后从不同库中选择所需元素。主题和样式也有助于文档保持协调。

图一（无大小对比）

1. 项目背景和说明
在需要位置出现的新按钮在 Word 中保存时间。若要更改图片适应文档的方式，请单击该图片，图片旁边将会显示布局选项按钮。当处理表格时，单击要添加行或列的位置，然后单击加号。在新的阅读视图中阅读更加容易。

2. 项目范围介绍
可以折叠文档某些部分并关注所需文本。如果在达到结尾处之前需要停止读取，Word 会记住您的停止位置 - 即使在另一个设备上。强大的方法帮助您证明您的观点。当您单击联机视频时，可以在想要添加的视频的嵌入代码中进行粘贴。

3. 可交付结果分析
为使您的文档具有专业外观，Word 提供了页眉、页脚、封面和文本框设计，这些设计可互为补充。例如，您可以添加匹配的封面、页眉和提要栏。单击“插入”，然后从不同库中选择所需元素。主题和样式也有助于文档保持协调。

图二（有大小对比）

Tips：加大字号快捷键：<Ctrl+】>；缩小字号快捷键：<Ctrl+【>。

除此之外，如果想要强调正文中某一段落的内容，**首字下沉**也是一种很不错的方法。

【首字下沉】：
首字下沉是Word的一项内置功能，把段落的第一行第一个字字号变大，并且向下一定的距离，与后面的段落对齐。通常会用在文档开篇或章节开始的第一段中。

Step1：将光标置于需要首字下沉的段落中，依次单击【插入】→【文本】→【首字下沉】，选择【下沉】。

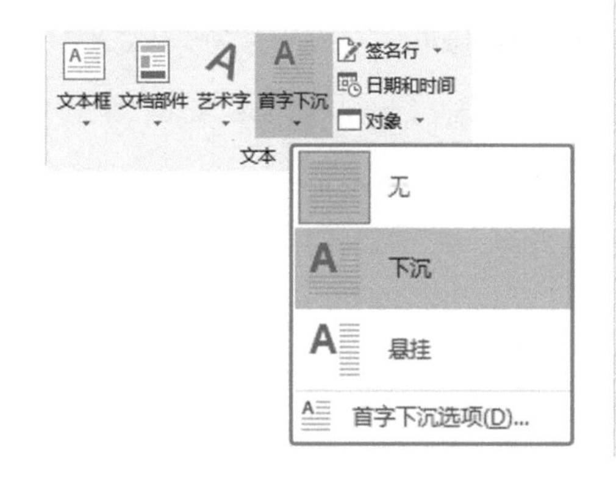

Step2：单击【首字下沉选项】，即可设置下沉行数和距正文的距离。

2. 颜色

给文字添加颜色是应用对比原则时常用的方法之一。

1. 项目背景和说明

在需要位置出现的新按钮在 Word 中保存时间。若要更改图片适应文档的方式，请单击该图片，图片旁边将会显示布局选项按钮。当处理表格时，单击要添加行或列的位置，然后单击加号。在新的阅读视图中阅读更加容易。

2. 项目范围介绍

可以折叠文档某些部分并关注所需文本。如果在达到结尾处之前需要停止读取，Word 会记住您的停止位置 - 即使在另一个设备上。强大的方法帮助您证明您的观点。当您单击联机视频时，可以在想要添加的视频的嵌入代码中进行粘贴。

3. 可交付结果分析

为使您的文档具有专业外观，Word 提供了页眉、页脚、封面和文本框设计，这些设计可互为补充。例如，您可以添加匹配的封面、页眉和提要栏。单击“插入”，然后从不同库中选择所需元素。主题和样式也有助于文档保持协调。

图一（无颜色对比）

1. 项目背景和说明

在需要位置出现的新按钮在 Word 中保存时间。若要更改图片适应文档的方式，请单击该图片，图片旁边将会显示布局选项按钮。当处理表格时，单击要添加行或列的位置，然后单击加号。在新的阅读视图中阅读更加容易。

2. 项目范围介绍

可以折叠文档某些部分并关注所需文本。如果在达到结尾处之前需要停止读取，Word 会记住您的停止位置 - 即使在另一个设备上。强大的方法帮助您证明您的观点。当您单击联机视频时，可以在想要添加的视频的嵌入代码中进行粘贴。

3. 可交付结果分析

为使您的文档具有专业外观，Word 提供了页眉、页脚、封面和文本框设计，这些设计可互为补充。例如，您可以添加匹配的封面、页眉和提要栏。单击“插入”，然后从不同库中选择所需元素。主题和样式也有助于文档保持协调。

图二（有颜色对比）

在文档排版中使用颜色时，一定要注意文档色彩的搭配：一个文档颜色不超过三种，并且最好只有一种主题色。色彩搭配占比是，主色调占70%，辅助色占25%，点缀色占5%。

文档排版推荐的色彩搭配占比

70%	25%	5%
主色调	辅助色	点缀色

那文档色调要怎么搭配呢？推荐给大家一个比较讨巧的方法：使用公司的VI配色。公司、学校或组织肯定都有自己的logo，我们在进行文档配色时，使用公司的logo颜色作为主题色，一般不会出错。

向天歌公司的logo颜色是蓝色，我们就可以取它的logo蓝色作为公司新闻稿的主题色。

国家电网公司的logo颜色是绿色，我们就可以取它的logo绿色作为公司小册子的主题色。

那怎么取色呢？只要借助截图工具就能轻松搞定！例如，想要这张海报里的粉色、紫色、蓝色。

Step1：打开 QQ，按 <Ctrl+Alt+A> 快捷键，进入截图界面。把光标置于想要的颜色上，就会即时显示出该颜色的 RGB 值。

RGB：(250,88,251)

Step2：选择颜色下方的【其他颜色】选项，打开【颜色】对话框。切换至【自定义】窗口，输入读取的 RGB 值，单击【确定】按钮即可。

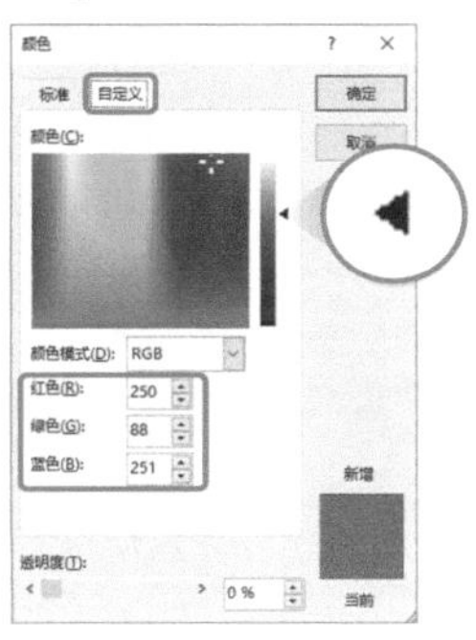

【游标调整深浅】：

拖动色条旁的游标，可以快速调整颜色的深浅。

3. 粗细

给文字**加粗**也是应用对比原则时常用的方法之一。但是在给文字加粗时需要注意：有些字体本身笔画就比较粗黑，加粗效果并不明显；还有一些字体，加粗以后字形会变得难以辨认。所以，应用此方法时要对文字加粗效果稍加确认。

项目背景和说明

在需要位置出现的新按钮在 Word 中保存时间。若要更改图片适应文档的方式，请单击该图片，图片旁边将会显示布局选项按钮。当处理表格时，单击要添加行或列的位置，然后单击加号。在新的阅读视图中阅读更加容易。

图一（无粗细对比）

项目背景和说明

在需要位置出现的新按钮在 Word 中保存时间。若要更改图片适应文档的方式，请单击该图片，图片旁边将会显示布局选项按钮。当处理表格时，单击要添加行或列的位置，然后单击加号。在新的阅读视图中阅读更加容易。

图二（有粗细对比）

Tips：加粗快捷键：<Ctrl+B>。

4. 字体

使用不同的字体，也可以使文字内容很醒目。

项目背景和说明

在需要位置出现的新按钮在 Word 中保存时间。若要更改图片适应文档的方式，请单击该图片，图片旁边将会显示布局选项按钮。当处理表格时，单击要添加行或列的位置，然后单击加号。在新的阅读视图中阅读更加容易。

图一（无字体对比）

项目背景和说明

在需要位置出现的新按钮在 Word 中保存时间。若要更改图片适应文档的方式，请单击该图片，图片旁边将会显示布局选项按钮。当处理表格时，单击要添加行或列的位置，然后单击加号。在新的阅读视图中阅读更加容易。

图二（有字体对比）

5. 形状

在【插入】→【插图】→【形状】中，我们可以选择任意形状进行编辑使用。

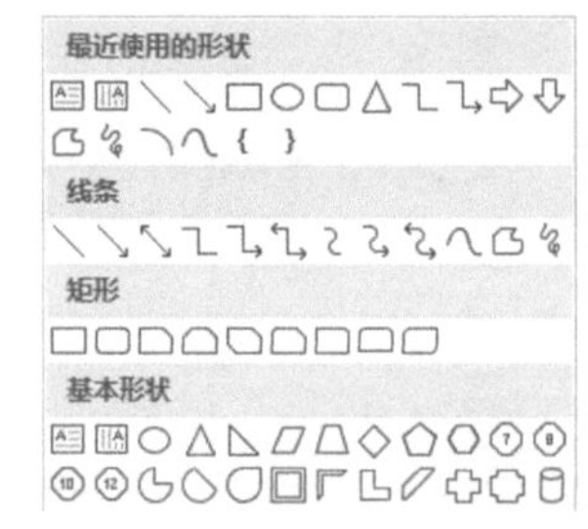

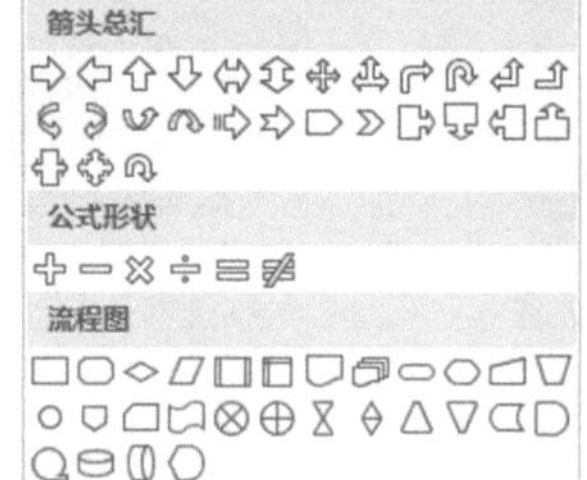

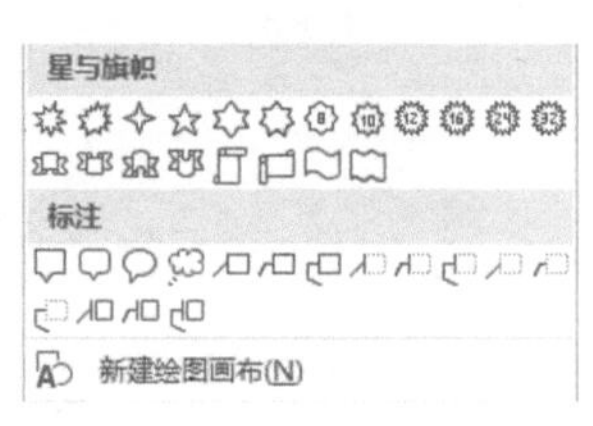

例如下面这个案例，在需要突出显示的段落组下方衬一个“圆角矩形”的形状，可以一眼抓取重要信息；在每一个标题下方都衬一个灰色矩形的形状，可以使标题内容更加醒目。

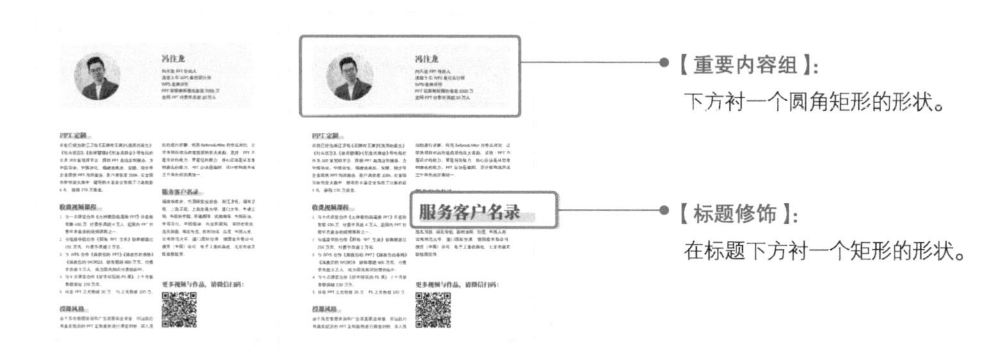

Step1：在文档中插入一个形状以后，选中形状，打开隐藏的【绘图工具—格式】选项卡。在【形状样式】中修改形状的样式。

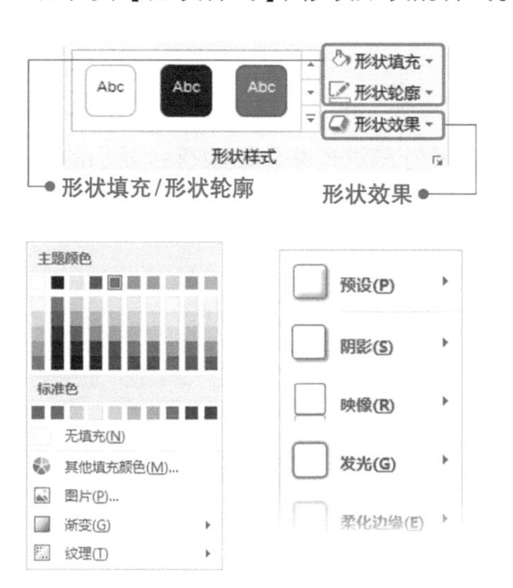

Step2：在【排列】中，单击【环绕文字】，选择【衬于文字下方】即可。

以上是应用对比原则时常用的5种方法。在实际文档排版中，结合具体情况来搭配使用才会更妙。

当然，物极必反，凡事都要有一个度。如果在文档排版中滥用对比，让整个页面中都充斥着对比，一旦画面中显眼的元素太多，无形中就会分散阅读者的注意力。

记住：多等于无，少即是多。

4.2.3 设计原则之**对齐：元素对齐，版面整齐**

对于对齐原则来说，任何元素的摆放都是有道理的，不能随意乱摆。元素和元素彼此之间存在着联系，好像有一条无形的线将它们连接在一块。页面元素没对齐，给人最直观的结果就是显得杂乱。比如在阅兵仪式上，成千上万的人抬脚踏步整齐划一，井然有序。对齐最能营造出秩序感。

在文档排版中，对齐方式有左对齐、居中对齐、右对齐、两端对齐。除此之外，还有分散对齐。

1. 图文对齐原则

对于对齐，大家肯定都不陌生。

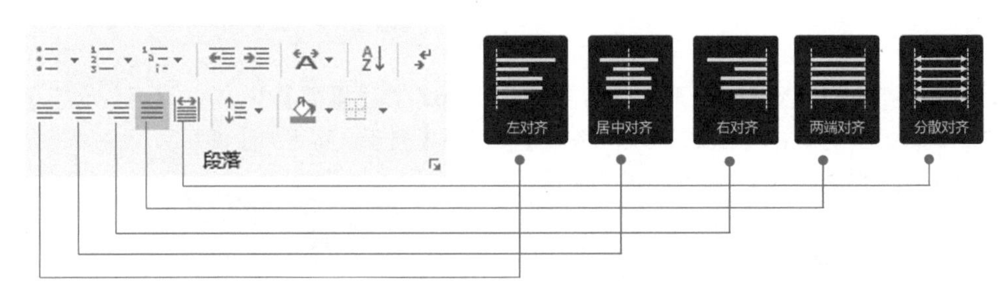

左对齐：左对齐在正文排版中经常被使用，因为左对齐阅读比较符合我们的视觉习惯。

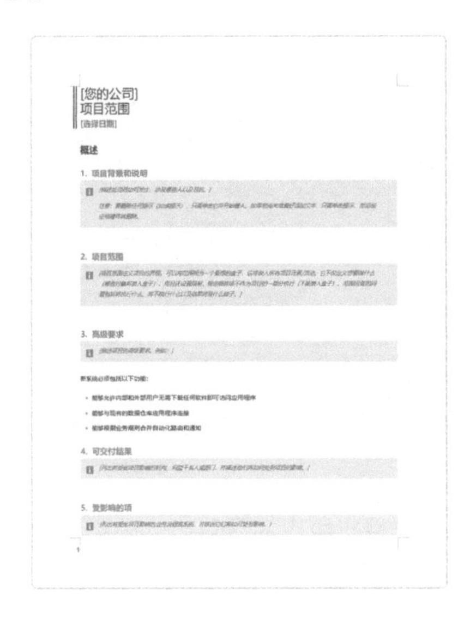
[您的公司]
项目范围
[选择日期]
概述
1. 项目背景和说明
2. 项目范围
3. 高级要求
4. 可交付结果
5. 受影响的项

键入标题文字

Tips：左对齐快捷键：<Ctrl+L>。

居中对齐：居中对齐在封面和海报制作中经常被使用。它是一种比较保险的对齐手法，文本显得传统而端庄。

Tips：居中对齐快捷键：<Ctrl+E>。

右对齐：右对齐在文档排版中偶尔也会被使用。

Tips：右对齐快捷键：<Ctrl+R>。

两端对齐：两端对齐是指将文字段落左右两端的边缘都对齐。通常大家会觉得“左对齐”与“两端对齐”的效果是一样的，其实不然。“两端对齐”的段落的右边也是对齐的，而“左对齐”的段落的右边一般不会对齐。

视频提供了功能强大的方法帮助您证明您的观点。当您单击联机视频时，可以在想要添加的视频的嵌入代码中进行粘贴。您也可以键入一个关键字以联机搜索最适合您的文档的视频。为使您的文档具有专业外观，Word 提供了页眉、页脚、封面和文本框设计，这些设计可互为补充。例如，您可以添加匹配的封面、页眉和提要栏。单击“插入”，然后从不同库中选择所需元素。主题和样式也有助于文档保持协调。当您单击设计并选择新的主题时，图片、图表或 SmartArt 图形将会更改以匹配新的主题。当应用样式时，您的标题会进行更改以匹配新主题。

图一（左对齐）

视频提供了功能强大的方法帮助您证明您的观点。当您单击联机视频时，可以在想要添加的视频的嵌入代码中进行粘贴。您也可以键入一个关键字以联机搜索最适合您的文档的视频。为使您的文档具有专业外观，Word 提供了页眉、页脚、封面和文本框设计，这些设计可互为补充。例如，您可以添加匹配的封面、页眉和提要栏。单击“插入”，然后从不同库中选择所需元素。主题和样式也有助于文档保持协调。当您单击设计并选择新的主题时，图片、图表或 SmartArt 图形将会更改以匹配新的主题。当应用样式时，您的标题会进行更改以匹配新主题。

图二（两端对齐）

分散对齐：分散对齐在上下两行文字中部分文字需要对齐的时候使用。例如下面这个案例：名字有长有短，内容看起来很混乱。名字上下对齐后就好看得多，这里用到的就是“分散对齐”。

海宝：《Word 之光》
冯注龙：《PPT 之光》
大毛：《Excel 之光》

图一（左对齐）

海　　宝：《Word 之光》
冯注龙：《PPT 之光》
大　　毛：《Excel 之光》

图二（分散对齐）

首先选中“海宝”两个字，然后单击【分散对齐】按钮，打开【调整宽度】对话框。输入需要对齐的文字宽度，单击【确定】按钮即可。

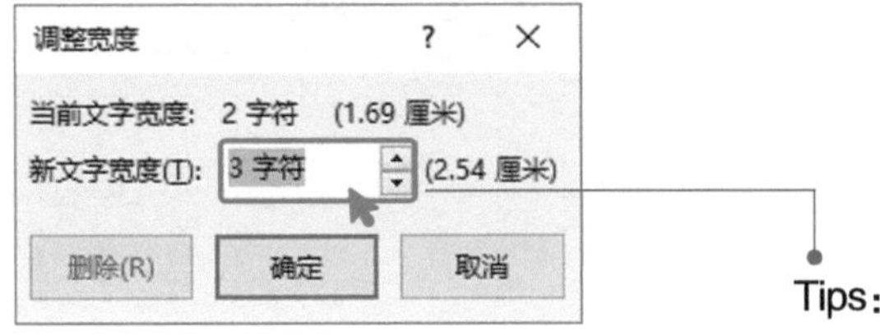

Tips：案例中“冯注龙”是3个字符。

对齐可以说是文档排版中的一个万能原则！在进行文档排版时，应灵活使用对齐原则。在一个页面中最好只有一种主要对齐方式。

2. 段落对齐

段落对齐有一个很常见的问题：在网上复制内容粘贴到Word文档中时，段落左侧总会参差不齐，十有八九就是段落缩进问题。

只需要选中问题段落，打开【段落】对话框，把【缩进】中左、右侧的值都设置为“0”即可。

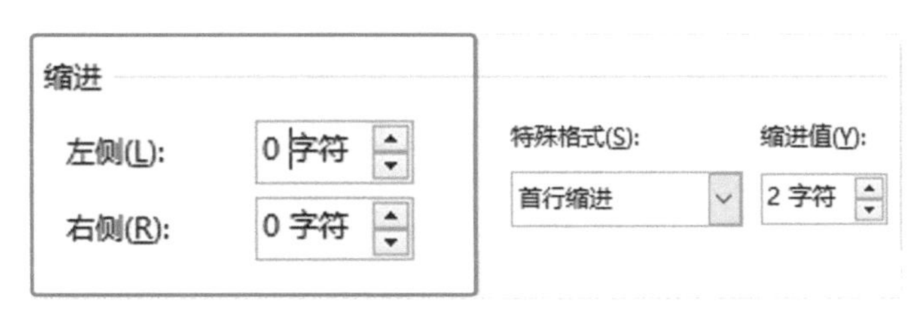

Tips：【段落】快捷键：<Alt+O+P>。

当然，我们也可以通过拖动标尺上的游标来控制。

关于标尺的使用方法在3.2.3节中已经详细讲过，不懂的读者可以复习一下。

3. 形状对齐

形状对齐与前面介绍的文字、段落对齐略有不同。在文档中插入形状以后，形状是可以随意拖动的。但是当两个形状元素需要对齐时，通过肉眼很难精确对齐，这时候就需要借助Word中的对齐工具了。

选中形状，即可激活隐藏的【绘图工具—格式】选项卡。在【排列】组中单击【对齐】按钮，这里包含了所有对齐方式。

其中，文本框也属于形状的一种。在形状、图文排版中，可以使用“网格线”工具进行细微的对齐。

单击【对齐】列表中的【网格设置】，打开【网格线和参考线】对话框。勾选【在屏幕上显示网格线】和【垂直间隔】复选框，单击【确定】按钮。

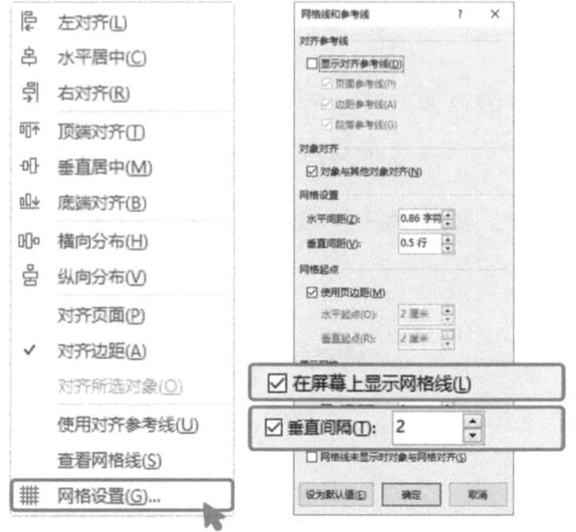

例如右边这份文档，一眼看过去标题与正文内容是左对齐的。

但是打开“网格线”工具就会发现，标题文字稍稍靠右了一点，需要进行精确调整。

4. 图片对齐

图片对齐比较特殊：当插入文档中的图片的布局是“嵌入型”时，图片就相当于一个巨大的字符，其对齐方式与文字、段落的对齐方式是一样的。

当图片的布局为除“嵌入型”以外的任何文字环绕方式时，图片可以随意移动。此时图片的对齐方式就与形状的对齐方式一样了。

选中图片，单击图片右上角的【布局选项】命令，即可快速查看图片的布局方式。

4.2.4　设计原则之**重复：元素统一，营造氛围**

重复是指设计中的视觉元素在整个作品中重复出现，以体现整体一致性。重复更多地是为了营造一种氛围。

重复原则常用的4种方法　　样式 / 颜色 / 背景 / 元素

1. 样式

设置相同的格式、样式，是应用重复原则时常用的方法之一。例如下面这两个页面，不用看内容就能知道它们属于同一份文档。这是因为这两个页面有一模一样的标题样式、字体样式和表格样式。

2. 颜色

在文档中反复出现一种颜色搭配，营造整体一致感。

向天歌公司
服务提案
[illegible]

概述

[illegible]

目标

[illegible]

机遇

[illegible]

解决方案

[illegible]

我们的提案

[illegible]

理由

[illegible]

执行战略

[illegible]

技术/项目方法

[illegible]

预算

[illegible]

项目可交付结果

[illegible]

执行日程表

[illegible]

文档重复使用蓝色搭配

3. 背景

为文档中每一页加上相同的背景。例如上海世博会主题手册，虽然页面颜色众多，但我们很容易就能看出它们属于同一份文档。因为每一页都有浅蓝色小格子图案背景，看起来非常和谐、统一。

上海世博会主题手册

浅蓝色图案背景

如何为文档设置图案背景呢？

（1）图案背景填充

Step1：依次单击【设计】→【页面背景】→【页面颜色】→【填充效果】。

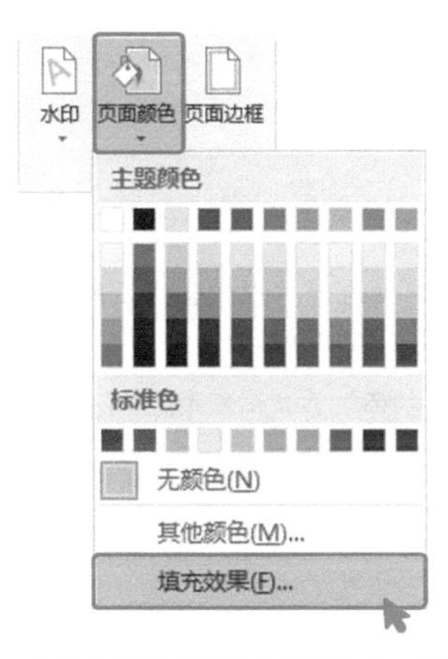

Step2：在打开的【填充效果】对话框中，切换至【图案】窗口，分别选择自己喜欢的页面图案、前景色和背景色，单击【确定】按钮即可。

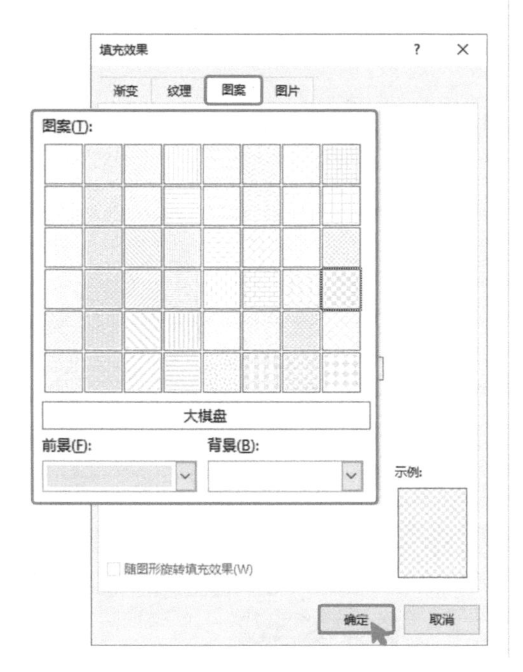

（2）图片背景填充

若要为文档页面设置统一的图片背景，不建议在页面背景的【填充效果】里面进行直接设置，而是建议在【页眉和页脚】编辑状态下进行设置。因为在【填充效果】里面图片填充非常不稳定，很难达到预期的效果，而在【页眉和页脚】编辑状态下可以随意编辑图片。

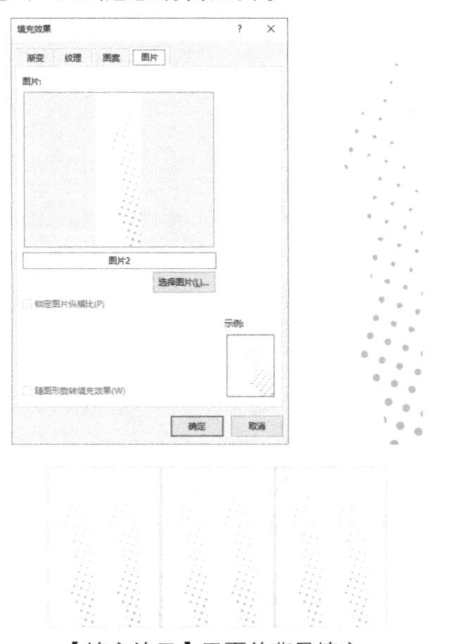

【填充效果】里面的背景填充

【页眉和页脚】编辑状态下的背景编辑

Step1：双击页眉或页脚处，进入【页眉和页脚】编辑状态，将背景图片直接拖到页眉位置。

Step2：将图片的文字环绕方式设置为【衬于文字下方】，然后调整图片的大小和位置，完成后关闭【页眉和页脚】编辑状态即可。

4. 元素

元素重复，例如在设置页眉和页脚时插入公司 logo 或者装饰性线条；对文章中分条列项的内容统一使用项目符号等。总之，就是让一种元素在文档中反复出现。

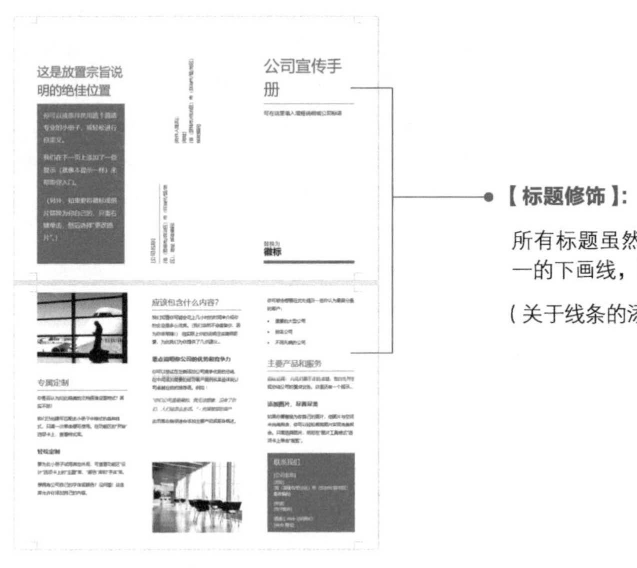

【标题修饰】：

所有标题虽然样式不尽相同，但都加了统一的下画线，以协调版面。

（关于线条的添加方法请看 4.2.1 节。）

总　结

版式设计的四大原则是相辅相成的，大家一定要活学活用。下面用一句话来分别概括这四大原则。

分组：要组织清晰的内容结构；

对比：要突出重点的词句内容；

对齐：可以创造精致的视觉联系；

重复：能统一 Word 文档的整体风格。

装扮 4.3　图文排版的 N 种玩法

图文排版是文档排版的痛点和难点，不仅需要有一定的审美基础，而且要有更厉害的操作技能。事实上，Word并不是专业的排版软件，复杂的图文混排Word很难实现。ID（Adobe InDesign）才是专业的排版软件。

即使如此，我们也依然可以总结出图文排版的一些通用原则，对Word文档做一些简单的图文美化。总之，Word文档一定要避免整页都是字的情况。

4.3.1　文章类图文排版

图文排版，说白了就是把图片和文字混排起来，并且看起来好看。而在Word文章中使用的图片一般都是事实型图片，包括活动照片、图表、表格等，用以辅助文字说明，展现内容的真实性。偶尔也会使用气氛型图片，避免页面单调，烘托气氛。

总的来分，页面构图分为：少图型和多图型。

少图型　　多图型

1. 少图型图文排版

当文章中图片少时排版相对比较简单，只要按照前面介绍的版式设计四大原则，辅之以公式：**大图+留白+分栏**，即可分分钟做出“高大上”的版式。

案例一

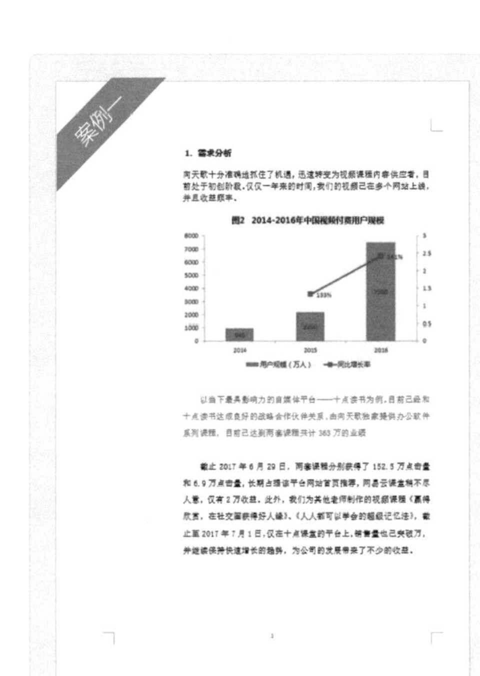
1. 需求分析

向天歌十分准确地抓住了机遇，迅速转变为视频课程内容供应者，目前处于初创阶段。仅仅一年来的时间，我们的视频已在多个网站上线，并且收益颇丰。

图2 2014-2016年中国视频付费用户规模

以当下最具影响力的自媒体平台——十点读书为例。目前已经和十点读书达成良好的战略合作伙伴关系，由向天歌独家提供办公软件系列课程，目前已达到两套课程共计 363 万的业绩

截止 2017 年 6 月 29 日，两套课程分别获得了 152.5 万点击量和 6.9 万点击量，长期占据该平台网站首页推荐，网易云课堂稍不尽人意，仅有 2 万收益。此外，我们为其他老师制作的视频课程《赢得欣赏，在社交圈获得好人缘》、《人人都可以学会的超级记忆法》，截止至 2017 年 7 月 1 日，仅在十点课堂的平台上，销售量也已突破万，并继续保持快速增长的趋势，为公司的发展带来了不少的收益。

1

页面分析：

1. 页面段落统一设置为【左缩进】，保持页面左侧大量留白。

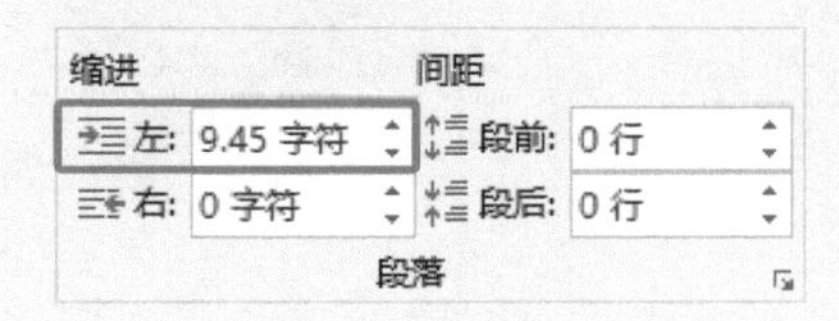

2. 图片大小与页面文字等宽。
3. 文字段落为1.5倍【行间距】，图片【段前】和【段后】各设置为0.5行间距。

案例二

知识变现市场需求分析

向天歌十分准确地抓住了机遇，迅速转变为视频课程内容供应者，目前处于初创阶段。仅仅一年来的时间，我们的视频已在多个网站上线，并且收益颇丰。

以当下最具影响力的自媒体平台——十点读书为例。目前已经和十点读书达成良好的战略合作伙伴关系，由向天歌独家提供办公软件系列课程，目前已达到两套课程共计 363 万的业绩

截止 2017 年 6 月 29 日，两套课程分别获得了 152.5 万点击量和 6.9 万点击量，长期占据该平台网站首页推荐，网易云课堂稍不尽人意，仅有 2 万收益。此外，我们为其他老师制作的视频课程《赢得欣赏，在社交圈获得好人缘》、《人人都可以学会的超级记忆法》，截止至 2017 年 7 月 1 日，仅在十点课堂的平台上，销售量也已突破万，并继续保持快速增长的趋势，为公司的发展带来了不少的收益。

我们在众多平台上传我们的免费课程，爱奇艺已上传视频教程 215 个，拥有 2332 名粉丝，播放量达 166 万，在网易云课堂上传的 6 套免费课程共有 4.4 万人参与学习，腾讯精品课的《趣你的 PPT》系列教程拥有 257 的订阅数，超 10,000 人学习。而 PPT 行业作为低成本高收入的新兴行业，在电子商务领域迅速崛起。

2015 年 12 月 5 日，首届中国演示峰会在上海成功举办。峰会上，锐普演示创始人、演界网 CEO 陈魁表示，近几年国内 PPT 行业已从零发展到上亿市场。

其中定制设计超过 5000 万元，培训超过 8000 万，模板交易已破 2000 万。无数的年轻设计师在这一领域挖掘到了巨大的财富，更有在校大学生通过演界网 PPT 模板交易创造了月入破两万的记录。

作为一个年轻的教育公司，我们也和已经十分成熟的老牌，例如，秋叶 PPT，锐普 PPT，还有一些个人品牌成为了竞争对手。正因为年轻，所

1

页面分析：

1. 在【页面设置】中，左侧装订线设置为2厘米，保持页面左侧留白（因为页面中有分栏，所以页面左侧不能通过左缩进来留白）。

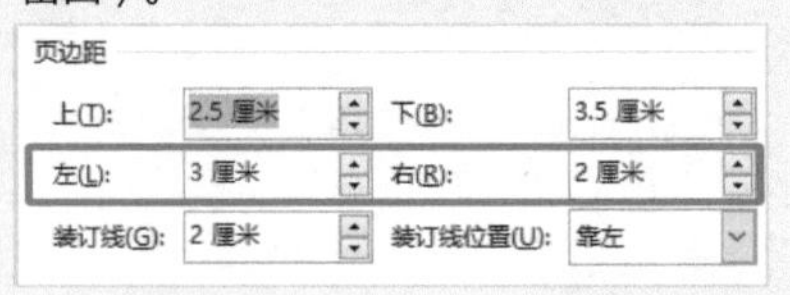

2. 选中分栏文字，依次单击【布局】→【栏】→【两栏】来进行分栏。

3. 图片大小与分栏文字等宽。

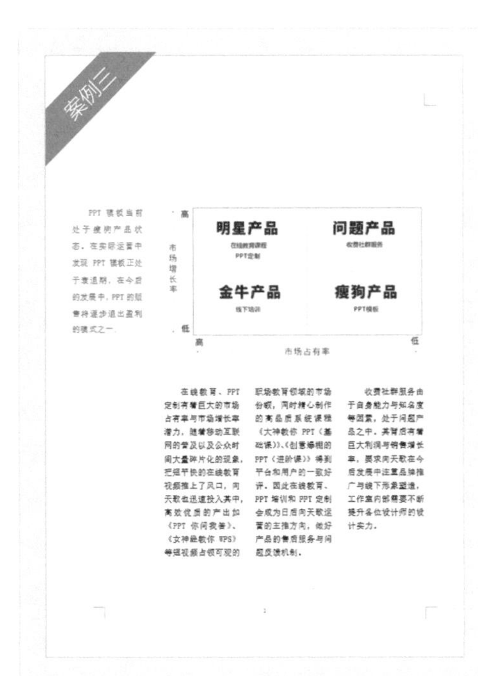

案例三

PPT 模板当前处于瘦狗产品状态。在实际运营中发现 PPT 模板正处于衰退期，在今后的发展中，PPT 的版售将逐步退出盈利的模式之一。

	高	低
高	明星产品 在线教育课程 PPT定制	问题产品 收费社群服务
低	金牛产品 线下培训	瘦狗产品 PPT模板

（纵轴：市场增长率；横轴：市场占有率）

在线教育、PPT 定制有着巨大的市场占有率与市场增长率潜力，随着移动互联网的普及以及公众时间大量碎片化的现象，把短平快的在线教育视频推上了风口，向天歌也迅速投入其中，高效优质的产出如《PPT 你问我答》、《女神经教你 WPS》等短视频占领可观的职场教育领域的市场份额，同时精心制作的高品质系统课程《大神教你 PPT（基础课）》、《创意爆棚的 PPT（进阶课）》得到平台和用户的一致好评。因此在线教育、PPT 培训和 PPT 定制会成为日后向天歌运营的主推方向，做好产品的售后服务与问题反馈机制。

收费社群服务由于自身能力与知名度等因素，处于问题产品之中，其背后有着巨大利润与销售增长率，要求向天歌在今后发展中注重品牌推广与线下形象塑造，工作室内部需要不断提升各位设计师的设计实力。

页面分析：

1. 在【页面设置】中，左侧装订线设置为2厘米，保持页面左侧留白。
2. 图片左侧的介绍文字设置为【无填充】和【无轮廓】的文本框。
3. 文字分栏，且依次单击【布局】→【页面设置】→【栏】→【更多栏】，设置栏与栏间的【间距】为“2字符”。

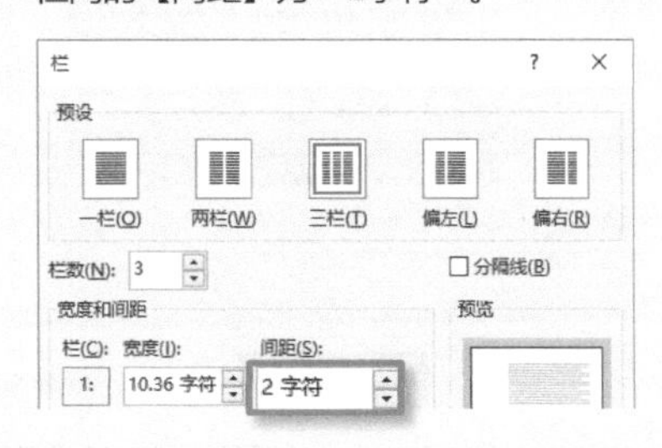

案例四

知乎、得到等成熟大平台的入驻也进入了向天歌接下来计划中，我们会带着更好更专业的课程，更精良的制作水品登场，谋求长远发展，在这些更加激烈的竞争中站稳脚跟，创造属于我们的空间。

知识付费虽然兴起，但是更多的是向分答、喜马拉雅 FM，得到这样的音频服务，音频服务虽然更方便，但是知识的转化率低相对于学习需要一定操作难度的内容就显得比较乏力，所以相对于一些技能如职场的 Office 办公软件等在线视频教程的地位就突显出来。

PPT 的需求越来越多，所要求的质量也越来越高，然而许多使用者苦于没有专业的设计才能，无法制作出符合要求的高质量 PPT 成品。因此我们的市场面向这些对 PPT 模板有需求的消费者，为其提供付费的高质量PPT模板，甚至为其量身定制 PPT 模板。

而各种场合对于

06/

页面分析：

1. 图片的【文字环绕方式】设置为“上下型环绕”。

上下型环绕

2. 在【页面设置】中，设置左侧装订线的距离，保持文字左侧留白。
3. 文字分【三栏】。
4. 自定义页脚设计，避免页面头重脚轻，版式不平衡。

知乎、得到等成熟大平台的入驻也进入了向天歌接下来计划中，我们会带着更好更专业的课程，更精良的制作水品登场，谋求长远发展，在这些更加激烈的竞争中站稳脚跟，创造属于我们的空间。

知识付费虽然兴起，但是更多的是向分答、喜马拉雅 FM，得到这样的音频服务，音频服务虽然更方便，但是知识的转化率低相对于学习需要一定操作难度的内容就显得比较乏力，所以相对于一些技能如职场的 Office 办公软件等在线视频教程的地位就突显出来。

而各种场合对于 PPT 的需求越来越多，所要求的质量也越来越高，然而许多使用者苦于没有专业的设计才能，无法制作出符合要求的高质量 PPT 成品。因此我们的市场面向这些对 PPT 模板有需求的消费者，为其提供付费的高质量 PPT 模板，甚至为其量身定制 PPT 模板。

页面分析：

1. 图片【文字环绕方式】设置为“上下型环绕”。
2. 文字段落【段后】间距为0.5行，行间距为【多倍行距】1.2倍。
3. 设置【首字下沉】。依次单击【插入】→【文本】→【首字下沉】→【悬挂】。

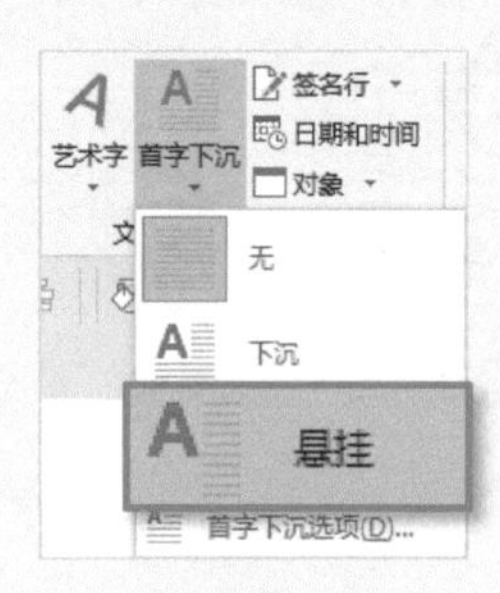

四、市场潜力

（一）市场需求

1. 行业现状

随着移动互联网的普及，人与人之间联系被大大加强，不仅仅是同地域的人们，也包括不同地域的人包括一二三线城市的人，二三线城市的普通员工可以很容易的看到一线城市那些薪资和能力比自己强的人，在微信等社交网络上发布自己的动态，很容易激发他们的上进心造成一种学习焦虑，而我们的生活时间因为一个人往往要承担多种社会责任和任务，在各种角色和任务中来回切换，我们的时间被碎片化，意味着人们无法用所以以短平快的在线教育视频就被推上了风口。

移动互联网让垂直化服务和个性化需求成为可能，加之以知乎为代表的在线知识型社区多年的运营沉淀，知识付费在知识共享、网生内容、社群电商以及移动音频、移动直播等风口产业交织的环境下应运而生，移动支付的普及，人们为知识付费的观念越来越普及，而且已有的知识付费项目运行数据良好。

付费激励优质内容的生产，也利于用户进行高效的信息筛选，这两个条件不断形成完善的交易市场和生态，蔚然来袭的知识付费正在崛起，当前市场上知识付费的热度十分的高，而高品质的视频教程还是稀缺，市场需求巨大，前景可观 2016 年是知识付费爆炸增长的一年，也被称为知识付费元年，2016 年发展至今，知乎、果壳、喜马拉

1

页面分析：

1. 纵向图片，截取图片主体部分，左右排版。
2. 图片的【文字环绕方式】设置为“浮于文字上方”。

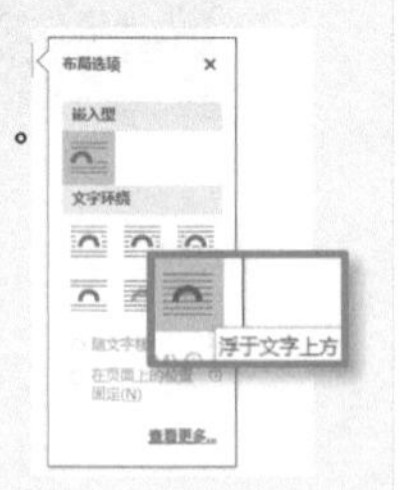

3. 页面文字段落统一设置为左缩进，在留白位置放置图片。

2. 多图型图文排版

图文排版只要图片一多就难办了，但也不是没有办法。我们可以利用一些技巧把多图合并成一张图片，然后再按照少图型排版法进行排版。

技巧1：SmartArt排版

Step1：选中图片，激活隐藏的【图片工具—格式】选项卡。单击【图片样式】→【图片版式】下拉按钮，在下拉列表中有非常多的 SmartArt 预设版式。

单击选择一种版式（这里以第一排第三个为例），图片就会自动转换成SmartArt图形版式。

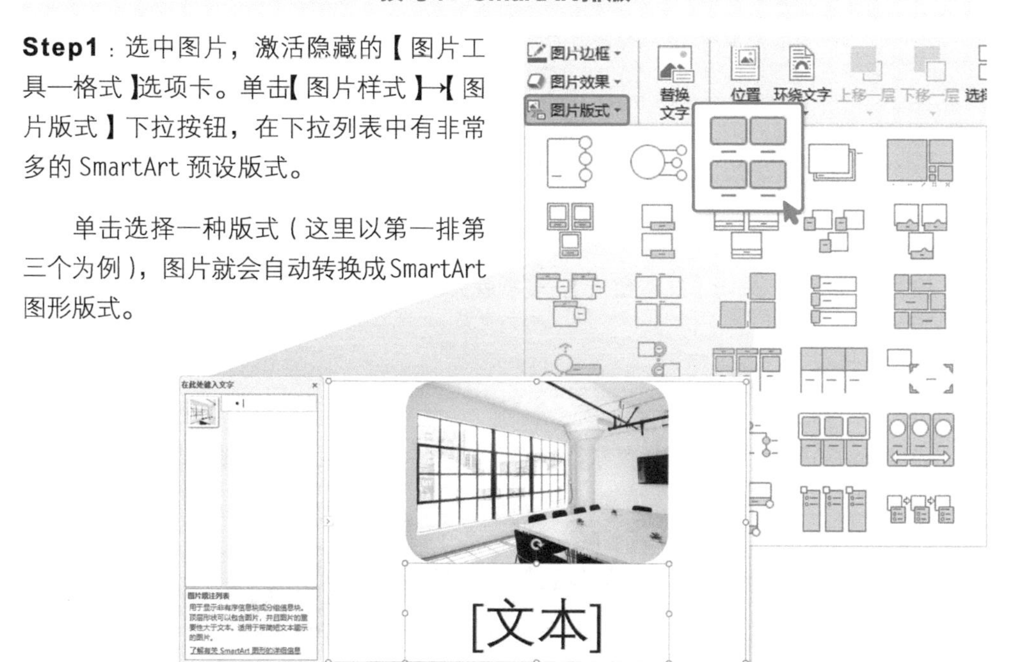

Step2：将光标置于【文本窗格】内，按回车键，就会相应地显示出多张图片：

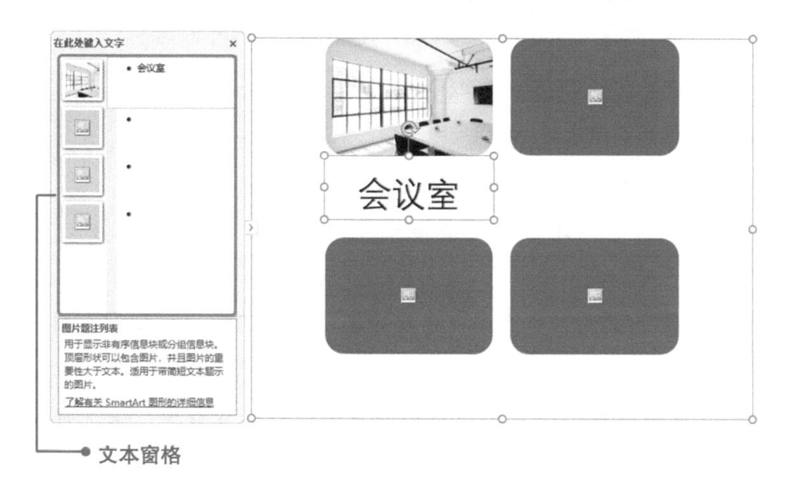

Step3：单击【文本窗格】内的图片按钮，插入相关图片；在文本框内输入对应的名称即可。

设置完成以后，关闭【文本窗格】，多图就会以一个SmartArt图形整体存在，然后进行排版即可。

技巧2：PPT合图

如果是活动照片，为了烘托气氛，我们可以把很多张图片合成一张图片。像这样：

这是怎么做到的呢？我们知道，在处理图片方面PPT比Word更专业，所以我们要适当地借力。

将所有照片拖进PPT中摆好以后，全选图片，然后按<Ctrl+C>快捷键复制，按<Ctrl+V>快捷键粘贴，粘贴时【粘贴选项】选择“图片”格式。

此时多张图片即合成为一张图片，直接把这张合成的图片复制到Word文档中就可以了。

Tips：在拼接活动照片时，一定要先把照片多余的部分裁剪掉，保留照片主体内容即可。

技巧3：表格排版

在进行图文排版时，表格绝对是最强武器，而且其排版也非常简单。

Step1：根据图文数量规划单元格数量。

例如三张图片横排，首先插入一个3×2的表格，然后依次单击【插入】→【表格】，拖动鼠标选择单元格数量即可。

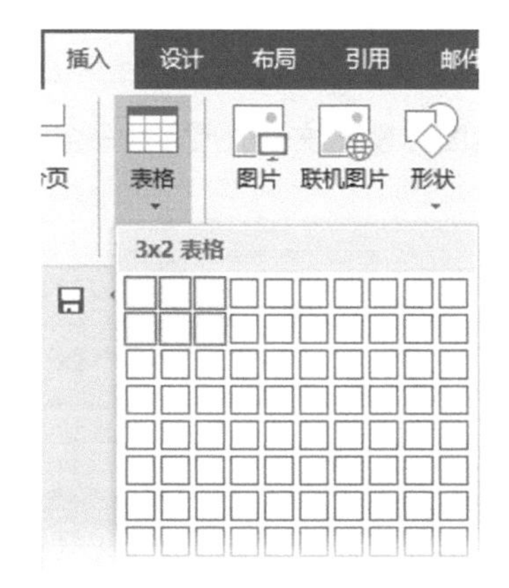

Step2：设置表格属性。

选中表格，单击鼠标右键，选择【表格属性】，打开【表格属性】对话框。

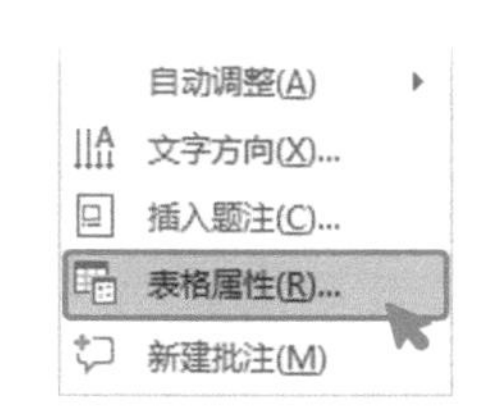

在【表格】窗口中，单击右下角的【选项】按钮，取消勾选【自动重调尺寸以适应内容】复选框，依次单击【确定】按钮即可。

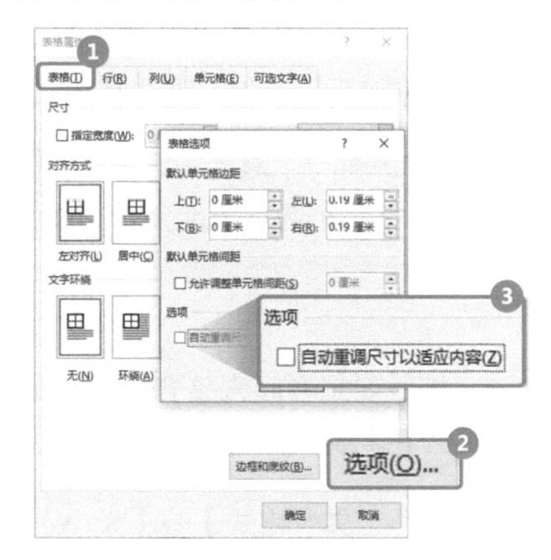

Step3：在表格内插入图片。

在表格第一行插入相关的图片，在第二行输入相应的名称即可。

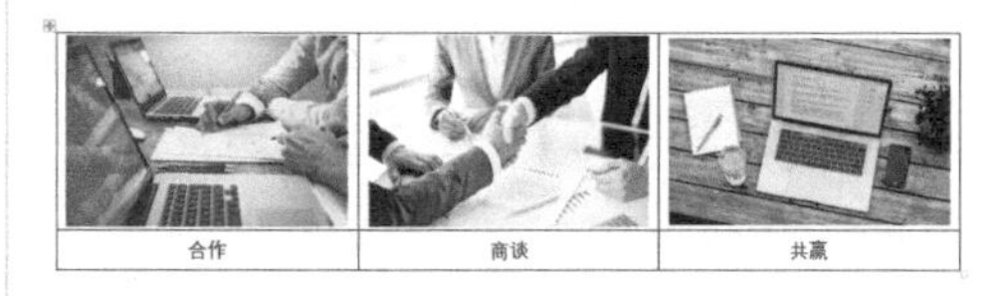

Step4：去掉表格框线。

选中表格，依次单击【表格工具—设计】→【边框】→【无框线】。

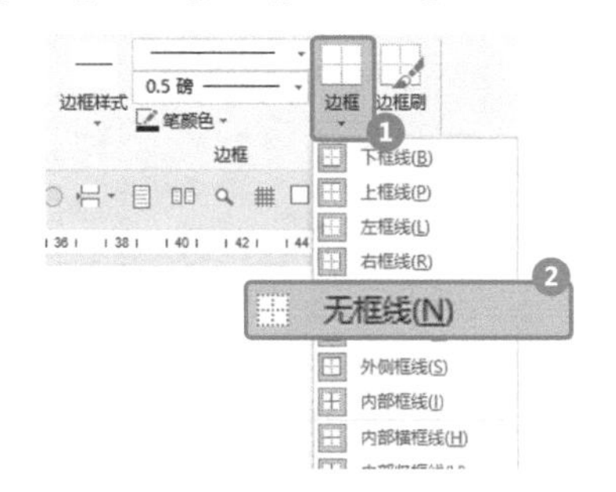

此时图片就整整齐齐地排在文档中了。

合作

商谈

共赢

4.3.2 图片处理技巧

如果在一份文档中插入了多张图片，这些图片有大有小、有长有短，颜色也是花花绿绿的，风格非常不统一，这就给图文排版造成了一定的困难，而且排版好的文档页面看起来也非常凌乱。所以，在进行图文排版之前，往往要先对图片进行简单的处理。

Word 2016 有一个隐藏的选项卡：【图片工具—格式】。当选中插入文档中的图片时，【图片工具—格式】选项卡就会自动被激活，我们可以在这里对图片进行简单的处理。

1. 统一尺寸

图文排版要想看起来整齐划一，最重要的就是给图片设置统一的尺寸——全篇文档的图片要么高度统一，要么宽度统一。

在【图片工具—格式】→【大小】组中，我们可以直接输入一个合适的高度或宽度数值，Word 会自动锁定图片纵横比，更改图片尺寸。

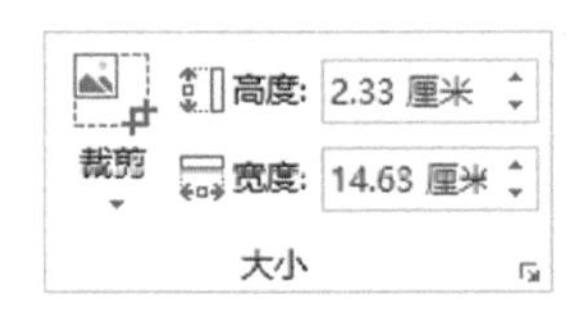

如果输入数值以后发现图片在更改尺寸的过程中变形了，则单击【大小】组右下角的“命令启动器”按钮，在打开的【布局】→【大小】窗口中，勾选【锁定纵横比】复选框即可。

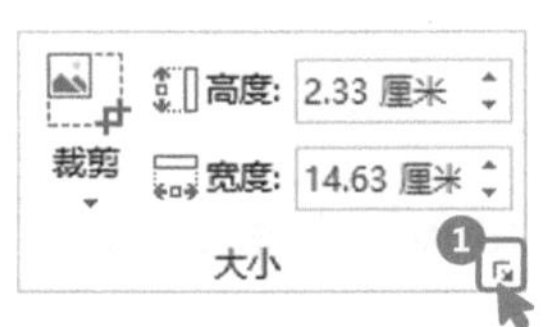

2. 重设图片

将图片拖曳到文档中，Word会根据页边距设置自动压缩图片大小，这在页面设计时会有一些小麻烦。

选中图片，依次单击【图片工具—格式】→【调整】→【重设图片】→【重设图片和大小】，即可一键还原图片。

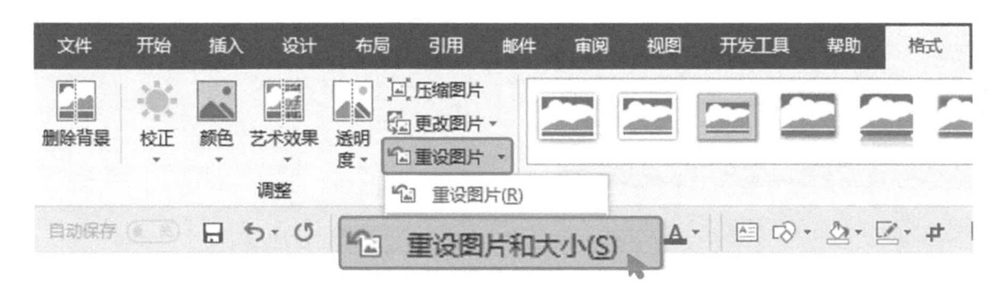

3. 裁剪图片

其实，在为图片设置统一尺寸之前，还有一个重要的步骤：裁剪图片。在图文排版过程中，很多人都不注意图片细节的处理，这是一个很不好的习惯。

例如：随着手机功能的日益强大，现在很多活动照片都是通过手机拍摄的。这些活动照片往往有很多冗杂的信息，直接拿来使用不仅占地方，而且会对图片的主体信息造成干扰。所以在进行图文排版之前，需要先对图片进行裁剪，**裁剪掉图片多余的部分，突出图片主体内容。**

有时候为了避免页面单调，我们会使用一些气氛型图片来烘托气氛，这时候甚至可以对图片进行极限裁剪。

使用效果：

裁剪前

裁剪后

观察案例我们可以发现，图片裁剪以后的使用效果明显更好。

虽然把画面中大部分内容都裁剪掉了，但只要保留了图片最重要的主体内容，我们就可以明白它想表达的信息。

裁剪方法：

依次单击【图片工具—格式】→【大小】→【裁剪】，图片四周会出现黑色虚线框，直接拖动即可裁剪掉不需要的部分。

单击【裁剪】下拉按钮，在下拉列表中可以选择把图片裁剪为某个形状，或者裁剪为某个固定比例。在选择裁剪为某个固定比例时，可以拖动虚线框内的图片来调整其显示位置。

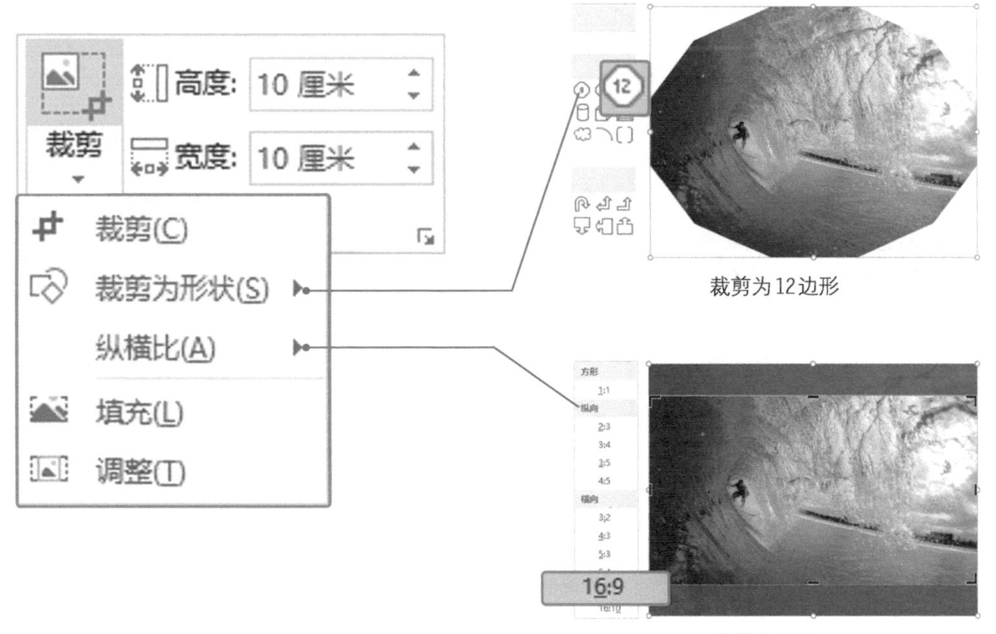

裁剪为 12 边形

裁剪为 16:9

这里分享一个裁剪小技巧：**把长方形的图片裁剪成圆形。**

在Word中想要把长方形的图片裁剪为圆形，通过在【裁剪为形状】功能中选择“圆形”的方法是行不通的，这样裁剪出来的是椭圆形的图片。如果要裁剪成正圆形的，这要怎么办呢？再多操作两步就好了。

Step1：选中图片，依次单击【图片工具—格式】→【大小】→【裁剪】→【裁剪为形状】，选择“椭圆”命令。

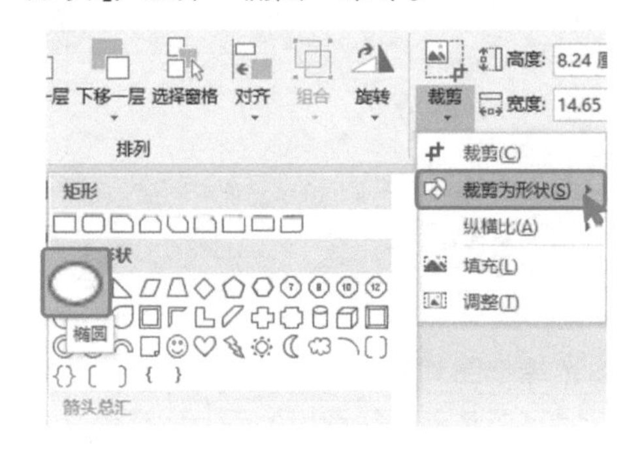

此时图片被裁剪为椭圆形的：

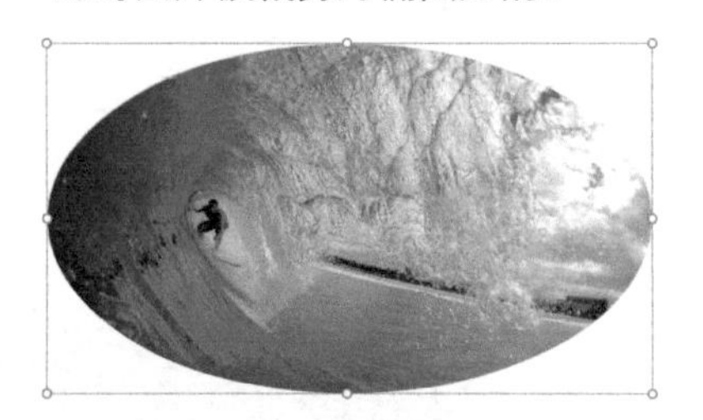

Step2：选中图片，依次单击【图片工具—格式】→【裁剪】→【填充】。

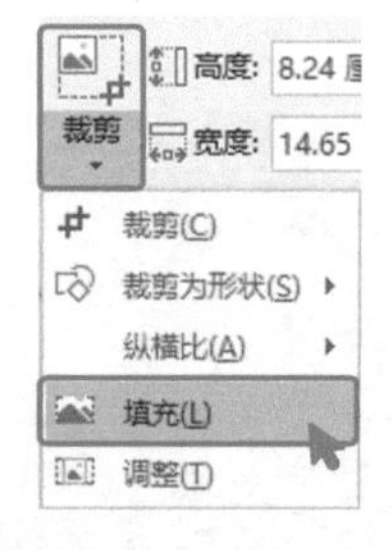

此时椭圆形图片处于裁剪状态：

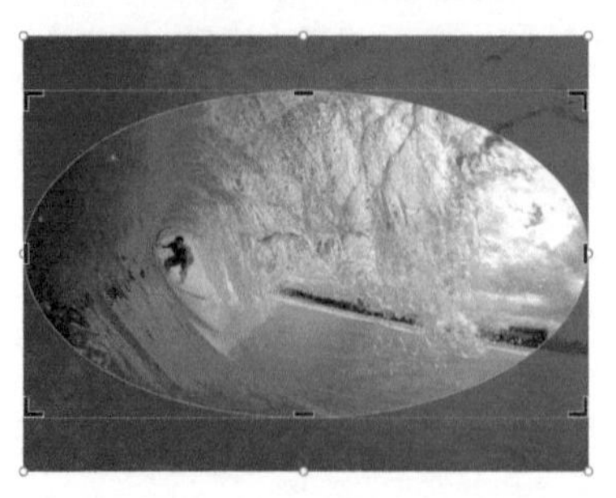

Step3：直接单击【裁剪】→【纵横比】→【方形】，选择“1:1”。

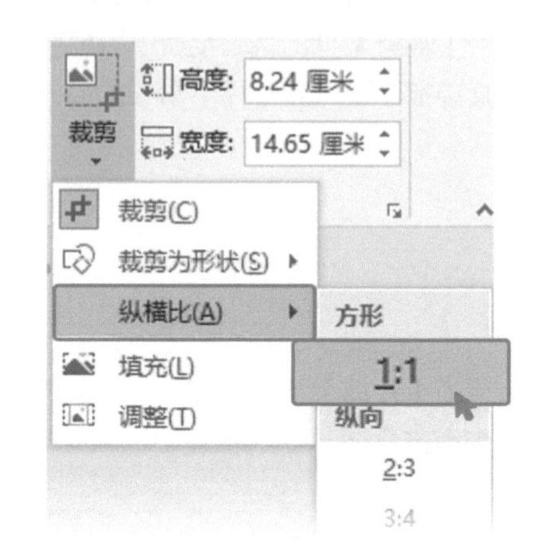

此时图片即会被裁剪为正圆形：

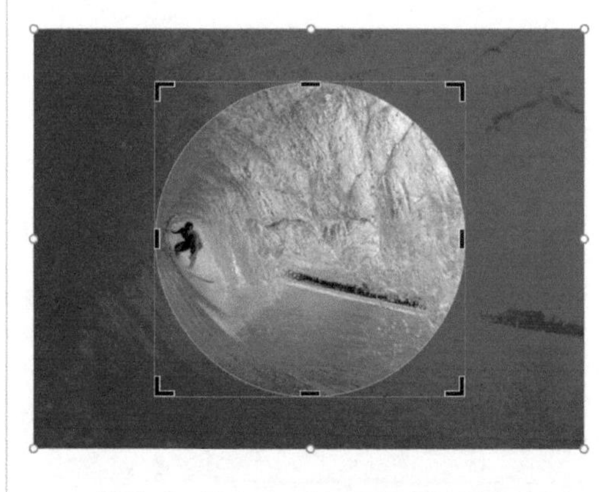

裁剪完成以后，拖动裁剪虚线框可以调整裁剪区域大小，拖动裁剪虚线框内的图片可以调整图片显示位置。没有问题的话，直接按键盘左上角的<Esc>键即可退出图片裁剪状态。

4. 图片效果

在Word中有很多内置的图片效果非常好用。这里重点介绍一下图片【颜色】和【艺术效果】。

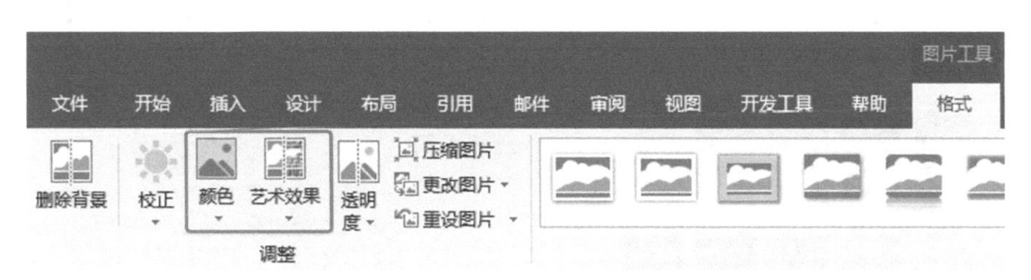

（1）颜色： 用手机拍摄照片时，照片的颜色会太亮或太暗。为了保持页面风格的整体统一，我们可以在Word中简单调整图片颜色。

选中图片，依次单击【图片工具-格式】→【调整】→【颜色】，在这里可以给图片重新着色。其中，有一个【色调】调节。

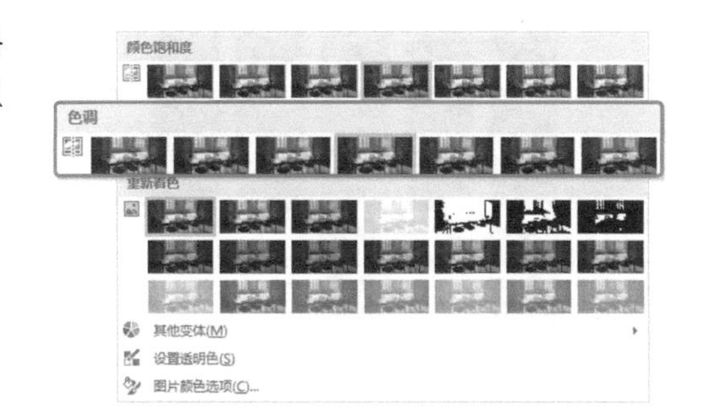

色调也称色温，当降低图片色温时，图片会呈现冷色调；而当提高图片色温时，图片则会呈现暖色调。通过这种方法可以协调文档的整体色调。

原图

低温

高温

（2）艺术效果：在使用Word进行简单的海报设计时，大都需要对图片进行处理。而Word内置的图片艺术效果非常丰富，可以媲美PS。

选中图片，依次单击【图片工具—格式】→【调整】→【艺术效果】，在这里直接选择一种预设的效果即可。

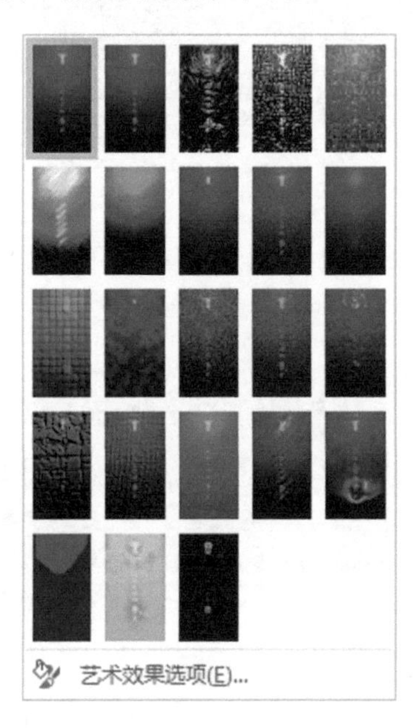

若要对图片效果进行细致的调节，则选中图片，单击鼠标右键，选择【设置图片格式】。在右侧打开的格式设置窗口中选择【效果】，在【艺术效果】选项中进行设置即可。

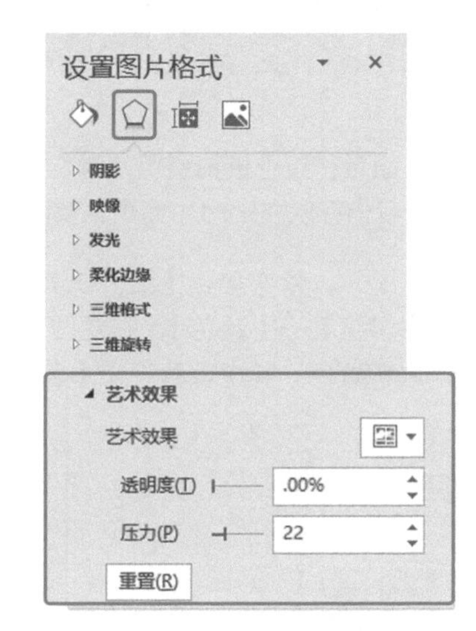

5. 更改图片

若要统一图片风格，除为图片重新着色以外，还有一种简单的方法，就是在【图片样式】中为图片添加统一的边框和效果。

当图片的大小、边框和效果都设置好后，临时需要替换图片，该怎么办呢？

将新图片拖进Word中重新设置一遍样式效果太费时费力了，这时候就需要使用一键换图大法：**更改图片**。

选中要替换的图片，依次单击【图片工具—格式】→【调整】→【更改图片】→【来自文件】，找到新图片后直接单击【插入】按钮即可。

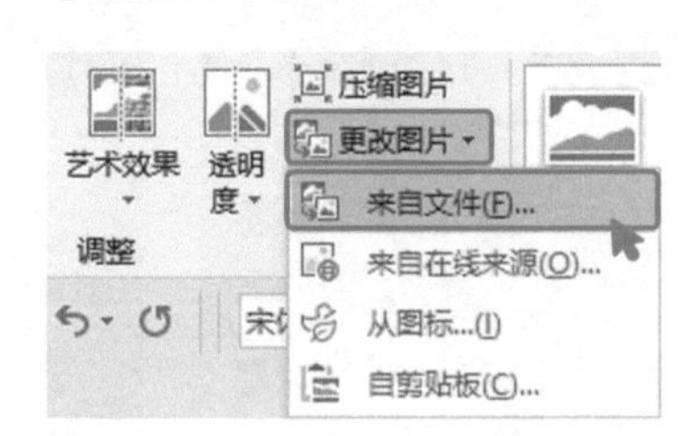

使用这种方法替换的图片，既可以保留原来的样式效果，也不会改变图片的尺寸和位置。

第5章

表格：不只是能数据计算

表格一 简历制作：改造你的表格

表格二 产品销售统计表：Word也能数据计算

表格三 快速制作联合公文头

表格四 封面信息下画线最优解决方案

表格五 三线表格：表格中的一股清流

表格六 表格八大常见问题

……

咱们婚礼的时候，
这些人咱全请！

表格 5.1　简历制作：改造你的表格

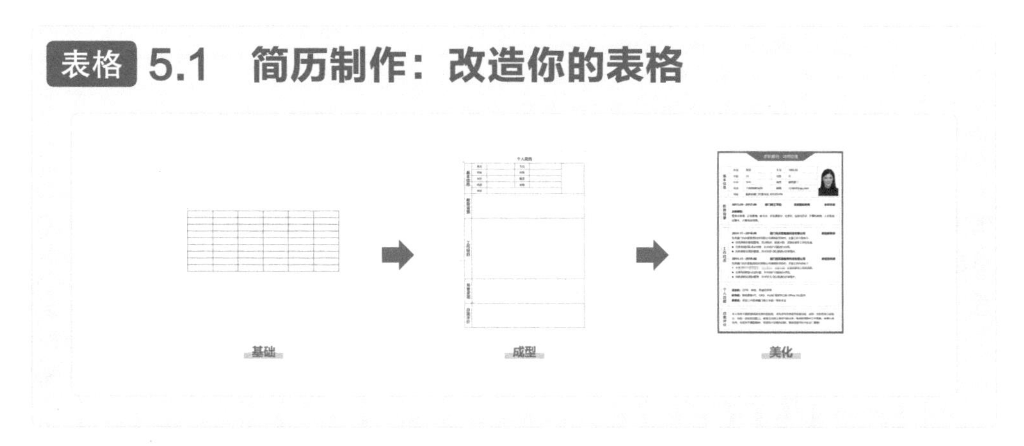

在制作表格之前，我们要先对表格的结构进行全局性规划。不管表格的样式有多复杂，它都是由最基本的表格经过拆分与合并得到的。就像盖房子一样，我们要先确定房子有多少层，然后再细化每一层的结构。

所以，制作表格的正确流程应该是：规划表格结构→创建基础表格→细化表格样式→添加表格内容→美化表格。

5.1.1　规划表格结构

规划表格结构就是指在开始制作表格之前，先确定基础表格的行数和列数。最好的方法就是先在草稿纸上画一个大致的草图，然后数一下表格横向最多需要多少列，纵向最多需要多少行，然后根据这个行数和列数来创建基础表格。

我们以制作简单的人事简历为例：

成品表格如右图所示，数数表格中的单元格个数，发现横向上最多有6列，纵向上最多有9行，所以基础表格就是6×9的表格。

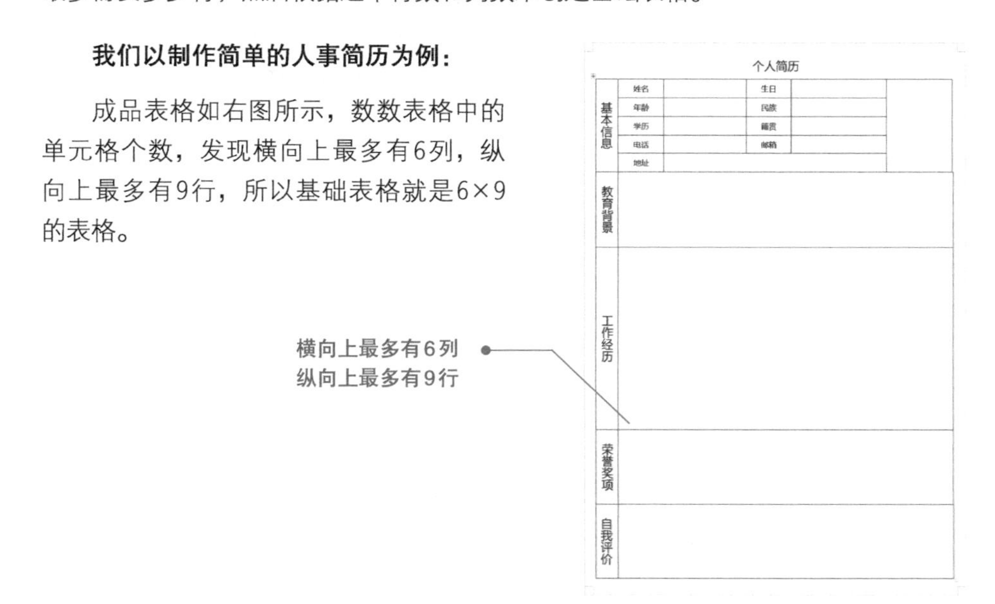

5.1.2 创建基础表格

方法一：拖动鼠标创建

依次单击【插入】→【表格】，在【表格】下拉列表中通过拖动鼠标来确定单元格数量，最后单击鼠标完成表格的创建。

这种方法只能创建最大10×8的表格，更大的表格就需要通过"方法二"来创建了。

方法二：插入表格

Step1：依次单击【插入】→【表格】→【插入表格】。

Step2：在打开的【插入表格】对话框中，输入相应的列数和行数，单击【确定】按钮完成创建。

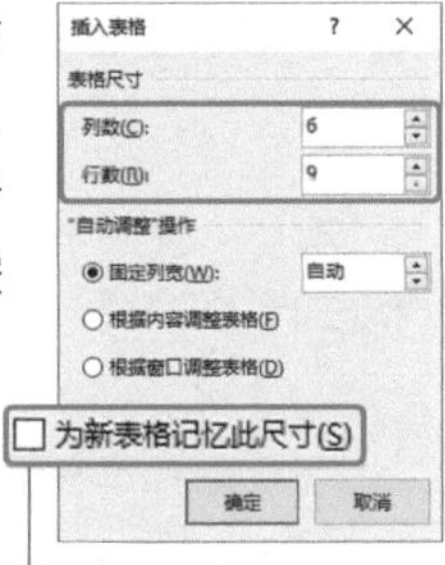

Tips：如果需要经常插入某种样式的表格，则勾选"为新表格记忆此尺寸"复选框，之后再插入相同的表格时，就不必重复设置表格的行列数了。

5.1.3 细化表格样式

细化表格样式其实就是根据需要编辑表格结构。

五个字简单概括编辑表格结构　拆/合/添/删/调

- **拆与合**：将一个单元格或表格拆分成多个；或者将多个单元格或表格合并成一个。
- **添与删**：当表格中的行或列不够时进行添加；或者当表格中的行或列多余时进行删除。
- **调**：根据具体需要，调整单元格的大小。

1. 表格的拆、合、添、删

表格的结构就是靠单元格的合并与拆分明朗起来的。

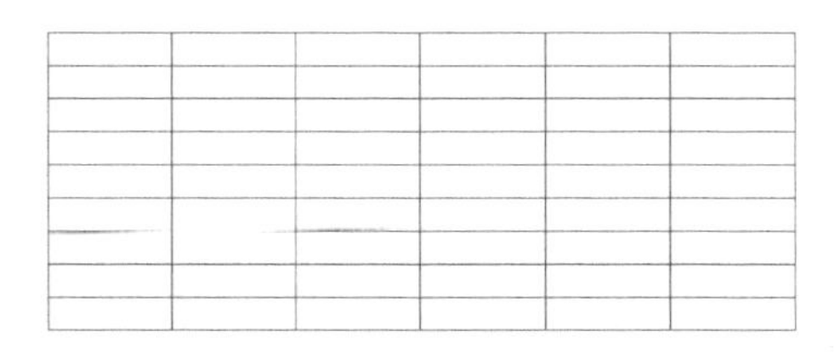

（合并前）

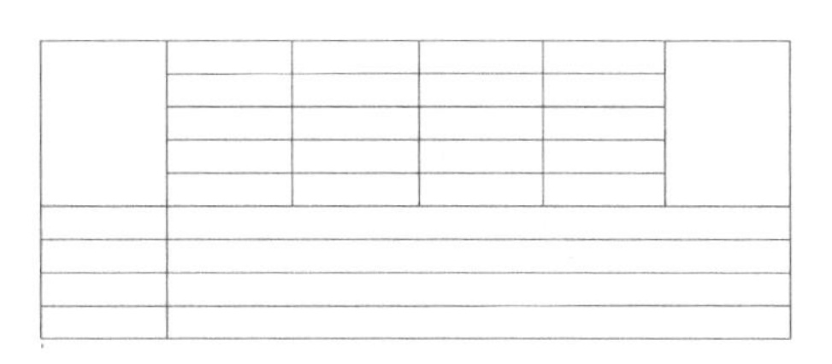

（合并后）

合并单元格： 同时选中需要合并的多个单元格，在打开的【表格工具—布局】中，找到【合并】组，单击【合并单元格】即可。

在简历案例中仅用到了合并单元格的功能，其他几个功能在这里进行简单的补充。

拆分单元格： 将光标定位于需要拆分的单元格中，依次单击【表格工具—布局】→【合并】→【拆分单元格】，打开【拆分单元格】对话框，根据需要输入相应的数值即可。

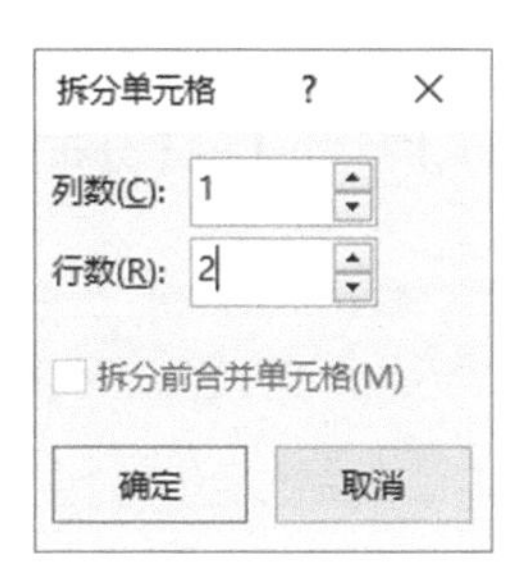

合并表格： 将光标置于两个表格之间，按<Delete>键，删除两个表格之间的空白区域即可。

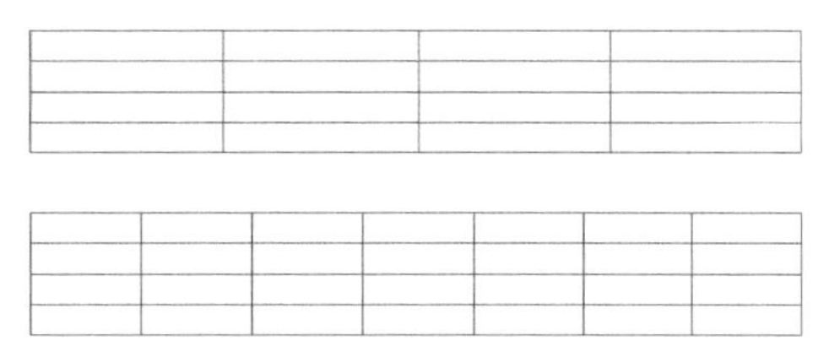

Tips：选中相邻的第二个表格，按<Shift+Alt+↑>快捷键，即可快速合并表格。

拆分表格： 将光标置于表格行内，该行会成为新表格的首行。依次单击【表格工具—布局】→【合并】→【拆分表格】即可。

Tips：

① 拆分表格快捷键：<Ctrl+Shift+Enter>。

② 选中需要作为第二个表格的全部内容，按<Shift+Alt+↓>快捷键，即可快速拆分表格。

表格行列的增删：在【表格工具—布局】→【行与列】中，很容易就能找到相关的命令。

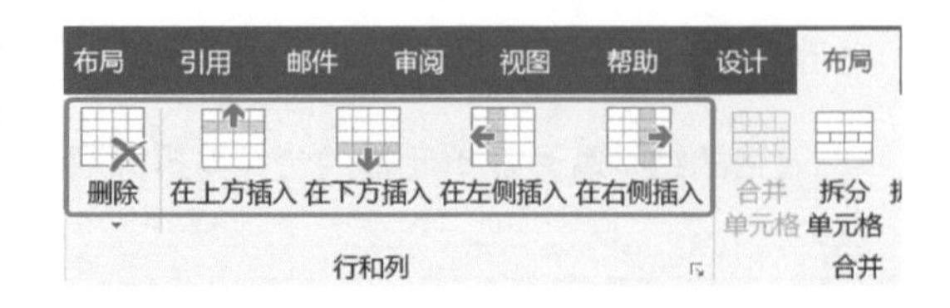

这里分享几个快捷操作的技巧：

- **快速添加行/列：**将光标置于表格框线外围，在表格框线处会自动出现加号⊕。单击加号，即可快速添加行或列。如果表格内有合并的单元格，那么所添加的行与加号上一行的样式相同；所添加的列以表格最多列数为标准。
- **快速添加行：**将光标置于表格末尾，按<Tab>键，可以快速添加表格行。
- **快速删除表格或内容：**选中表格中需要删除的内容，按<Delete>键，可以快速删除表格里面的文本内容；按<Backspace>键，可以快速删除相关表格及内容。

2. 调整单元格大小

调整单元格大小常用的方法就是选中表格框线，拖动鼠标进行调整。下面分享一些快速调整的技巧。

（1）平均分布行和列

在简历案例中，表格下面的4大行需要快速平均分布。

Step1：首先拖动表格底部框线到文档底部，然后选中 4 个表格行。

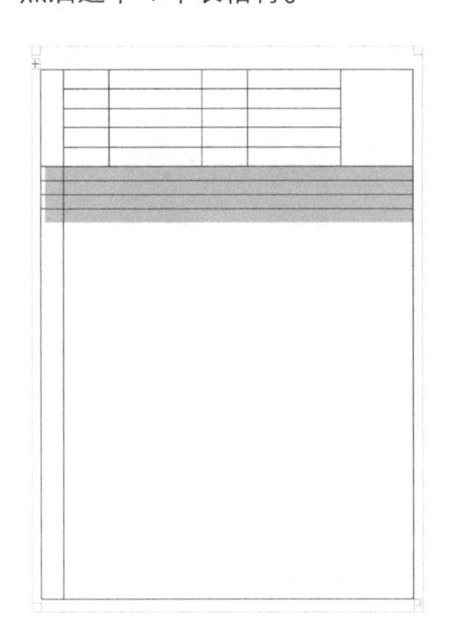

Step2：依次单击【表格工具—布局】→【单元格大小】→【分布行】，所选中的表格行即可快速进行平均分布。

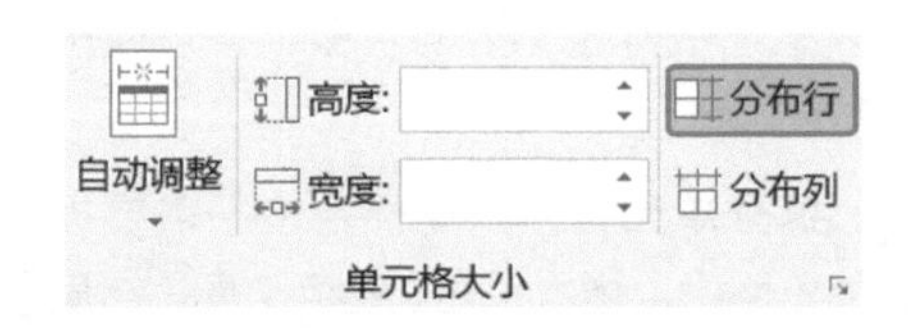

单击【分布列】可以快速平均分布所选中的表格列，操作方法与【分布行】是一样的：首先调整表格框线，预留一些可调节空间，然后依次单击【表格工具—布局】→【单元格大小】→【分布列】即可。

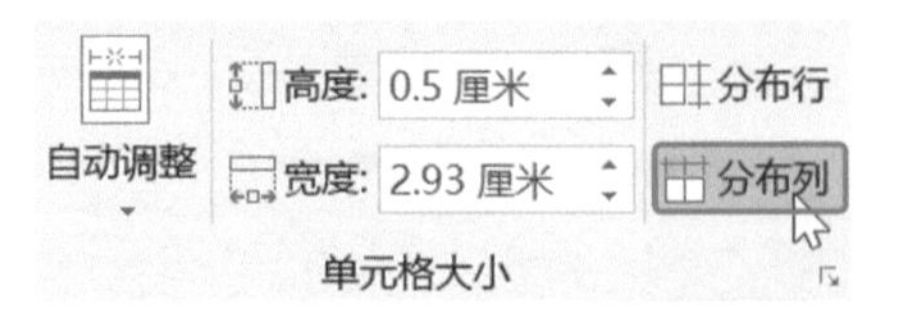

（2）调整单个单元格大小

在调整单元格大小时，一般都是选中表格框线，拖动鼠标进行调整。这样操作往往会一起调整一整列表格。如果只需要调整单独一个单元格的大小，要怎么办呢？

两个条件：

- 首先单独选中要调整的单元格。
- 然后将光标置于该单元格所在的框线位置，不能超过该单元格框线的范围。

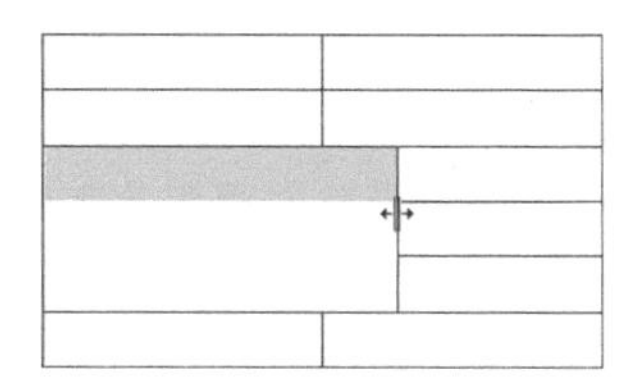

满足以上两个条件，拖动鼠标就可以调整单独一个单元格的大小了。

分享几个快速选择单元格的快捷键：

- 选中下一个单元格：<Tab>；
- 选中上一个单元格：<Shift+Tab>；
- 扩展到相邻单元格：<Shift+方向键>；
- 移动至该行第一个单元格：<Alt+Home>；
- 移动至该行最后一个单元格：<Alt+End>；
- 移动至该列第一个单元格：<Alt+PageUp>；
- 移动至该列最后一个单元格：<Alt+PageDown>。

（3）设置固定行高、列宽

固定行高值：在【表格工具—布局】→【单元格大小】中，在【高度】和【宽度】这里直接输入数值就可以设置单元格大小。

但是当将高度设置为小于0.5cm时，单元格就不会再根据数进行做相应变化了。这要如何解决呢？

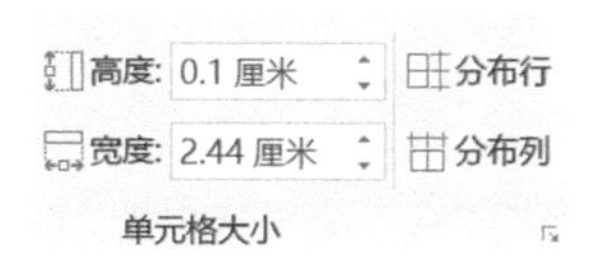

Step1：首先选中需要调整的所有单元格，然后依次单击【表格工具—布局】→【表】→【属性】。

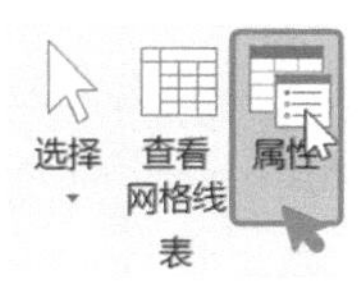

Step2：在打开的【表格属性】对话框中，切换至【行】窗口，【行高值是】选项选择“固定值”即可。

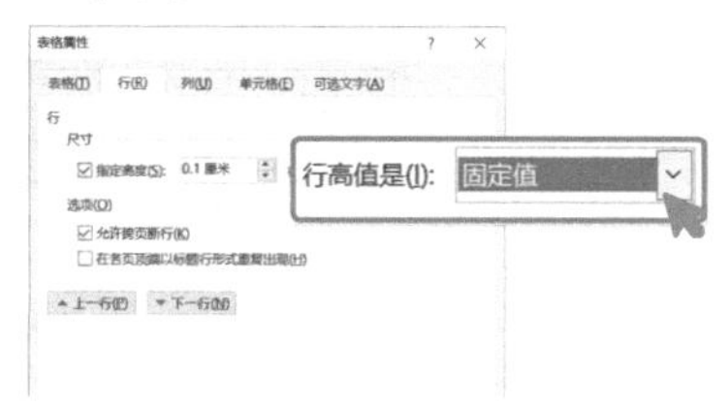

固定列宽值：依然先要选中需要调整的单元格，然后依次单击【表格工具—布局】→【单元格大小】，在【宽度】这里输入相应的数值即可。列宽的最小值仅能设置到0.42cm。

针对表格列宽，还可以单独对某一行进行调整。

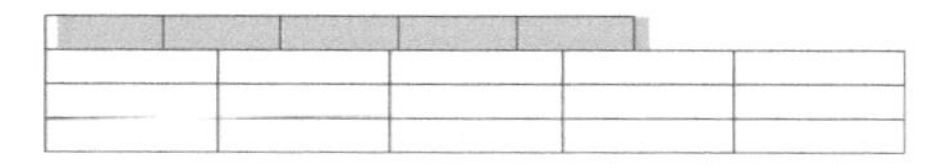

5.1.4 美化表格

添加表格内容非常简单，就是输入相应的文字内容即可。这里直接介绍表格的美化。

适当的表格美化是相当有必要的：表格从基础到成型，有Word基础的人都可以做到；但是表格从成型到美化，才是你的个人简历在众多简历中脱颖而出，吸引HR眼球的杀手锏。

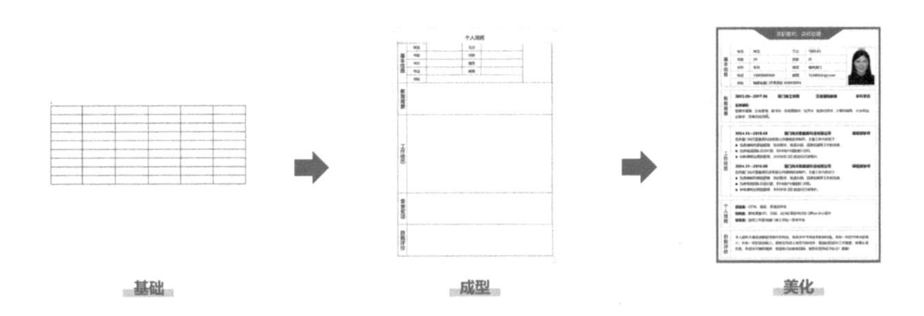

对简历的美化虽然以主观的审美为基础，但依然可以总结出一些通用的美化规则。分析下面这个简历案例从成型到美化都做了哪些修改。

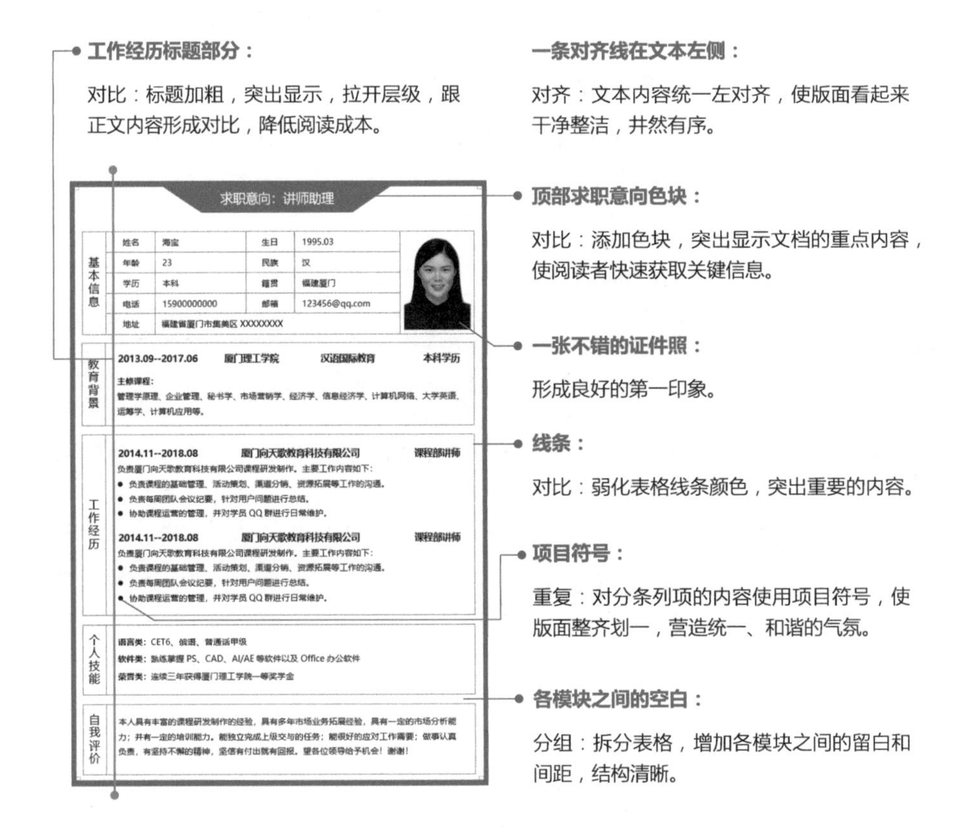

操作要点1：调整框线颜色

表格框线默认是0.5磅的黑色线条，若需要自定义设置，则依次单击【表格工具—设计】→【边框】组右下角的“命令启动器”按钮。

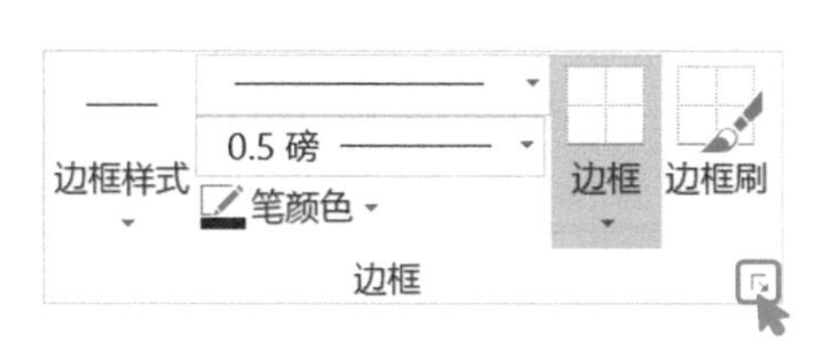

在打开的【边框和底纹】对话框中，首先设置好【样式】、【颜色】和【宽度】，然后在【预览】中选择想要应用的框线位置即可。

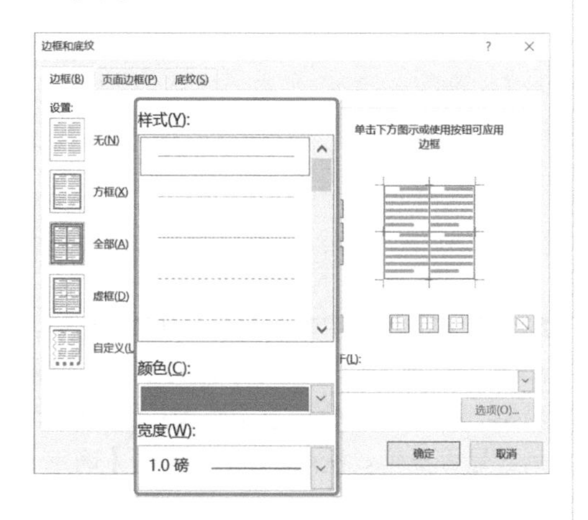

操作要点2：文字对齐方式

在【表格工具—布局】→【对齐方式】组中设置表格内的文字对齐方式。例如在简历案例中，文字对齐方式大都是“中部两端对齐”。

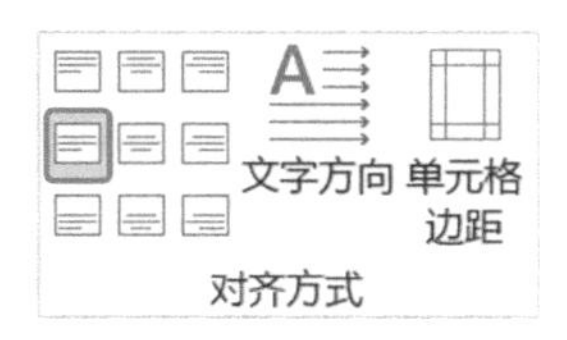

文字在表格内的对齐方式大致分为以下9种。

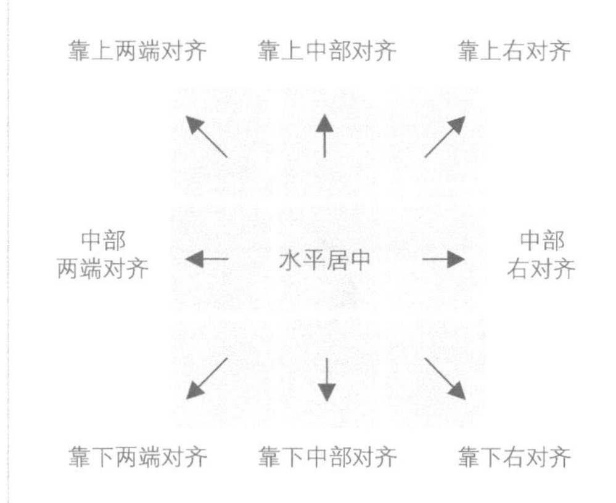

观察功能区中的命令图标，很容易就能明白该命令的文字对齐效果。

然而，有时候明明选择了一种文字对齐方式，但是表格里的文字却没有发生相应的变化。这是怎么回事呢？这是因为表格内的文字自动对齐到了文档网格。

文字对齐方式无法调整：

全选表格，按<Alt+O+P>快捷键，快速打开【段落】对话框。

在【间距】中取消勾选【如果定义了文档网格，则对齐到网格】复选框即可。

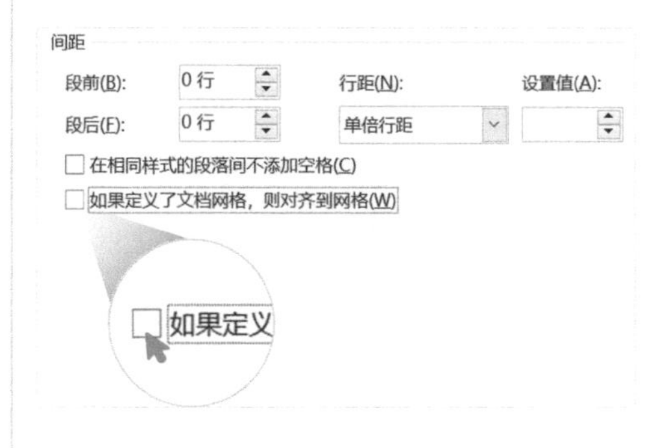

表格 5.2 产品销售统计表：Word也能数据计算

5.2.1 文本转表格

作为一名销售人员，进行产品销售统计是必不可少的。例如下面这份数据，是在Word中记录的2018年1月不间断的销售统计。怎么把它快速转换成表格呢？

日期,2018/1/1,2018/1/4,2018/1/7,2018/1/10,2018/1/13,2018/1/16,2018/1/19,2018/1/22,2018/1/25,2018/1/28,2018/1/31,2018/2/3
货品编码,2097,2108,5160,2139,2137,5181,5162,2140,9023,1721,8380,2099
货品名称,跑鞋,跑鞋,休闲鞋,休闲鞋,休闲鞋,休闲鞋,休闲鞋,休闲鞋,帽,运动裤,女短套裤,跑鞋
颜色,深蓝白,白深蓝,深蓝白,米黄,米黄,黑米黄,黑银,米黄,白深蓝,白深蓝,深蓝白,白酒红
单价(元),¥81.90,¥80.52,¥63.35,¥108.60,¥108.60,¥724.00,¥109.20,¥99.55,¥59.15,¥60.39,¥40.73,¥82.80
数量(双),50,60,20,20,20,18,40,20,30,51,11,80

Step1：全选数据，依次单击【插入】→【表格】→【文本转换成表格】。

Step2：在【将文字转换成表格】对话框中，Word 会自动识别所选中的文本内容转换成表格。在这里要检查【表格尺寸】中的行列数是否正确。没问题的话，单击【确定】按钮即可。

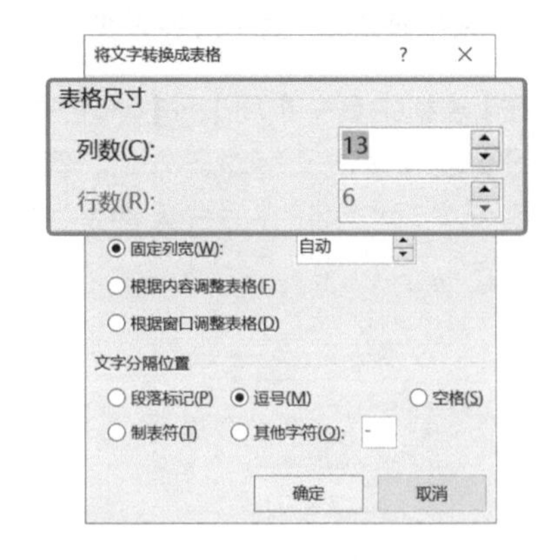

将文本转换成表格以后，调整一下表格样式即可。

日期	2018/1/1	2018/1/4	2018/1/7	2018/1/10	2018/1/13	2018/1/16	2018/1/19	2018/1/22	2018/1/25	2018/1/28	2018/1/31	2018/2/3
货品编码	2097	2108	5160	2139	2137	5181	5162	2140	9023	1721	8380	2099
货品名称	跑鞋	跑鞋	休闲鞋	休闲鞋	休闲鞋	休闲鞋	休闲鞋	休闲鞋	帽	运动裤	女短套裤	跑鞋
颜色	深蓝白	白深蓝	深蓝白	米黄	米黄	黑米黄	黑银	米黄	白深蓝	白深蓝	深蓝白	白酒红
单价(元)	¥81.90	¥80.52	¥63.35	¥108.60	¥108.60	¥724.00	¥109.20	¥99.55	¥59.15	¥60.39	¥40.73	¥82.80
数量(双)	50	60	20	20	20	18	40	20	30	51	11	80

在将文本转换成表格的过程中，要注意文本之间的分隔字符：Word只能识别英文字符。例如，案例中文本之间的分隔字符都是英文逗号。

日期,2018/1/1,2018/1/4,2018/1/7,2018/1/10,2018/1/13,2018/1/16,2018/1/19,2018/1/22,2018/1/25,2018/1/28,
货品编码,2097,2108,5160,2139,2137,5181,5162,2140,9023,1721,8380,2099
货品名称,跑鞋,跑鞋,休闲鞋,休闲鞋,休闲鞋,休闲鞋,休闲鞋,休闲鞋,帽,运动裤,女短套裤,跑鞋
颜色,深蓝白,白深蓝,深蓝白,米黄,米黄,黑米黄,黑银,米黄,白深蓝,白深蓝,深蓝白,白酒红
单价(元),¥81.90,¥80.52,¥63.35,¥108.60,¥108.60,¥724.00,¥109.20,¥99.55,¥59.15,¥60.39,¥40.73,¥82.80
数量(双),50,60,20,20,20,18,40,20,30,51,11,80

根据自己的输入习惯，使用了中文分隔字符也没关系。

按<Ctrl+H>快捷键，打开【替换】对话框。在【查找内容】框中输入中文逗号，在【替换为】框中输入英文逗号，单击【全部替换】按钮即可一键替换所有的分隔字符。

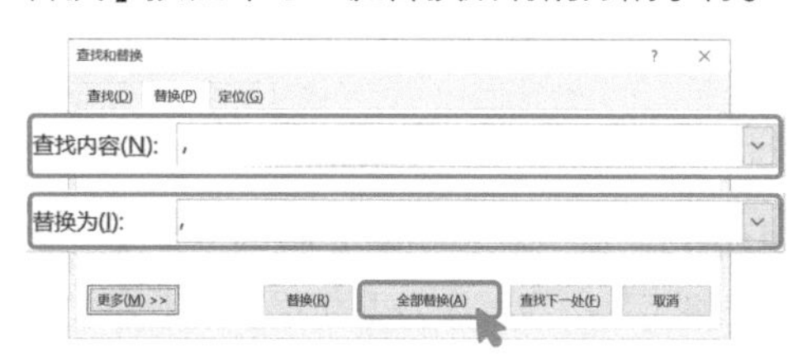

Word一般会自动识别文档所使用的分隔字符。如果使用了其他特殊符号，那么在【其他字符】中进行自定义设置即可。

文字分隔位置
段落标记(P)　逗号(M)　空格(S)
制表符(T)　其他字符(O): -

5.2.2　转置表格的行与列

有时候因为记录时没注意，当将文本转换成表格以后才发现，表格的行与列顺序有些奇怪，转置行与列阅读起来会更舒服。例如右边这个案例表格：日期、编码信息等作为列标题明显更合适。

日期	2018/1/1	2018/1/4	2018/1/7	2018/1/10	2018/1/13	2018/1/16	2018/1/19	2018/1/22
货品编码	2097	2108	5160	2139	2137	5181	5162	2140
货品名称	跑鞋	跑鞋	休闲鞋	休闲鞋	休闲鞋	休闲鞋	休闲鞋	休闲鞋
颜色	深蓝白	白深蓝	深蓝白	米黄	米黄	黑米黄	黑银	米黄
单价(元)	¥81.90	¥80.52	¥63.35	¥108.60	¥108.60	¥724.00	¥109.20	¥99.55
数量(双)	50	60	20	20	20	18	40	20

Word表格是没办法直接转置的，需要借助Excel来辅助完成。

Step1：全选Word表格，按<Ctrl+C>快捷键复制，然后打开任意的Excel表格，按<Ctrl+V>快捷键把复制的表格粘贴到Excel里面。

日期	2018/1/1	2018/1/4	2018/1/7	2018/1/10	2018/1/1
货品编码	2097	2108	5160	2139	2137
货品名称	跑鞋	跑鞋	休闲鞋	休闲鞋	休闲鞋
颜色	深蓝白	白深蓝	深蓝白	米黄	米黄
单价(元)	¥81.90	¥80.52	¥63.35	¥108.60	¥108.60
数量(双)	50	60	20	20	20

Step2：在Excel里面全选此表格，按<Ctrl+C>快捷键复制，按<Ctrl+V>快捷键粘贴时，在表格右下角会出现一个粘贴选项。

单击粘贴选项，选择【转置】命令。

Step3：此时表格的行列就会互转，最后把此表格复制并粘贴到Word文档中就搞定了。

日期	货品编码	货品名称	颜色	单价(元)	数量(双)
2018/1/1	2097	跑鞋	深蓝白	¥81.90	50
2018/1/4	2108	跑鞋	白深蓝	¥80.52	60
2018/1/7	5160	休闲鞋	深蓝白	¥63.35	20
2018/1/10	2139	休闲鞋	米黄	¥108.60	20
2018/1/13	2137	休闲鞋	米黄	¥108.60	20
2018/1/16	5181	休闲鞋	黑米黄	¥724.00	18
2018/1/19	5162	休闲鞋	黑银	¥109.20	40
2018/1/22	2140	休闲鞋	米黄	¥99.55	20

5.2.3 表格公式

众所周知，Excel的公式计算非常强悍。其实，在Word表格中也是可以做一些简单的公式计算的，像加、减、乘、除、求和、求积、求平均值等全不在话下。这一节我们就以产品销售统计表为例，介绍Word表格公式计算。

表格求积

Step1：将光标置于单元格中，依次单击【表格工具—布局】→【数据】→【公式】。

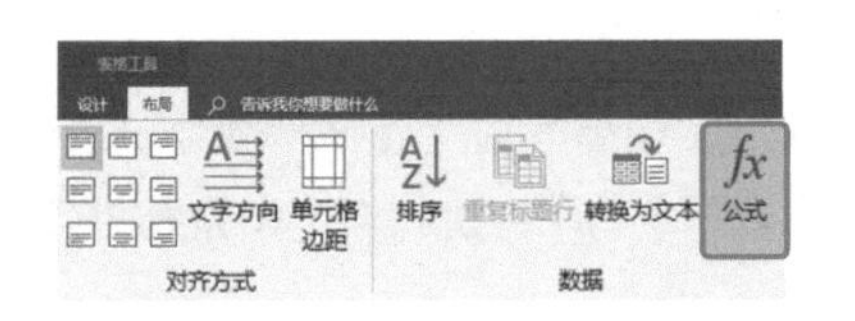

Step2：在打开的【公式】对话框中，在【公式】栏中默认显示的是“=SUM(LEFT)”求和公式。我们只需要修改公式为“=PRODUCT(LEFT)”，单击【确定】按钮即可。

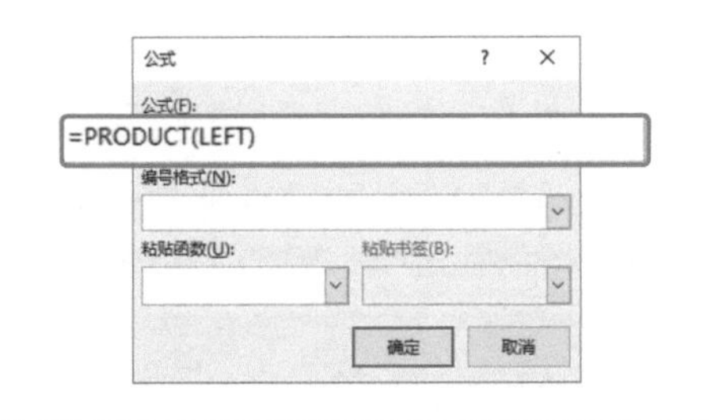

Step3：公式插入成功以后，将光标置于下一个单元格中，直接按<F4>键，即可实现快速填充效果。

日期	货品编码	货品名称	颜色	单价(元)	数量(双)	总额
2018/1/1	2097	跑鞋	深蓝白	¥81.90	50	¥4095.00
2018/1/4	2108	跑鞋	白深蓝	¥80.52	60	¥4831.20
2018/1/7	5160	休闲鞋	深蓝白	¥63.35	20	¥1267.00
2018/1/10	2139	休闲鞋	米黄	¥108.60	20	¥2172.00
2018/1/13	2137	休闲鞋	米黄	¥108.60	20	¥2172.00
2018/1/16	5181	休闲鞋	黑米黄	¥724.00	18	¥13032.00
2018/1/19	5162	休闲鞋	黑银	¥109.20	40	¥4368.00
2018/1/22	2140	休闲鞋	米黄	¥99.55	20	¥1991.00
2018/1/25	9023	帽	白深蓝	¥59.15	30	¥1774.50
2018/1/28	1721	运动裤	白深蓝	¥60.39	51	¥3079.89
2018/1/31	8380	女短套裤	深蓝白	¥40.73	11	¥448.03
2018/2/3	2099	跑鞋	白酒红	¥82.80	80	¥6624.00

Tips：按<F4>键，重复上一步操作。

注意：如果在单元格中插入的公式显示：“{ =SUM（LEFT）}”，莫慌，这只是公式的域代码格式，只需要按<Alt + F9>快捷键切换域即可。

当表格数值发生变化，公式结果需要更新时，只需全选表格，按<F9键>更新域即可。

拓展01：表格求和&求平均值

表格求和、求积、求平均值方法是完全一样的，只是函数不同。依次单击【表格工具—布局】→【数据】→【公式】，首先插入表格公式；然后按F4键快速填充公式即可。

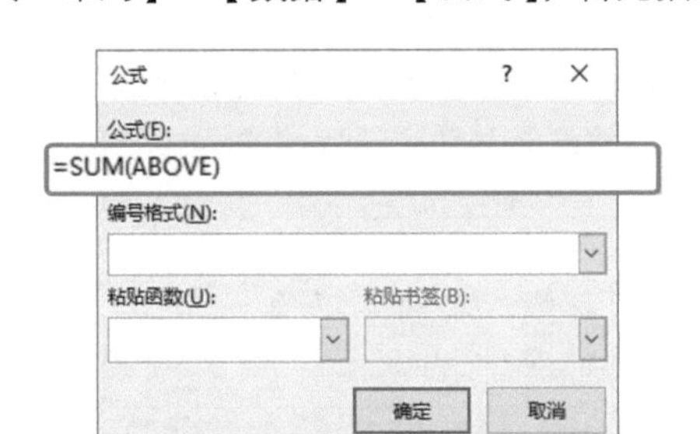

SUM是求和函数，PRODUCT是求积函数，AVERAGE是求平均值函数。

在正常情况下，Word会自动识别公式的计算方向，LEFT：向左计算；RIGHT：向右计算；BELOW：向下计算；ABOVE：向上计算。

拓展02：表格减法＆除法

（1）减法

在Word表格中计算减法和除法可以运用单元格位置来完成。例如，计算产品库存该怎么办呢？

产品	数量	销售	库存
产 1	5280	4390	
产 2	7650	2430	
产 3	5720	3960	
产 4	2340	1	

只需在插入公式时，在【公式】栏中输入“=B2-C2”即可。

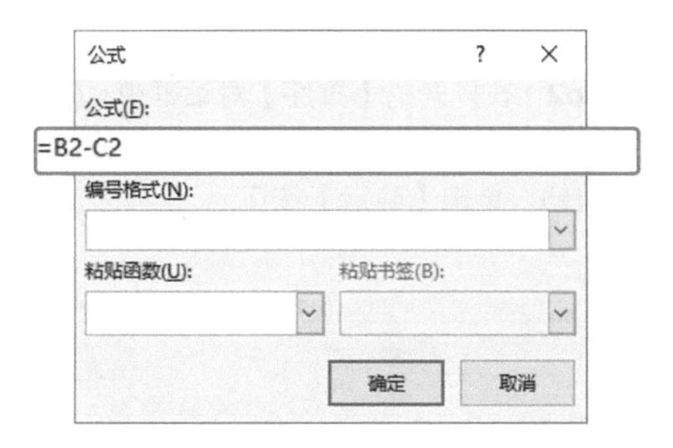

单元格的位置计算与Excel相同，从表格的第一个单元格算起，从左至右列号用A、B、C、D等表示，从上到下行号用1、2、3、4、5等表示。

	A	B	C	D
1	产品	数量	销售	库存
2	产 1	5280	4390	890
3	产 2	7650	2430	5220
4	产 3	5720	3960	1760
5	产 4	2340	1	2339

D2单元格

（2）除法

Word表格的除法计算与减法计算方法相同，只需在【公式】栏中修改公式为“=B2/C2”即可。需要知道的是，表格的减法和除法计算公式是不能使用<F4>键快速重复功能的，必须要一个一个地手动输入！

所以，当计算量较大时，还是用Excel计算比较方便。

Tips：当表格数值发生变化，公式结果需要更新时，只需全选表格，按<F9>键更新域即可。

5.2.4 表格排序

依然以产品销售统计表为例，如何给这个月的销售金额排序呢？

Step1：选中表格，依次单击【表格工具—布局】→【数据】→【排序】。

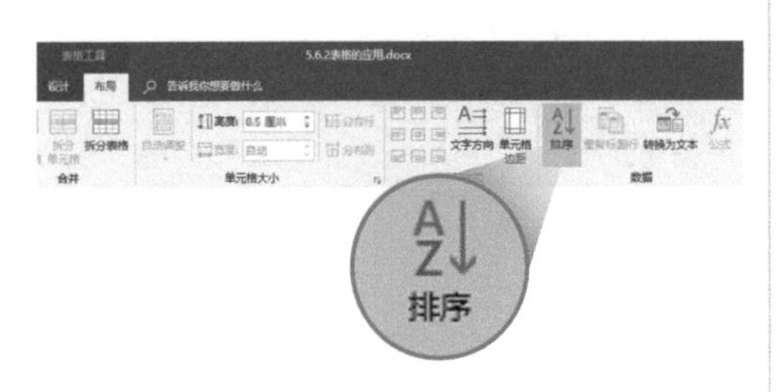

Step2：在打开的【排序】对话框中，【主要关键字】选择“总额”，然后选中“降序”单选钮，单击【确定】按钮。

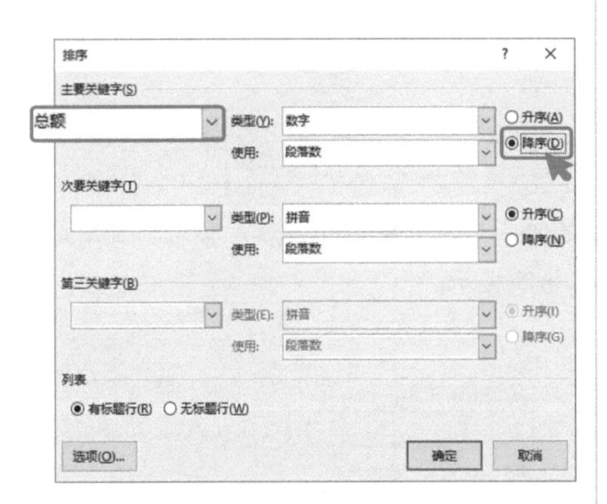

此时表格内容即会根据总额的大小，从高到低进行排序。

排名	货品编码	货品名称	颜色	单价(元)	数量(双	总额
	5181	休闲鞋	黑米黄	¥724.00	18	¥13032.00
	2099	跑鞋	白酒红	¥82.80	80	¥6624.00
	2108	跑鞋	白深蓝	¥80.52	60	¥4831.20
	5162	休闲鞋	黑银	¥109.20	40	¥4368.00
	2097	跑鞋	深蓝白	¥81.90	50	¥4095.00
	1721	运动裤	白深蓝	¥60.39	51	¥3079.89
	2139	休闲鞋	米黄	¥108.60	20	¥2172.00
	2137	休闲鞋	米黄	¥108.60	20	¥2172.00
	2140	休闲鞋	米黄	¥99.55	20	¥1991.00
	9023	帽	白深蓝	¥59.15	30	¥1774.50
	5160	休闲鞋	深蓝白	¥63.35	20	¥1267.00
	8380	女短套裤	深蓝白	¥40.73	11	¥448.03

从排序结果我们可以知道：

本月货号编码为5181的休闲鞋销量最好！

Step3：选中排名栏的单元格，然后依次单击【开始】→【段落】→【编号】，在编号库中选择一个合适的编号。

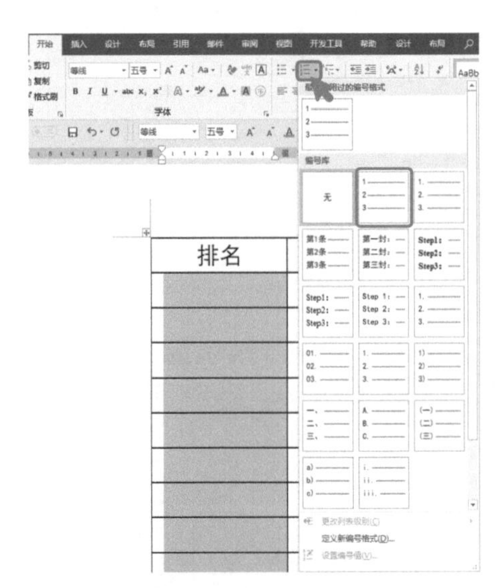

此时所有排名都会一键填充。

排名	货品编码	货品名称	颜色	单价(元)	数量(双)	总额
1	181	休闲鞋	黑米黄	¥724.00	18	¥13032.00
2	099	跑鞋	白酒红	¥82.80	80	¥6624.00
3	108	跑鞋	白深蓝	¥80.52	60	¥4831.20
4	162	休闲鞋	黑银	¥109.20	40	¥4368.00
5	097	跑鞋	深蓝白	¥81.90	50	¥4095.00
6	721	运动裤	白深蓝	¥60.39	51	¥3079.89
7	139	休闲鞋	米黄	¥108.60	20	¥2172.00
8	137	休闲鞋	米黄	¥108.60	20	¥2172.00
9	140	休闲鞋	米黄	¥99.55	20	¥1991.00
10	023	帽	白深蓝	¥59.15	30	¥1774.50
11	160	休闲鞋	深蓝白	¥63.35	20	¥1267.00
12	380	女短套裤	深蓝白	¥40.73	11	¥448.03

表格 5.3　快速制作联合公文头

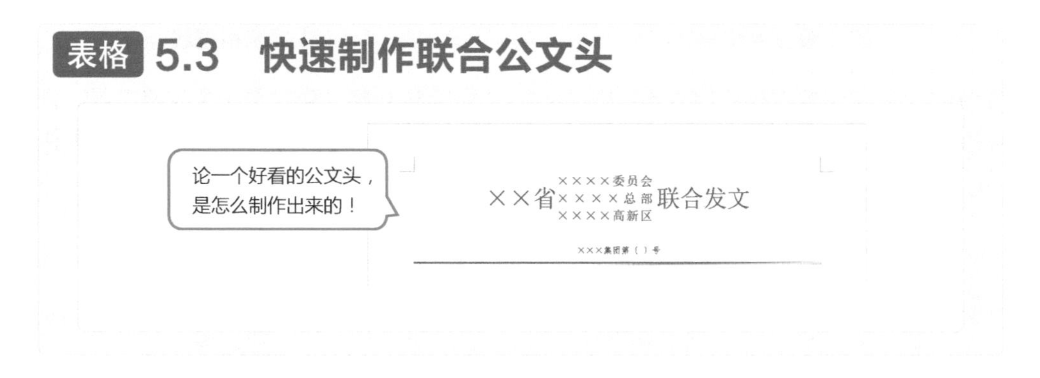

多部门联合发文时，经常需要制作联合公文头。那这种联合公文头是怎么做出来的呢?

（1）插入表格

插入一个3×3的表格，然后分别选中左右两边的列，依次单击【表格工具—布局】→【合并】→【合并单元格】，将左右两边的3行合并为1行。

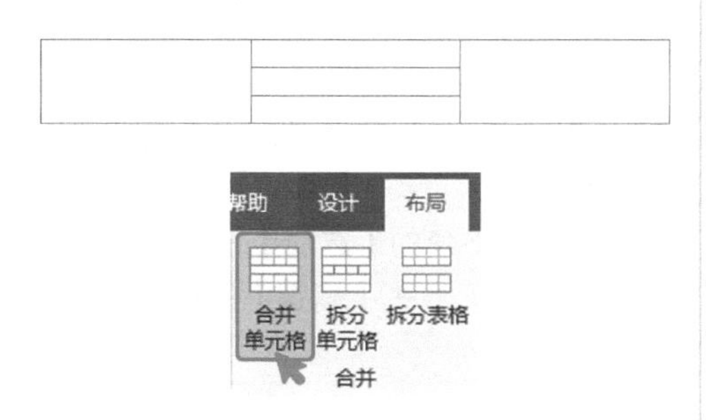

（2）设置表格属性

Step1：选中表格，单击鼠标右键，选择【表格属性】。

Step2：在打开的【表格属性】对话框中，单击【表格】窗口右下角的【选项】按钮，将单元格边距中的上、下、左、右边距数值都改为“0”。

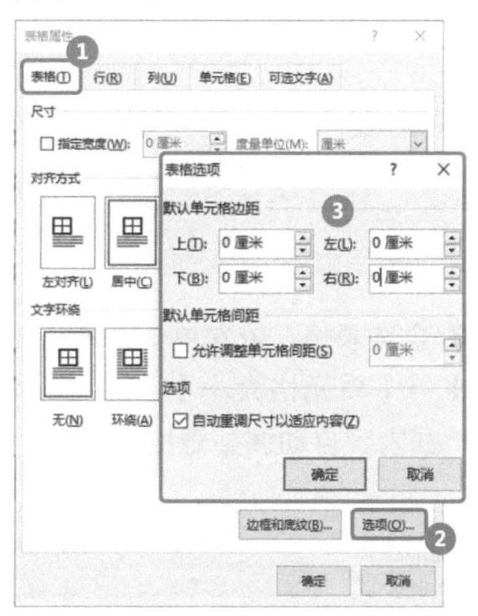

Step3：在【表格属性】对话框中，切换至【单元格】窗口，将【垂直对齐方式】改为“居中”，单击【确定】按钮即可。

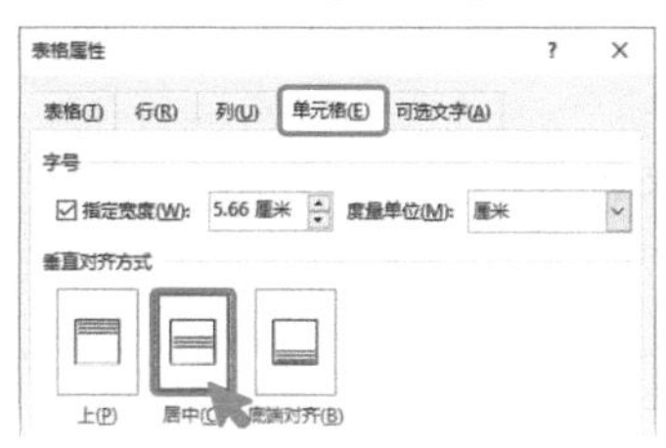

（3）设置字体格式

Step1：将文字输入相应的单元格中，然后全选表格，将字体设置为“宋体”“加粗”“红色”，并根据实际情况调整字号大小。

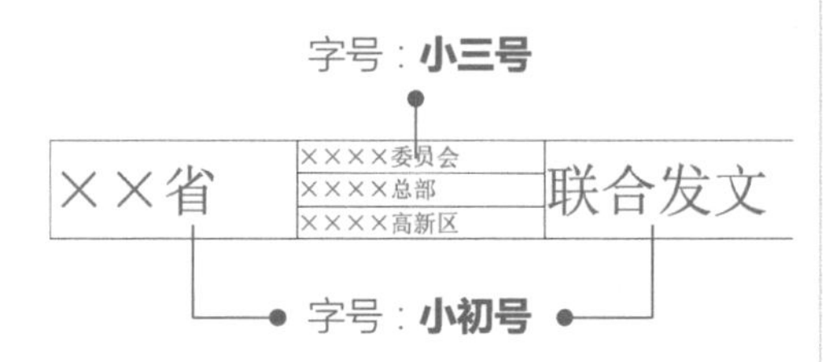

Step2：选中表格中间的各单位名称，依次单击【开始】→【段落】→【分散对齐】。

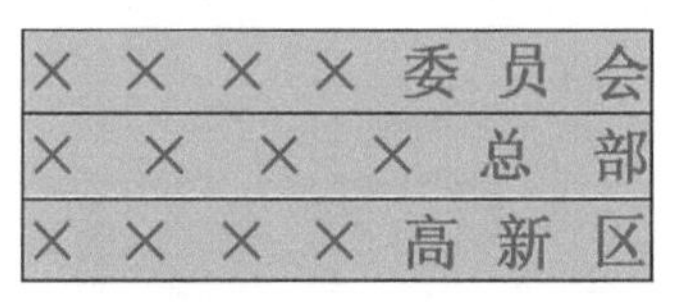

Step3：全选表格，依次单击【表格工具—布局】→【单元格大小】→【自动调整】→【根据内容自动调整表格】。

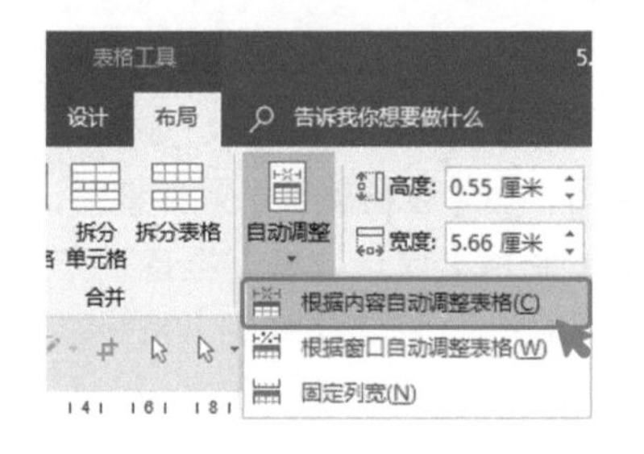

效果如下：

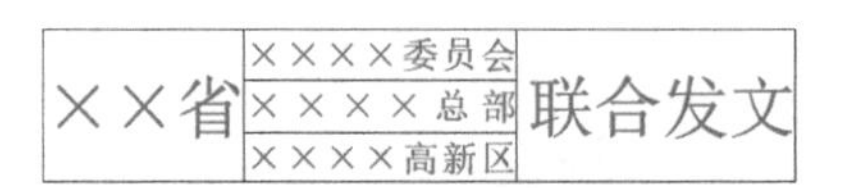

（4）去掉表格框线

全选表格，依次单击【表格工具—设计】→【边框】→【无框线】，去掉表格框线。

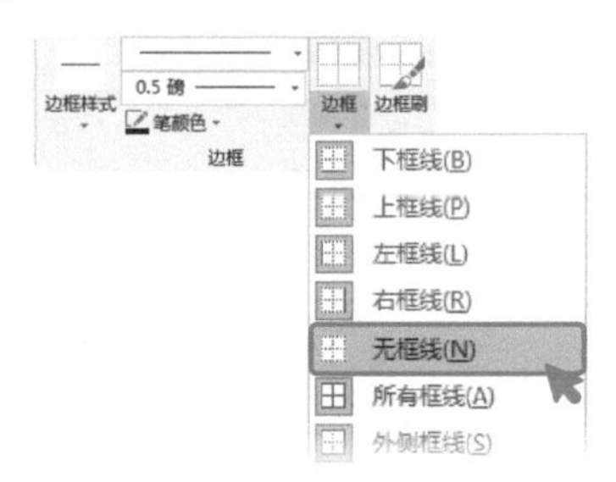

（5）公文头加下横线

Step1：在表格下面空一行，输入发文字号。然后选中发文字号，依次单击【开始】→【段落】→【边框】→【边框和底纹】。

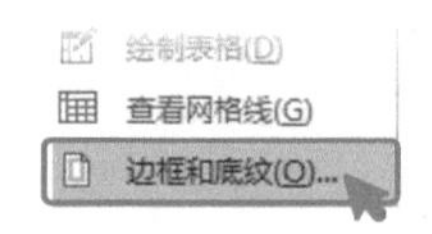

Step2：【颜色】选择“红色”，【宽度】选择“2.25 磅”，单击【预览】中的下边框。然后单击右下角的【选项】按钮，下间距改为“4 磅”，单击【确定】按钮即可。

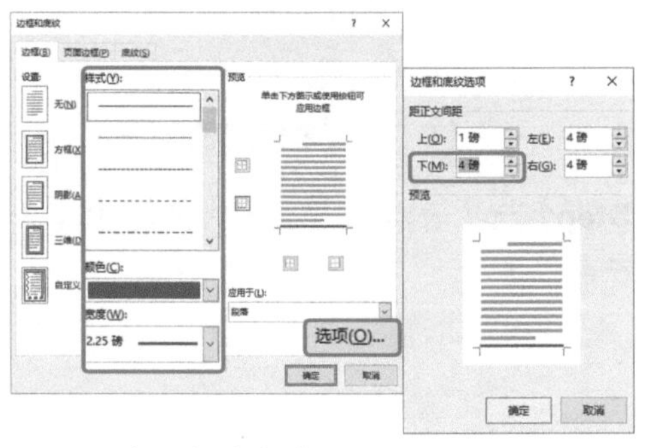

至此，大功告成！

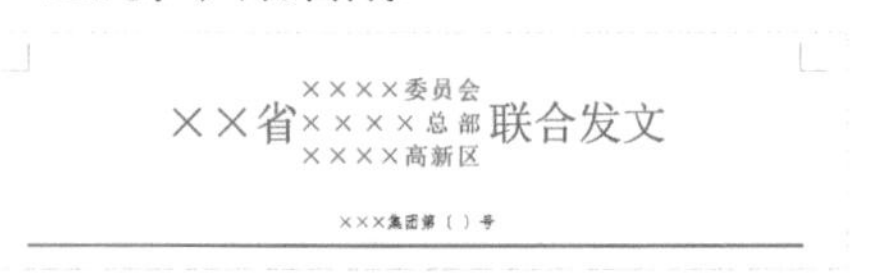

表格 5.4　封面信息下画线对齐的最优解决方案

姓····名：·向天歌海宝····················

工作单位：·厦门向天歌教育科技有限公司····

联系方式：·132×××××××············

书籍作品：·《Word 之光》················

视频作品：·《Word 通关秘籍》···········

封面信息下画线对不齐是很多人的痛点。

首先，我们要知道为什么信息下画线会对不齐。

打开【显示/隐藏编辑标记】会发现，封面信息里面有很多灰色的小圆点标记，每一条下画线的末端都有一个段落标记，但依然对不齐……

姓····名：·向天歌海宝····················

工作单位：·厦门向天歌教育科技有限公司····

联系方式：·132×××××××············

书籍作品：·《Word 之光》················

视频作品：·《Word 通关秘籍》···········

Tips：【显示/隐藏编辑标记】快捷键：<Ctrl+Shift+8>。

为什么会这样呢？

这些灰色的小圆点都是**空格标记**。它表明：在制作信息下画线时，操作非常不规范！这说明在制作信息下画线时是通过在冒号后面输入空格，然后给空格直接添加下画线的方法来完成的。

这种制作方法的后遗症就是：不仅下画线的末端很难对齐，而且在下画线上补充内容时，下画线总是会自动延伸。

怎么解决呢？依然是通过表格的多功能应用。

第一步：插入表格

插入一个3×5的表格，然后输入文字内容。

姓名	：	向天歌海宝
工作单位	：	厦门向天歌教育科技有限公司
联系方式	：	13225039214
书籍	：	《Word 之光》
视频	：	《Word 通关秘籍》

Tips：文本转表格的方法，请看5.2.1节。

第二步：设置文字格式

Step1：选中表格，依次单击【表格工具—布局】→【自动调整】→【根据内容自动调整表格】。

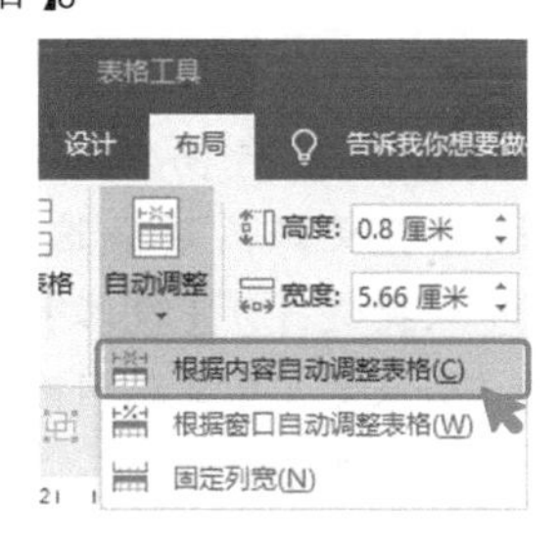

此时表格会根据输入内容的多少而自动调整大小。

姓名	：	向天歌海宝
工作单位	：	厦门向天歌教育科技有限公司
联系方式	：	13225039214
书籍	：	《Word 之光》
视频	：	《Word 通关秘籍》

Step2：选中第一列，依次单击【表格工具—布局】→【对齐方式】→【靠下右对齐】；并在【开始】→【段落】中把文字对齐方式改为【分散对齐】。

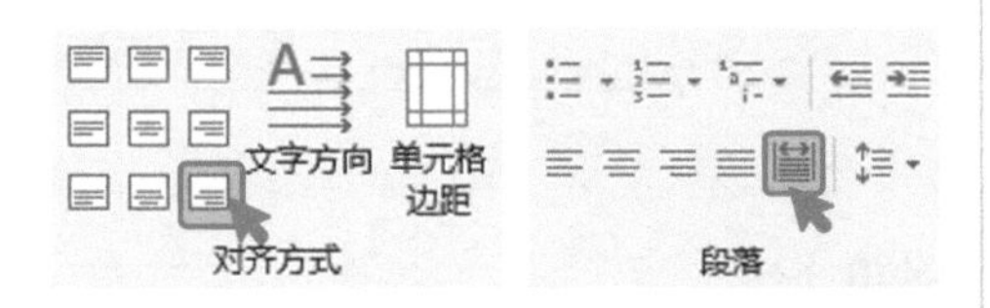

Step3：同时选中第二列和第三列，将表格文字对齐方式改为【靠下左对齐】。

效果如下：

姓　　名	：	向天歌海宝
工作单位	：	厦门向天歌教育科技有限公司
联系方式	：	13225039214
书　　籍	：	《Word 之光》
视　　频	：	《Word 通关秘籍》

Tips：如果在设置行高和文字对齐方式时表格没有反应，则全选表格，按<Alt+O+P>快捷键打开【段落】对话框，取消勾选【如果定义了文档网格，则对齐到网格】复选框即可。

第三步：修改表格样式

Step1：全选表格，依次单击【表格工具—设计】→【边框】→【无框线】，去掉所有表格框线。

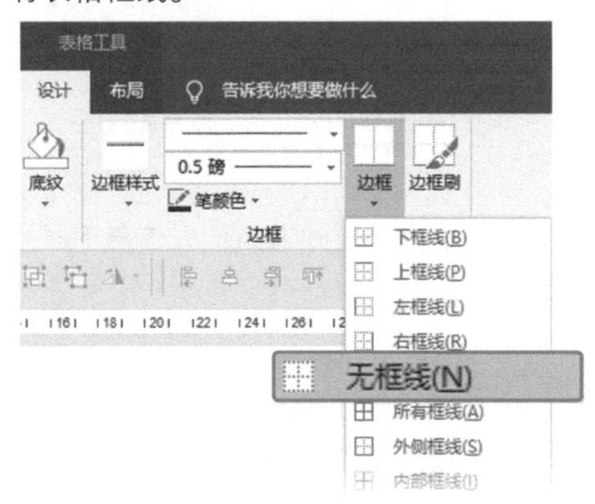

Step2：选中表格第三列，在【边框】列表中首先选择“内部框线”，然后再选择“下框线”，即完成封面信息下画线的制作。

用表格方法制作的封面信息下画线，不仅下画线的末端对得齐，而且在增删封面信息时，表格框线会根据内容自动收缩，一劳永逸！

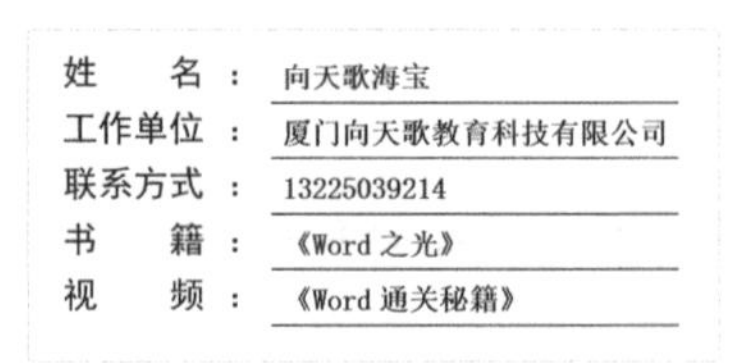

姓　　名	：	向天歌海宝
工作单位	：	厦门向天歌教育科技有限公司
联系方式	：	13225039214
书　　籍	：	《Word 之光》
视　　频	：	《Word 通关秘籍》

表格 5.5　三线表格：表格中的一股清流

编号	销售人员	省份	商品	销售量	销售额（元）
001	吴沛文	福建	彩电	13	29900
002	武慧龙	河南	冰箱	27	[illegible]
003	王玮	江西	电脑	40	[illegible]
004	李海潇	福建	相机	42	[illegible]
005	大毛	广东	彩电	34	78200
006	李燕	福建	冰箱	24	62400
007	莫晓曼	上海	彩电	32	73600
008	罗其生	北京	电脑	13	111800
009	陈宇	福建	相机	34	125460
010	李建	深圳	彩电	20	46000
011	Alan	福建	相机	43	158670

三线表格，表格中的一股清流，good！

三线表格以简洁、干净著称，常被应用于科技论文之中。要说三线表格的制作，可简可繁，我们一起来看看。

5.5.1　给表格上底妆

观察这张表格，刚插入一个表格或者把文本转换为表格以后，你会惊讶地发现：这张表格真的是……够丑！

编号	销售人员	省份	商品	销售量	销售额（元）
001	吴沛文	福建	彩电	13	29900
002	武慧龙	河南	冰箱	27	70200
003	王玮	江西	电脑	40	344000
004	李海潇	福建	相机	42	154980
005	大毛	广东	彩电	34	78200
006	李燕	福建	冰箱	24	62400
007	莫晓曼	上海	彩电	32	73600
008	罗其生	北京	电脑	13	111800
009	陈宇	福建	相机	34	125460
010	李建	深圳	彩电	20	46000
011	Alan	福建	相机	43	158670

所以，在制作三线表格之前，我们要先给表格打上底妆，对表格做一个简单的美化。

（1）根据窗口自动调整表格内容

全选表格，依次单击【表格工具—布局】→【自动调整】→【根据窗口自动调整表格】。

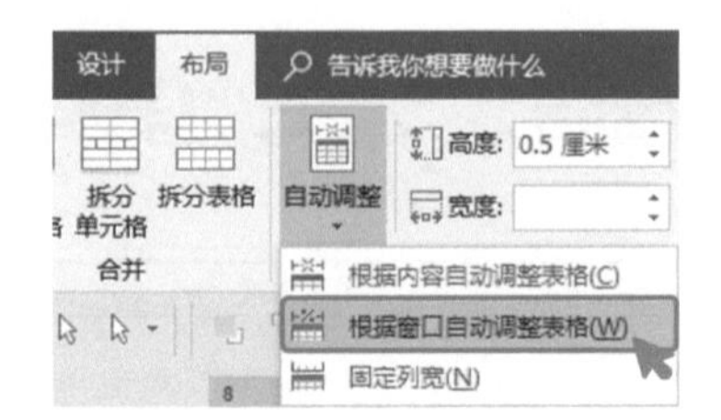

编号	销售人员	省份	商品	销售量	销售额（元）
001	吴沛文	福建	彩电	13	29900
002	武慧龙	河南	冰箱	27	70200
003	王玮	江西	电脑	40	344000
004	李海潇	福建	相机	42	154980
005	大毛	广东	彩电	34	78200
006	李燕	福建	冰箱	24	62400
007	莫晓曼	上海	彩电	32	73600
008	罗其生	北京	电脑	13	111800
009	陈宇	福建	相机	34	125460
010	李建	深圳	彩电	20	46000
011	Alan	福建	相机	43	158670

（2）文字居中对齐

选中表格，依次单击【表格工具—布局】→【对齐方式】→【水平居中】。

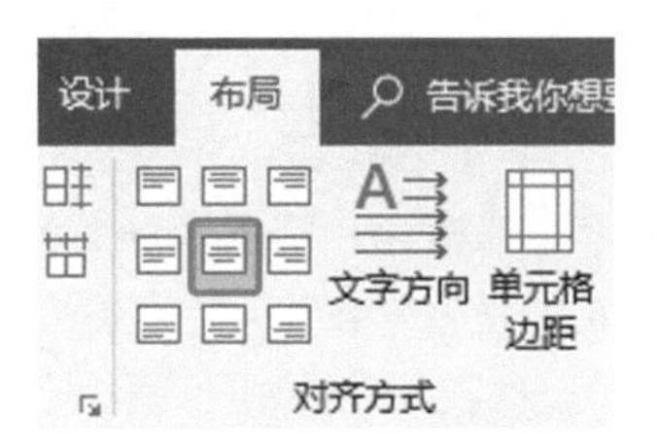

编号	销售人员	省份	商品	销售量	销售额（元）
001	吴沛文	福建	彩电	13	29900
002	武慧龙	河南	冰箱	27	70200
003	王玮	江西	电脑	40	344000
004	李海潇	福建	相机	42	154980
005	大毛	广东	彩电	34	78200
006	李燕	福建	冰箱	24	62400
007	莫晓曼	上海	彩电	32	73600
008	罗其生	北京	电脑	13	111800
009	陈宇	福建	相机	34	125460
010	李建	深圳	彩电	20	46000
011	Alan	福建	相机	43	158670

另外，很多时候单击【水平居中】按钮后，却发现表格文字对齐方式压根没反应。那是因为表格里面的文字自动对齐到了文档网格。

解决方法： 选中表格，按<Alt+O+P>快捷键快速打开【段落】对话框，取消勾选【如果定义了文档网格，则对齐到网格】复选框就可以了。

5.5.2　简单制作三线表格

（1）去掉表格框线

全选表格，依次单击【表格工具—设计】→【边框】→【无框线】。

右框线(R)
无框线(N)
所有框线(A)
外侧框线(S)

编号	销售人员	省份	商品	销售量	销售额（元）
001	吴沛文	福建	彩电	13	29900
002	武慧龙	河南	冰箱	27	70200
003	王玮	江西	电脑	40	344000
004	李海潇	福建	相机	42	154980
005	大毛	广东	彩电	34	78200
006	李燕	福建	冰箱	24	62400
007	莫晓曼	上海	彩电	32	73600
008	罗其生	北京	电脑	13	111800
009	陈宇	福建	相机	34	125460
010	李建	深圳	彩电	20	46000
011	Alan	福建	相机	43	158670

（2）设置表格的上、下框线

Step1：全选表格，单击【表格工具—设计】→【边框】组右下角的“命令启动器”按钮，打开【边框与底纹】对话框。

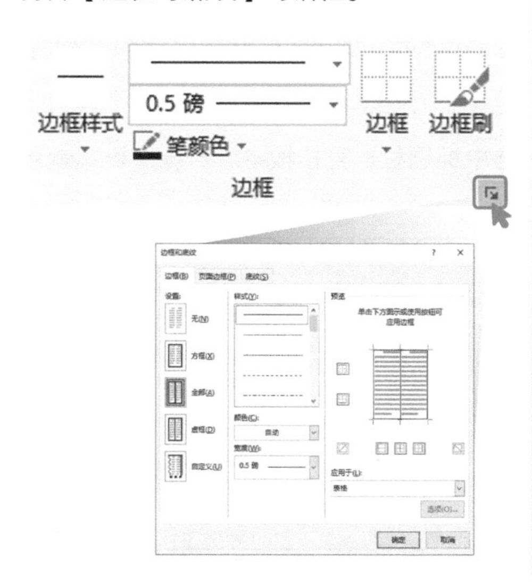

Step2：【设置】选择“自定义”；【宽度】设置为“1.5 磅”，【颜色】和【样式】任选。设置完成后，在【预览】中分别单击“上边框”和“下边框”，【应用于】选择“表格”。最后单击【确定】按钮。

注意，设置时千万不要搞错顺序：一定要先设置好框线的样式，然后再在【预览】中单击框线命令进行应用。

编号	销售人员	省份	商品	销售量	销售额（元）
001	吴沛文	福建	彩电	13	29900
002	武慧龙	河南	冰箱	27	70200
003	王玮	江西	电脑	40	344000
004	李海潇	福建	相机	42	154980
005	大毛	广东	彩电	34	78200
006	李燕	福建	冰箱	24	62400
007	莫晓曼	上海	彩电	32	73600
008	罗其生	北京	电脑	13	111800
009	陈宇	福建	相机	34	125460
010	李建	深圳	彩电	20	46000
011	Alan	福建	相机	43	158670

（3）给标题栏添加下框线

单独选中标题栏，依次单击【表格工具—设计】→【边框】，选择【下框线】即可。

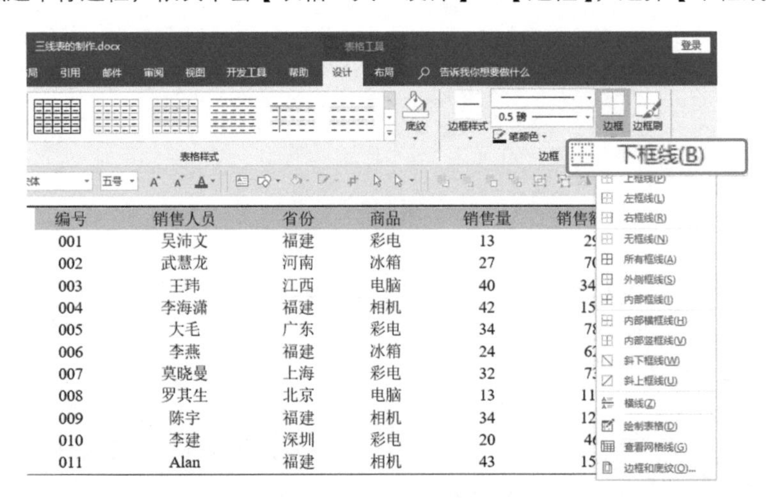

另外，要给标题栏文字加粗的话，依然选中标题栏，直接按<Ctrl+B>快捷键就可以了。

编号	**销售人员**	**省份**	**商品**	**销售量**	**销售额（元）**
001	吴沛文	福建	彩电	13	29900
002	武慧龙	河南	冰箱	27	70200
003	王玮	江西	电脑	40	344000
004	李海潇	福建	相机	42	154980
005	大毛	广东	彩电	34	78200
006	李燕	福建	冰箱	24	62400
007	莫晓曼	上海	彩电	32	73600
008	罗其生	北京	电脑	13	111800
009	陈宇	福建	相机	34	125460
010	李建	深圳	彩电	20	46000
011	Alan	福建	相机	43	158670

5.5.3　创建表格样式

如果全篇文档很多处都要应用三线表格，制作每一个表格时都重复一遍上面的操作明显太过烦琐。所以，最棒的方法就是给三线表格创建表格样式。

（1）新建表格样式

Step1：选中表格，依次单击【表格工具—设计】→【表格样式】中的【其他】下拉三角按钮。

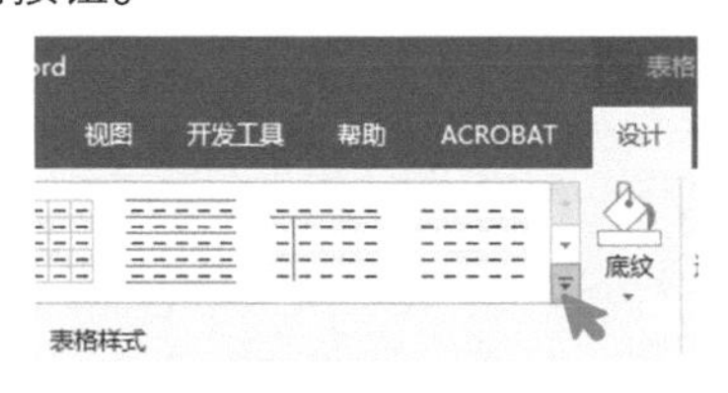

Step2：在打开的表格库中，选择最下方的【新建表格样式】。

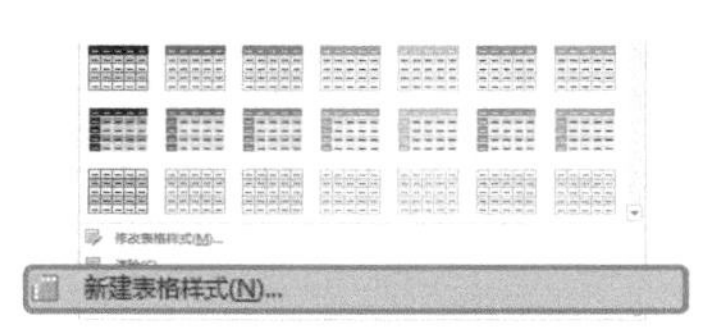

（2）自定义表格样式

Step1：设置表格的上、下框线。在打开的【根据格式化创建新样式】对话框中，【名称】命名为“三线表格”，【将格式应用于】选择“整个表格”，然后单击左下角的【格式】按钮，选择【边框和底纹】命令。

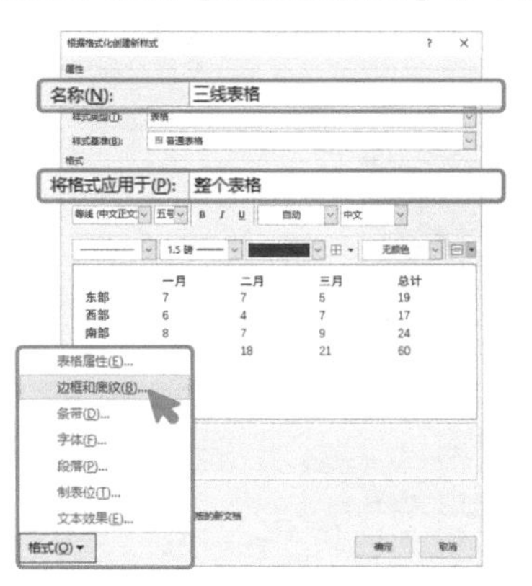

在【边框和底纹】对话框中，首先选好样式，然后在【预览】中分别单击“上边框”和“下边框”，最后单击【确定】按钮关闭对话框。

Step2：设置标题栏下框线。首先【将格式应用于】改为“标题行”，然后【宽度】选择“0.5 磅”，【表格边框】选择“下框线”，【文字对齐方式】选择“水平居中”，在【预览】中可以看到所见即所得的效果。

（3）应用“三线表格”样式

单击【确定】按钮退出创建样式对话框，此时在样式库的【自定义】栏中就会添加我们刚刚创建好的“三线表格”样式。

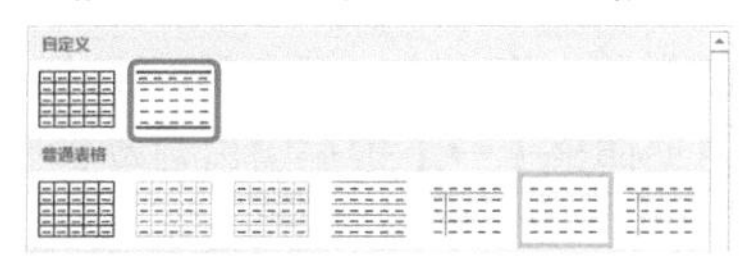

选中任意表格，单击【三线表格】，即可快速应用三线表格样式。

编号	销售人员	省份	商品	销售量	销售额（元）
001	吴沛文	福建	彩电	13	29900
002	武慧龙	河南	冰箱	27	70200
003	王玮	江西	电脑	40	344000
004	李海潇	福建	相机	42	154980
005	大毛	广东	彩电	34	78200
006	李燕	福建	冰箱	24	62400
007	莫晓曼	上海	彩电	32	73600
008	罗其生	北京	电脑	13	111800
009	陈宇	福建	相机	34	125460
010	李建	深圳	彩电	20	46000
011	Alan	福建	相机	43	158670

表格 5.6 表格八大常见问题

表格太宽，看不到左、右边框了，怎么办？
表格里面插入的照片显示不出来，怎么办？
表格跨页怎么处理？
……

问题一：**表格太宽，看不到左、右边框了，怎么办？**

从其他文档中复制表格过来，往往会出现看不到表格边框的问题。如果表格里面有内容的话，内容也会跟着表格边框一起看不到。就像右图这样：

姓名		性别		出生日期		
生源地区				身份证号码		
学院		专业		政治面貌		
培养方式		第二学历(学位)专业名称、层次				
健康状况		身高		外语水平		计算机水平
联系方式	手机：		家庭电话：		E-mail：	
	家庭地址：				邮编	
专长						
社会工作与担任职务：						
创新性实践经历：						
发表文章和从事科研项目：						

这可怎么办呢？

首先单击表格左上角的选择按钮，全选表格，然后依次单击【表格工具—布局】→【自动调整】→【根据窗口自动调整表格】即可。

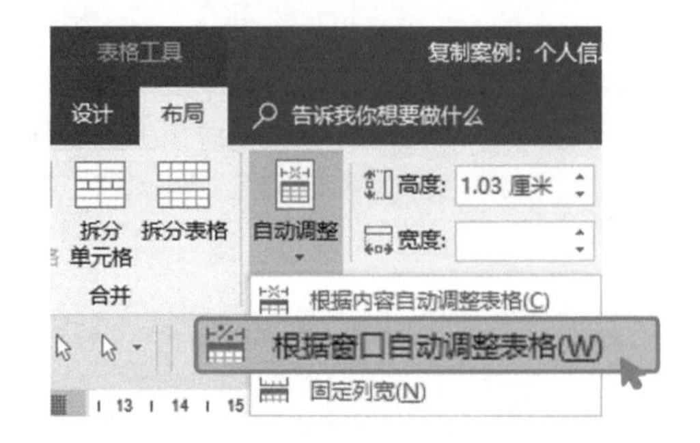

问题二：表格里面插入的照片显示不出来，怎么办？

有时候在表格里面插入一张照片，照片却显示不完全。其实这只是因为表格里面的段落间距设置得太小了，容不下照片而已。

姓名		性别		出生日期		
生源地区				身份证号码		
学院		专业		政治面貌		
培养方式		第二学历(学位)专业名称、层次				

解决方法非常简单：

首先选中照片，然后单击【开始】→【段落】组右下角的“命令启动器”按钮，打开【段落】对话框，把【行距】设置为“单倍行距”即可。

Tips：设置【单倍行距】快捷键：<Ctrl+1>。

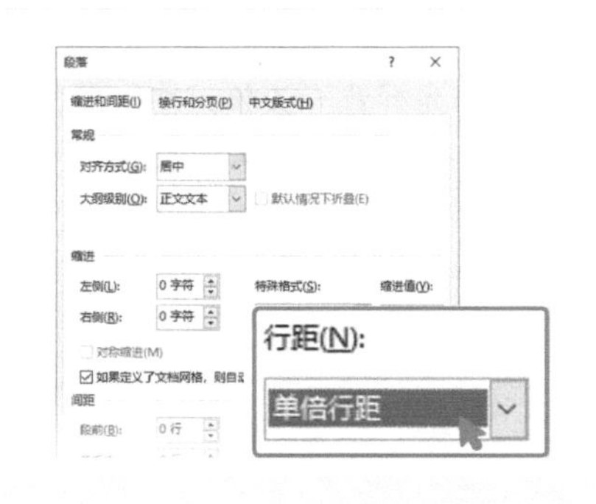

问题三：表格跨页怎么处理？

还有一种情况：当表格最后一栏的单元格内容太多时，单元格不会断行，而是整个自动跳转到下一页！

上一页留下大面积空白，简直不能忍啊！！！

解决办法：将光标置于问题单元格内，单击鼠标右键，选择【表格属性】，打开【表格属性】对话框。切换至【行】窗口，勾选【允许跨页断行】复选框就可以了。

问题四：**单元格底部的文字不见了，如何处理？**

有时候单元格里面的文字太多，单元格没有自动跳转到下一页，而是底端的文字被莫名其妙地隐藏了！别着急，这个问题处理起来其实很简单。

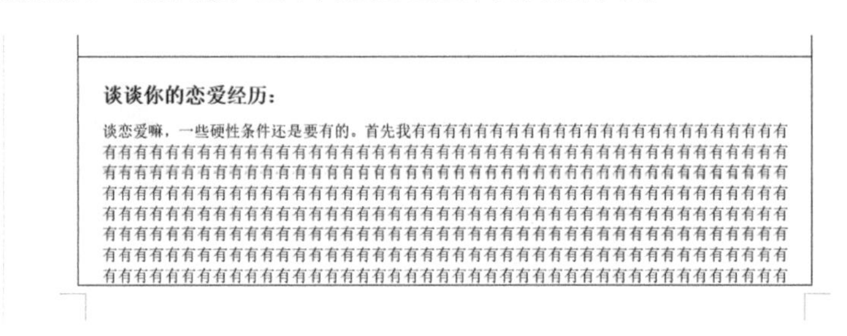

Step1：将光标置于该单元格内部，单击鼠标右键，选择【表格属性】。

Step2：在打开的【表格属性】对话框中，切换至【行】窗口，把行高值设置为【最小值】即可。

看看效果：

问题五：**在表格中插入图片，表格总是自动变形，怎么解决？**

当文章中有图片时，我们经常会借助表格来排版，使其看起来整齐、美观。可有时候表格很不给力，就如同虚设。例如在文章中插入一个2×2的表格，往表格里面插入一张图片时，它就变成了这个样子：

这还是我认识的那个表格吗？

我明明想要的是这种效果呀！

实现方法： 在往表格中插入图片之前，先给表格设置好表格属性。

Step1：全选表格，依次单击【表格工具—布局】→【表】→【属性】，打开【表格属性】对话框。

Step2：在【表格属性】的【表格】窗口中，单击【选项】按钮。在打开的【表格选项】对话框中，取消勾选【自动重调尺寸以适应内容】复选框，依次单击【确定】按钮即可。

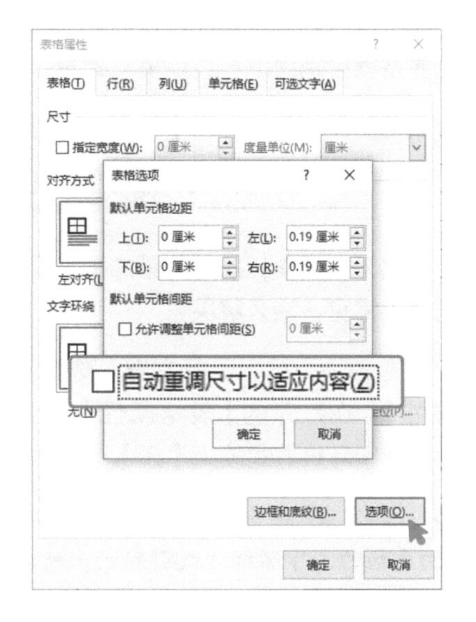

表格属性设置好以后，再往表格中插入图片就没问题了。

问题六：**重复标题行不能用了，怎么办？**

我们在制作Word表格时，一些长表格会出现跨页的情况。而跨到第二页上的表格又没有标题行，所以在浏览表格时，经常会出现不知说的是啥的情况。

姓名	学院	专业	职位	团队分工
冉浩龙	文化产业与旅游学院	文化产业管理	首席执行官	制定团队目标计划与发展战略布局，对公司的重大经营事项进行决策。
陆克文	机械与汽车工程学院	机械设计制造及其自动化	公共经理	有效监测和控制客户风险，保持与客户的联系和调动客户的资源，新队员培训负责人，公益董事，PPT高级定制设计师；WPS模板作者，对公司品牌进行战略性管理，树立品牌形象，协助确定产品的经营和竞争战略。
范俊伟	材料科学与工程学院	新能源材料与器件	人事经理	分解公司发展战略，人才引入及管理在线课程后期负责人；WPS模板供应商。
陈颖	机械与汽车工程学院	车辆工程	技术总监	组织技术、产品开发与创新，重要技术设备的审阅，负责公司标准化、计量管理工作，同时也是PPT定制设计师；WPS模板供应商。

郑倩雯	数字创意与传播学院	艺术与科技（影视）	市场运营	调研和考察市场、销售计划的制定、制定促销优惠活动，同时也是视频摄影负责人；WPS模板供应商。
李兴兴	经济与管理学院	电子商务	影视总监	组织与协调完成公司年度生产经营计划，总体部署项目分工并监督执行，组织、指导公司中、长期发展规划、向天歌品牌营销推广；PPT定制设计师；WPS模板作者。
……	……	……	……	……

因此，长表格需要重复标题行。单击【表格工具—布局】→【数据】→【重复标题行】，一键搞定！

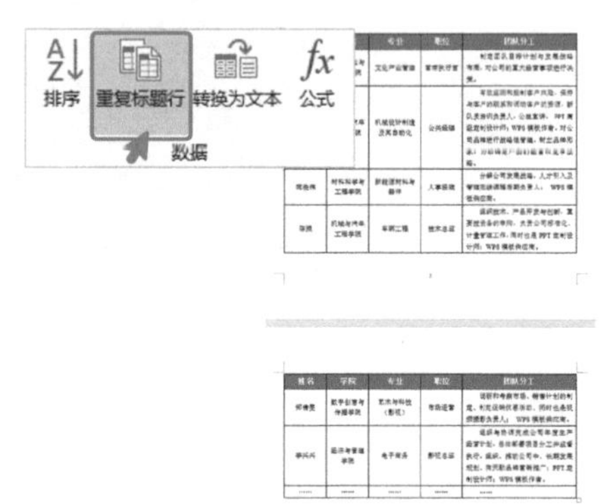

这看起来很简单嘛！但是，就是这看起来很简单的重复标题行，却经常显示不出来！

状况1：**单击【重复标题行】时，全选了表格**

由于惯性，很多人在设置重复标题行时是全选表格的。这样单击【重复标题行】后，整个表格就会跑到下一页，事与愿违。

正确的做法是：单击【重复标题行】时，必须是仅选中标题行的！

状况2：**表格的文字环绕方式被设置成了【环绕】**

表格无法重复标题行的第二种状况是：表格的文字环绕方式被设置成了【环绕】。这个问题很常见，怎么解决呢？

全选表格，单击鼠标右键，选择【表格属性】。在打开的【表格属性】对话框中，把文字环绕方式改为【无】即可。

Tips：其实表格中很多无法编辑的状况都是由表格的文字环绕方式引起的，所以在编辑表格时，一旦发现某个功能不起作用了，首先应检查一下表格的文字环绕方式是不是设置成了【无】。

问题七：**如何去除表格后面多余的空白页？**

如果文档的最后一页是整张表格，则十有八九会多出一个空白页。虽然不影响打印，但是看着觉得不舒服。怎么办呢？有两种方法可以解决它。

方法1：**减少行间距**

将光标置于最后的空白页中，打开【段落】对话框，将【行距】设置为“固定值”，【设置值】为“1磅”，单击【确定】按钮即可。

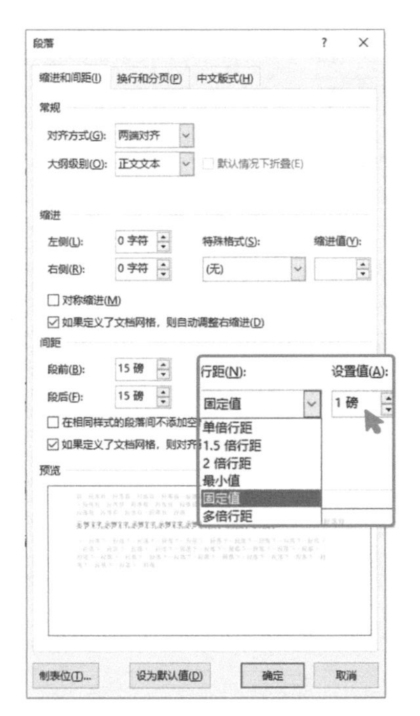

这种方法是相对比较规范的做法，但是在应用此方法时要注意：在设置行距之前，要先按<Backspace>键或<Delete>键把多余的空行和标记删除干净，保证最后一个空白页就只有一个段落标记。

原因解析：表格太大，把上一页占满了，表格后面的回车符无处安放。缩小回车符的大小，把回车符强行挤到上一页。

方法2：**减少页边距**

依次单击【布局】→【页边距】→【自定义页边距】，打开【页面设置】对话框。根据实际需要，把上、下页边距稍微缩小一些即可。

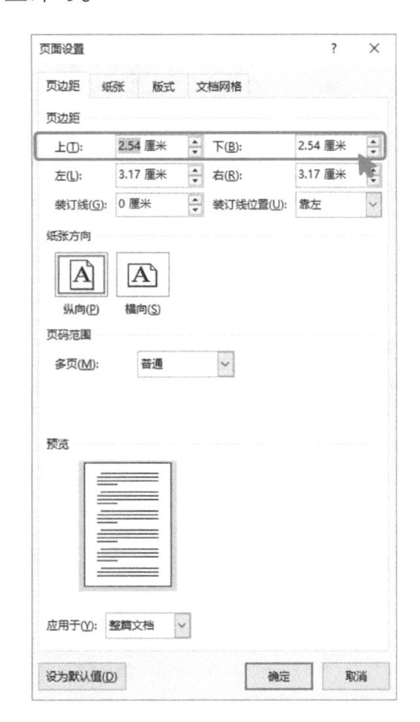

这种方法比较讨巧，如果文章格式规范，又明确要求页边距的大小，则不能使用此方法。

当然，在应用此方法时同样要先按<Backspace>键或<Delete>键把多余的空行和标记删除干净，保证最后一个空白页就只有一个段落标记。

问题八：**为何文字跑到表格右侧了？**

在工作中你是否也遇到过这种情况：表格不太大，文字绕着表格满篇跑。一看这种情况，那肯定就是表格的文字环绕方式出了问题！

排名	姓名	语文	数学	英语	总分
1	沙瑞金	100	98	88	286
2	李达康	92	85	89	266
3	侯亮平	89	90	86	265
4	祁同伟	88	90	86	264
5	陆亦可	98	88	78	264
6	高育良	92	95	76	263
7	赵东来	86	86	86	258
8	高小琴	88	76	89	253

汉东小二班 boys 和 girls 成绩都非常不错，但是千万不可骄傲，必须再接再厉，再创佳绩。为中国之崛起而读书，为人民的幸福而读书。

解决办法：打开【表格属性】对话框，把【对齐方式】改为“居中”，【文字环绕】改为“无”即可。

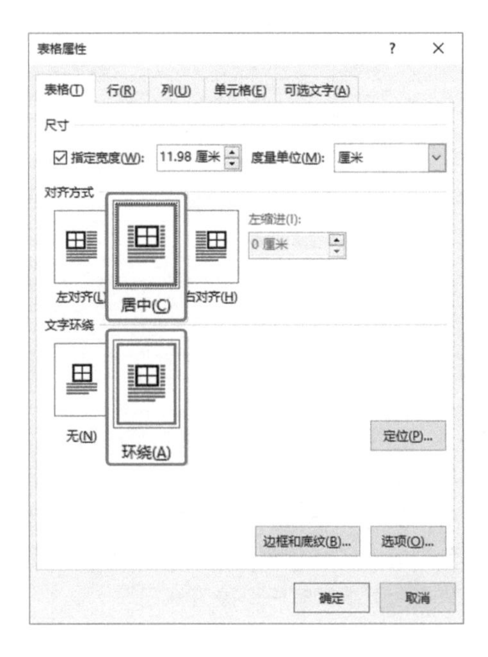

第6章

图表：逻辑呈现的好帮手

帮手一 绘制专业流程图

帮手二 快速绘制组织结构图

……

海宝，这是我们
婚礼的流程。
婚礼结束后，Word
真经就是你的了。

帮手 6.1　绘制专业流程图

俗话说：一图胜千言。相对于大段文字来说，图表更加便于我们理解和记忆。在日常工作中，我们经常需要绘制各式各样的流程图来描述一项工作的流程和安排。

相比于专业的流程图绘制工具Visio，Word虽有不足，但也可以轻松搞定不太复杂的流程图，毕竟并不是每一台电脑都会安装Visio软件。而且Word和Visio都是Microsoft公司的软件，师出同门，所以它们绘制流程图的套路其实是一样的。

6.1.1　认识流程图符号

在制作流程图之前，我们要先了解一些简单的流程图符号，以便更加准确地绘制专业流程图。很多人绘制流程图，习惯一个矩形从一而终，但其实流程图有自己的符号语言，不同的形状代表不同的含义。

名称	符号	含义	范例
1.起止符号		表示程式的开始或结束	开始
2.流程符号	→	表示流程进行方向	↓ →
3.输入/输出符号		表示资料的输入或结果的输出	请输入1~50之间的数字
4.处理符号		表示执行或处理某些工作	Sum1=Sum1+A
5.决策判断符号		表示对某一个条件做判断	B>10？ 是 否
6.连接符号		① 连接到另一页 ② 避免流线交叉 ③ 避免流线太长	A A

了解了流程图符号语言，再制作流程图就非常简单了。在Word中制作流程图，主要就是通过插入形状的方法来实现的。

在【插入】→【插图】组中单击【形状】，打开【形状】列表，里面包含了我们需要的各式各样的形状。其中绘制流程图最常用到的就是【线条】、【箭头汇总】和【流程图】形状。

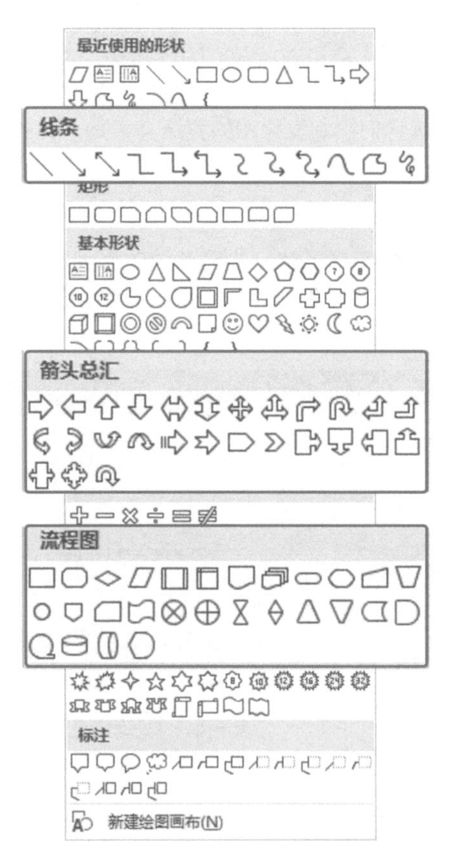

如果记不清楚这些形状符号表示什么也没关系，只需将光标停留在形状之上片刻，Word就会自动显示出该形状所代表的含义。

6.1.2 了解绘图画布

知道了【形状】的位置，相信很多读者就已经知道怎么制作流程图了。但是，只是知道怎么制作流程图还不够，还要能又好、又快、又智能、又方便地制作流程图。所以，了解一些技巧方法还是很有必要的。

绘制流程图的普遍方法是：直接在Word文档中插入形状，然后用一些线条把形状连接在一起。这样制作出来的流程图不仅散乱，在文档中的位置不可控；而且后期调整形状位置时，简直乱成一团，所有形状和线条都要重新调整一遍。

所以，绘制流程图的正确方法是：**在制作流程图之前，先在文档中插入绘图画布。**

1. 插入绘图画布

依次单击【插入】→【形状】→【新建绘图画布】，即可快速插入绘图画布。

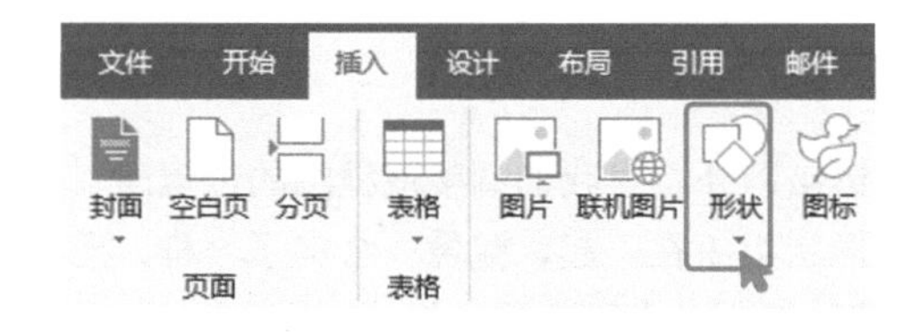

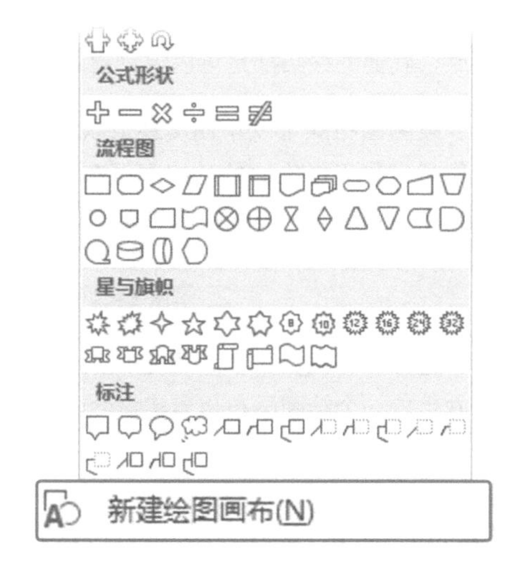

为什么要插入绘图画布呢？

其实在制作流程图时，核心问题就是相邻两个流程框之间的连接线能否达到“智能”链接。即拖动其中的一个流程框时，它们之间的连接线是否依然保持良好的链接状态。绘图画布就是用于解决这个问题的。

当在绘图画布上绘制形状时，在两个形状之间插入线条（连接符）后会发现，在形状周围会自动出现一圈小圆点，可以将连接符直接吸附在小圆点上，帮助我们更加准确地将其对准连接起来。而且，**当小圆点准确地连接了小圆点之后，在两个形状之间即实现了“智能”链接。**随意拖动其中的一个流程框，连接符是不会断开的。

注意：只有当箭头两端的小圆点全部变成绿色时才算真正连接上形状自带的锚点，如果没有连接上，可以拖动鼠标使其连接上。

除此之外，当在形状之间插入“肘形”和“曲线”连接符时，还可以通过中间的小黄点来调节线条的形态。

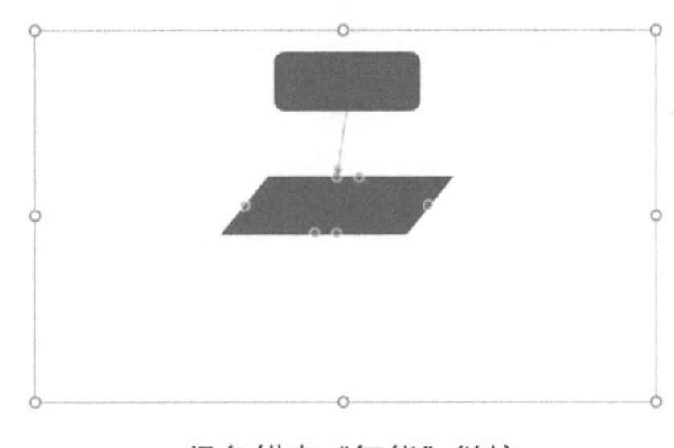

绿色锚点“智能”链接

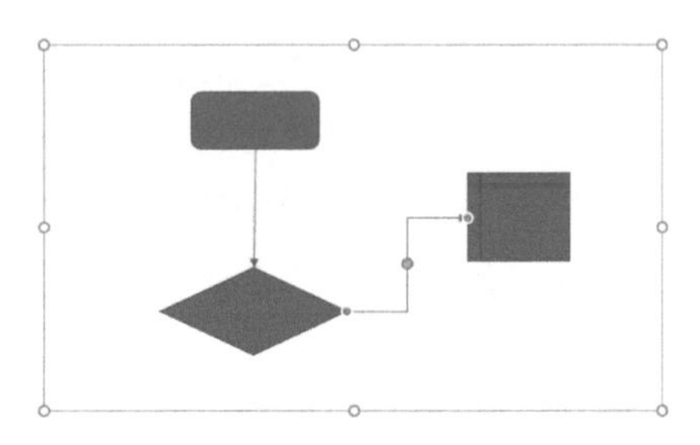

通过小黄点调节形态

在【形状】的【线条】这一组形状中，只有后面3种线条无法自动显示对齐圆点，其他的线条都是可以自动显示的。

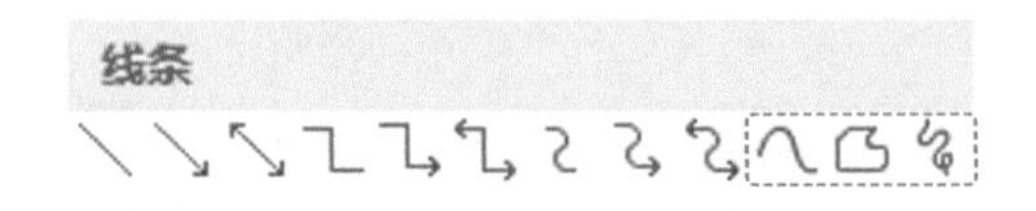

绘图画布除可以帮助实现形状的“智能”链接以外，当我们调整流程图的位置时，其作用也是无与伦比的。绘图画布可以将多个形状组织在一起，就像一个房子一样，无论里面的元素有怎样的排版位置和层叠关系，移动时都丝毫不会受到影响。

2. 解决绘制形状时自动插入绘图画布的问题

绘图画布虽然好用，但是如果每次只是简单地插入一个形状时，Word都自动在形状下方生成一个绘图画布也着实挺令人苦恼的！那么怎么解决这个问题呢？

依次单击【文件】→【选项】→【高级】，找到【编辑选项】组，取消勾选【插入自选图形时自动创建绘图画布】复选框即可。

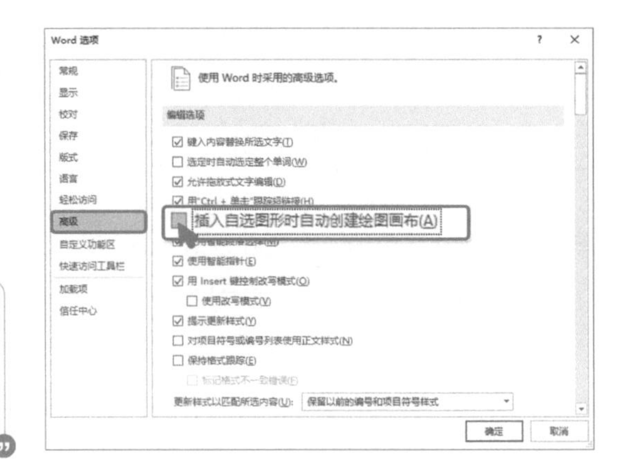

思考：组合图形与画布功能分别在什么情况下使用？二者有什么区别？

6.1.3 科学的流程图制作流程

Word真的是一个很人性化的软件，很多琐碎繁重的工作都是有技巧可言的。技巧加上科学的制作流程，可以帮助我们在制作过程中少走很多弯路。

在制作流程图时，科学的制作流程包括：草稿构思整体框架→插入绘图画布及形状→调整布局并连接→输入文本并美化。

1. 草稿构思整体框架

在制作流程图之前，要对结构进行构思，最好是在草稿纸上先大致画下来。这样当在Word里面操作时，才能做到心中有数。

构思内容包括

① 流程图结构，要捋顺整个流程；

② 流程图符号，每一个步骤要用哪种符号表示；

③ 流程框文字，每一个流程框里需要输入的文字；

④ 流程图样式，流程图的外观美化。

2. 插入绘图画布及形状

依次单击【插入】→【插图】→【形状】，首先单击底部的【新建绘图画布】，然后在绘图画布上依次插入相应的流程框形状即可。

如果事先已经在文档中插入了形状等元素，后来想要把这些元素全部挪动到绘图画布上，直接拖曳是行不通的。首先应按住<Shift>或<Ctrl>键，选中所有图形；然后按<Ctrl+X>快捷键剪切；再选中绘图画布，按<Ctrl+V>快捷键粘贴即可。而且，在粘贴时绘图画布要足够大，保证可以1:1地容纳形状，不然很可能会导致形状变形、内容显示不完整等问题。

在批量绘制形状时，分享3个小技巧给大家。

（1）设置为默认形状

Word插入的形状默认都是蓝色的、加框线的，有些丑丑的。一般我们都会把形状设置为无框线，然后修改成一种心仪的颜色。如果一个一个修改未免太浪费时间了，所以最好的方法是在制作流程图之初插入第一个形状时，就先给它去框线改样式。

选中该形状，单击鼠标右键，选择【设置为默认形状】。这样后面插入的所有图形，无论什么样的形状，样式都是一样的。

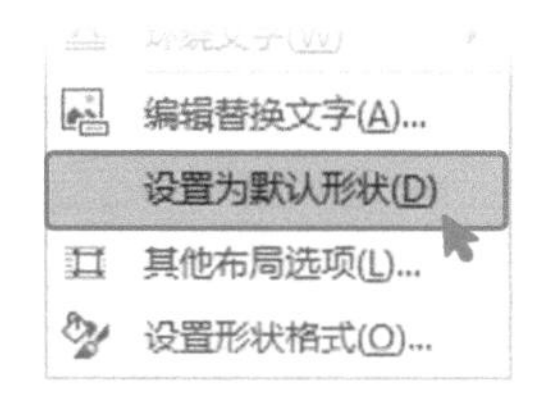

（2）锁定绘图模式

在制作流程图的过程中，用得最多的形状恐怕就是矩形了。如果每次插入一个同样的矩形，都要重复一遍单击【插入】→【插图】→【形状】→【矩形】的操作，则未免太过笨拙。就算把【形状】命令添加到快速访问工具栏中，每插入一个形状还是要选择一次命令，点击成本也依然很高。该怎么解决呢?

打开【形状】列表，找到需要重复插入的形状，选中它并单击鼠标右键，选择【锁定绘图模式】，这样我们就可以在文档中一直绘制同一种图形了。当绘制完成后，只需要按键盘左上角的<Esc>键，即可退出绘图模式。

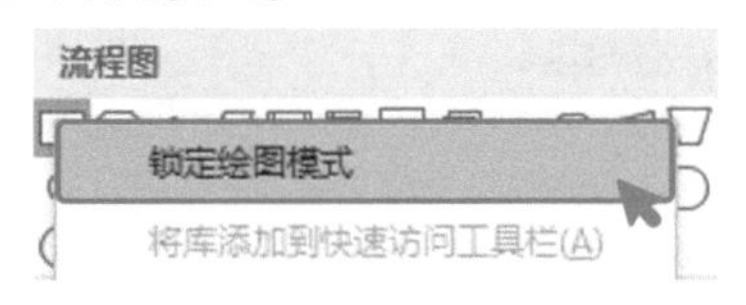

（3）如何绘制正方形和正圆

在【形状】列表中是没有正方形和正圆选项的，当需要绘制正方形或正圆时，只需要选中相应的【矩形】或【椭圆】模式，**绘制时按住<Shift>键，即可画出正方形或正圆。**

除此之外，分享几个**快速复制相同形状**的技巧给大家。

（1）在插入一个形状后，按住<Ctrl>键并拖动形状可以复制形状。

（2）同时按住<Ctrl>键和<Shift>键并拖动形状可以平移复制形状。

（3）按住<Shift>键可以连续选择多个形状。

3. 调整布局并连接

当每一个步骤的形状都绘制完成以后，就要调整形状布局了。这就需要用到【绘图工具—格式】→【排列】→【对齐】工具。

例如这个案例，我们要把绘图画布上的形状全部居中，并且纵向平均分布，该怎么调整呢？用肉眼？通过肉眼调整不仅耗时耗力，而且很难精准对齐。所以还是需要使用Word里的【对齐】工具。

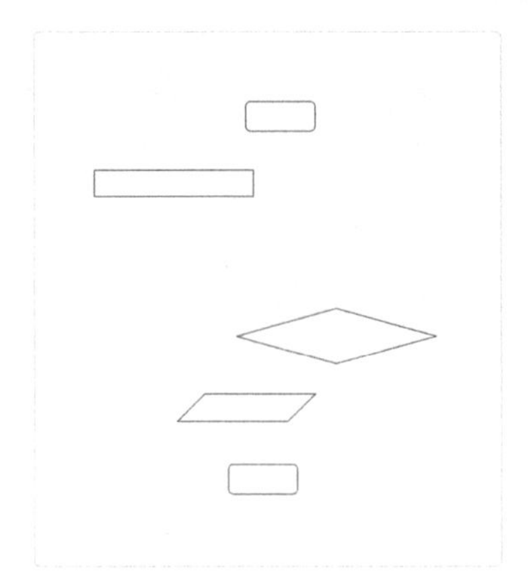

Step1：先选中绘图画布上的形状，然后依次单击【绘图工具—格式】→【排列】→【对齐】，打开【对齐】列表。

Step2：先勾选【对齐所选对象】，然后分别单击【水平居中】和【纵向分布】即可。

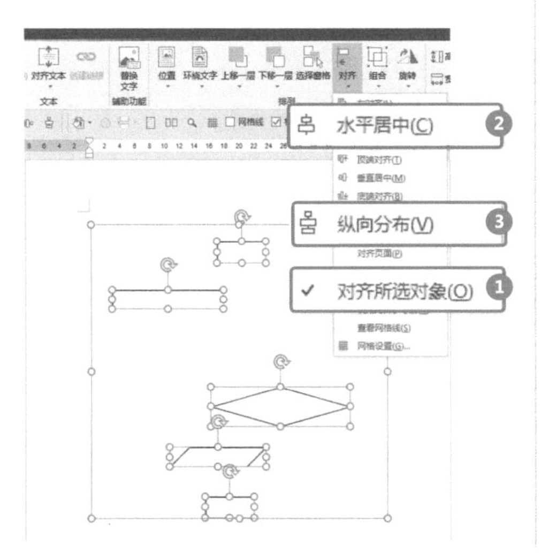

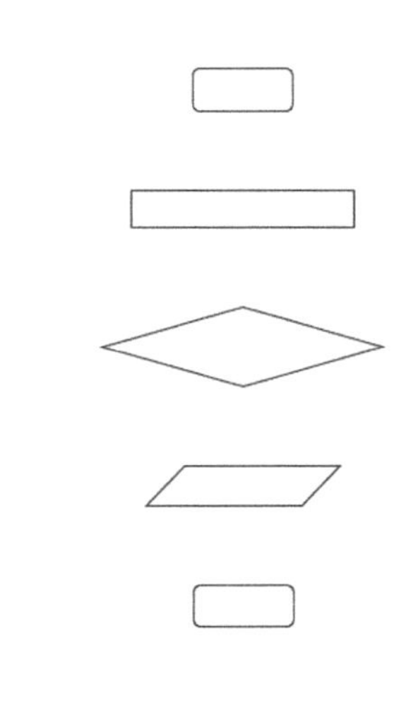

调整形状布局完成以后，插入相应的线条（连接符）链接形状即可。

4. 输入文本并美化

流程图形状结构构造完成以后，在各流程框中输入相应的文字即可。字体格式也是在常规的【字体】功能区进行设置的。

如果需要在流程框的外面插入文字，则直接插入无边框、无填充的文本框即可。依次单击【插入】→【文本】→【文本框】。

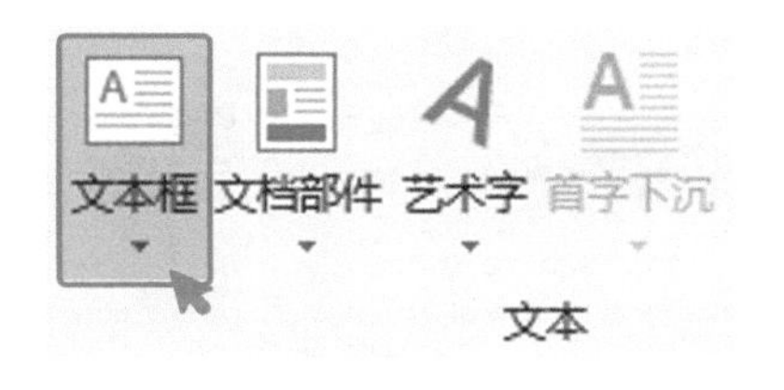

Tips：按住<Shift>键可以连续选择多个形状。

形状样式可以在【绘图工具—格式】→【形状样式】组中进行设置。最常用的是【形状填充】和【形状轮廓】两个功能。

美化这种操作是需要以一定的美感为基础的，而美感是通过日积月累培养出来的。即使如此，我们还是总结出一些美化经验分享给大家。

（1）形状颜色不能超过3种，与文档主题色保持一致即可。

（2）简洁为美，形状填充与形状边框二者选其一。形状有颜色填充就不要边框，形状有边框就不要颜色填充。

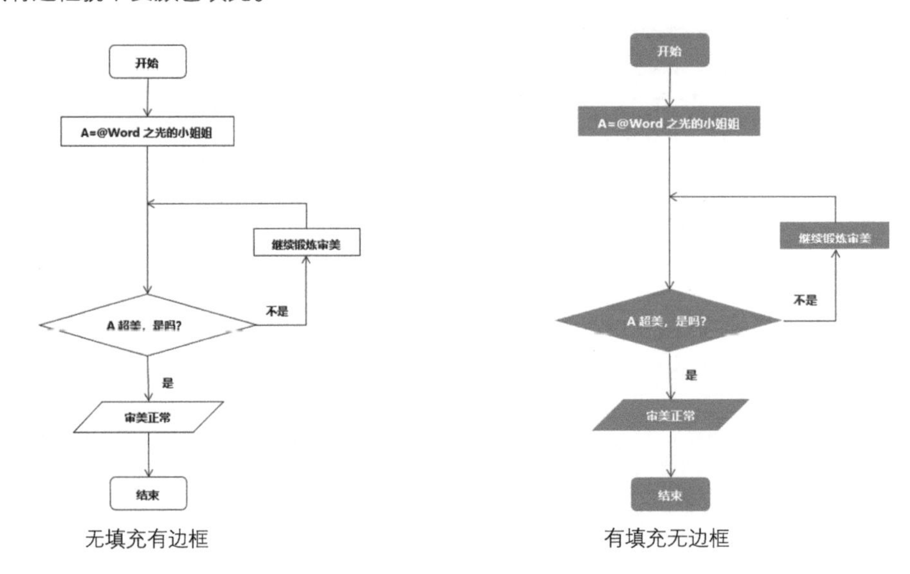

无填充有边框　　　　有填充无边框

（3）注意增强文字前景色与背景色的对比，突出重点。

6.1.4 SmartArt制作

如果是简明的流程图制作，就不需要自己动手画了，直接插入一个 SmartArt 图形即可。

Step1：依次单击【插入】→【插图】→【SmartArt】，打开【选择 SmartArt 图形】对话框。

Step2：单击【流程】，找到一个合适的图形单击即可快速插入。然后输入相应的文字即可。

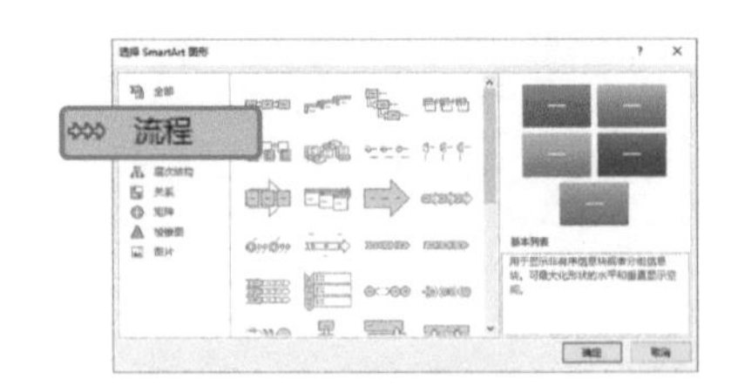

预告：关于SmartArt图形的应用，将会在6.2节“快速绘制组织结构图”中进行详细讲解。

帮手 6.2　快速绘制组织结构图

组织结构图不必多说，想必大部分职场人特别是文秘工作者都被老板要求绘制过。企业组织结构图可以清晰明了地表明企业各部门之间的关系，是企业的流程运转、部门设置及职能规划等最基本的结构依据。

6.2.1　科学的制作流程

老规矩，在开始制作组织结构图之前，我们要先清楚制作的整体流程，明确制作思路，才能做到心中有数。

制作组织结构图
分为四步

创建基础框架 → 文本转图形 → 调整图形布局 → 美化组织结构图

6.2.2　创建基础框架

首先要在SmartArt图形中挑选一个合适的图形，作为组织结构图的基础框架。

Step1：依次单击【插入】→【插图】→【SmartArt】，打开【选择 SmartArt 图形】对话框。

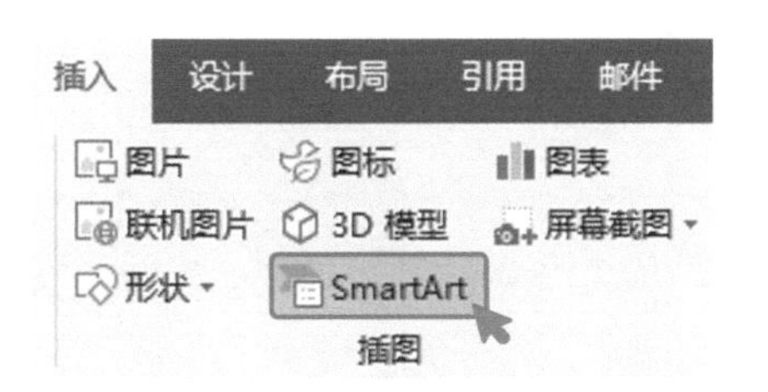

Step2：单击【层次结构】，找到一个合适的图形单击即可快速插入。

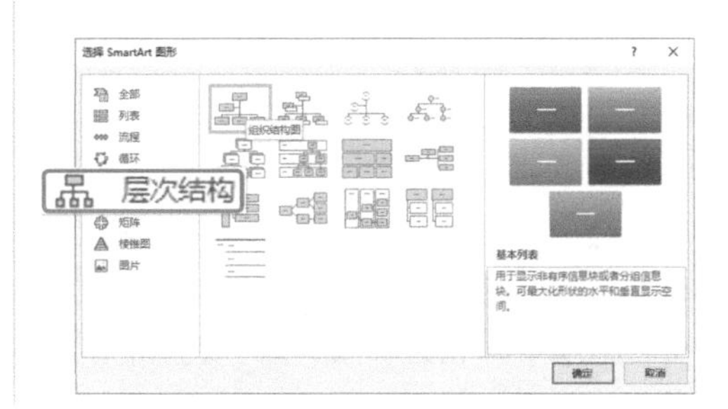

我们以第一排第一个图形为例，插入结果为：

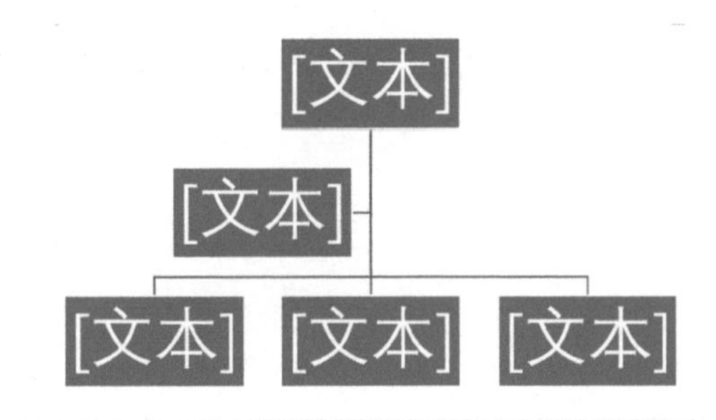

6.2.3 文本转图形

在输入机构名称时，如果组织机构太多，一个一个图形框添加文本未免太过烦琐。在这种情况下，Word 肯定会有解决方法的，即**文本快速转图形**。

（1）文本处理

Step1：在插入 SmartArt 图形以后，先不急着调整布局，输入文本，而是首先在一个空白的 Word 文档中列清楚公司都有哪些部门，并且在相应的部门下面列出下属部门或小组。

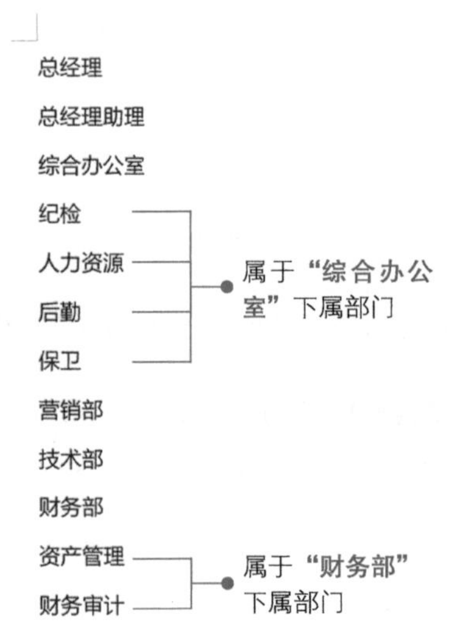

Step2：把同级部门作为一个级别，下属部门或小组设置为低一个级别。按住 <Ctrl> 键，单击选中所有同一级别的下属部门或小组。

总经理
总经理助理
综合办公室
纪检
人力资源
后勤
保卫
营销部
技术部
财务部
资产管理
财务审计

依次单击【开始】→【段落】→向右的【增加缩进量】，缩进量根据降级量依次递增。

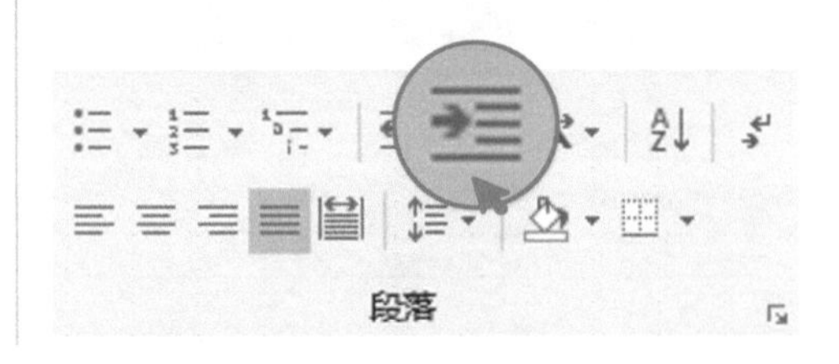

效果如下：

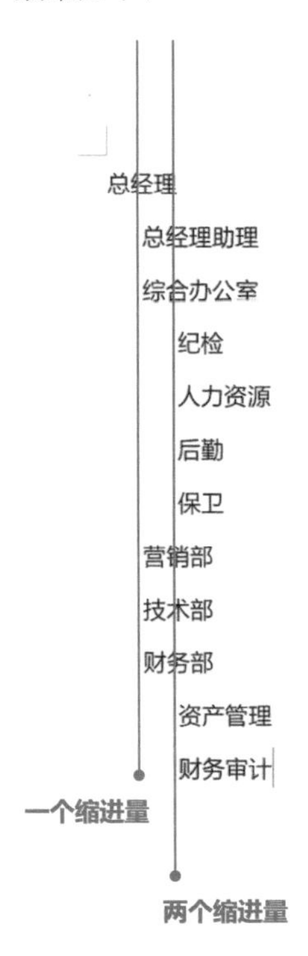

（2）文本转图形

Step1：选中图形，单击左侧中间的命令按钮，打开【文本窗格】。

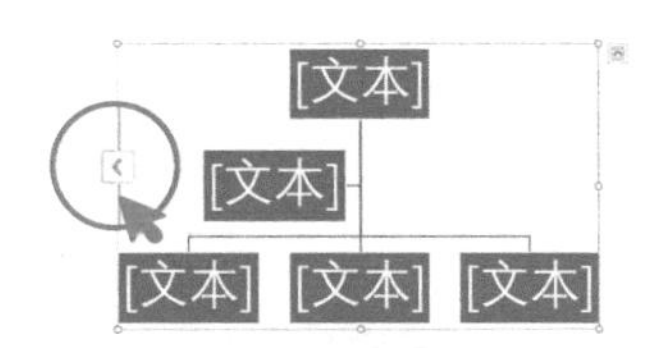

Step2：首先选中编辑好的文本，按<Ctrl+C>快捷键复制；然后将光标置于【文本窗格】内，按<Ctrl+A>快捷键，再按<Ctrl+V>快捷键，覆盖窗格内原来的空白文本。图形会根据填入的文本自动分级，效果如下：

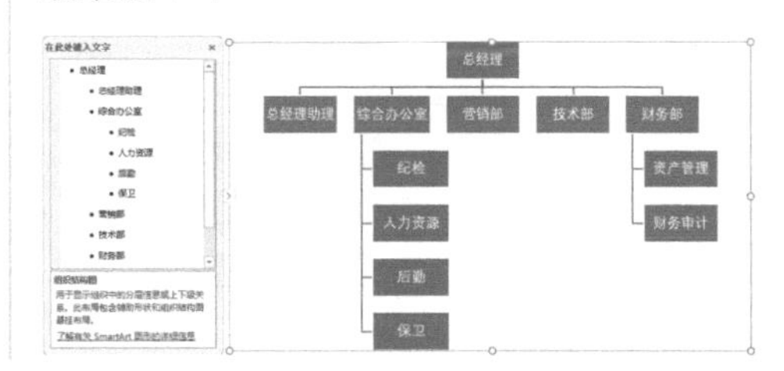

这样操作会比一般的画法快很多！当文本都输入完成以后，接下来就要对部分内容的细节进行微调了。

6.2.4 调整图形布局

上一个步骤完成以后，你看“总经理助理”的位置是不是有些突兀，貌似放错了位置。没关系，我们秒速调一下就好了。

Step1：首先选中【文本窗格】内的“总经理助理”，然后按<Ctrl+X>快捷键剪切。

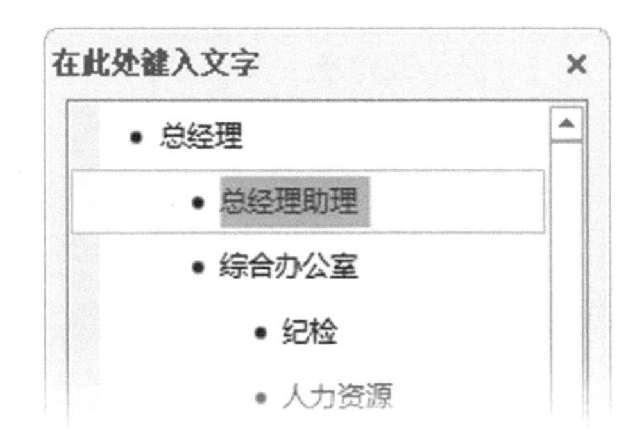

Step2：选中“总经理”图形，单击鼠标右键，选择【添加图形】→【添加助理】。

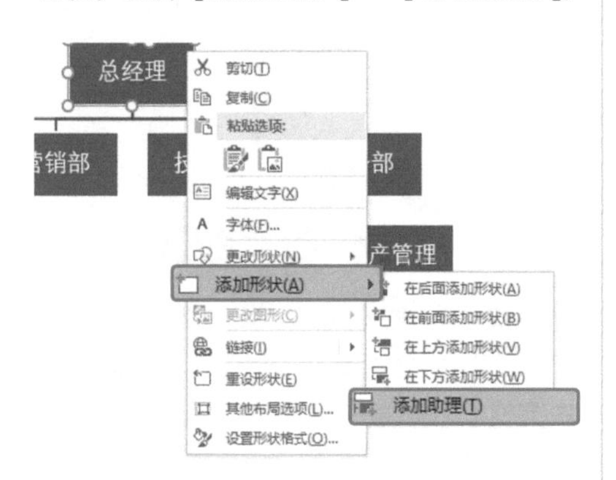

结果如下：

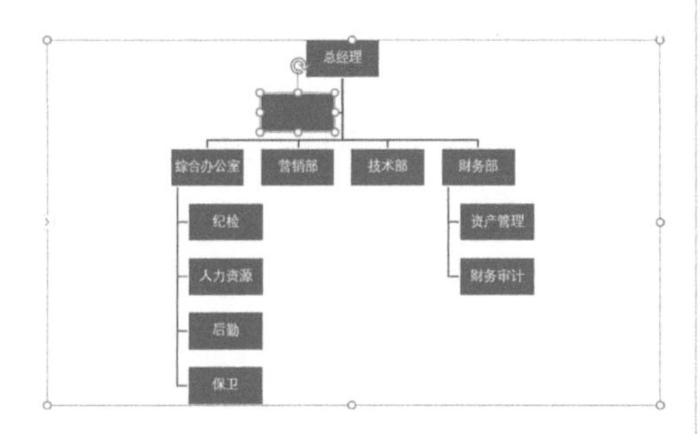

Step3：选中“助理”图形，单击鼠标右键，选择【编辑文字】，把“总经理助理”直接粘贴过去即可。

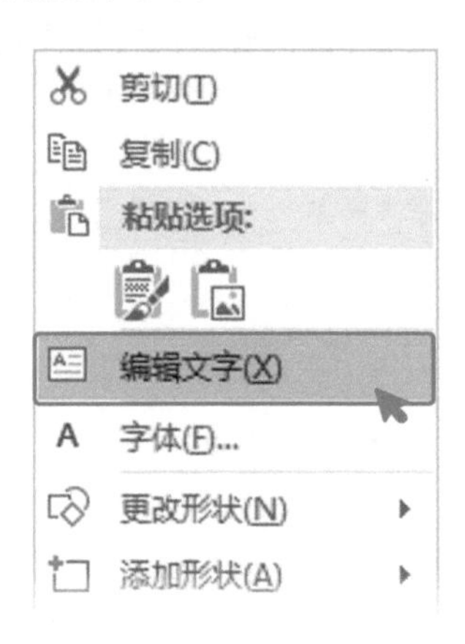

至此，公司的组织结构图就大功告成了！

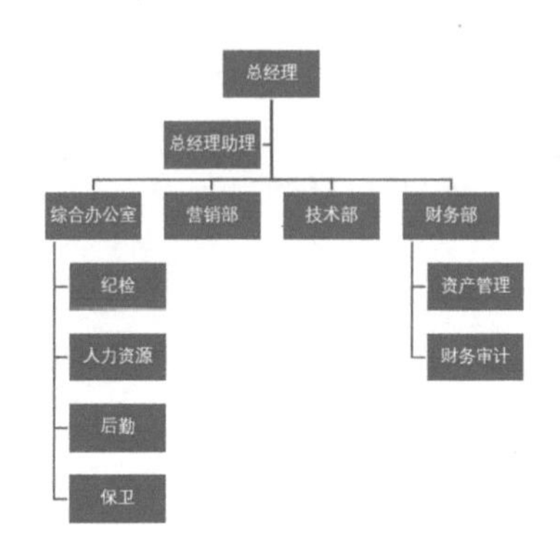

关于公司组织结构图的图形布局调整的命令，在【SmartArt 工具—设计】→【创建图形】组中都能找到。

无论是添加形状，还是图形的升级、降级，以及图形的上、下移动等，都非常简单、直白，稍加摸索就能掌握全部技巧，这里就不一一叙述了。

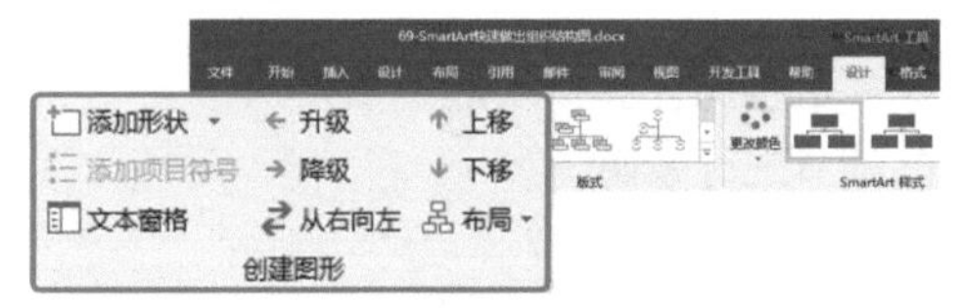

6.2.5 美化组织结构图

美是相通的，组织结构图的美化与流程图的美化大同小异，原则不变。

幸运的是，SmartArt图形有自己的“专用化妆间”，并且有很多已经设计好的模板供我们选择，对于很多不会设计的读者来说也能解燃眉之急。

1. 更改SmartArt版式

在【SmartArt工具—设计】→【版式】工具组中，有很多类型的组织结构图版式，在这里可以根据具体需要，挑选一款最合适的版式。例如第一排第二个是“姓名和职务组织结构图”，既可以描述职务，也可以填写具体负责人的姓名；第一排第四个是“圆形图片层次结构”图，可以在组织结构图中添加部门照片。总之，挑选的原则是：组织结构关系可以清晰明了地被展示出来，不会造成信息接收障碍。

单击【SmartArt工具—设计】→【版式】右下角的下拉三角按钮，打开版式列表。将光标置于结构图上面，即可在文档中看到该版式的预览效果。

单击即可一键更改版式，结构图中的内容不会发生改变。

2. 更改颜色

在【SmartArt工具—设计】→【更改颜色】列表中，有很多预先搭配好的颜色模板供我们选择。

将光标置于颜色之上，即可快速预览配色效果。

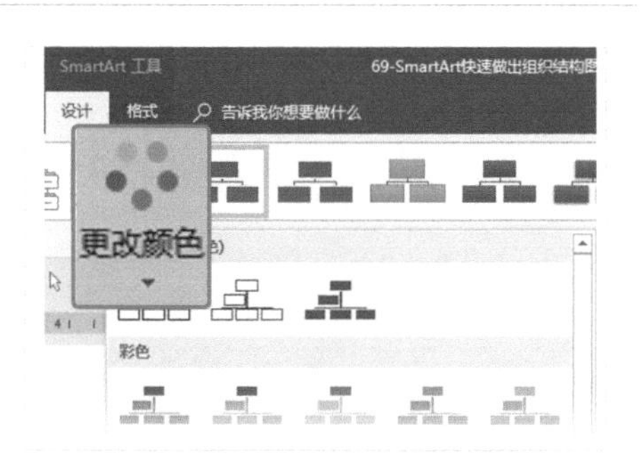

如果这里没有自己喜欢的颜色也没有关系，我们可以自定义图形颜色。

首先选中具体的SmartArt图形，然后在【SmartArt工具—格式】→【形状样式】组中，通过【形状填充】和【形状轮廓】进行自定义设置。

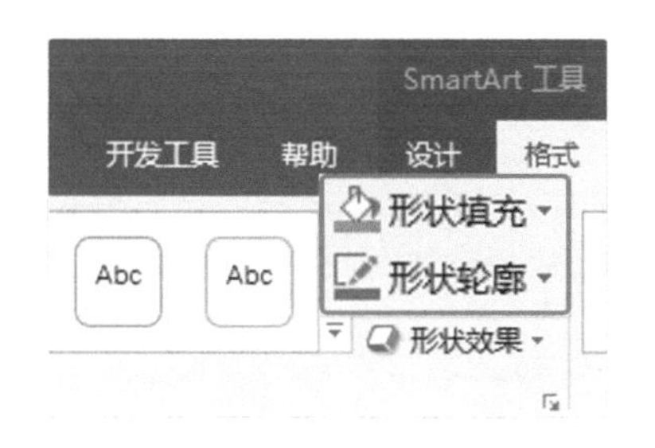

3. 更改图形样式

在【SmartArt工具—设计】→【SmartArt样式】工具组中，有一些预设样式。

我们的建议是：如果没有极强的设计感的话，三维样式碰都不要碰，真的是一言难尽啊！我个人感觉默认的SmartArt图形样式就挺好的，如果实在想换一种样式，第一排第四个的“中等效果”样式也不错。

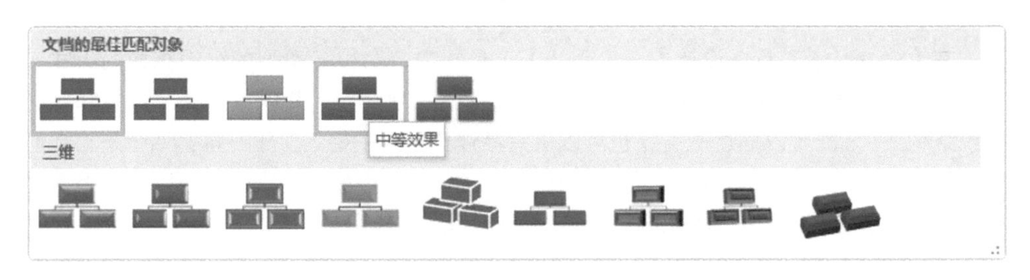

4. 更改文字样式

SmartArt图形中的字体，使用的是Word 2016默认的“等线”字体，我个人觉得挺不错的。如果觉得线条有些细，则可以改成“微软雅黑”这样的非衬线字体，四平八稳，非常便于阅读。图形中字体格式也是在常规的【开始】→【字体】组中进行设置的。

关于SmartArt图形中字体的设置有一个雷区，就是很多人喜欢把它设置成艺术字的效果。相信我，这绝对不是一个好习惯。Word里面预设的艺术字，不仅不好看，而且阅读起来很不方便。为了避免大家因为好奇而去尝试，我就不透露艺术字效果命令的位置了。

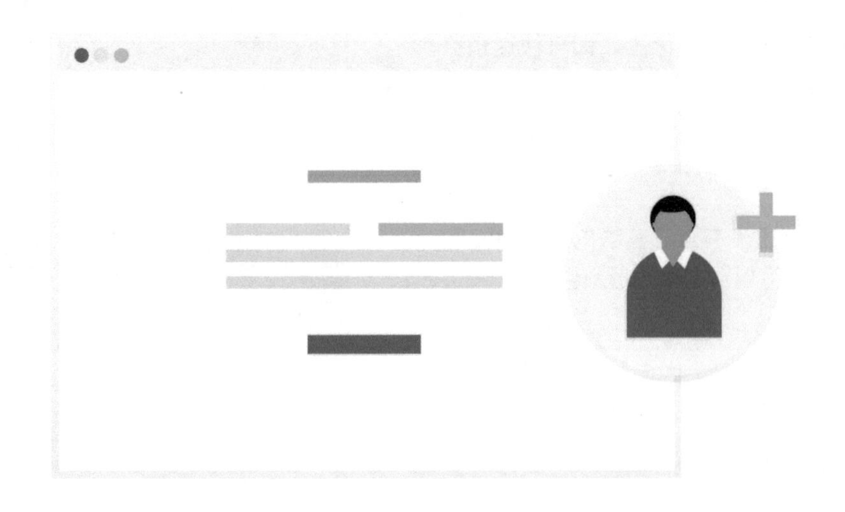

第7章

域与邮件合并：

1000份批量制作就这么简单

- 技巧一 批量制作邀请函
- 技巧二 批量制作桌签
- 技巧三 批量制作奖状
- 技巧四 批量制作工资条
- 技巧五 批量制作带照片的工作证

……

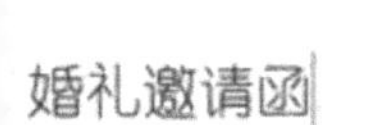

EXCUSE ME?

一天制作1000份婚礼邀请函!

婚礼邀请函

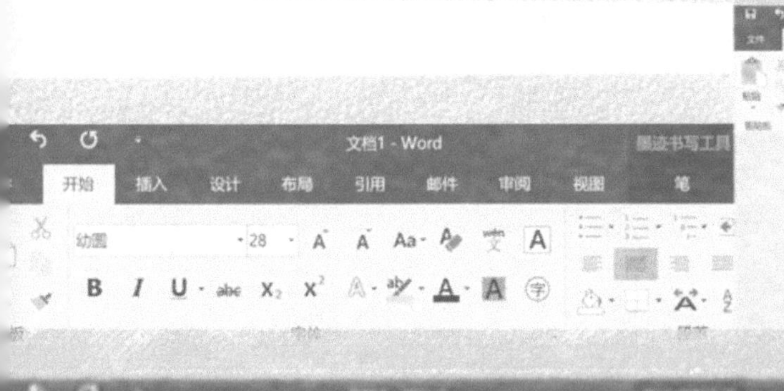

婚礼邀请函

技巧 7.1　批量制作邀请函

7.1.1　邀请函的邮件合并

古有广发英雄帖，召集各路英豪武林逐鹿。今有群发邀请函，感恩客户同舟共济。然而，客户那么多，做好模板如果再一个一个地修改名字，未免太过费时费力了。

关于Word，我一直有一个观点：**凡是重复，必有套路**。既然要一下子制作***N***张不同姓名、不同称呼、相同版式的邀请函，那么当然非【邮件合并】莫属了！

1. 制作数据源和主文档

【邮件合并】必需的两个文档：

一个是数据源；一个是主文档。

1数据源：邀请人员名单.xlsx

2主文档：邀请函模板.docx

（1）数据源

数据源是一份Excel表格，里面必须包含需要用到的变量信息。我们要制作邀请函，需要用到的变量信息有姓名和性别。

A	B
姓名	性别
天蓬	男
杨戬	男
夜华	男
白浅	女
悟空	男
飞蓬	男
夕瑶	女
小骨	女
紫萱	女
海宝	女

	C	D	E
1		联系方式	家庭住址
2	境监测员	166-1234-5678	银河系地球村天宫号银河边
3	门卫	166-1234-5679	银河系地球村天宫号灌江口
4		166-1234-5680	银河系地球村天宫号洗梧宫
5	夫人	166-1234-5681	银河系地球村青丘狐狸洞
6		166-1234-5682	银河系地球村花果山水帘洞
7		166-1234-5683	银河系地球村天宫号神魔之井
8	程师	166-1234-5684	银河系地球村天宫号神木宫
9		166-1234-5685	银河系地球村长留山
10	长	166-1234-5686	银河系地球村留芳轩
11		166-1234-5687	银河系地球村中华人民共和国

注意：Excel表格的第一行必须是标题行，标题行下面是对应的具体信息。

（2）主文档

主文档是一份Word文档，也就是邀请函的Word文档模板。关于模板的制作无外乎两种方法：一种是自己设计；一种是下载模板。

技巧一：自主设计技巧

推荐使用PPT进行设计。因为PPT本身就是用于图形设计的工具，编辑起来会更加方便。

关于PPT设计这里不展开讲，有需要的读者可以去《PPT之光》中学习。这里分享怎么把PPT里面设计完成的内容原汁原味地粘贴到Word中。

（1）设置Word页面大小与PPT幻灯片大小一致，并将纸张页边距都设置为0

Step1：依次单击PPT的【设计】→【自定义】→【幻灯片大小】→【自定义幻灯片大小】，查看PPT幻灯片的尺寸。

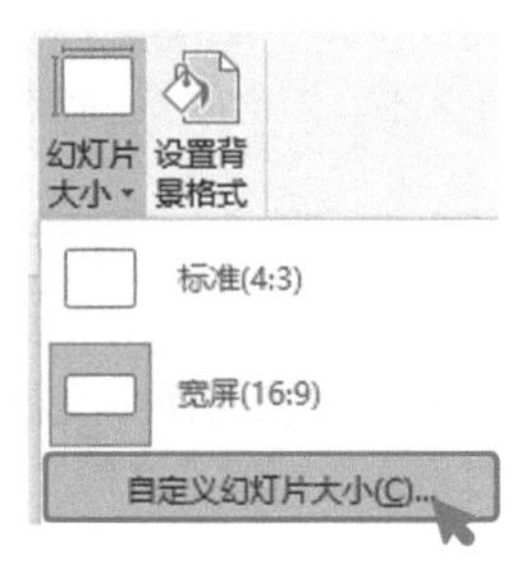

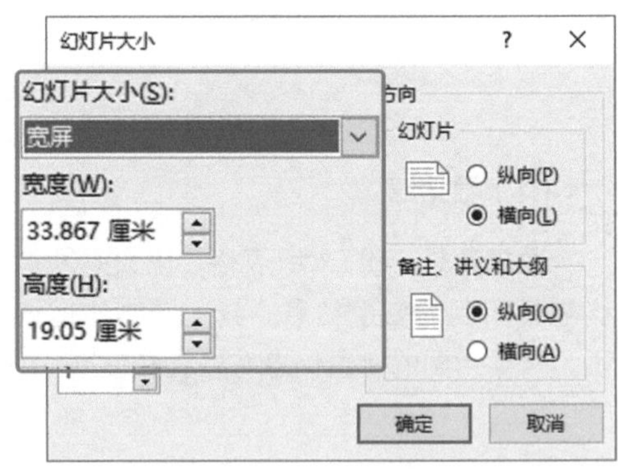

Step2：打开一份新的Word文档，在【页面设置】对话框中，设置【纸张大小】与PPT幻灯片大小一致，并将纸张的【页边距】都设置为0。

页面设置

页边距　纸张　版式　文档网格

纸张大小(R):

自定义大小

宽度(W):　33.867 厘米

高度(E):　19.05 厘米

页面设置

页边距　纸张　版式　文档网格

页边距

上(T):	0 厘米	下(B):	0 厘米
左(L):	0 厘米	右(R):	0 厘米
装订线(G):	0 厘米	装订线位置(U):	靠左

Step3：单击【确定】按钮，在弹出的提示框中单击【忽略】按钮即可。

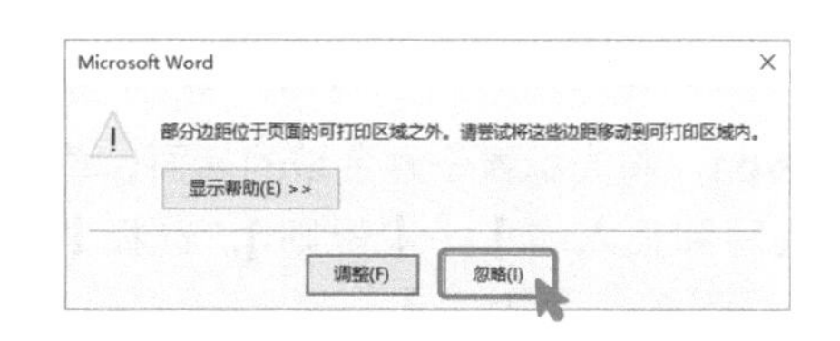

（2）复制PPT内容到Word文档中

全选PPT文件内容并粘贴到Word文档中，在粘贴时格式选项选择【保留源格式】。

技巧二：下载模板使用技巧

若是从网上下载的模板，则通常都是图片格式。主文档的制作方法与7.3.2节“奖状的精确套打”中介绍的方法一致：先用【画图】工具确定图片尺寸，然后以1:1比例制作Word主文档即可。这里就不赘述了。

2. 邮件合并

数据源与主文档制作完成以后，接下来就要进行邮件合并了。

（1）插入姓名合并域

Step1：导入数据源。依次单击【邮件】→【选择收件人】→【使用现有列表】，找到数据源所在的文件位置，单击【打开】按钮。单击【确定】按钮。

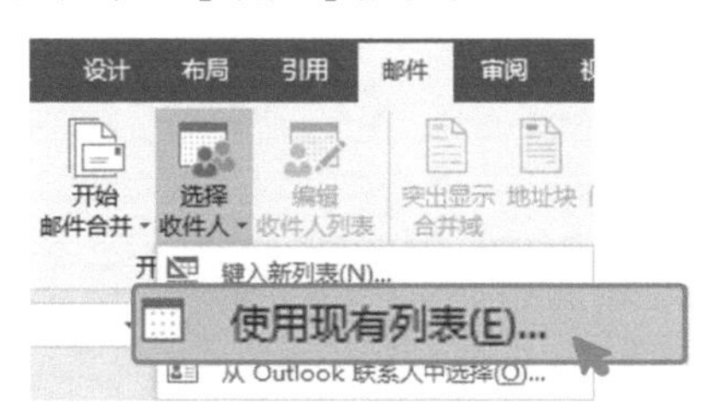

Step2：插入“姓名”合并域。将光标定位在姓名文本框位置，单击【编写和插入域】→【插入合并域】→【姓名】。

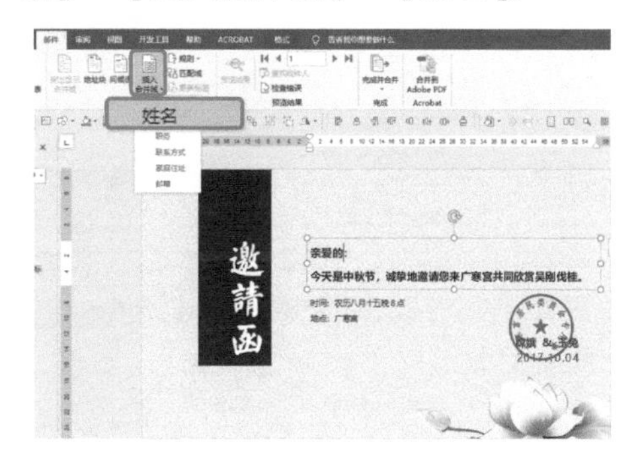

（2）选择“先生”或“女士”

Step1：将光标置于姓名域的后面，单击【编写和插入域】→【规则】，选择【如果…那么…否则…】。

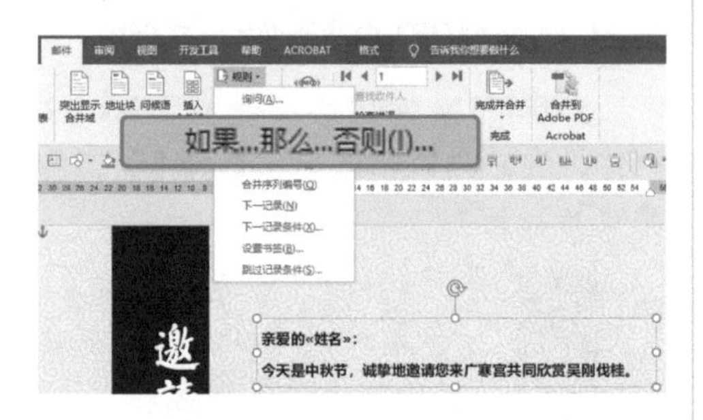

Step2：在打开的【插入 Word 域：如果】对话框中,【域名】选择【性别】,【比较对象】编辑为“男”，则插入此文字“先生”，否则插入此文字“女士”,单击【确定】按钮。

Step3：通过格式刷，快速设置新插入内容为统一的字体格式即可。

亲爱的«姓名»先生:

今天是中秋节，诚挚地邀请您来广寒宫共同欣赏吴刚伐桂。

（3）完成并合并

依次单击【邮件】→【完成并合并】→【编辑单个文档】，此时Word就会瞬间生成所有人的邀请函！

即使以后邀请函文档被误删了也没关系，只需要重新选择【完成并合并】就可以秒出新文档！

7.1.2　Word转PDF再转图片

如果公司要求纸质邮寄邀请函，那么直接打印出来邀请函就可以结束了。

如果公司要求发送电子邮件给客户，那么最好以图片的形式来发送邀请函。而怎么把这份新生成的Word文档转换成一页页的单张图片呢？可以通过Smallpdf，一个神奇的网站！

Step1：将新生成的 Word 文档另存为 PDF 格式。

因为Word无法直接转成图片格式，所以要先转成PDF格式来过渡。按<F12>键，另存为一份新文件。【保存类型】选择“PDF（*.pdf）”。

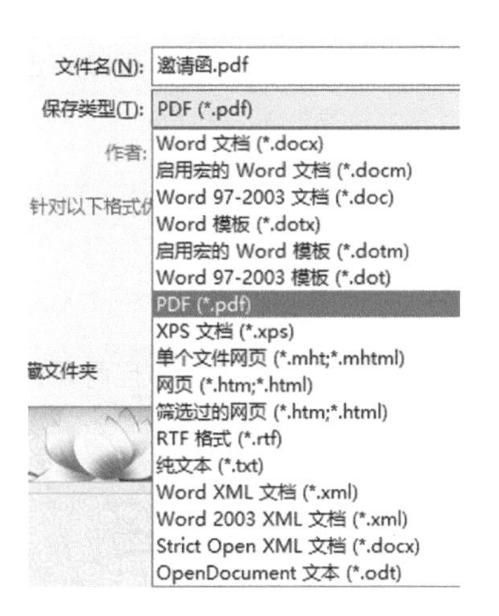

Step2：PDF 转图片。

登录Smallpdf.com，首先在网站右下角选择语言为“简体中文”，然后选择“PDF转JPG”，根据提示上传并转换文件即可。

Step3：文件转换成功，直接下载压缩包并解压缩即可。

注意，如果是免费版的Smallpdf，那么每小时只能进行两次PDF转换。

其实直接百度搜索“PDF转图片”，也会有很多不错的软件和网站推荐，要学会甄别与筛选。

Tips：关于群发电子邮件，请翻至7.4.2节。

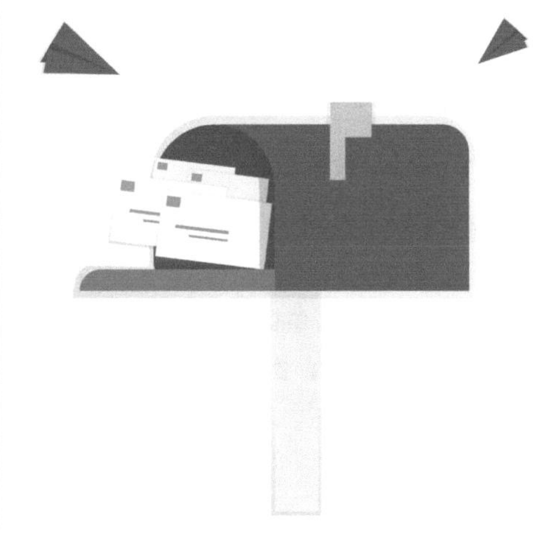

技巧 7.2 批量制作桌签

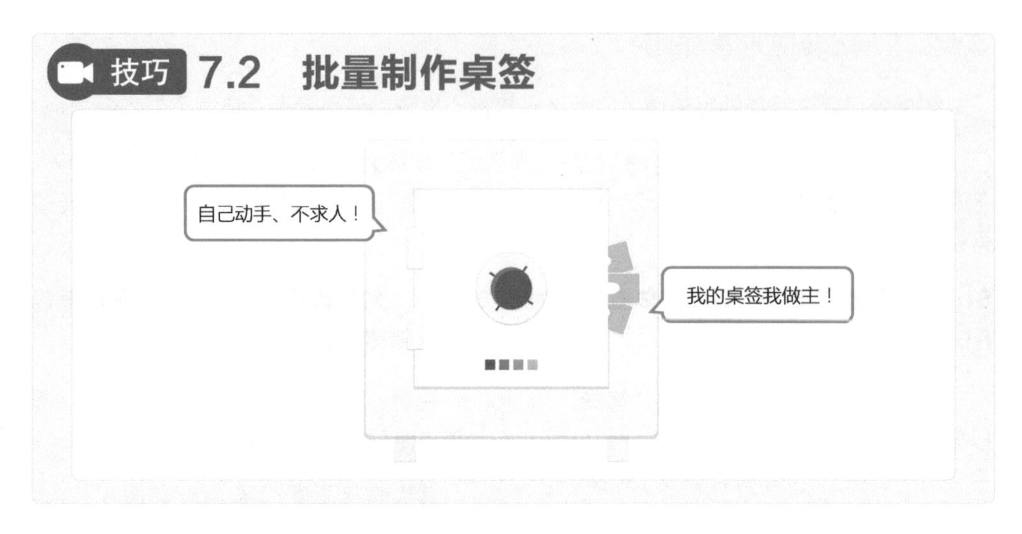

临开会时，老板突然要求你给所有与会人员制作一个带名字的桌签，也就是席卡。时间紧迫，手忙脚乱，如何又快又好地制作桌签，做到游刃有余呢？利用邮件合并功能，分分钟搞定。

7.2.1 制作桌签

1. 分析桌签结构

首先分析一下桌签结构。使用A4纸制作，完成以后折两折固定，并且两面都要有字。桌签姓名字体要统一，并且字号一定要大。这里建议使用非衬线字体。

例如：微软雅黑字体，四平八稳，比较容易辨识。

2. 准备工作

（1）Excel数据源

邮件合并必备文件：Excel数据源和Word主文档。桌签的Excel数据源非常简单，只需要列出出席人员名单即可。注意：数据源表格必须要包含表头，例如：姓名。

姓名
陈岩石
沙瑞金
李达康
高育良
季昌明
祁同伟
侯亮平
陈海

（2）Word主文档

桌签要使用A4纸制作，制作完成以后纸张折两折，页面分成3部分。A4纸张大小为21cm×29.7cm，所以在插入桌签姓名时，将文本框高度设置为页面高度的1/3，即只需要制作两个相对的21cm×9.9cm的文本框即可。

Step1：插入文本框。

依次单击【插入】→【文本】→【文本框】→【绘制横排文本框】。

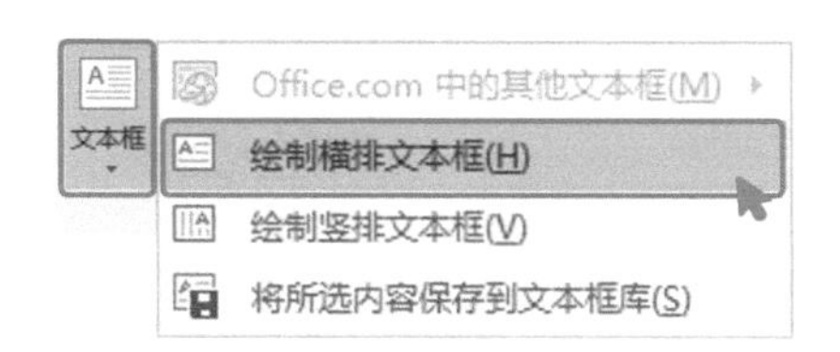

Step2：设置文本框。

① 在【绘图工具—格式】→【大小】组中，直接输入文本框数值。

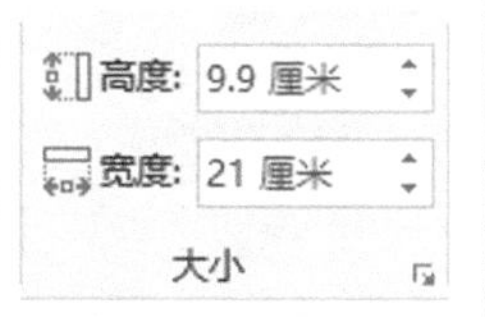

② 在【绘图工具—格式】→【排列】→【对齐】列表中，勾选【对齐页面】并分别单击【顶端对齐】和【水平居中】。

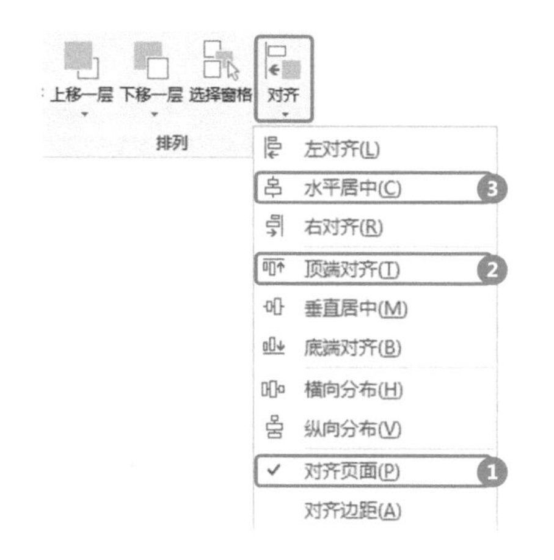

③ 在【绘图工具—格式】→【形状样式】组中，将【形状填充】设置为“无填充”，将【形状轮廓】设置为“无轮廓”。

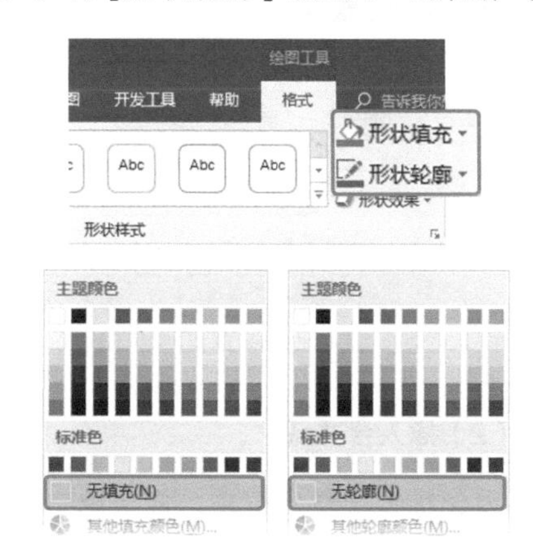

④ 选中文本框，单击鼠标右键，选择【设置形状格式】。在【设置形状格式】窗格中，依次单击【文本选项】→【布局属性】，【垂直对齐方式】选择【中部对齐】。

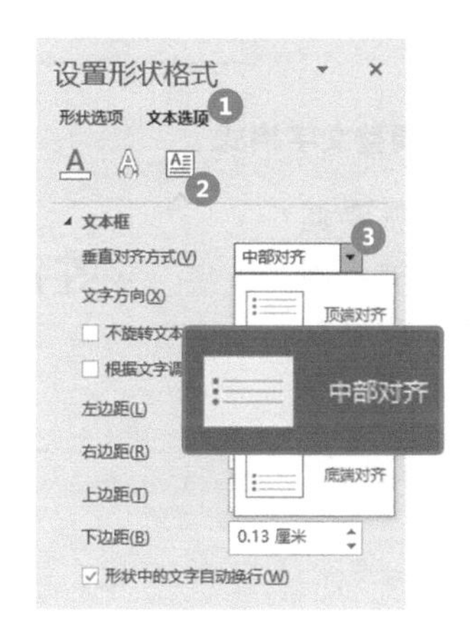

3. 邮件合并

一切准备就绪，开始邮件合并。

（1）导入Excel数据源

依次单击【邮件】→【选择收件人】→【使用现有列表】，找到Excel数据源所在的文件位置，根据提示依次单击【打开】→【确定】按钮即可。

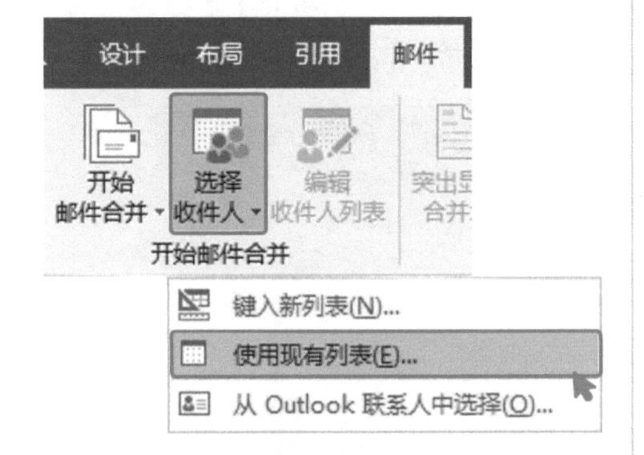

（2）插入合并域

将光标置于文本框中，依次单击【插入合并域】→【姓名】。

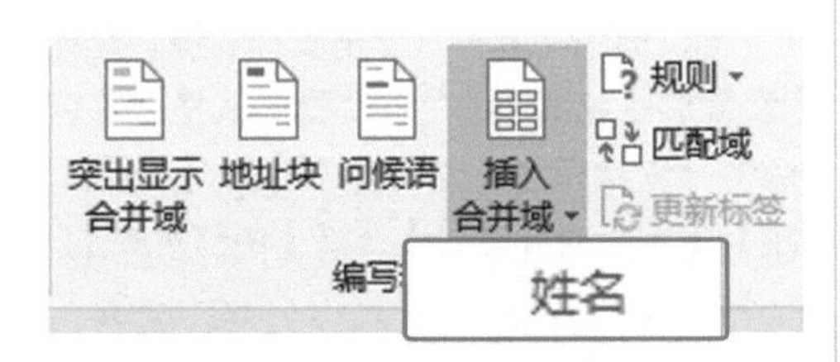

（3）调整文字格式

根据需要调整文字格式。例如：将字体设置为微软雅黑；字号为100号；文字居中。

（4）制作对折面“姓名”文本框

Step1：选中文本框，按住<Ctrl>键和<Shift>键，同时拖曳文本框，复制一个格式相同的文本框。然后选中新文本框，依次单击【绘图工具—格式】→【排列】→【对齐】，分别单击【水平居中】和【垂直居中】。

Step2：旋转文本框。因为纸张要对折，所以“姓名”文字要有头对头的效果。选中第一个文本框，依次单击【绘图工具—格式】→【排列】→【旋转对象】→【垂直旋转】。

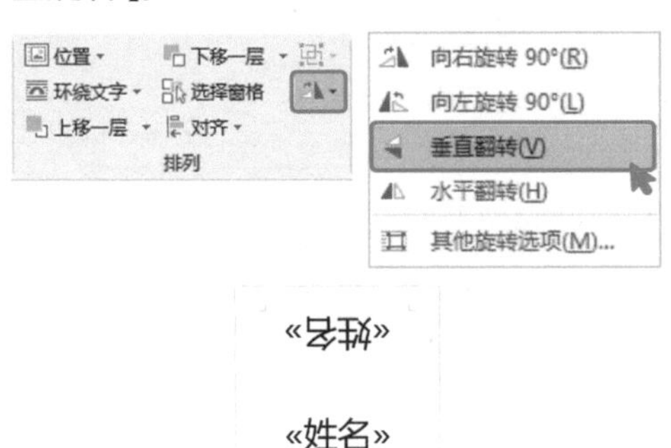

（5）预览并完成合并

单击【邮件】→【预览结果】查看效果，检查是否正常，比如“姓名”有没有完全显示。没有问题的话，依次单击【完成并合并】→【编辑单个文档】→【全部】→【确定】。

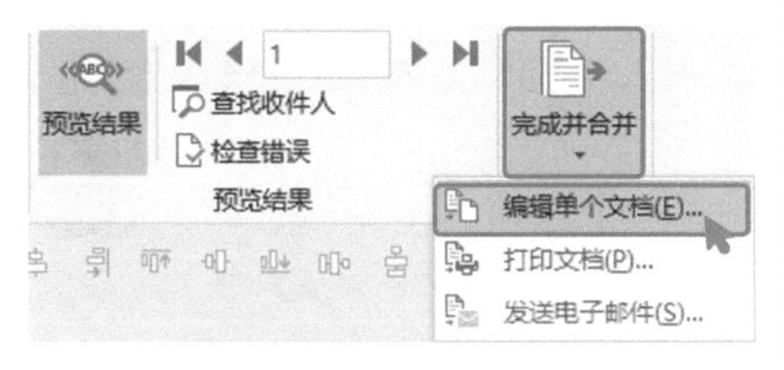

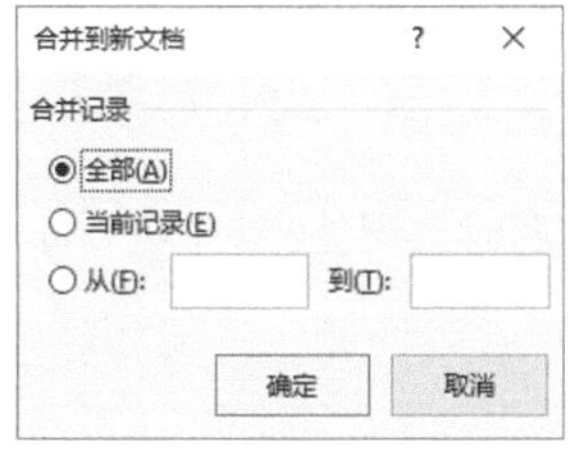

Word即会生成新的姓名合并文档，桌签制作大功告成。

陈岩石	沙瑞金	李达康	高育良	季昌明
祁同伟	侯亮平	陈海	赵东来	陆亦可

（6）设置页面背景

这一步不是必需的，可以根据桌签制作需求，对桌签进行简单美化，更体现你的用心。

① **设置背景颜色：**若会议主题严肃，特别是公务机关会议，简单的微软雅黑字体搭配浅色背景即可。

完成邮件合并以后，依次单击【设计】→【页面背景】→【页面颜色】，设置心仪的颜色。

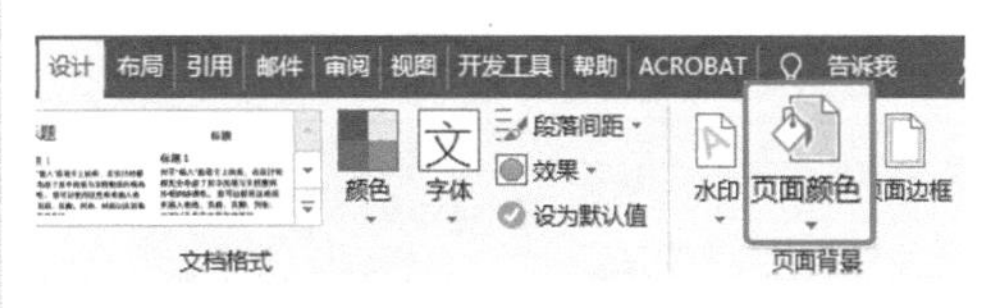

颜色切忌太重，浅色即可。

陈岩石	沙瑞金	李达康	高育良	季昌明
祁同伟	侯亮平	陈海	赵东来	陆亦可

② **添加背景图片：**若是气氛轻松的分享会，我们就可以DIY桌签背景。一张美美的图片就是一个不错的选择。

Step1：在 Word 主文档的页脚处，双击进入页眉和页脚编辑状态。把背景图片拖进页脚位置，并将图片的文字环绕方式设置为【衬于文字下方】。

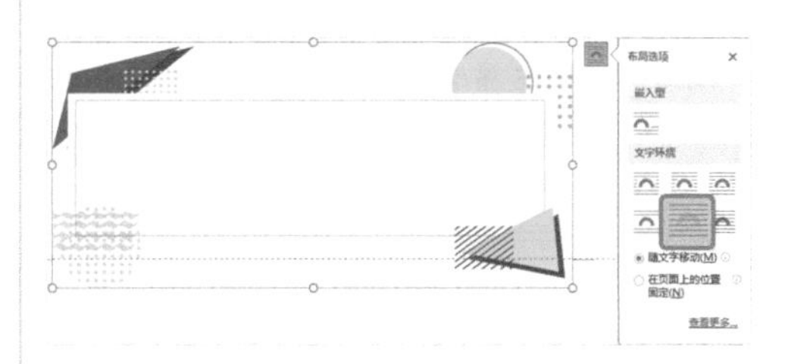

Step2：按照第 4 步制作对折面文本框的方法，制作对折面的背景图片。

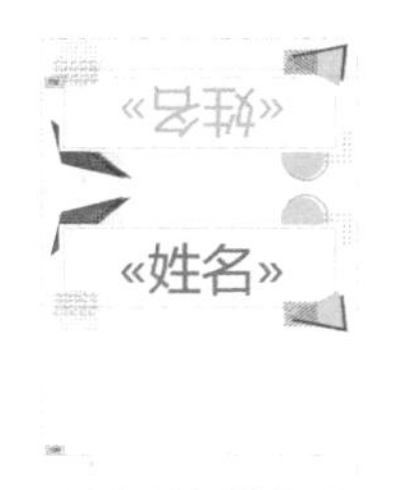

Step3：若有页眉横线，则按<Ctrl+Shift+N>快捷键去掉页眉横线；然后按<Esc>键退出页眉和页脚编辑状态；最后为姓名设置一种气质相符的字体即可。

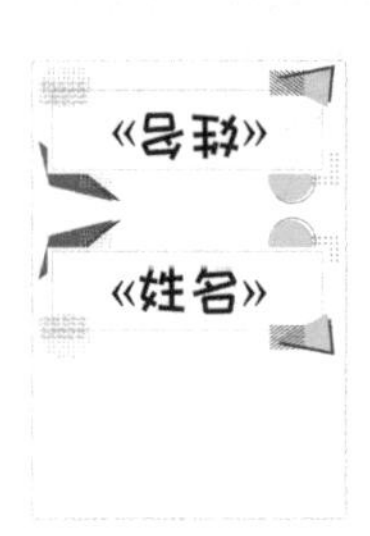

Step4：重复第 5 步，预览并完成合并，然后打印出来即可。

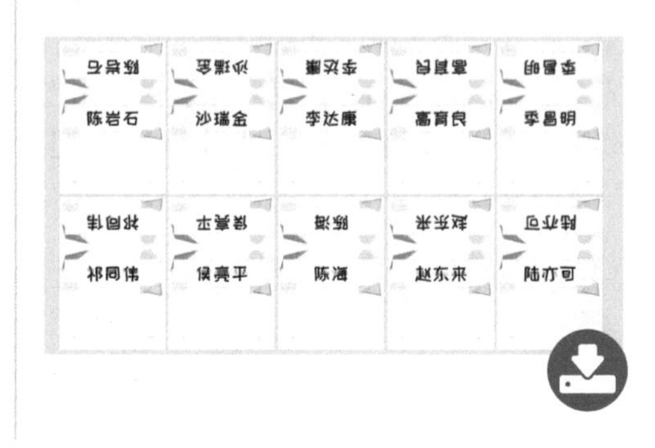

7.2.2 桌签摆放要诀

桌签制作完成以后，摆放也是有讲究的！在安排座席时，记住“5个上”即可。

以右为上（遵循国际惯例） **前排为上**（适合所有场合） **面门为上**（良好视野为上）

居中为上（中央高于两侧） **以远为上**（远离房门为上）

Tips：中国主席台座次惯例——以左为尊，即左为上，右为下。其他皆相同。

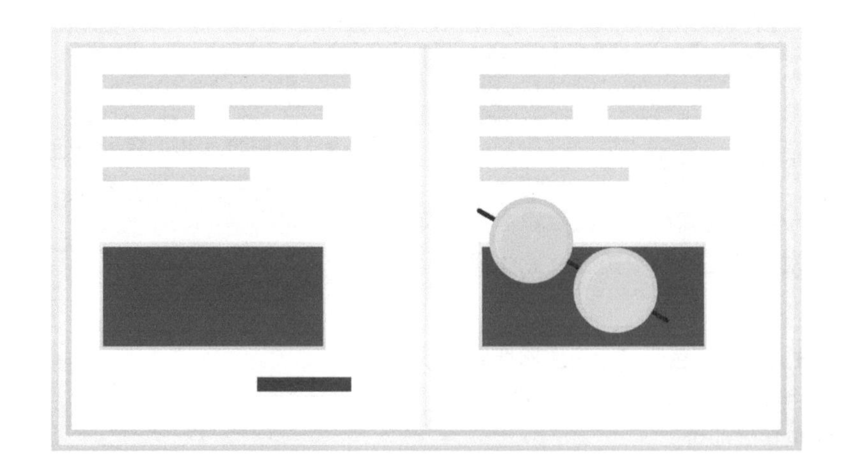

技巧 7.3　批量制作奖状

批量制作奖状分为两种情况：一种是自主设计奖状，设计完成以后直接在空白纸上进行打印；一种是购买成品奖状，只需要把名字打印上去即可。第二种情况需要实现奖状的精确套打。

7.3.1　自主设计奖状

1. 准备数据源与主文档

批量制作奖状依然必需两个文档：Excel数据源和Word主文档。

数据源： 数据源依然要包含必要的变量信息。而且Excel表格的第一行必须是标题行，标题行下面是对应的具体信息。

序号	姓名	奖项
01	冷锋	特等奖
02	龙小云	一等奖
03	何建国	一等奖
04	石青松	一等奖
05	庄焱	二等奖
06	吴迪	二等奖
07	赵亚莉	二等奖
08	刘浩辰	二等奖
09	陆国强	二等奖
10	雷战	三等奖
11	谭晓琳	三等奖
12	陈国涛	三等奖
13	林小影	三等奖
14	强晓伟	三等奖
15	邓振华	三等奖
16	[illegible]	[illegible]

主文档： 主文档的自主设计依然推荐使用PPT制作，然后复制到Word中。制作方法在7.1.1节中已经讲过，这里不再赘述。

Tips： PPT源文件大礼包有赠送哦，需要的读者请自行前往下载。

2. 邮件合并

Step1：导入 Excel 数据源。

依次单击【邮件】→【选择收件人】→【使用现有列表】，找到Excel数据源所在的文件位置，根据提示依次单击【打开】→【确定】按钮即可。

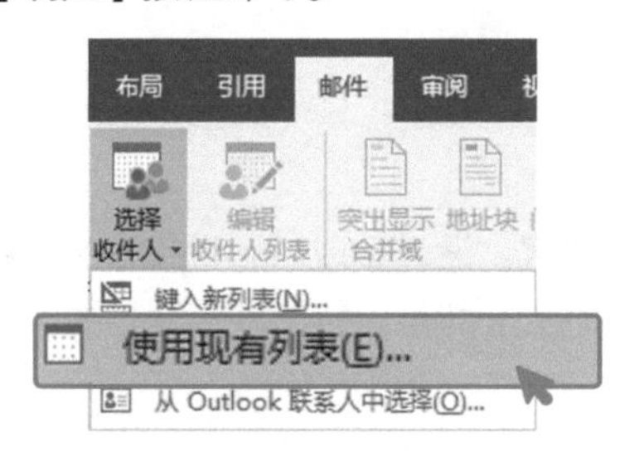

Step2：插入对应的合并域。

将光标置于放置姓名的位置，依次单击【插入合并域】→【姓名】。将光标置于奖项位置，依次单击【插入合并域】→【奖项】。

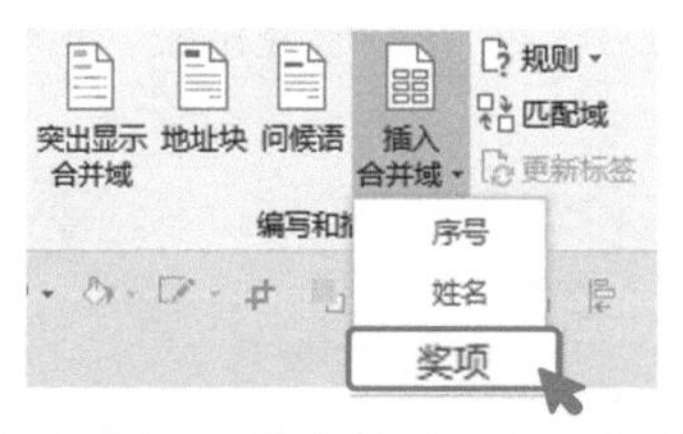

合并域插入完成以后，变量信息会以加书名号的域的形式存在，而且内容格式是可以更改的。

Step3：预览并完成合并。

单击【预览结果】即可查看合并效果，没有问题的话，依次单击【完成并合并】→【编辑单个文档】。此时Word就会生成一份新的合并文档，打印出来就大功告成了。

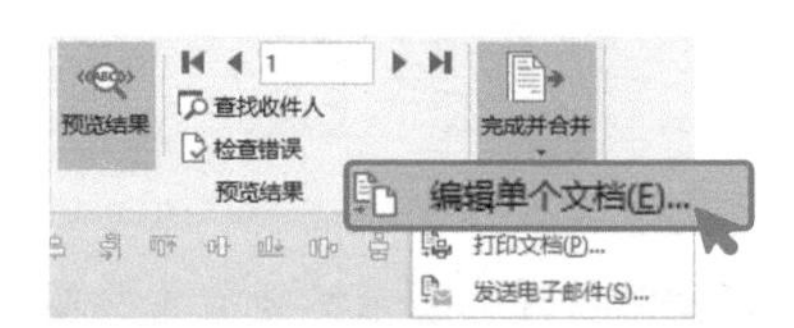

即使新文档不小心被删除了也没关系，只要在主文档中重新单击【完成并合并】就可以重新生成了。

7.3.2　奖状的精确套打

除可以自主设计奖状以外，在日常工作中我们通常是购买成品奖状，只需要把姓名打印上去即可，也就是实现奖状的精确套打。奖状精确套打的关键在于：要把名字精确地打印在奖状的固定位置上，这就需要Word主文档与奖状1:1对照。

1. 制作奖状的Word主文档

既然要用到“邮件合并”，那么肯定还是必需两个文档：Excel数据源和Word主文档。Excel数据源比较简单，只需要包含变量信息和表头即可，重要的是Word主文档的制作。

（1）将奖状扫描到电脑中

首先需要把奖状扫描到电脑中，以此来确定Word主文档的页面尺寸及姓名的位置。扫描完成后，奖状就会以一张图片的格式存放在电脑上。

（2）确定纸张大小

确定Word主文档的纸张大小，也就是确定奖状的大小。如果手边有厘米尺的话，则可以直接进行测量；如果没有，则可以借助电脑里面的【画图】工具。

基本每台电脑中都有画图工具，
可以在“开始”菜单中直接搜索找到。

首先把奖状图片拖进画图工具中，然后依次单击【文件】→【属性】，打开【映像属性】对话框。【单位】选择“厘米”，即可显示图片大小。

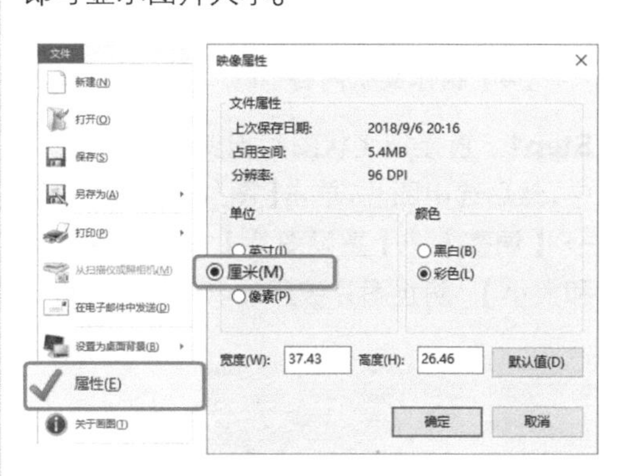

（3）主文档的页面设置

Step1：打开 Word 文档，将【纸张大小】设置为与图片大小相同，并将【页边距】分别设置为 0。

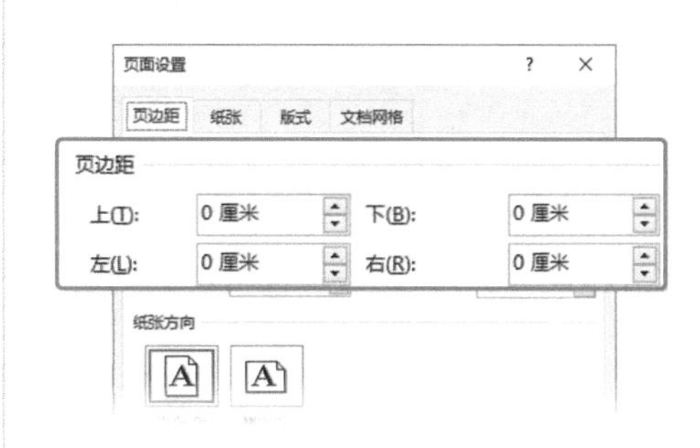

Step2：单击【确定】按钮，在弹出的提示框中，单击【忽略】按钮即可。

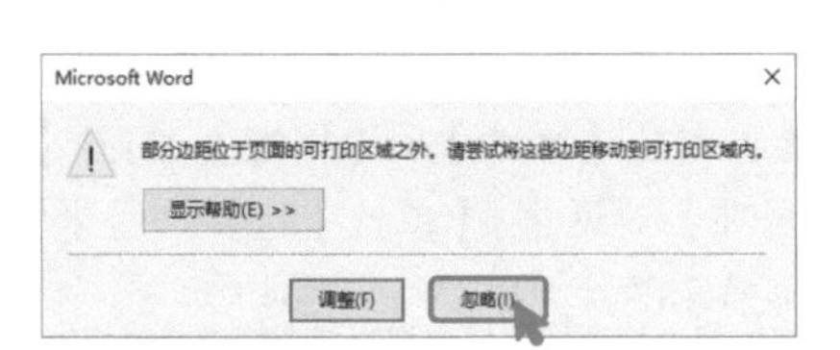

（4）制作奖状内容

Step1：直接把奖状图片拖曳至 Word 文档中，然后选中图片，单击【图片工具—格式】→【调整】→【重设图片】→【重设图片和大小】，防止图片被压缩。

Step2：在【排列】组中，设置图片的【文字环绕方式】为“衬于文字下方”；【对齐】设置为“水平居中”和“垂直居中”。

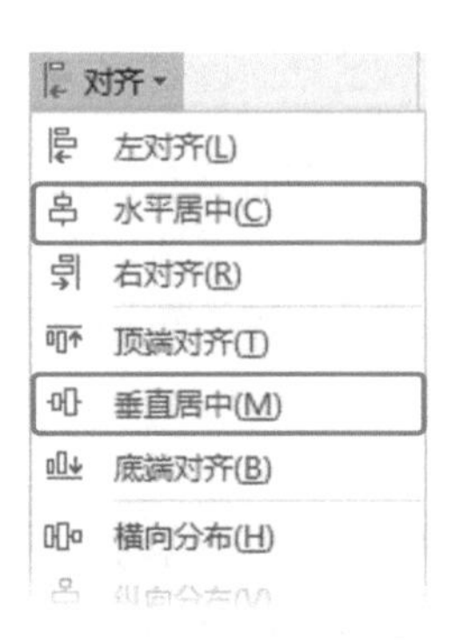

这样奖状图片就会跟Word文档严丝合缝地合在一起。

（5）精准定位“姓名”位置

在需要输入姓名的位置，插入“无填充”和“无轮廓”的文本框备用即可。

2. 邮件合并

Step1：导入 Excel 数据源。

依次单击【邮件】→【选择收件人】→【使用现有列表】，找到Excel数据源所在的文件位置，根据提示依次单击【打开】→【确定】按钮即可。

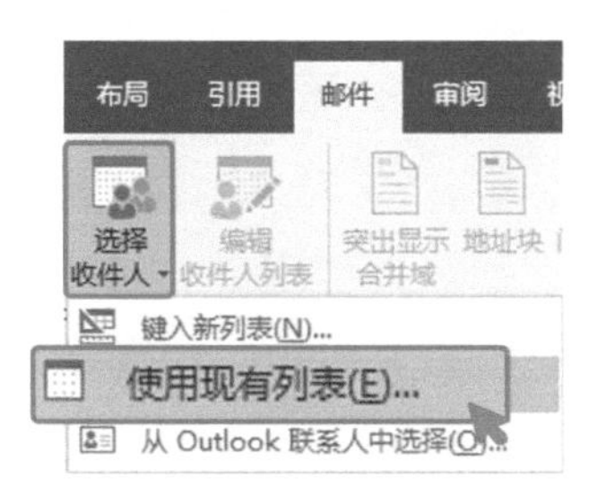

Step2：插入“姓名”合并域。

将光标置于文本框中，依次单击【插入合并域】→【姓名】。

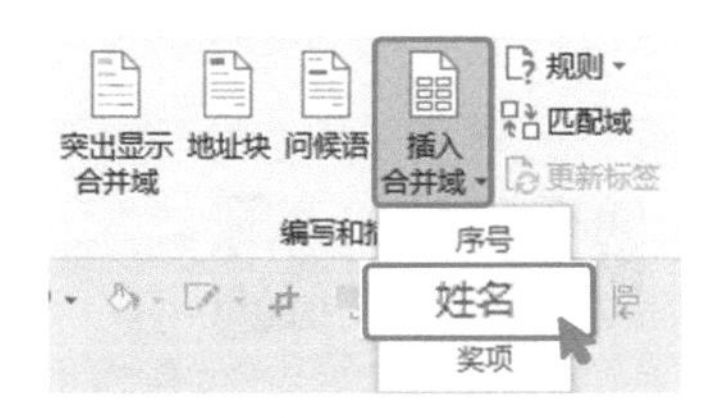

Step3：根据实际需要调整。

根据实际需要，调整“姓名”的格式。例如：设置字体为“楷体”，字号为“小初”，文字居中对齐。

Step4：预览结果。

单击【预览结果】，我们可以查看姓名的呈现效果。例如：检查姓名是否居中、文本框会不会太小、姓名是否显示全等问题。

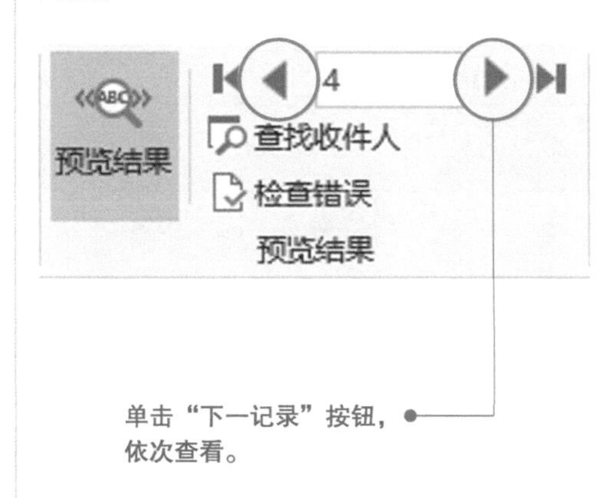

Step5：删除奖状图片。

若预览结果没有问题，则直接将奖状图片删除即可。

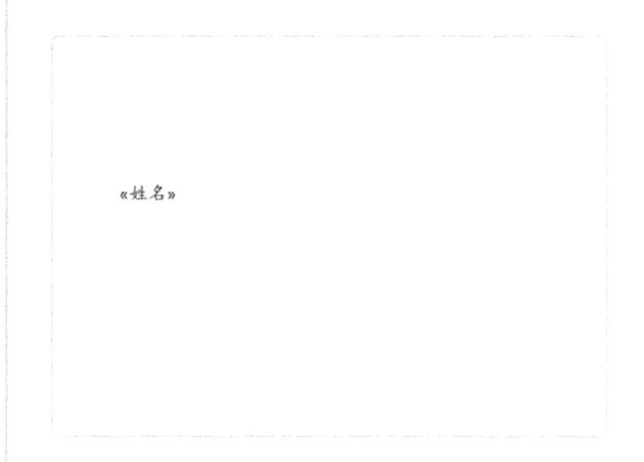

Step6：完成邮件合并。

如果需要直接打印，则依次单击【完成并合并】→【打印文档】，打开【合并到打印机】对话框，根据奖项级别输入打印区间即可。

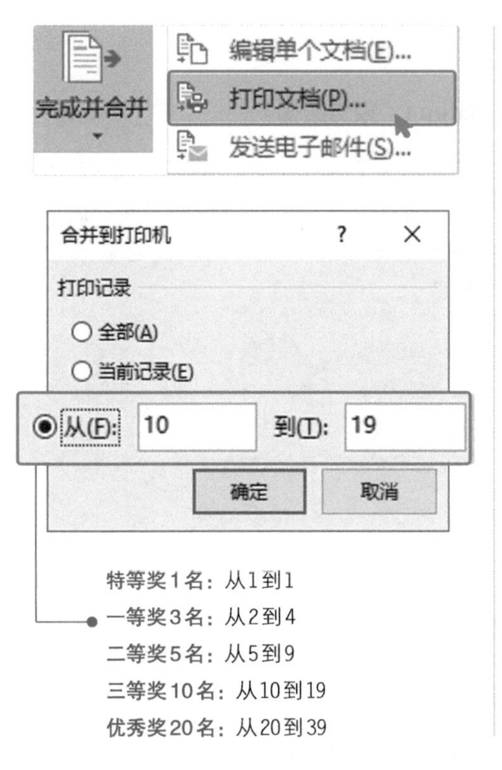

如果需要复制到其他电脑上打印，则依次单击【完成并合并】→【编辑单个文档】，打开【合并到新文档】对话框，根据奖项级别输入不同的打印区间，将每一个级别分别保存成一个单独的文件即可。

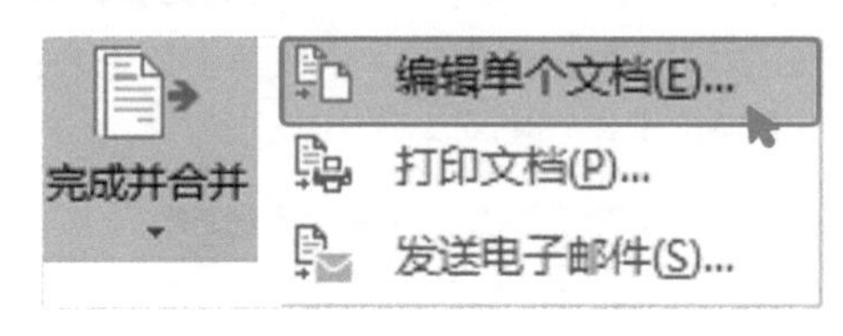

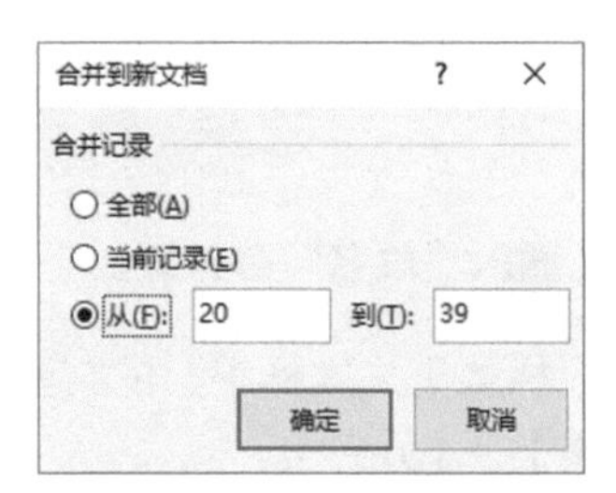

在日常办公中，除奖状需要精确套打以外，比如发货单、明信片等也需要精确套打。请读者学以致用，举一反三。

技巧 7.4　批量制作工资条

对于简单的工资条，一般使用Excel制作就行。如果人员较少的话，财务人员还可以应付；但是在人数较多的大公司，薪酬构成比例极其复杂，再使用Excel制作就有些力不从心了。像这样：

Dear 海宝女士：

以下是您在向天歌发的 2018 年 09 月的工资明细，发薪期间为 2018 年 9 月 1 日至 2018 年 9 月 31 日，请查看！

<table>
<tr><td rowspan="4">标准月薪（+）</td><td>岗位工资标准</td><td>1165.00</td><td colspan="2">应发工资</td><td>12766.24</td></tr>
<tr><td>职务工资标准</td><td>200</td><td rowspan="3">保险部分</td><td>个人社保（-）</td><td>-348.10</td></tr>
<tr><td>绩效奖金工资</td><td>500</td><td>个人公积金（-）</td><td>-175.00</td></tr>
<tr><td>标准工资</td><td>1165.00</td><td>单位支付团险（只用于扣税）</td><td>0.00</td></tr>
<tr><td rowspan="13">工资项</td><td>浮动绩效</td><td>0.00</td><td rowspan="2">个税</td><td>个税计税金额</td><td>12243.14</td></tr>
<tr><td>课酬</td><td>9254.80</td><td>个税（-）</td><td>-913.63</td></tr>
<tr><td>招生/签单提成</td><td>1200</td><td rowspan="9">其他税后项</td><td>住宿费</td><td>0.00</td></tr>
<tr><td>续/退费/转介绍</td><td>0.00</td><td>水电煤气</td><td>0.00</td></tr>
<tr><td>加班费</td><td>0.00</td><td>预存话费</td><td>0.00</td></tr>
<tr><td>考勤</td><td>-53.56</td><td>互助基金</td><td>0.00</td></tr>
<tr><td>通信补贴</td><td>100</td><td>继续教育</td><td>0.00</td></tr>
<tr><td>电脑补贴</td><td>400</td><td>个人团险</td><td>0.00</td></tr>
<tr><td>无息房贷利息/其他补贴</td><td>0.00</td><td>无息房贷</td><td>0.00</td></tr>
<tr><td>保底</td><td>0.00</td><td>公租房扣款</td><td>0.00</td></tr>
<tr><td>其他增减项</td><td>0.00</td><td>其他税后扣款</td><td>0.00</td></tr>
<tr><td>辅导班浮动奖</td><td>0.00</td><td colspan="2">10 月 10 日实发工资（银行转账）</td><td>11329.51</td></tr>
<tr><td>期奖金</td><td>0.00</td><td colspan="2">改卷费</td><td>1018</td></tr>
</table>

（以上数据纯属虚构，如有雷同，实属巧合）

我们在第5章中介绍表格的应用时就讲过，Excel擅长的是数据计算，而Word表格擅长结构化呈现。在制作薪酬构成比例复杂的工资条时，Word表格肯定是不二选择。而且，在提倡无纸化办公的今天，工资信息都会以电子邮件的形式被直接发送到每个人的邮箱中，很少再打印出来一条一条地裁剪了。所以，学习Word的群发邮件功能也是至关重要的。

7.4.1 制作工资条

1. 邮件合并

制作工资条同样需要一份Excel数据源和一份Word主文档。

（1）制作Excel数据源

Excel数据源需要包含工资条所有的必要信息。这里只展示简单的工资条内容，对于薪酬构成比例复杂的工资条内容，请读者自行去《Excel之光》中学习Excel。

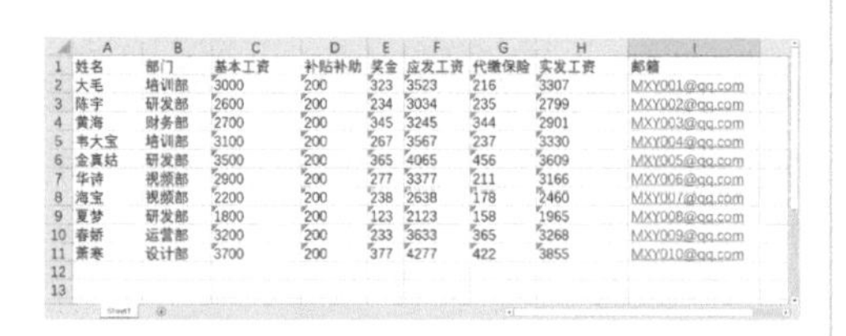

姓名	部门	基本工资	补贴补助	奖金	应发工资	代缴保险	实发工资	邮箱
大毛	培训部	3000	200	323	3523	216	3307	MXY001@qq.com
陈宇	研发部	2600	200	234	3034	235	2799	MXY002@qq.com
黄海	财务部	2700	200	345	3245	344	2901	MXY003@qq.com
韦大宝	培训部	3100	200	267	3567	237	3330	MXY004@qq.com
金真姑	研发部	3500	200	365	4065	456	3609	MXY005@qq.com
华诗	视频部	2900	200	277	3377	211	3166	MXY006@qq.com
海宝	视频部	2200	200	238	2638	178	2460	MXY007@qq.com
夏梦	研发部	1800	200	123	2123	158	1965	MXY008@qq.com
春娇	运营部	3200	200	233	3633	365	3268	MXY009@qq.com
萧寒	设计部	3700	200	377	4277	422	3855	MXY010@qq.com

（2）制作Word主文档

工资条的Word主文档非常简单，只需要根据Excel数据源的内容转换成相应的表格即可。关于表格的制作请参见第5章，这里不再赘述。

墨许攸公司 11 月工资

Dear 海宝：

以下是您在向天歌发的 2018 年 11 月的工资明细，发薪期间为 2018 年 11 月 1 日至 2018 年 11 月 30 日，请查看！

姓名	部门	基本工资	补贴补助	奖金	应发工资	代缴保险	实发工资

温馨提醒：

如果对您的数据有疑问，请通过企业微信号、邮件与小宝联系，谢谢。

（3）开始邮件合并

Step1：导入数据源。单击【邮件】→【选择收件人】→【使用现有列表】，找到数据源所在的文件位置，再依次单击【打开】→【确定】按钮。

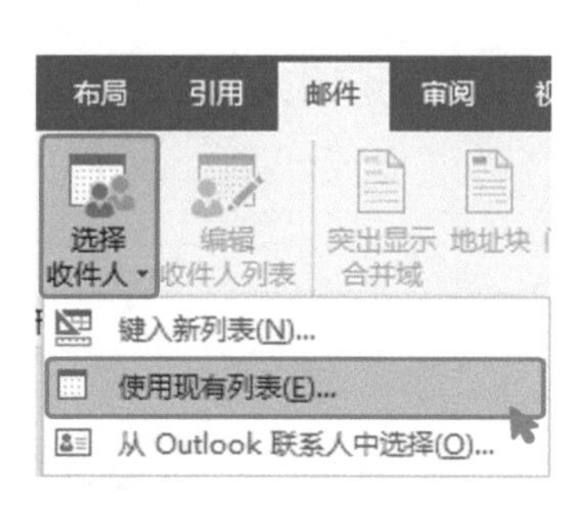

Step2：插入相应的合并域。将光标定位在相应的位置，单击【编写和插入域】→【插入合并域】，依次插入对应的域。

Dear«姓名»：

以下是您在向天歌发的 2018 年 11 月的工资明细，发薪期间为 2018 年 11 月 1 日至 2018 年 11 月 30 日，请查看！

姓名	部门	基本工资	补贴补助	奖金	应发工资	代缴保险	实发工资
«姓名»	«部门»	«基本工资»	«补贴补助»	«奖金»	«应发工资»	«代缴保险»	«实发工资»

Step3：单击【邮件】→【预览结果】，我们即可看到生成的工资条信息。

墨许攸公司 11 月工资

Dear 海宝：

以下是您在向天歌发的 2018 年 11 月的工资明细，发薪期间为 2018 年 11 月 1 日至 2018 年 11 月 30 日，请查看！

姓名	部门	基本工资	补贴补助	奖金	应发工资	代缴保险	实发工资
海宝	视频部	2200	200	238	2638	178	2460

温馨提醒：

如果对您的数据有疑问，请通过微信号、邮件与小宝联系，谢谢。

2. 工资条中金额小数位数过多的处理

由于Word和Excel在计算精度上的差别，在使用邮件合并时，在工资条中可能会存在金额小数位数过多的问题。这个问题可以在邮件合并之前通过编辑主文档中的实发工资域代码来解决。

Step1：在表格中插入合并域以后，右键单击“实发工资”的合并域，选择【切换域代码】命令。

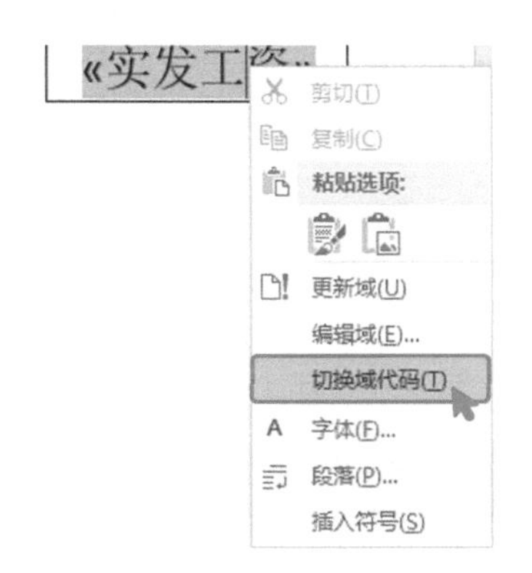

Step2：在域代码的结尾添加“\#0.00”，表示将数值保留两位小数。然后按<F9>键更新域代码即可。

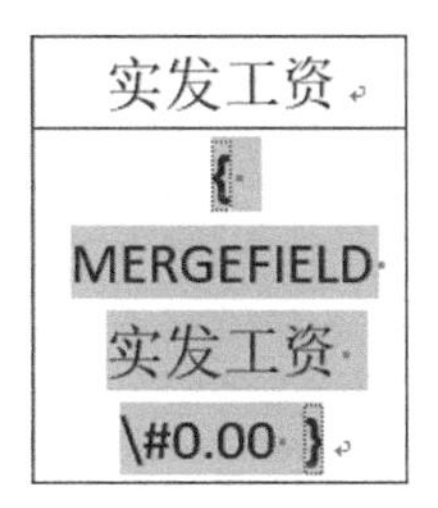

7.4.2　群发邮件

如何把每个人的工资信息都发送到个人的邮箱中呢?

Word群发邮件只能通过Outlook邮箱来完成。Outlook是Office组件之一，如果电脑中安装了Office，那么就可以在“开始”菜单中找到Outlook。

要想通过Word来群发邮件，首先必须登录Outlook。可以直接用微软账号登录Outlook ，如果没有账号，则可以根据提示注册一个账号。

当然，若想通过QQ或163等其他邮箱登录Outlook也是可以的。不过需要设置一下客户端和服务器端。关于具体的设置方法，大家可以去各家邮箱官网上的帮助中心进行查看。

1. 准备Excel数据源

若要群发邮件，在Excel数据源中一定要包含每个人的邮箱信息。

	A	B	C	D	E	F	G	H	I
1	姓名	部门	基本工资	补贴补助	奖金	应发工资	代缴保险	实发工资	邮箱
2	大毛	培训部	3000	200	323	3523	216	3307	MXY001@qq.com
3	陈宇	研发部	2600	200	234	3034	235	2799	MXY002@qq.com
4	黄海	财务部	2700	200	345	3245	344	2901	MXY003@qq.com
5	韦大宝	培训部	3100	200	267	3567	237	3330	MXY004@qq.com
6	金真姑	研发部	3500	200	365	4065	456	3609	MXY005@qq.com
7	华诗	视频部	2900	200	277	3377	211	3166	MXY006@qq.com
8	海宝	视频部	2200	200	238	2638	178	2460	MXY007@qq.com
9	夏梦	研发部	1800	200	123	2123	158	1965	MXY008@qq.com
10	春娇	运营部	3200	200	233	3633	365	3268	MXY009@qq.com
11	萧寒	设计部	3700	200	377	4277	422	3855	MXY010@qq.com

2. 开始群发邮件

Step1：邮件合并完成以后，依次单击【完成】组中的【完成并合并】→【发送电子邮件】。

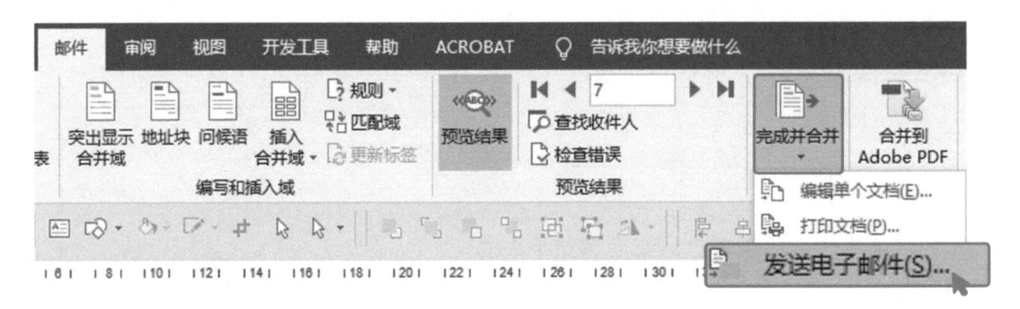

Step2：在打开的【合并到电子邮件】对话框中，将【收件人】设置为【邮箱】，然后输入主题，单击【确定】按钮即可。

Tips：在开始群发邮件之前，要先关闭Excel数据表格。

合并到电子邮件

邮件选项

收件人(O)：邮箱

主题行(S)：墨许攸公司11月工资

邮件格式(M)：HTML

发送记录

全部(A)

当前记录(E)

从(F)： 到(T)：

确定　取消

技巧 7.5　批量制作带照片的工作证

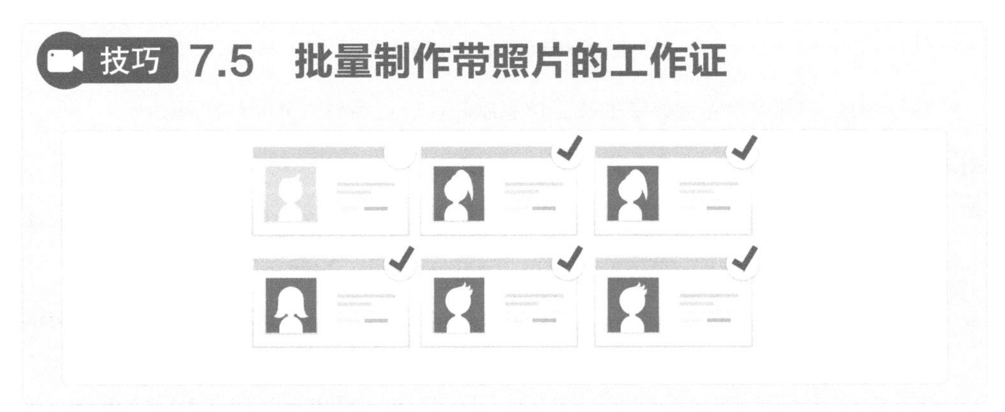

前面讲的邮件合并文档都是纯文字的，而如果文档中包含照片，那么邮件合并的方法就大不相同了。不仅Word主文档要经过精心的设计，而且Excel数据源也要特别制作，最后通过IncludePicture域来实现邮件合并。

特别注意：文档中的照片要与Word主文档、Excel数据源保存在同一个文件夹中。

7.5.1　主文档和数据源的制作

1. 准备照片注意事项

作为人事部，在收集员工照片时一定要提前把规范讲清楚。例如：统一为白底1寸照、照片类型为.jpg格式等，以防收集上来的照片不能用，在邮件合并时出现问题。要点如下：

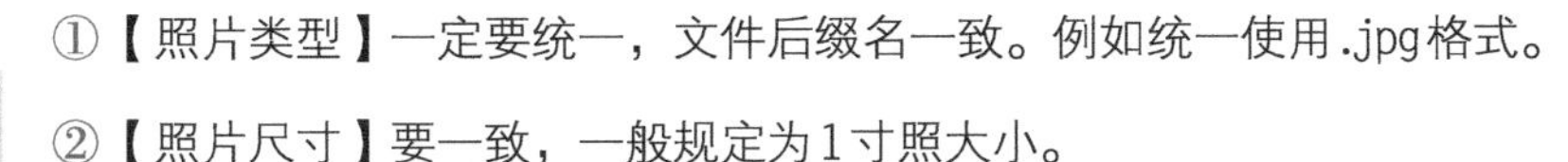

①【照片类型】一定要统一，文件后缀名一致。例如统一使用.jpg格式。

②【照片尺寸】要一致，一般规定为1寸照大小。

③【照片内容】要统一。例如统一使用白底照或蓝底照。如果条件允许，最好公司统一给员工拍照，统一规范。

④【照片命名】由员工姓名和照片文件后缀名组成。例如：海宝.jpg。**切记：在照片文件名中不能有空格！**

2. 制作Excel数据源

在Excel数据源中除包含必要的员工信息以外，一定要有一列照片信息。

Step1：打开一个新的Excel表格，先在第一行填入表头信息。

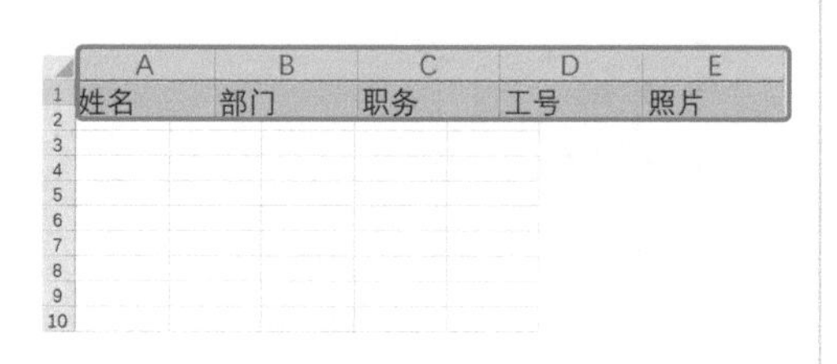

	A	B	C	D	E
1	姓名	部门	职务	工号	照片
2					
3					
4					
5					
6					
7					
8					
9					
10					

Step2：在工作表的A~D列中输入员工信息，并且在E2单元格中输入公式：=A2&".jpg"，然后按回车键。

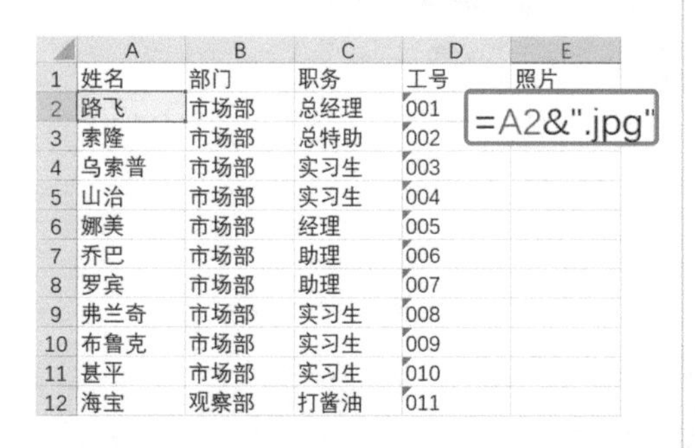

	A	B	C	D	E
1	姓名	部门	职务	工号	照片
2	路飞	市场部	总经理	001	=A2&".jpg"
3	索隆	市场部	总特助	002	
4	乌索普	市场部	实习生	003	
5	山治	市场部	实习生	004	
6	娜美	市场部	经理	005	
7	乔巴	市场部	助理	006	
8	罗宾	市场部	助理	007	
9	弗兰奇	市场部	实习生	008	
10	布鲁克	市场部	实习生	009	
11	甚平	市场部	实习生	010	
12	海宝	观察部	打酱油	011	

提示：

① D列包含数字信息，所以设置【数字格式】为“文本”。

② 公式“=A2&".jpg"”，必须是在英文输入法状态下输入的。

③ 因为本例使用的照片是.jpg格式，所以填充公式是“=A2&".jpg"”；如果使用其他类型的照片，则需要将公式中的.jpg改为相应的后缀名。

Step3：按回车键后，单元格会自动填充为“姓名.jpg”格式。然后双击单元格右下角的绿色小方块，将公式自动填充到该列单元格中。

	A	B	C	D	E
1	姓名	部门	职务	工号	照片
2	路飞	市场部	总经理	001	路飞.jpg
3	索隆	市场部	总特助	002	索隆.jpg
4	乌索普	市场部	实习生	003	乌索普.jpg
5	山治	市场部	实习生	004	山治.jpg
6	娜美	市场部	经理	005	娜美.jpg
7	乔巴	市场部	助理	006	乔巴.jpg
8	罗宾	市场部	助理	007	罗宾.jpg
9	弗兰奇	市场部	实习生	008	弗兰奇.jpg
10	布鲁克	市场部	实习生	009	布鲁克.jpg
11	甚平	市场部	实习生	010	甚平.jpg
12	海宝	观察部	打酱油	011	海宝.jpg

3. 制作Word主文档

因为工作证是要打印出来的，所以在制作Word主文档时一定要注意页面尺寸的设置。制作方法无非两种：精确套打和自主设计。

这两种方法在“7.3 批量制作奖状”章节中已经很详细地讲解过了，所以这里只针对带照片的工作证说一下制作要点。

首先看一下操作案例，做到心中有数。带照片的工作证必须包含照片区和个人基本信息区两个部分。所以，除页面设置外，我们还要重点设置这两个部分。

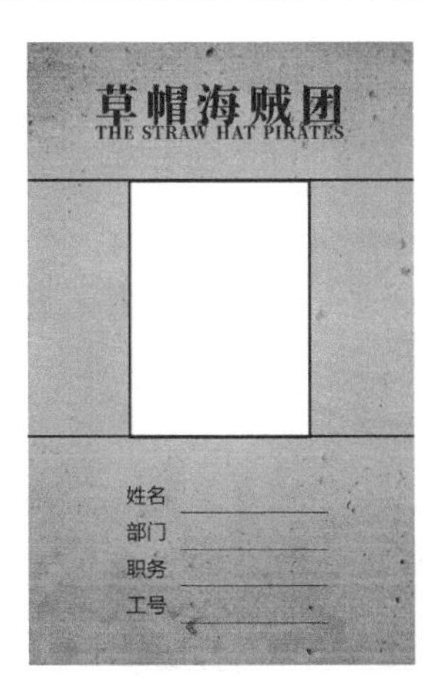

（1）页面设置

国家标准的工作证大小是5.4cm×8.5cm，所以制作时纸张大小设置为5.4cm×8.5cm，页边距为“0”。

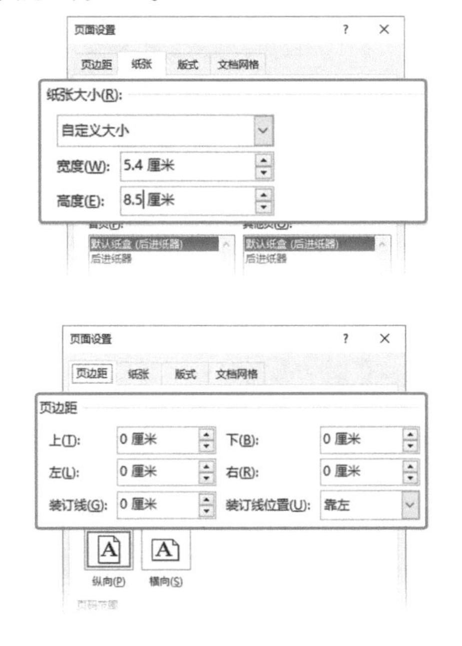

（2）文本框设置

① 照片是放置在一个文本框里面的。因为1寸照大小是2.5cm×3.5cm，所以文本框大小也是2.5cm×3.5cm。

设置方法：选中文本框，在【绘图工具—格式】的【大小】组中直接输入数值即可。

② 设置文本框的【垂直对齐方式】为“中部对齐”，上、下、左、右边距分别为“0”。

设置方法 Step1：选中文本框，单击鼠标右键，选择【设置形状格式】。

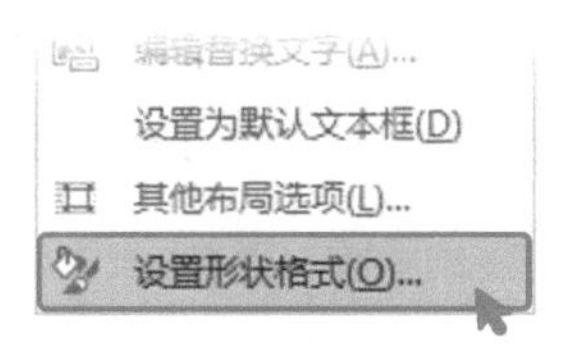

设置方法 Step2：在右侧打开的【设置形状格式】窗格中，依次单击【文本选项】→【文本框】，【垂直对齐方式】选择“中部对齐”，上、下、左、右边距分别设置为“0”。

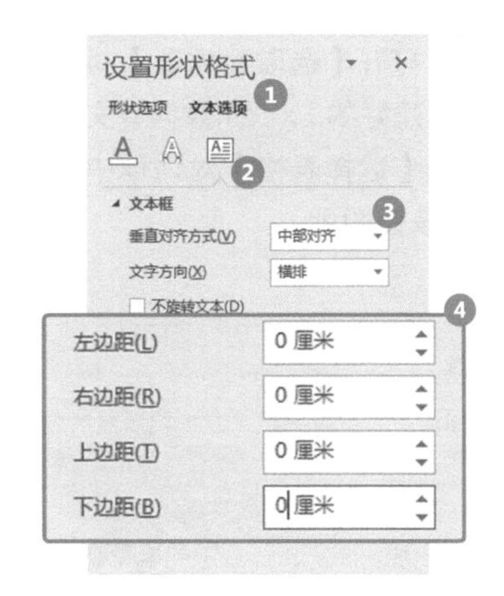

（3）信息区设置

员工的个人基本信息区是通过一个表格来制作的。制作方法很简单，具体可参照“5.4 封面信息下画线对齐的最优解决方案”章节。

另外，在【表格属性】对话框中，设置表格的文字环绕方式为【环绕】。

只要掌握这些要点，就可以随心所欲地制作任何样式的Word主文档了。

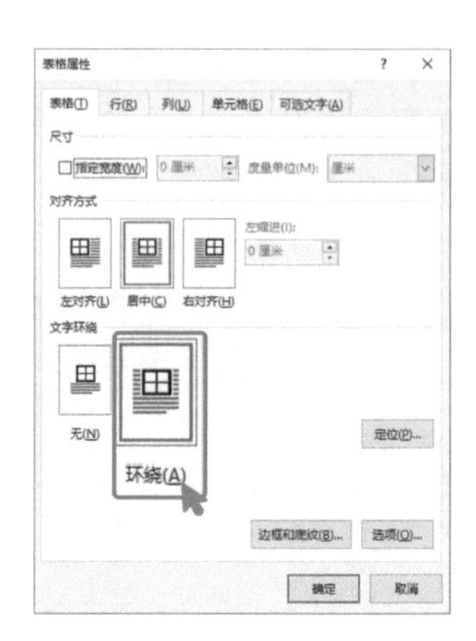

7.5.2 邮件合并

Excel数据源和Word主文档制作完成以后，接下来就要进行邮件合并了。

（1）导入数据源

Step1：单击【邮件】→【开始邮件合并】组中的【选择收件人】→【使用现有列表】。

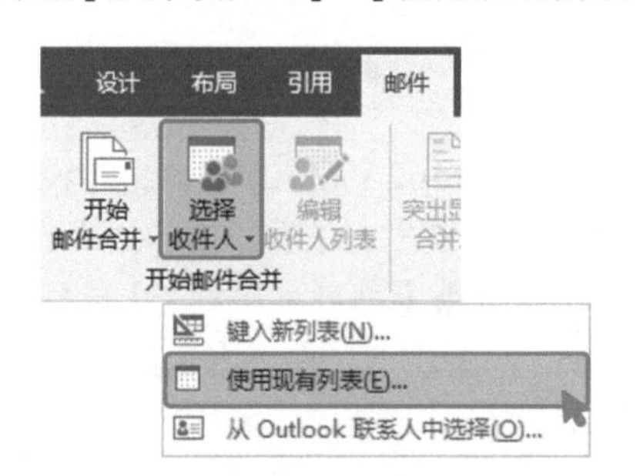

Step2：打开【选取数据源】对话框，双击刚才创建好的Excel数据源文件，然后在打开的【选择表格】对话框中直接单击【确定】按钮即可。

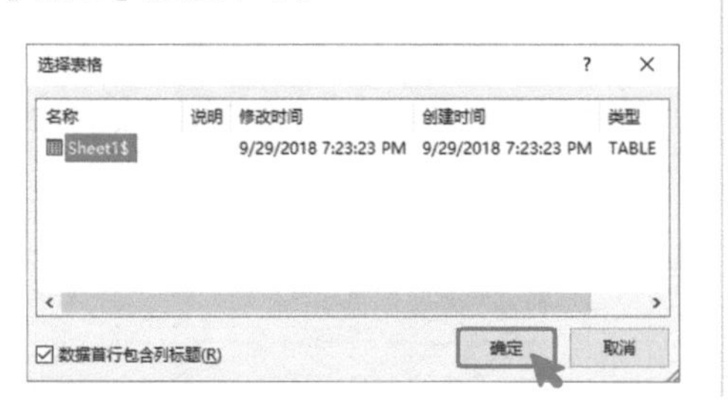

（2）插入文字合并域

将光标置于表格中的相应位置，然后单击【邮件】→【编写和插入域】组中的【插入合并域】，在弹出的下拉列表中选择对应的选项即可。

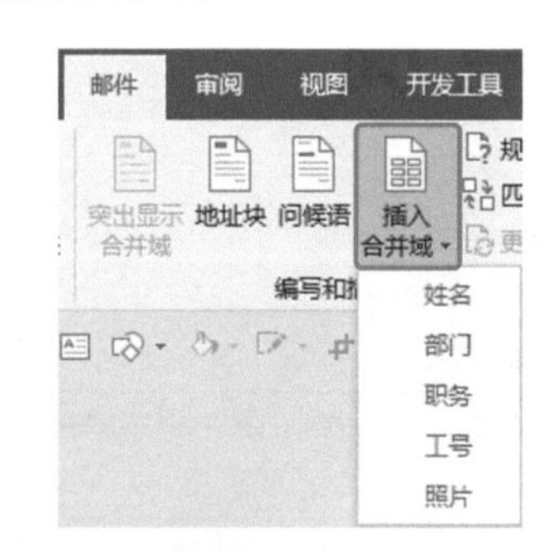

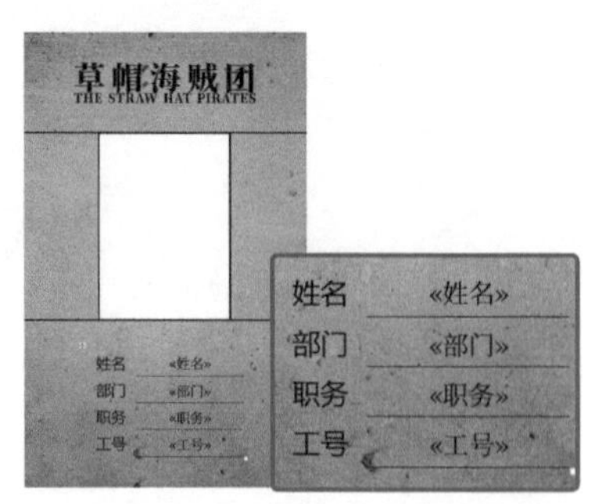

（3）插入照片合并域

Step1：将光标置于照片文本框内，然后单击【插入】→【文本】组中的【文档部件】，在弹出的下拉列表中选择【域】命令。

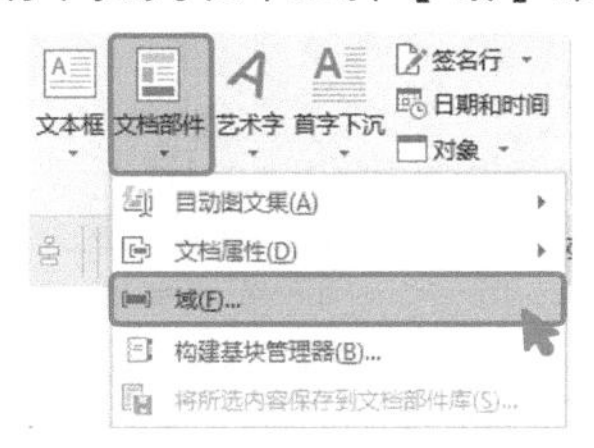

Step2：在打开的【域】对话框中，【类别】选择“链接和引用”，【域名】选择“IncludePicture”，在【文件名或 URL】文本框中输入任意一个名称，例如“00”。因为稍后会做修改，所以此时输入什么并不重要。单击【确定】按钮，关闭【域】对话框。

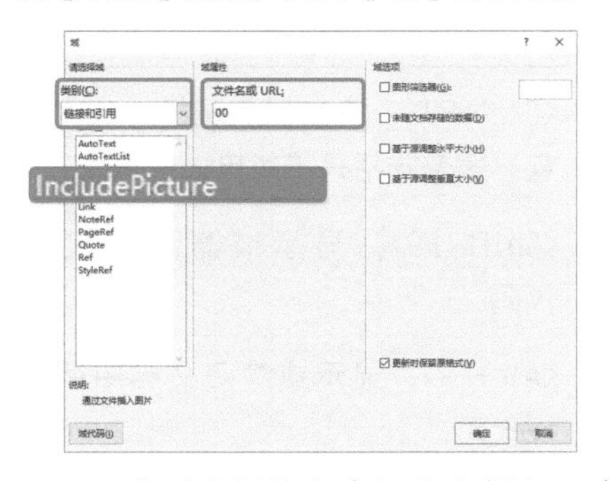

Step3：此时在照片文本框内会插入一个无法显示链接的图像。

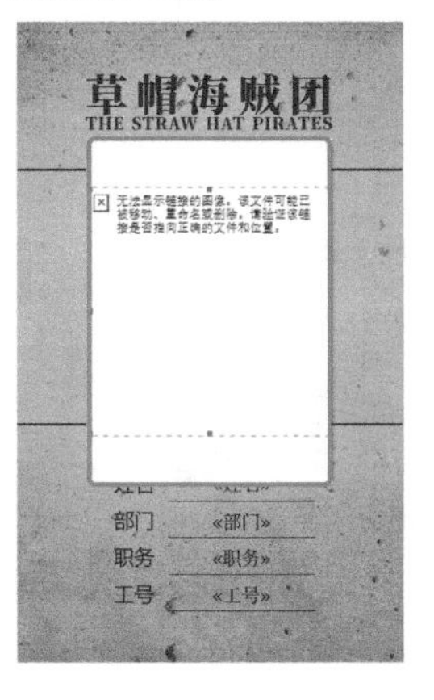

选中所插入的内容，按<Shift+F9>或<Alt+F9>快捷键切换至域代码。选中域代码中刚才输入的“00”，然后单击【邮件】→【编写和插入域】组中的【插入合并域】，在弹出的下拉列表中选择对应的“照片”即可。

Step4：插入完成以后，再次按<Shift+F9>或<Alt+F9>快捷键切换回来。调整未显示图像的大小，使其与文本框同等大小。

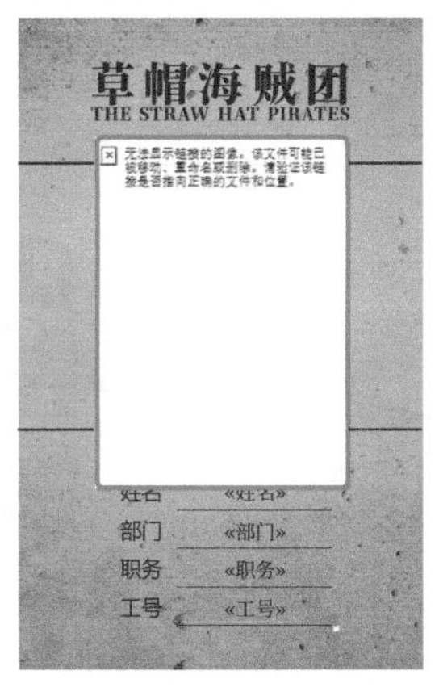

（4）开始邮件合并

Step1：单击【邮件】→【完成】组中的【完成并合并】，在弹出的下拉列表中选择【编辑单个文档】。

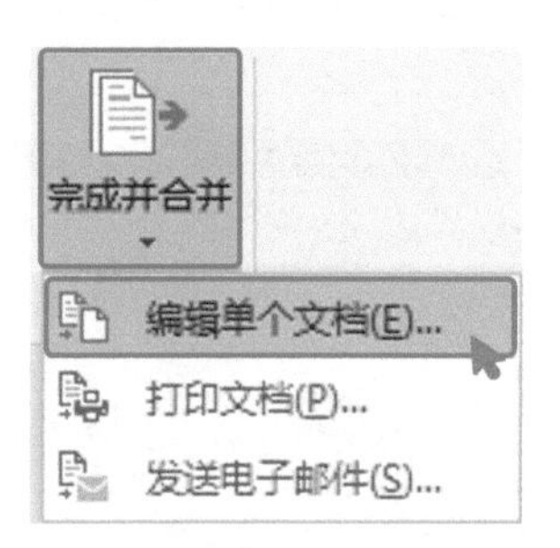

Step2：在打开的【合并到新文档】对话框中，选中【全部】单选钮，然后单击【确定】按钮，此时 Word 会自动生成一份新文档，包含所有人的工作证，但是照片依然无法显示。

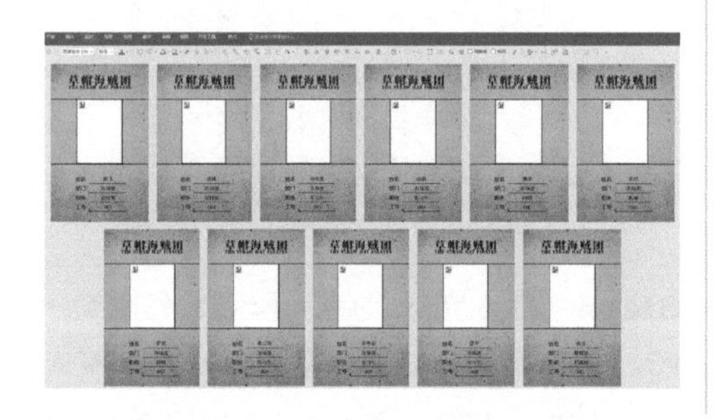

Step3：将新文档保存到员工照片所在的文件夹中，然后关闭文档并再次打开，照片就能全部正常显示了。

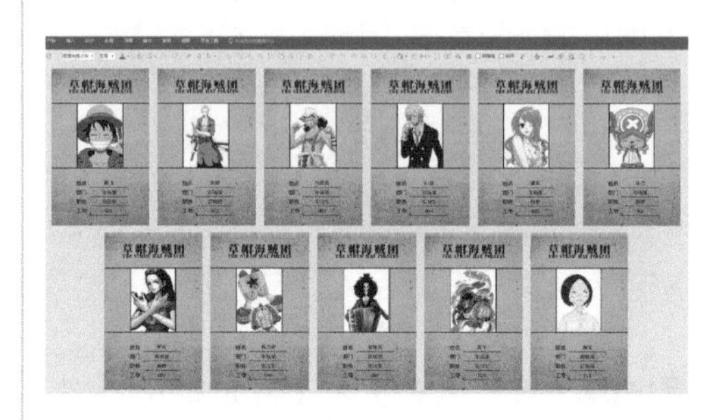

若有的无法正常显示，则选中照片文本框，按<F9>键更新域即可。若仍然无法显示，则检查照片的命名是否正确，例如：检查照片文件名中是否有空格。

Tips：关于域的快捷键。

- <Ctrl+F9>，快速插入域括号“{}”（注意：这个花括号不能用键盘输入）；
- <Shift+F9>，显示或隐藏指定的域代码；
- <Alt+F9>，显示或隐藏文档中所有的域代码；
- <F9>，更新域。

第8章

查找和替换：给你一个不加班的理由

理由一 交个朋友：先认识一下各种编辑标记

理由二 查找和替换的基础应用：文档整理术

理由三 利用替换，删删删

理由四 查找和替换的高级应用

……

谁才是我的新娘呢？

理由 8.1　交个朋友：先认识一下各种编辑标记

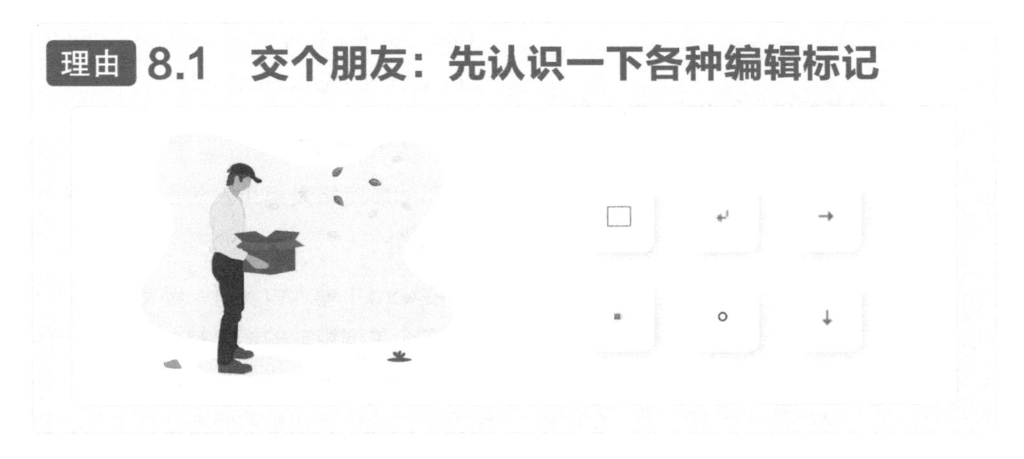

查找和替换最重要的肯定是替换功能，而替换的本质其实就是删除目标字符，然后添加新字符。而若要删除目标字符，首先我们得认识这些字符，知道自己要删除的是什么，要添加的是什么，然后利用替换功能编辑成公式进行快速替换。

8.1.1　普通的格式标记

在Word文档中，特别是从网上复制下来的内容，经常会出现很多空白区域和不规范的格式标记符号。例如：

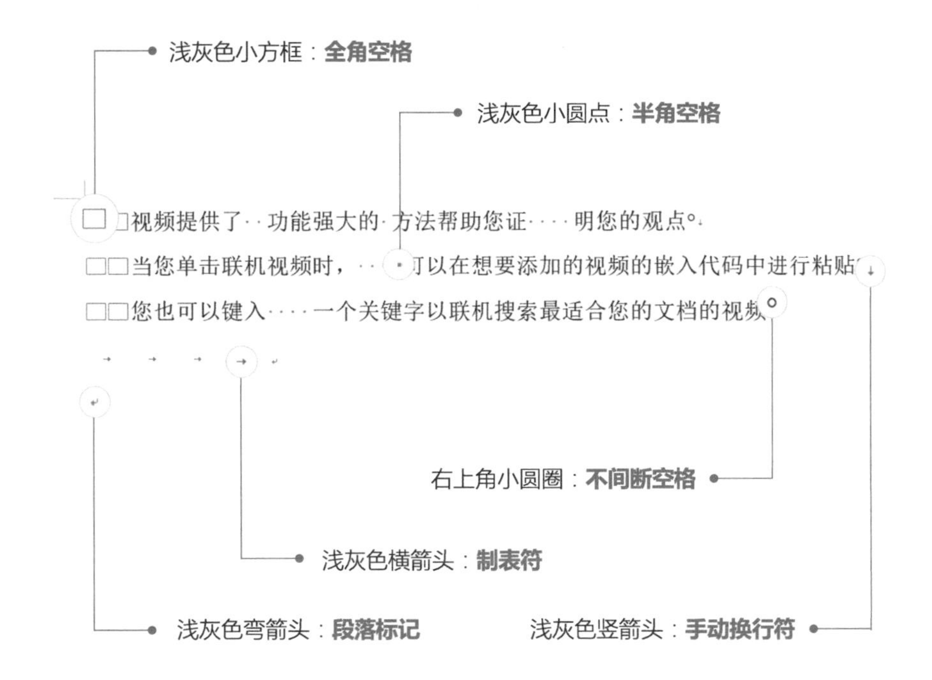

1. 认识格式标记

（1）手动换行符与段落标记的区别

手动换行符的代码是^l，段落标记的代码是^p。

手动换行符是一种换行符号，按<Shift+Enter>快捷键后就会出现向下箭头，该标记又叫软回车。它的作用是换行显示，但它不是真正的段落标记，因此被换行符分割的文字其实仍然还是一个段落中的，在Word中基于段落的所有操作都是不会识别手动换行符的。

段落标记是在Word中按回车键（Enter键）后出现的弯箭头，该标记又叫硬回车。段落标记是真正意义上的重起一段，在一个段落的尾部显示，包含段落格式信息。

（2）全角与半角的区别

全角模式：输入一个字符其占用2个字符的位置；半角模式：输入一个字符其占用1个字符的位置。但是全角和半角状态对字母、数字的效果显著，而对中文输入没有影响，因为一个汉字都是占用2个字符的位置的。例如：

半角状态：Enter
全角状态：Ｅｎｔｅｒ
半角状态：1234567
全角状态：１２３４５６７

如果要切换全角和半角输入状态，则只需单击输入法“语言栏”中全角和半角的图标即可。全角的图标是太阳，半角的图标是月亮。

Tips：全角/半角切换快捷键：<Shift+Space>（即<Shift+空格>）。

（3）不间断空格

不间断空格是指用来防止行尾单词间断的空格。

在Word中输入内容时，经常会遇到行尾由多个单词组成的词组被分隔在两行的情况，这样很容易让人看不明白。在这种情况下，就可以使用不间断空格来代替普通空格，使该词组保持在同一行中。

就像下面这种效果：

> 这是一个英文词组，当它分开的时候，我们分辨起来会有些困难：come up with ，不是吗？

若在每一个单词后面都插入一个不间断空格，即在每一个单词后面都按一次<Ctrl+Shift+Space>快捷键，这样要换行时这个词组就会一起跳入第二行，是不会分开的，以此降低文章的阅读难度。

> 这是一个英文词组，当它分开的时候，我们分辨起来会有些困难：come up with ，不是吗？

除此之外，有时候我们还会遇到破折号断了显示在两行的情况。针对这种情况，也可以将光标定位在破折号的两个字符中间，按<Ctrl+Shift+Space>快捷键即可使破折号保持在同一行。

（4）制表符

制表符也叫制表位，用于在不使用表格的情况下在垂直方向按列对齐文本。其比较常见的应用有名单、简单列表等，也可在设置页眉和页脚等时应用它来对齐位置。

关于制表符的具体应用，我们将在9.4节进行详细介绍。

此外，常用的还有分页符、分节符等，这些在3.8.3节已经详细讲过了，大家可以翻至该节进行复习巩固。

2. 显示/隐藏格式标记

在Word文档中标记符号其实是不被打印的，但是如果大量出现则会影响文档的整体排版，所以在整理文档时，这些多余的格式标记都是必须要删除的。那么，在删除之前，怎么显示/隐藏这些格式标记呢？

依次单击【开始】→【段落】组中的【显示/隐藏编辑标记】即可。

Tips：【显示/隐藏编辑标记】快捷键：<Ctrl+Shift+8>。

有时【显示/隐藏编辑标记】命令会失灵，单击以后依然无法显示编辑标记。别着急，其实是【选项】设置出了问题。

依次单击【文件】→【选项】→【显示】，在【始终在屏幕上显示这些格式标记】中取消勾选【段落标记】复选框即可。

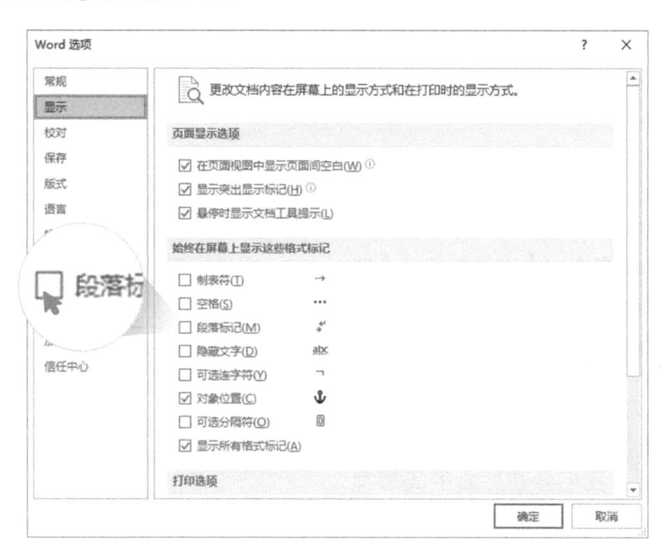

8.1.2 格式标记符号代码

认识了格式标记，要想熟练使用替换功能，标记代码是必须要掌握的。

部分特殊字符	代码
任意单个字符（只用于查找框）	^?
任意字符串	*
任意单个数字（只用于查找框）	^#
任意英文字母（只用于查找框）	^$
段落标记	^p
手动换行符	^l
图形（只用于查找框）	^g or ^1
制表符	^t

部分特殊字符	代码
分节符（只用于查找框）	^b
不间断空格	^s
空白区域	^w
手动分页符	^m
尾注标记（只用于查找框）	^e
域（只用于查找框）	^d
查找的内容（只用于替换框）	^&
剪贴板内容（只用于替换框）	^c

Tips：“^”输入方法：<Shift+6>　“&”输入方法：<Shift+7>　“$”输入方法：<Shift+4>
“#”输入方法：<Shift+3>　“*”输入方法：<Shift+8>

以上符号的输入，都必须在**英文输入法状态下**。

这么多符号代码要怎么记呢？

其实根本不用记，【替换】窗口中有列表，需要哪个直接选择就可以了。依次单击【替换】→【更多】→【特殊格式】，即可查看代码列表。需要使用的时候，直接选择就可以自动输入了。

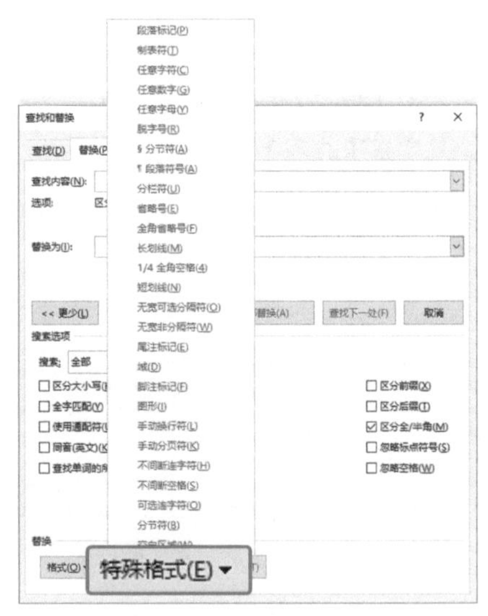

而且，在【搜索选项】中是否勾选【使用通配符】复选框，【特殊格式】里显示的符号是不一样的，大家可以自己对比看一下。

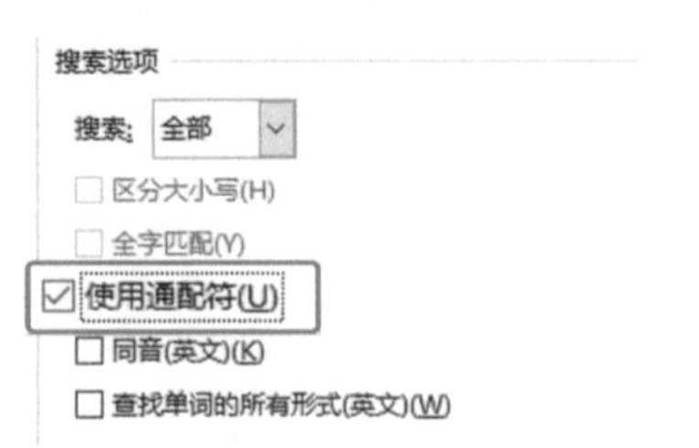

通配符在【替换】功能中的地位举足轻重，非常重要。我们会在后面的实战案例中具体详解。

理由 8.2　查找和替换的基础应用：文档整理术

8.2.1　【查找】功能

【查找和替换】最基本的功能就是【查找】。在长篇文档中想要找到某个字、词、句子或其他元素，如果单靠眼睛一个一个地搜寻无异于大海捞针。其实，只要利用Word中的【查找】功能，就可以轻松找到我们想要的内容。

Step1：依次单击【开始】→【编辑】组中的【查找】按钮，选择【查找】命令。

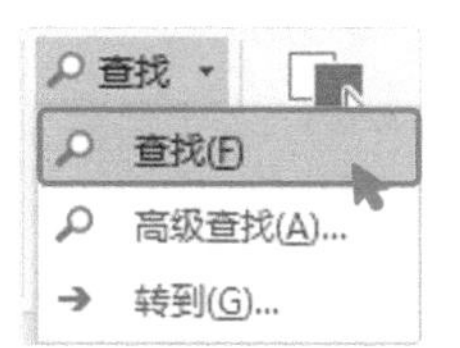

Step2：打开【导航】窗格中的搜索框，输入要查找的内容，即可进行快速查找。

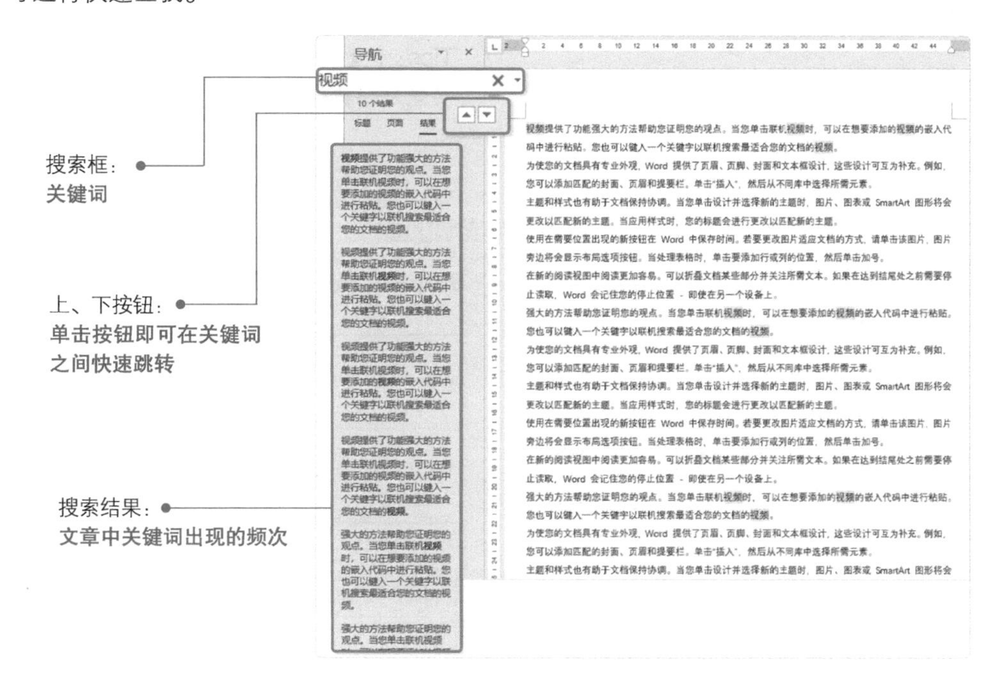

使用【导航】窗格中的搜索框进行简单的字、词、句查找非常方便，但是在文档整理中，有时会需要查找分页符或分节符等格式标记，此时利用【高级查找】会更加得心应手。

Step1：依次单击【开始】→【编辑】组中的【查找】按钮，选择【高级查找】命令。

Step2：打开【查找和替换】对话框，在【查找内容】框中输入想要查找的内容即可。同时在【阅读突出显示】中选择【全部突出显示】，文章中所有想要查找的内容就会全部被突出显示出来。

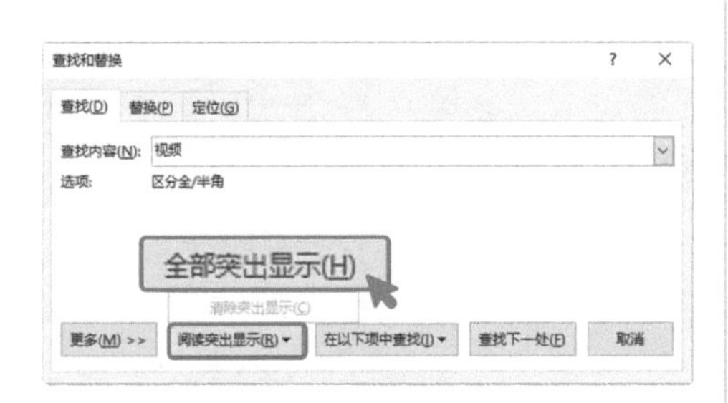

Step3：对于格式标记，单击【更多】→【特殊格式】，直接选择所需要的内容即可。

Tips：【查找】快捷键：<Ctrl+F>。查找功能及快捷键在浏览器中也依然适用。

8.2.2 文字替换

1. 简单的文字替换

在Word中，【替换】功能最简单的应用就是文字替换了。

例如一份客户资料文档，新来的文秘不小心把客户的名字"朱月坡"全部输入成了"朱肚皮"，这时就可利用【替换】功能一键全改。

Step1：按 <Ctrl+H> 快捷键，打开【替换】窗口。

Step2：在【查找内容】框中输入"朱肚皮"，在【替换为】框中输入"朱月坡"。

Step3：单击【全部替换】按钮即可。

这样，文档中69处"朱肚皮"瞬间就被全部替换成"朱月坡"了。

2. 复杂的文字替换

情况一：单个字符不同

在职场中，如果遇到"错别字达人"，有可能发生这样的意外：把文中的"朱月坡"输入成了"朱星坡""朱日坡""朱辰坡"，这要怎么校正呢？

分析发现，无论是"朱星坡"、"朱日坡"还是"朱辰坡"，第一个字和最后一个字都是不变的，我们只要把中间的字用一个字符替代，使它包含这三种情形即可。

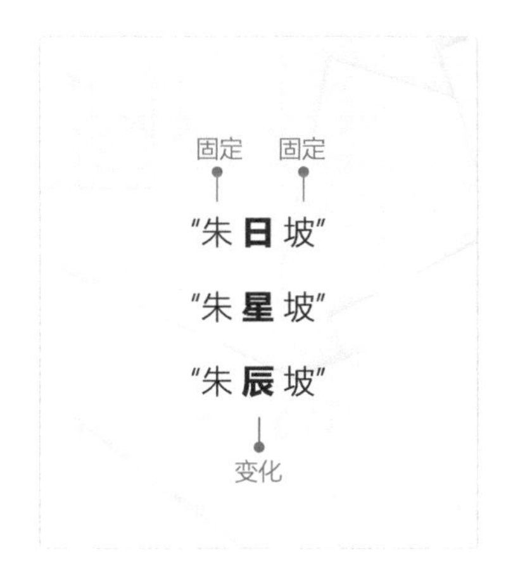

在Word中，代码"^?"即代表任意单个字符。

所以：

【查找内容】：输入"朱^?坡"；
【替换为】：输入"朱月坡"；
【全部替换】即可。

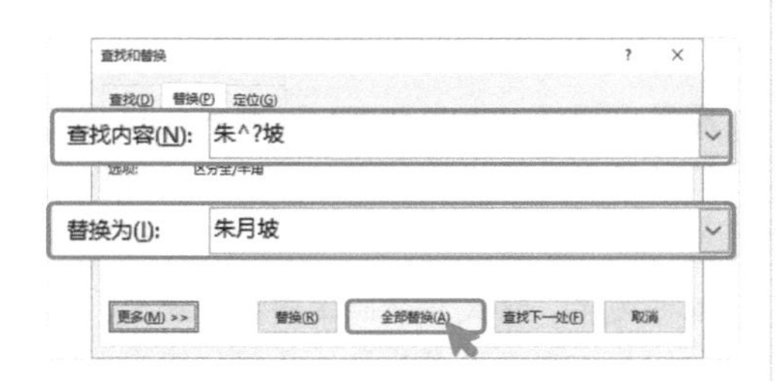

情况二：多个字符不同

如果把"朱月坡"输入成了"朱日坡""朱星坡""朱辰坡""朱什么坡""朱爱什么什么坡"，这要如何处理呢？

在Word中，"*"代表任意字符串，可以是0个或多个字符。所以，在模糊查找时，如果已经确定了一段话的首尾内容，而不确定中间的内容，就可以用"*"来代表中间的内容。

所以要处理这种情况，只需要在查找和替换内容时做如下设置即可。

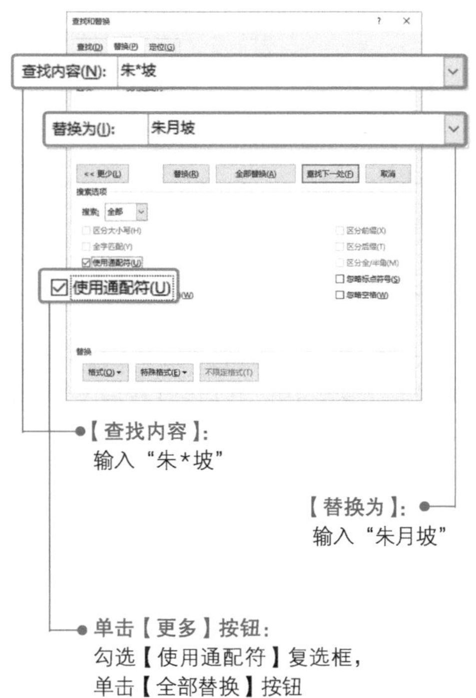

注意：在使用"*"时，必须要勾选【使用通配符】复选框才能生效。

Tips："*"输入方法：<Shift+8>。

8.2.3 格式替换

1. 文字格式的替换

依然使用上文中的案例，如果需要把文章中所有的“朱月坡”做重点标示，例如设置字体为楷体、小一号、常规、红色，这要怎么做呢？

Step1：按<Ctrl+H>快捷键，打开【替换】窗口。

Step2：在【查找内容】框中输入“朱月坡”；【替换为】内容留空，依次单击【更多】→【格式】→【字体】，打开【替换字体】对话框。

在【字体】窗口中，【中文字体】选择“楷体”，【字形】为“常规”，【字号】为“小一”，【字体颜色】为”红色“，然后单击【确定】按钮，返回【替换】窗口。

设置完成以后你会发现，【替换为】内容虽然留空，但是在该输入框下面会有一栏格式设置介绍。

Step3：检查设置没有问题的话，直接单击【全部替换】按钮即可。

思考： 通过以上介绍可知，利用替换功能不仅可以进行文字替换，还可以进行各种格式替换。

根据文字、格式替换的案例举一反三，思考：如何利用格式替换批量制作填空题？

2. 图片批量居中

插入文档中的图片，默认的格式都是左对齐。而一份几十页的文档，单图片就几十上百张，如果一张一张居中着实麻烦。其实利用格式替换功能，是可以一步搞定的！

Step1：按 <Ctrl+H> 快捷键，打开【替换】窗口。

Step2：在【查找内容】框中输入“^g”，或者依次单击【更多】→【特殊格式】→【图形】。

【替换为】内容留空，依次单击【更多】→【格式】→【段落】，打开【替换段落】对话框，对齐方式选择【居中】。单击【确定】按钮，返回【替换】窗口。

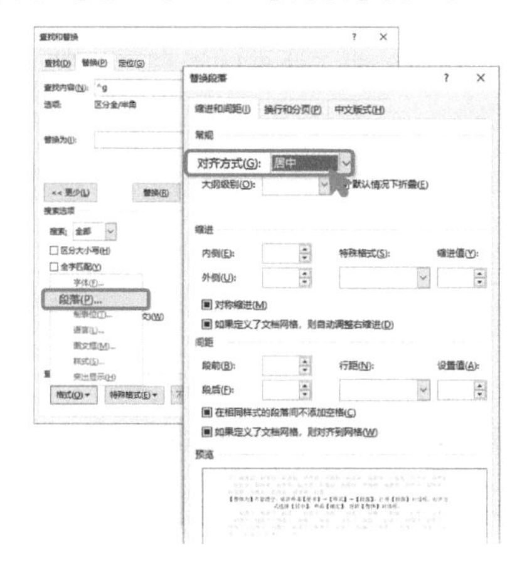

Step3：搜索选择【全部】，单击【全部替换】按钮即可。

在使用查找和替换功能时，Word会自动保存上一次的格式设置记忆。所以，在设置新的格式内容时，先检查原来的格式内容是否已经清除。

清除方法：将光标置于输入框内，单击【不限定格式】按钮即可。

（1）为什么图片无法居中

有时进行了上述操作以后发现，图片没有变化，没居中的还是没居中！这时就要先检查**图片的文字环绕方式是否是嵌入型，图片是否独立占据一行。**

替换功能仅对【嵌入型】的图片有效果！

选中图片，单击图片右上角的【布局选项】按钮，在【布局选项】面板中即可查看图片的当前类型状态。

（2）设置图片默认格式为【嵌入型】

其实，Word新插入的图片默认的文字环绕方式就是【嵌入型】，但是如果在操作过程中图片出现了问题，则很可能就是默认设置被更改了。

依次单击【文件】→【选项】→【高级】，在【剪切、复制和粘贴】中将【将图片插入/粘贴为】设置成“嵌入型”，单击【确定】按钮即可。

8.2.4 样式替换

依然使用上面的案例，如果文档中图片不满足于居中，为了版面的清爽、美观，还要求图片距离正文段前0.5行、段后1行，这要怎么办呢？

我们在3.4节中讲过，**格式的集中设置非样式莫属**。而且，样式也是可以查找和替换的！

那么，如何批量替换图片样式呢？

（1）创建“图片居中”样式

因为Word中没有自带图片属性的样式，所以我们要根据3.4.4节的内容给图片新建样式。

Step1：单击【样式】右下角的“命令启动器”按钮，打开【样式】窗格。单击【新建样式】命令。

Step2：在创建样式时，在【名称】框中做好命名，例如“图片居中”。依次单击左下角的【格式】→【段落】，打开【段落】对话框。

设置【对齐方式】为“居中”，【段前】为0.5行，【段后】为1行。设置完成后，单击【确定】按钮。

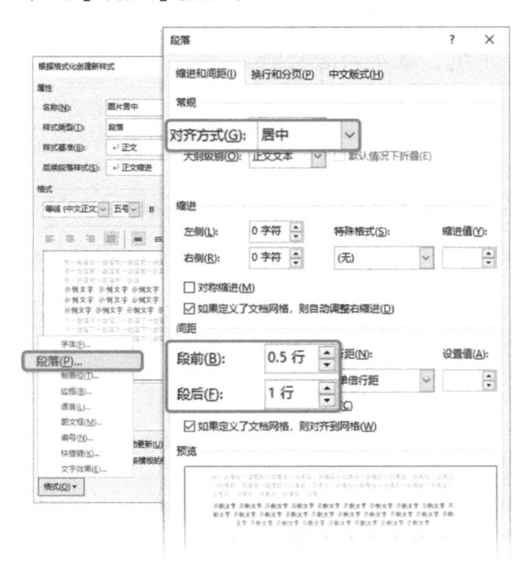

此时在样式库中即可看到“图片居中”样式。

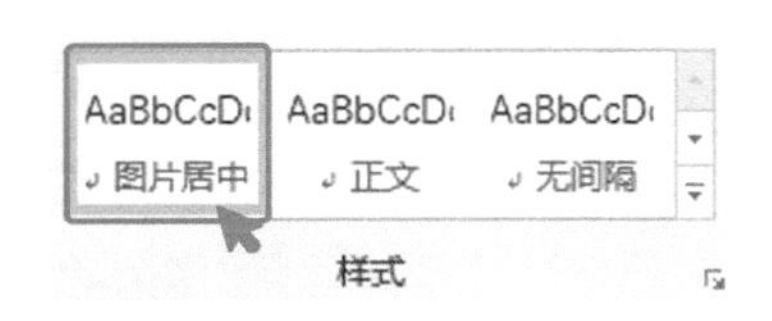

（2）批量替换样式

Step1：按 <Ctrl+H> 快捷键，打开【替换】窗口。

Step2：在【查找内容】框中输入“^g”；然后将光标定位在【替换为】框中，依次单击【更多】→【格式】→【样式】，打开【替换样式】对话框。选择“图片居中”样式，单击【确定】按钮，返回【替换】窗口。

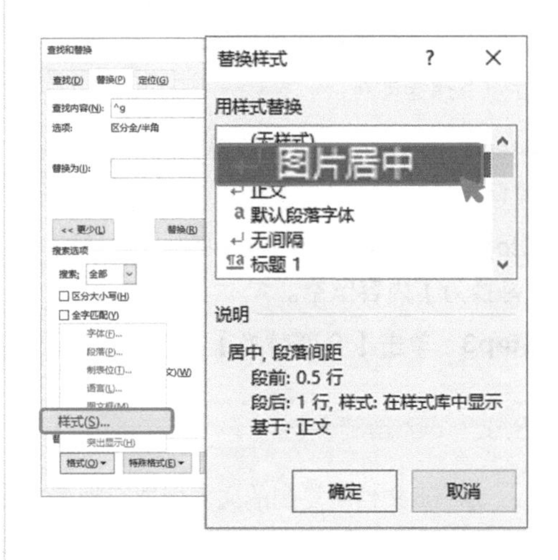

Step3：在【替换】窗口中，单击【全部替换】按钮，61 张图片的格式设置 3 秒搞定！

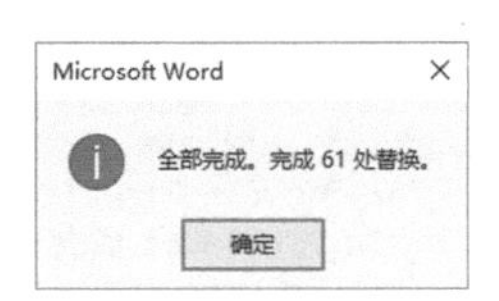

理由 8.3 利用替换，删删删

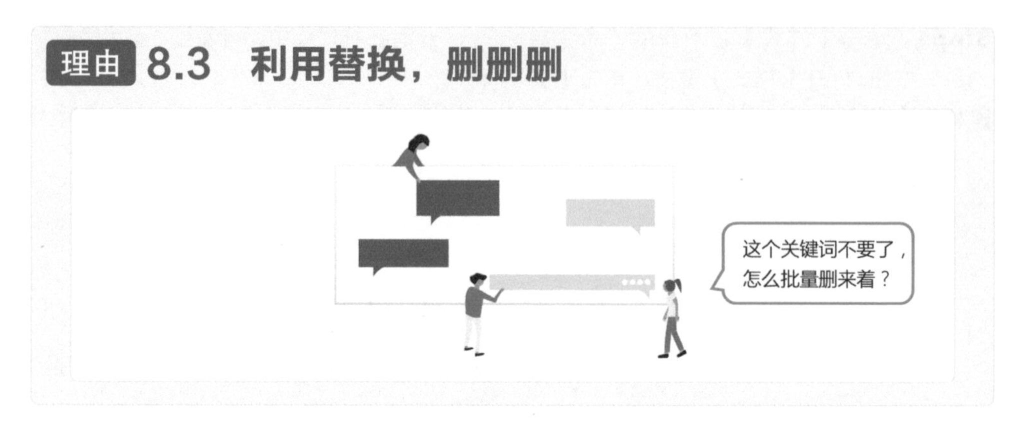

可能很多人都遇到过这样的问题：从PDF文档、网页上复制并粘贴文本到Word文档中，总是会含有大量的空格和空行。这些令人头疼的多余存在，手动删除真的很要命呀！其实，想要删什么，利用【替换】功能5秒就能搞定！

8.3.1 批量删除文字

批量删除文字是最简单的操作了。例如删除文档中的所有“朱月坡”，只需要进行如下操作即可。

Step1：按 <Ctrl+H> 快捷键，打开【替换】窗口。

Step2：在【查找内容】框中输入“朱月坡”；【替换为】内容留空。

Step3：单击【全部替换】按钮。

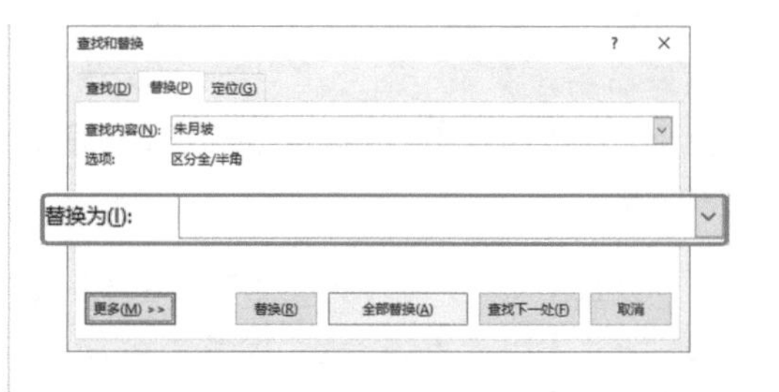

Tips：【替换为】内容只要留空，什么都不填，就是删除功能。

8.3.2 批量删除空格

从PDF文档中复制的文本里面有很多空白区域。其实它们都是多余的编辑标记，打开【显示编辑标记】命令，你会发现这些标记我们在8.1节中已经全面认识过了。

创业 型 公 司 通 常 具 有 巨 大 的 创新性、市场性、动态性及其 适应性。对创业
型 公 司 来 说,创新性是 企 业 发 展必须 具备 的 关键动力 之 一。正是创新性 的
存 在,才能 使 得 企 业有能力创 造 全新 的 产品,满 足 日 益变化 的 客户 需 求。
而 市场性是要求创业 型 公 司 时刻 以市场 的 变化为基准,根据市场 的需 求变化来
制定适 合企 业 自 身发 展的 战略 目 标。动态性包括创业 型 公 司 内部 的 组
织 结构,也包括对外的 竞争 模 式 和 手段,而 这些结构 和 手段 都 是时刻变化 的,
因 此 具 有高 度 的 灵 活 性。最 后一 点适应性是指创业 型 公 司 必须 比 其 他
公 司 更快 地适 应市 场 变化,从 而 对 企 业
现有 资 源 进行 合理 配置,在变化 的基 础 上,积 极 应对各 项风 险 和 挑 战,从
而 适应市场 发 展 的 模 式确保企 业 的长 久生 存。

怎么批量删除这些空白区域呢？

方法一

Step1：按 <Ctrl+H> 快捷键，打开【替换】窗口。

Step2：在【查找内容】框中输入“^w”；【替换为】内容留空。

Step3：单击【全部替换】按钮。

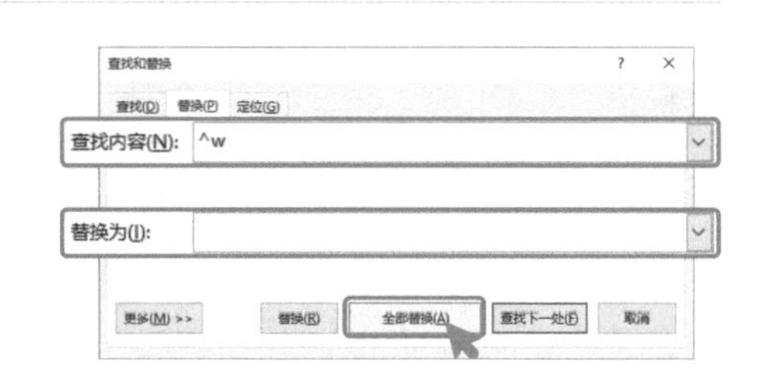

为什么按此操作，空白区域没有被删除干净呢？

因为在查找时，在【更多】→【搜索选项】中勾选了【区分全/半角】复选框，导致在批量删除空白区域时全角空格无法被识别。所以，在批量删除时，一定要先检查是否取消勾选了【区分全/半角】复选框。

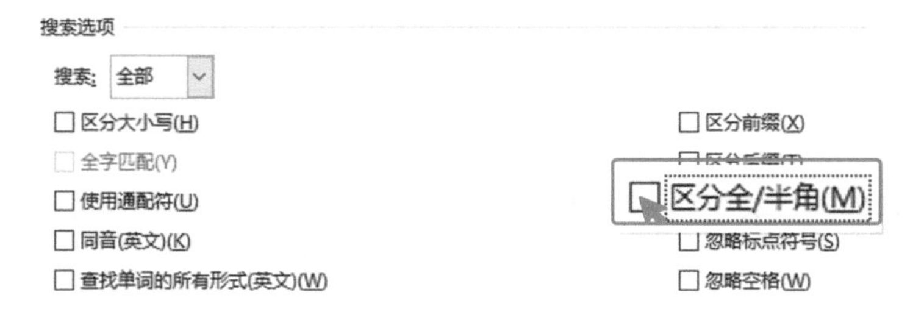

方法二

如果不记得“^w”代码的含义也没关系，将光标置于【替换为】框中，依次单击【更多】→【特殊格式】→【空白区域】即可。

如果还有不认识的标记，就打开【显示编辑标记】命令，直接选择该标记符号，复制到【查找内容】框中也可以。

在复制到【查找内容】框中时，虽然看不到标记符号，但是它是有效存在的。

8.3.3 批量删除空行

一般有两种情况会造成多余的空行：一种是不恰当的手动换行符；一种是多余的段落标记。

情况一：不恰当的手动换行符

8.1节已经介绍过，换行符又叫软回车，是按＜Shift+Enter＞快捷键时产生的向下箭头，其作用是换行显示。而多余的换行符会让一段内容分很多行显示。

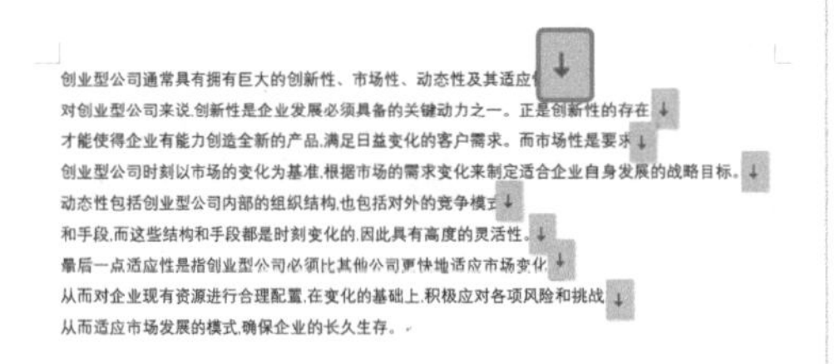

所以，我们需要删除文章中所有多余的换行符。

Step1：按 <Ctrl+H> 快捷键，打开【替换】窗口。

Step2：在【查找内容】框中输入“^l”；【替换为】内容留空。

Step3：单击【全部替换】按钮。

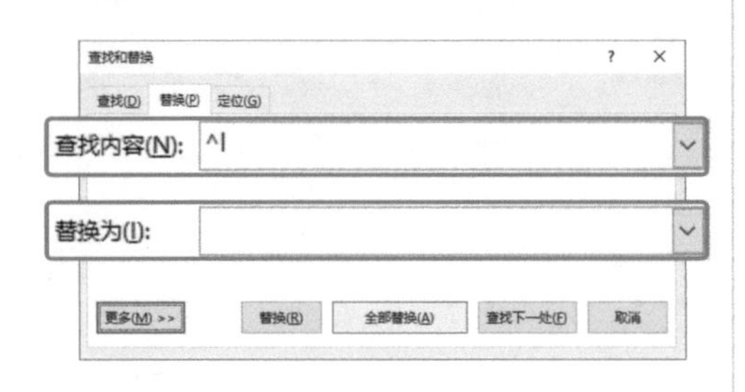

如果不记得“^l”代码的含义，则将光标置于【替换为】框中，依次单击【更多】→【特殊格式】→【手动换行符】即可。

情况二：多余的段落标记

段落标记又叫硬回车，是在Word中按回车键（Enter键）后出现的弯箭头。想必下面这种情况大家都识得：

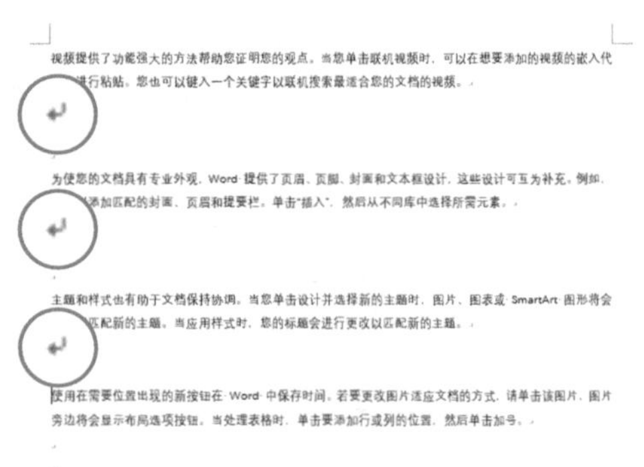

段落之间有很多多余的回车符，这要怎么办呢？

Step1：按 <Ctrl+H> 快捷键，打开【替换】窗口。

Step2：在【查找内容】框中输入“^p^p”；在【替换为】框中输入“^p”。

Step3：一直单击【全部替换】按钮，直到出现【全部完成。完成 0 处替换】提示框。

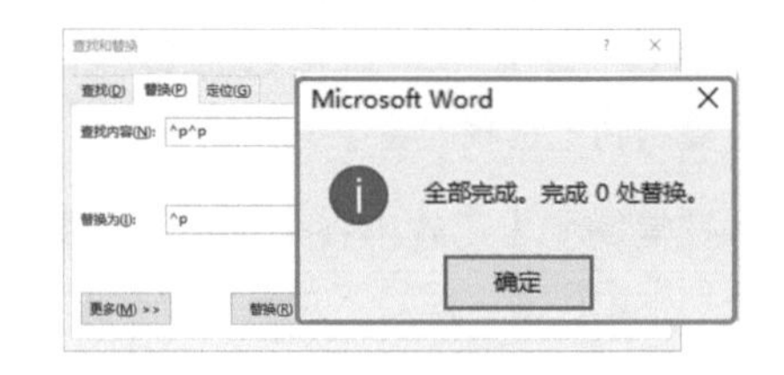

依然可以在【特殊格式】中找到“段落标记”。

在替换时，为什么在【查找内容】框中要输入两次段落标记呢？在【查找内容】框中输入一次“段落标记”，然后【替换为】内容留空不就可以了吗？

那是因为文章都是通过段落标记来进行分段的。在文章每一段文字的末尾都有一个段落标记，而且这个段落标记跟下面多余空行的段落标记是连续的，选择两个“段落标记”替换为一个“段落标记”，是为了让最终替换完成后的文章每一段内容的末尾依然保留一个段落标记。

如果直接把“段落标记”替换为“空”，那么整篇文章就会变成一段了。

理由 8.4 查找和替换的高级应用

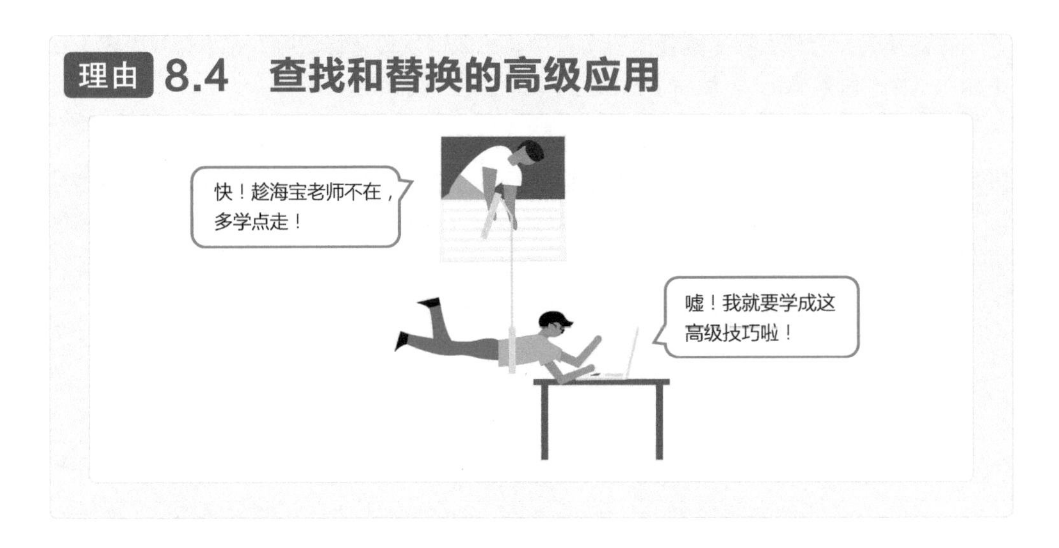

8.4.1 给手机号码打码

为了安全起见，在活动中需要公布个人信息时，一般都会给手机号码打码。一个两个还好说，一次活动成百上千人，拿什么拯救自己?

凡是重复，必有套路! 既然都是11位数的阿拉伯数字，只有中间4位需要变成“*”，那么使用查找和替换功能就好了。

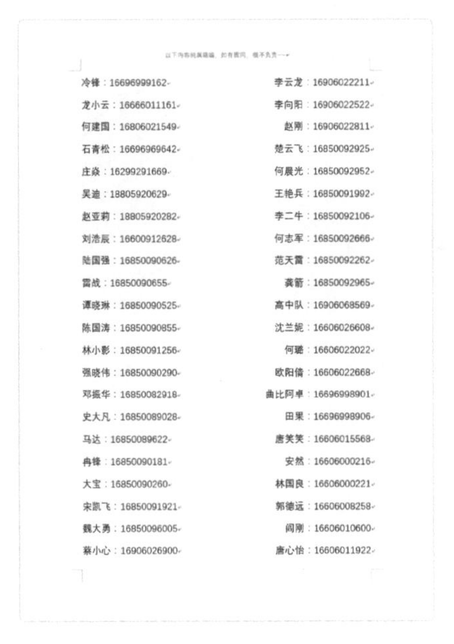

冷锋：16696999162
龙小云：16666011161
何建国：16806021549
石青松：16696969642
庄焱：16299291669
吴迪：18805920629
赵亚莉：18805920282
刘浩辰：16600912628
陆国强：16850090626
雷战：16850090655
谭晓琳：16850090525
陈国涛：16850090855
林小影：16850091256
强晓伟：16850090290
邓振华：16850082918
史大凡：16850089028
马达：16850089622
冉锋：16850090181
大宝：16850090260
宋凯飞：16850091921
魏大勇：16850096005
蔡小心：16906026900
李云龙：16906022211
李向阳：16906022522
赵刚：16906022811
楚云飞：16850092925
何晨光：16850092952
王艳兵：16850091992
李二牛：16850092106
何志军：16850092666
范天雷：16850092262
龚箭：16850092965
高中队：16906068569
沈兰妮：16606026608
何璐：16606022022
欧阳倩：16606022668
曲比阿卓：16696998901
田果：16696998906
唐笑笑：16606015568
安然：16606000216
林国良：16606000221
郭德远：16606008258
阎刚：16606010600
唐心怡：16606011922

手机号码打码前

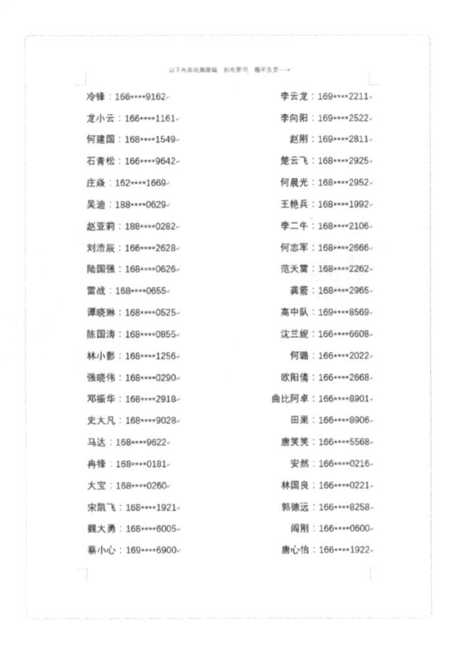

冷锋：166****9162
龙小云：166****1161
何建国：168****1549
石青松：166****9642
庄焱：162****1669
吴迪：188****0629
赵亚莉：188****0282
刘浩辰：166****2628
陆国强：168****0626
雷战：168****0655
谭晓琳：168****0525
陈国涛：168****0855
林小影：168****1256
强晓伟：168****0290
邓振华：168****2918
史大凡：168****9028
马达：168****9622
冉锋：168****0181
大宝：168****0260
宋凯飞：168****1921
魏大勇：168****6005
蔡小心：169****6900
李云龙：169****2211
李向阳：169****2522
赵刚：169****2811
楚云飞：168****2925
何晨光：168****2952
王艳兵：168****1992
李二牛：168****2106
何志军：168****2666
范天雷：168****2262
龚箭：168****2965
高中队：169****8569
沈兰妮：166****6608
何璐：166****2022
欧阳倩：166****2668
曲比阿卓：166****8901
田果：166****8906
唐笑笑：166****5568
安然：166****0216
林国良：166****0221
郭德远：166****8258
阎刚：166****0600
唐心怡：166****1922

手机号码打码后

方法一

Step1：按 <Ctrl+H> 快捷键，打开【替换】窗口。

Step2：在【查找内容】框中输入“(1??)(????)(????)”；在【替换为】框中输入“\1****\3”；勾选【使用通配符】复选框。

Step3：单击【全部替换】按钮。

注意：① 必须勾选【使用通配符】复选框。
② 代码必须使用英文输入法输入。

是不是觉得操作很简单，但是一脸茫然……

（1）【查找内容】表达式原理解析

因为替换效果是把手机号码的中间4位打码，所以我们要把11位阿拉伯数字分为3个部分来处理。

1. ()　　(1??)(????)(????)

括号表示将查找的内容分段，3个括号表示将原字符串分成了3段。

2. ?　　(1??)(????)(????)

在勾选【使用通配符】复选框后，“?”表示任意单个字符。

(1??)(????)(????)的完整表述是：

1．将查找的这个字符串分成3段。

2．第一段字符串以阿拉伯数字“1”开始，包含3个任意字符；第二段有4个字符；第三段有4个字符。

（2）【替换为】表达式原理解析

\1**\3**

\1：引用查找内容的第一段字符串。

\3：引用查找内容的第三段字符串。

中间的第二段字符串，4个数字用4个星号代替。

“方法一”在文档中全是11位手机号码时使用非常简单，但如果文档中有其他阿拉伯数字，例如邮政编码、身份证号码等，在批量查找和替换时就容易误伤友军。

所以，为了更加准确地进行查找和替换，我们还提供了“方法二”。

方法二

Step1：按 <Ctrl+H> 快捷键，打开【替换】窗口。

Step2：在【查找内容】框中输入“([0-9]{3})([0-9]{4})([0-9]{4}[!0-9])”；在【替换为】框中输入“\1****\3”；勾选【使用通配符】复选框。

Step3：单击【全部替换】按钮。

注意：① 必须勾选【使用通配符】复选框。
② 代码必须使用英文输入法输入。

(1)【查找内容】表达式原理解析

依然要把手机号码的11位阿拉伯数字分为3个部分来处理。

166 9699 9162　　166****9162

1. ()　([0-9]{3})([0-9]{4})([0-9]{4}[!0-9])

括号表示将查找的内容分段，3个括号表示将原字符串分成了3段。

2. [0-9]　([0-9]{3})([0-9]{4})([0-9]{4}[!0-9])

在勾选【使用通配符】复选框后，[0-9]表示这3段字符串是0~9之间的任意阿拉伯数字。

3. { }　([0-9]{3})([0-9]{4})([0-9]{4}[!0-9])

大括号表示每段字符串包含的字符个数。例如案例中3段字符串分别包含3、4、4个字符。

4. !　([0-9]{3})([0-9]{4})([0-9]{4}[!0-9])

第三段字符串后面多了一个“[!0-9]”，“!”代表否定，“[!0-9]”的意思是在查找的内容最后以任意非数字字符结尾。比如案例中手机号码都是以段落标记结尾的，防止文档中有18位身份证号码时被剔除掉。

([0–9]{3})([0–9]{4})([0–9]{4}[!0–9]) 的完整表述是：

1. 将查找的这个字符串分成3段。

2. 每一段字符串的字符都是任意数字，并且以非数字字符结尾。

3. 3段字符串：第一段有3个数字，第二段有4个数字，第三段有4个数字。

（2）【替换为】表达式原理解析

同“方法一”。

在Word中，使用通配符和表达式属于查找和替换的高级应用，了解一些常用的通配符和表达式，可以帮助我们完成很多复杂的工作。

通配符在【特殊格式】中都能找到，而且大礼包里面提供了Word通配符用法一览表，感兴趣的读者可以自行下载。

Word 通配符用法一览表

序号	查找内容	通配符	示例
1.	任意单个字符	?	例如，s?t 可查找“sat”和“set”
2.	任意字符串	*	例如，s*d 可查找“sad”和“started”
3.	单词的开头	<	例如，<(inter)查找“interesting”和“intercept”，但不查找“splintered”
4.	单词的结尾	>	例如，(in)>查找“in”和“within”，但不查找“interesting”
5.	指定字符之一	[]	例如，w[io]n 查找“win”和“won”
6.	指定范围内任意单个字符	[-]	例如，[r-t]ight 查找“right”和“sight”。必须用升序来表示该范围
7.	中括号内指定字符范围以外的任意单个字符	[!x-z]	例如，t[!a-m]ck 查找“tock”和“tuck”，但不查找“tack”和“tick”
8.	n个重复的前一个字符或表达式	{n}	例如，fe{2}d 查找“feed”，但不查找“fed”
9.	至少n个前一个字符或表达式	{n,}	例如，fe{1,}d 查找“fed”和“feed”
10.	$n \sim m$个前一个字符或表达式	{n,m}	例如，10{1,3}查找“10”、“100”和“1000”
11.	一个以上的前一个字符或表达式	@	例如，lo@t 查找“lot”和“loot”

思考：利用上述方法，对手机号码进行隔断，做成166-9699-9162格式，怎么办呢？

8.4.2 给文档快速分段

从网上复制下来的内容，有时候会有很多多余的空行需要删除，有时候又会缺少空行需要添加，真的是很难捉摸呀！像下面这份复制下来的文档，杂乱无章一团糟，读起来非常吃力。怎么利用查找和替换功能在每一个序号前进行快速分段呢？

1.abilloffare 菜单；节目单 2.acaseinpoint 一个恰当的例子 3.acoupleof 一对，一双；几个 4.afarcry 遥远的距离 5.afew 少许，一些 6.agooddeal 许多，大量；...得多 7.agoodfew 相当多，不少 8.agoodmany 大量的，许多，相当多 9.ahardnuttocrack 棘手的问题 10.alittle 一些，少许；一点儿 11.alotof 大量，许多；非常 12.anumberof 一些，许多 13.apointofview 观点，着眼点 14.aseriesof 一系列，一连串 15.avarietyof 种种，各种 16.abideby 遵守(法律等)；信守 17.aboundin 盛产，富于，充满 18.aboveall 首先，首要，尤其是 19.above-mentioned 上述的 20.abstainfrom 戒除，弃权，避开 21.accessto 接近；通向...的入口 22.accordingas 根据...而...23.accordingto 根据...所说；按照 24.accountfor 说明(原因等)；解释 25.accountfor 占；打死，打落(敌机) 26.accusesb.ofsth.控告(某人某事) 27.actfor 代理

Step1：按 <Ctrl+H> 快捷键，打开【替换】窗口。

Step2：在【查找内容】框中输入“([0-9]{1,2}).”；在【替换为】框中输入“^p\1.”；勾选【使用通配符】复选框。

Step3：单击【全部替换】按钮。

注意：① 必须勾选【使用通配符】复选框。

② 代码必须使用英文输入法输入，或者直接在【特殊格式】中进行选择。

查找和替换
查找(D) 替换(P) 定位(G)
查找内容(N): ([0-9]{1,2}).
选项: 使用通配符
替换为(I): ^p\1.
<< 更少(L) 替换(R) 全部替换(A) 查找下一处(F) 取消
搜索选项
搜索: 全部
区分大小写(H) 区分前缀(X)
区分后缀(T)
使用通配符(U) 区分全/半角(M)
同音(英文)(K) 忽略标点符号(S)
查找单词的所有形式(英文)(W) 忽略空格(W)
替换
格式(O) 特殊格式(E) 不限定格式(T)

结果如下：

1.abilloffare 菜单；节目单
2.acaseinpoint 一个恰当的例子
3.acoupleof 一对，一双；几个
4.afarcry 遥远的距离
5.afew 少许，一些
6.agooddeal 许多，大量；...得多
7.agoodfew 相当多，不少
8.agoodmany 大量的，许多，相当多
9.ahardnuttocrack 棘手的问题
10.alittle 一些，少许；一点儿
11.alotof 大量，许多；非常
12.anumberof 一些，许多
13.apointofview 观点，着眼点
16.abideby 遵守(法律等)；信守
17.aboundin 盛产，富于，充满
18.aboveall 首先，首要，尤其是
19.above-mentioned 上述的
20.abstainfrom 戒除，弃权，避开
21.accessto 接近；通向...的入口
22.accordingas 根据...而...
23.accordingto 根据...所说；按照
24.accountfor 说明(原因等)；解释
25.accountfor 占；打死，打落(敌机)
26.accusesb.ofsth.控告(某人某事)
27.actfor 代理
28.acton 按照...而行动
31.addupto 合计达，总计是
32.addup 加算，合计
33.adhereto 黏附在...上；坚持
34.adjacentto 与...毗连的
35.admiretodosth.(美口)很想做某事
36.admitof 容许有，有...余地
37.admitto 承认
38.admitto 让...享有
39.advertisefor 登广告征求(寻找)某物
40.affectto 假装
41.affordto(买)得起(某物)
42.afteralittle 过了一会儿
43.afterawhile 过了一会儿，不久

（1）**查找内容：([0-9]{1,2}).**

[0-9] 表示匹配0~9的任意阿拉伯数字。

{1,2} 表示前面的字符个数为1~2个。例如：[0-9]{1,3}可以匹配1,12,123等。

此处也可以用“@”字符替换，“@”表示1个以上前一个字符或表达式，即“([0-9]@)”。

( ) 表示把括号内部分看作一个整体，在后续替换中会用到。

. 即序号后面的间隔点。

（2）**替换为：^p\1.**

^p 表示需要添加的段落标记。

\1 表示查找内容中括号里面的部分。

. 即序号后面的间隔点。

替换功能真的很强大，学习完这些基本的通配符使用方法，结合实际举一反三，绝对对提高办公效率大有裨益！知行合一，披荆斩棘。

8.4.3 高级查找——对书名重点标示

在一篇长文档中，如果只需要将书名设置为黑体、红色、加粗，但“《》”不变，这要怎么办呢？

好书推荐

亚马逊网近日发布了它的人生必读的 100 本书清单。所列书目从 1813 年的《傲慢与偏见》到 1925 年的《了不起的盖茨比》，到 2013 年的《生命不息》（《Life after Life》），跨越了两百年的文学时间。

网站编辑总监 Sara Nelson 接受了不少采访，听下来，印象最深的是：这是一份手作的推荐清单，没有用到点击率分析等技术手段；希望选的书有代表性，能引领读者通往更多的书。

而仔细读完这份清单会发现，它最大的亮点在可读性，比如里面会有《厨房机密》，会有《天生就会跑》，还有《饥饿游戏》《黄金罗盘》；比如毛姆选了《人性的枷锁》而不是《月亮和六便士》；比如没有莎士比亚但有大卫·伊格斯、安·帕

Step1：依次单击【开始】→【查找】→【高级查找】，打开【查找和替换】对话框。

Step2：在【查找】窗口中，在【查找内容】框中输入“《*》”，勾选【使用通配符】复选框，单击【在以下项中查找】→【主文档】命令。

Tips：“*”输入方法：<Shift+8>。

Step3：保持【查找和替换】对话框不关闭，在【查找内容】框中输入“[!《》]”，依次单击【在以下项中查找】→【当前所选内容】命令。

Tips：“!”必须使用英文输入法输入。

Step4：按键盘左上角的 <Esc> 键关闭【查找和替换】对话框。结果如下：

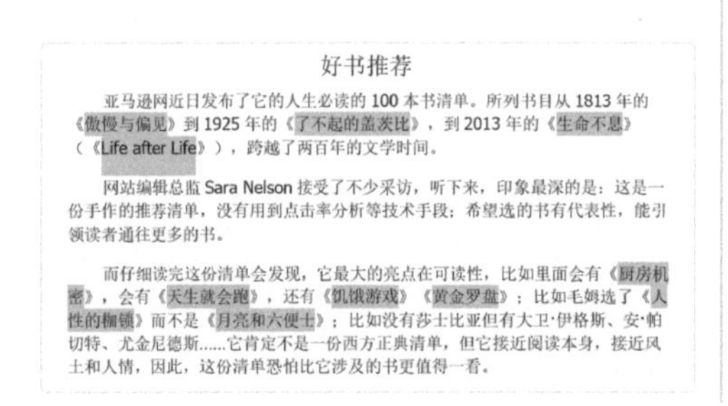

好书推荐

亚马逊网近日发布了它的人生必读的100本书清单。所列书目从1813年的《傲慢与偏见》到1925年的《了不起的盖茨比》，到2013年的《生命不息》（《Life after Life》），跨越了两百年的文学时间。

网站编辑总监 Sara Nelson 接受了不少采访，听下来，印象最深的是：这是一份手作的推荐清单，没有用到点击率分析等技术手段；希望选的书有代表性，能引领读者通往更多的书。

而仔细读完这份清单会发现，它最大的亮点在可读性，比如里面会有《厨房机密》，会有《天生就会跑》，还有《饥饿游戏》《黄金罗盘》；比如毛姆选了《人性的枷锁》而不是《月亮和六便士》；比如没有莎士比亚但有大卫·伊格斯、安·帕切特、尤金尼德斯……它肯定不是一份西方正典清单，但它接近阅读本身，接近风土和人情，因此，这份清单恐怕比它涉及的书更值得一看。

接下来对选中的文本直接进行编辑即可。

原理解析：

《*》：“*”是一个通配符，代表任意字符串。“《*》”就表示查找带有“《》”的任意字符串，无论字符串是中文、西文还是数字，也无论字符串的字符是多还是少。

[!《》]：“[ ]”代表指定字符；“!”代表否定。“[!《》]”代表查找除“《》”以外的任意内容。

所以，解析步骤如下：

第一步：在【查找内容】框中输入“《*》”，查找范围锁定【主文档】，意思是先把范围锁定到文档中所有带有“《》”的内容。

第二步：在【查找内容】框中输入“[!《》]”，查找范围锁定【当前所选内容】，意思是在已经锁定的小范围的基础上锁定除“《》”以外的所有书名。接下来就可以进行编辑了。

其实很多时候，我们在使用查找和替换功能时很难做到一步到位，而是需要逻辑性地编写一些表达式。这个时候就需要冷静下来认真制定方案，化繁为简，一步一步缩小查找范围。

总之：凡是重复，必有套路。

当然，套路都是以一定的知识原理为基础的，所以希望大家可以借此举一反三，在职场中buling-buling亮晶晶！

第9章

高效排版：
不能错过的神技能

神技一 剪贴板：复制/粘贴的神助攻

神技二 自定义快速访问工具栏

神技三 超好用的快速选择

神技四 制表符：A、B、C、D对齐

神技五 长文档的查看

神技六 多文档的拆分与合并

……

Word之光
师父，我们终于获得
Word真经啦！

神技 9.1　剪贴板：复制 / 粘贴的神助攻

办公时，经常需要从不同的地方多次复制不同的内容。正常来讲，Word每次只能复制并粘贴一次，来来回回非常浪费时间。而有了Office剪贴板就不一样了，我们可以从不同的地方复制很多内容，一次性粘贴。而且，也可以把经常反复使用的内容存储在剪贴板中，方便随时调用。

9.1.1　剪贴板的使用

（1）启动【剪贴板】

依次单击【开始】→【剪贴板】组右下角的“命令启动器”按钮，在Word左侧即会打开【剪贴板】窗格。

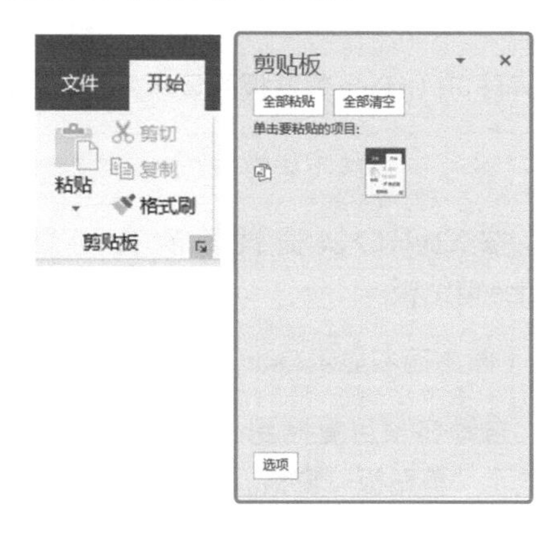

（2）复制剪贴板内容

打开【剪贴板】窗格以后，就可以从不同的地方复制所需要的内容了。【剪贴板】可以复制文字、图片、表格等，所有复制的内容都会被一一存储在【剪贴板】面板上。

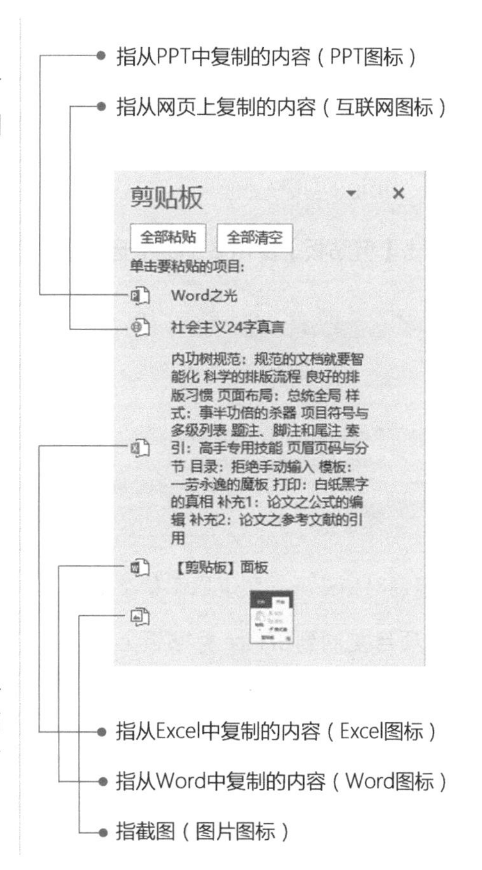

Tips：Office剪贴板最多只能容纳24个项目，如果复制了第 25 个项目，剪贴板就会自动删除第一项内容。而且，如果复制了一模一样的对象，那么剪贴板仅自动保存一项内容。

（3）粘贴剪贴板内容

在粘贴剪贴板内容时，需要粘贴哪一项直接单击该内容即可。当然，也可以单击【剪贴板】窗格左上角的【全部粘贴】按钮，实现一次性粘贴。

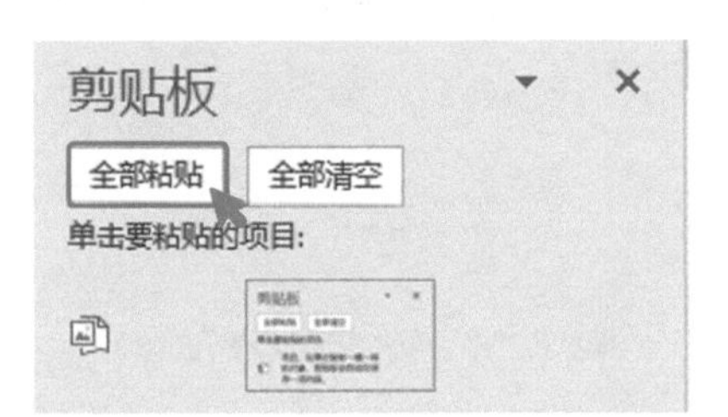

（4）删除剪贴板内容

若要删除一个项目，则只需单击该项目右边的下三角按钮，选择【**删除**】即可。

如果要删除所有项目，则单击【剪贴板】窗格右上角的【**全部清空**】按钮即可。

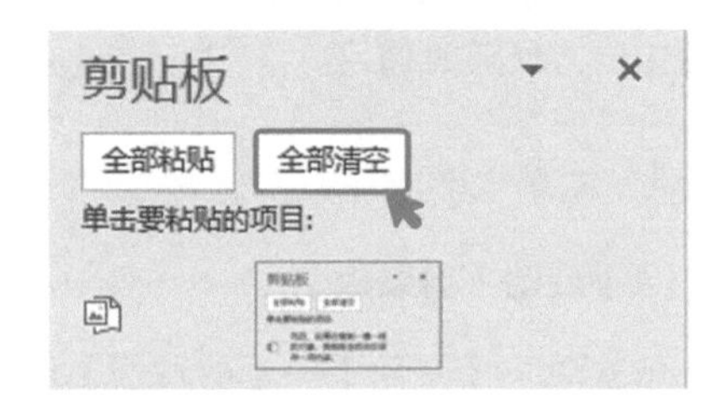

9.1.2 Office剪贴板的显示方式

单击【剪贴板】窗格底部的【**选项**】按钮，即可打开Office剪贴板的显示方式选项。

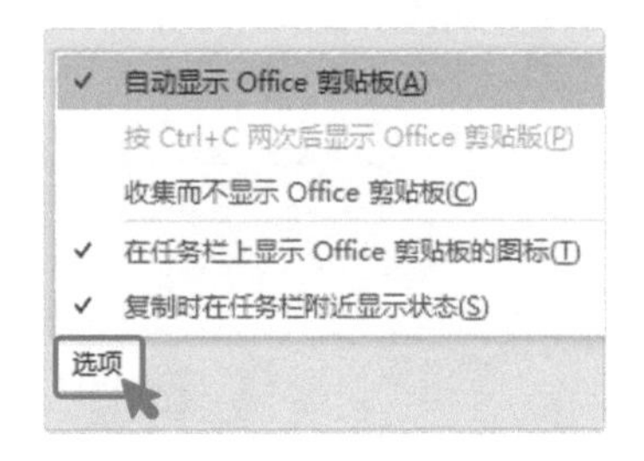

【复制时在任务栏附近显示状态】：

将项目复制到Office剪贴板上时，显示收集的项目消息。在默认情况下，此选项处于启用状态。

【自动显示Office剪贴板】：

在复制项目时自动显示Office剪贴板。

【按Ctrl+C两次后显示Office剪贴板】：

按<Ctrl+C>快捷键两次自动显示Office剪贴板。

【收集而不显示Office剪贴板】：

自动将项目复制到Office剪贴板上而不显示“剪贴板”窗格。

【在任务栏上显示Office剪贴板的图标】：

当Office剪贴板处于活动状态时，在系统任务栏的状态区域显示“Office 剪贴板”图标。在默认情况下，此选项处于启用状态。

神技 9.2　自定义快速访问工具栏

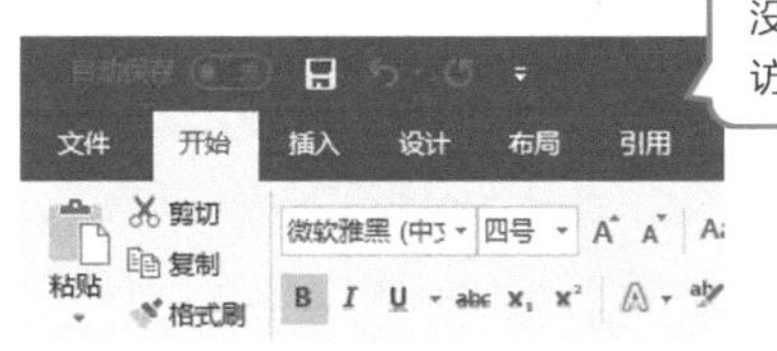

没见过默认的快速访问工具栏吗？

Word默认的快速访问工具栏位于功能区的左上方，只有3~4个命令按钮。

刚进入职场的“小白”，对软件功能还不太熟悉，可能得花时间在各选项卡之间来回切换，才能找到想要的功能命令，这样一来二去“查找成本”就会很高。即使已经很熟悉功能命令在哪里了，找到它的确不难，点几下鼠标就可以找到，但无形中会花费“点击成本”。“查找成本”和“点击成本”会严重影响工作效率，浪费时间，而快速访问工具栏就可以一口气解决这两个问题。

9.2.1　添加快速访问工具栏

1. 添加功能区的命令

将功能区的命令添加到快速访问工具栏中，非常简单。

将光标置于命令按钮上面，单击鼠标右键，选择【添加到快速访问工具栏】即可。

添加到快速访问工具栏(A)
自定义快速访问工具栏(C)...
在功能区上方显示快速访问工具栏(S)
自定义功能区(R)...
折叠功能区(N)

2. 添加不在功能区的命令

Step1：将光标置于功能区的任意空白位置，单击鼠标右键，选择【自定义快速访问工具栏】。

添加到快速访问工具栏(A)
自定义快速访问工具栏(C)...
在功能区下方显示快速访问工具栏(S)
自定义功能区(R)...
折叠功能区(N)

Step2：在【从下列位置选择命令】列表中选择“所有命令”，找到所需要的命令，单击【添加】按钮，该命令就会显示在右侧的列表中。将所需命令全部添加完成后，单击【确定】按钮即可。

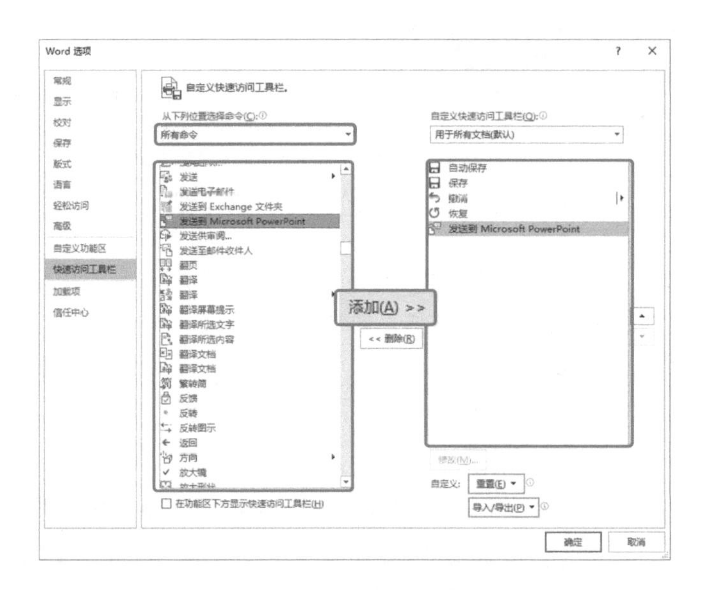

9.2.2　整理快速访问工具栏

随着所添加的命令越来越多，快速访问工具栏的优势就会越来越弱。如果需要一个命令，在快速访问工具栏中也得找半天。

所以，为了最大限度地发挥快速访问工具栏的作用，我们需要对所添加的命令进行整理。而且，为了方便点击，降低点击成本，最好把快速访问工具栏显示在功能区下方。

1. 在功能区下方显示快速访问工具栏

单击快速访问工具栏右侧的下拉三角按钮，选择底部的【在功能区下方显示】命令即可。

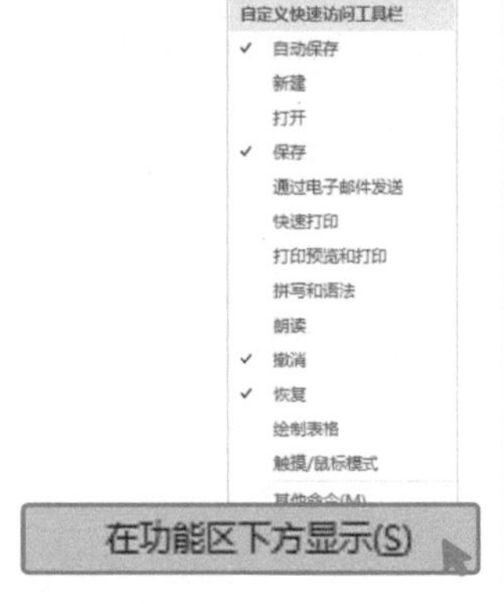

2. 整理命令

当快速访问工具栏中的命令足够多时，要找到相应的命令也会很花时间，所以需要对快速访问工具栏中的命令进行整理。把相关命令作为一组放置在一起，并添加分隔线与其他组的命令进行区别。

调整命令顺序：

打开【自定义快速访问工具栏】，在右侧的命令区中选择命令，单击上、下三角按钮，可以调整命令的前后顺序。命令越往上，在快速访问工具栏中就越靠前；命令越往下，在快速访问工具栏中就越靠后。

命令分组：

不选中命令，直接单击【添加】按钮，即可快速插入分隔符，对快速访问工具栏中的命令进行分组。

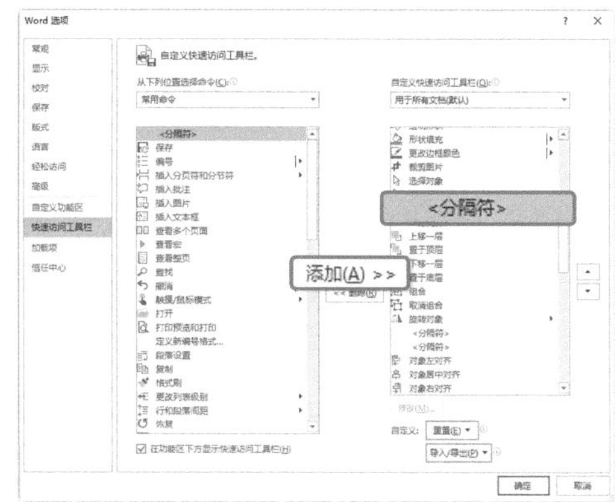

例如，可以根据自己的操作习惯，把快速访问工具栏中的命令**分为7组**，分别是：

01 基础工具组；02 文字工具组；03 形状工具组；04 调整层级组；05 对齐工具组；06 页面显示组；07 其他工具组。

01 **基础工具组**

02 **文字工具组**

03 **形状工具组**

04 调整层级组

05 对齐工具组

06 页面显示组

07 其他工具组

9.2.3 导入/导出自定义设置

快速访问工具栏的自定义设置也是可以导入/导出的。当电脑系统需要重装或者换电脑时，我们就可以提前把这些自定义设置从电脑中导出并保存到U盘中，等系统重装完成以后，再导入这些自定义设置，省去了重复设置的麻烦。

打开【自定义快速访问工具栏】，单击下方的【导入/导出】按钮，选择其中的选项，就可以导出所有自定义设置或导入自定义文件了。

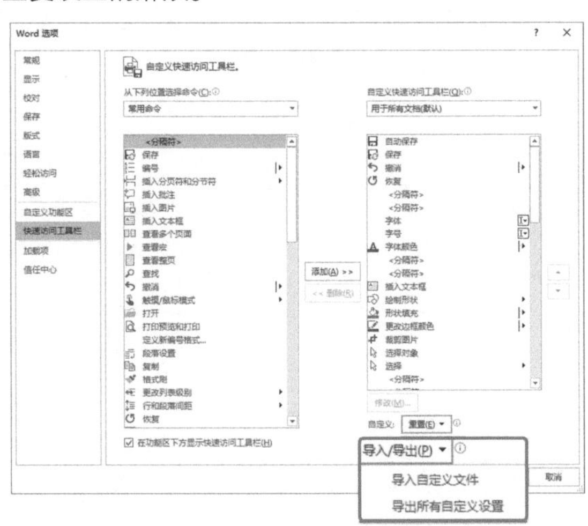

通过这个功能，我们就可以相互分享快速访问工具栏的自定义设置。

在微信公众号向天歌后台回复：Word之光，下载本书大礼包，里面有个人的自定义快速访问工具栏的安装文件。

神技 9.3　超好用的快速选择

知道如何快速选择文本，是掌握Word的基本功。只有选中了文本，我们才能对文本实施后续操作。很多人选择文本只有一个办法，就是将鼠标从头拖到尾。

其实真正的高手却能通过键盘配合鼠标，优雅地搞定！

9.3.1　鼠标点选

将光标置于文档的左侧，当鼠标指针变为时，单击鼠标左键，可以快速选中一行；双击鼠标左键，可以快速选择一段；三击鼠标左键，可以选择全文。

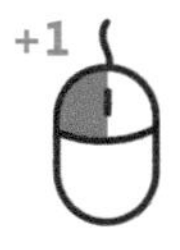

视频提供了功能强大的方法帮助您证明您的观点。当您单击联机视频时，可以在想要添加的视频的嵌入代码中进行粘贴。您也可以键入一个关键字以联机搜索最适合您的文档的视频。
为使您的文档具有专业外观，Word 提供了页眉、页脚、封面和文本框设计，这些设计可互为补充。例如，您可以添加匹配的封面、页眉和提要栏。单击"插入"，然后从不同库中选择所需元素。
主题和样式也有助于文档保持协调。当您单击设计并选择新的主题时，图片、图表或 SmartArt 图形将会更改以匹配新的主题。当应用样式时，您的标题会进行更改以匹配新的主题。

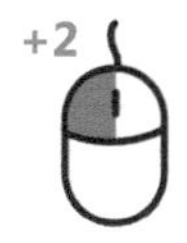

视频提供了功能强大的方法帮助您证明您的观点。当您单击联机视频时，可以在想要添加的视频的嵌入代码中进行粘贴。您也可以键入一个关键字以联机搜索最适合您的文档的视频。
为使您的文档具有专业外观，Word 提供了页眉、页脚、封面和文本框设计，这些设计可互为补充。例如，您可以添加匹配的封面、页眉和提要栏。单击"插入"，然后从不同库中选择所需元素。
主题和样式也有助于文档保持协调。当您单击设计并选择新的主题时，图片、图表或 SmartArt 图形将会更改以匹配新的主题。当应用样式时，您的标题会进行更改以匹配新的主题。

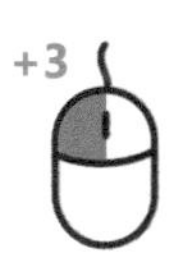

视频提供了功能强大的方法帮助您证明您的观点。当您单击联机视频时，可以在想要添加的视频的嵌入代码中进行粘贴。您也可以键入一个关键字以联机搜索最适合您的文档的视频。
为使您的文档具有专业外观，Word 提供了页眉、页脚、封面和文本框设计，这些设计可互为补充。例如，您可以添加匹配的封面、页眉和提要栏。单击"插入"，然后从不同库中选择所需元素。
主题和样式也有助于文档保持协调。当您单击设计并选择新的主题时，图片、图表或 SmartArt 图形将会更改以匹配新的主题。当应用样式时，您的标题会进行更改以匹配新的主题。

按住鼠标左键拖动，还能连续选择多行多段。

按住

视频提供了功能强大的方法帮助您证明您的观点。当您单击联机视频时，可以在想要添加的视频的嵌入代码中进行粘贴。您也可以键入一个关键字以联机搜索最适合您的文档的视频。
为使您的文档具有专业外观，Word 提供了页眉、页脚、封面和文本框设计，这些设计可互为补充。例如，您可以添加匹配的封面、页眉和提要栏。单击“插入”，然后从不同库中选择所需元素。
主题和样式也有助于文档保持协调。当您单击设计并选择新的主题时，图片、图表或 SmartArt 图形将会更改以匹配新的主题。当应用样式时，您的标题会进行更改以匹配新的主题。

9.3.2 快捷键搭配

Ctrl 键

① 按住 <Ctrl> 键，单击一句话的任意位置，即可快速选中这句话。

视频提供了功能强大的方法帮助您证明您的观点。当您单击联机视频时，可以在想要添加的视频的嵌入代码中进行粘贴。您也可以键入一个关键字以联机搜索最适合您的文档的视频。
为使您的文档具有专业外观，Word 提供了页眉、页脚、封面和文本框设计，这些设计可互为补充。例如，您可以添加匹配的封面、页眉和提要栏。单击“插入”，然后从不同库中选择所需元素。

主题和样式也有助于文档保持协调。当您单击设计并选择新的主题时，图片、图表或 SmartArt 图形将会更改以匹配新的主题。当应用样式时，您的标题会进行更改以匹配新的主题。

Ctrl 键

② 按住 <Ctrl> 键，拖动鼠标，可以快速选择不连续的多段文本。

视频提供了功能强大的方法帮助您证明您的观点。当您单击联机视频时，可以在想要添加的视频的嵌入代码中进行粘贴。您也可以键入一个关键字以联机搜索最适合您的文档的视频。
为使您的文档具有专业外观，Word 提供了页眉、页脚、封面和文本框设计，这些设计可互为补充。例如，您可以添加匹配的封面、页眉和提要栏。单击“插入”，然后从不同库中选择所需元素。
主题和样式也有助于文档保持协调。当您单击设计并选择新的主题时，图片、图表或 SmartArt 图形将会更改以匹配新的主题。当应用样式时，您的标题会进行更改以匹配新的主题。

Shift 键

Step1：用鼠标单击一下 A 处，然后滚动鼠标到 B 处所在页面。

Step2：按住 <Shift> 键，然后单击 B 处，即可快速选择从鼠标的单击起点到单击终点之间的文本。

Alt 键　按住<Alt>键，拖动鼠标，可以矩形选择文本。

拖动

视频提供了功能强大的方法帮助您证明您的观点。当您单击联机视频时，可以在想要添加的视频的嵌入代码中进行粘贴。您也可以键入一个关键字以联机搜索最适合您的文档的视频。

为使您的文档具有专业外观，Word 提供了页眉、页脚、封面和文本框设计，这些设计可互为补充。例如，您可以添加匹配的封面、页眉和提要栏。单击“插入”，然后从不同库中选择所需元素。

主题和样式也有助于文档保持协调。当您单击设计并选择新的主题时，图片、图表或 SmartArt 图形将会更改以匹配新的主题。当应用样式时，您的标题会进行更改以匹配新的主题。

视频提供了功能强大的方法帮助您证明您的观点。当您单击联机视频时，可以在想要添加的视频的嵌入代码中进行粘贴。您也可以键入一个关键字以联机搜索最适合您的文档的视频。

为使您的文档具有专业外观，Word 提供了页眉、页脚、封面和文本框设计，这些设计可互为补充。例如，您可以添加匹配的封面、页眉和提要栏。单击“插入”，然后从不同库中选择所需元素。

主题和样式也有助于文档保持协调。当您单击设计并选择新的主题时，图片、图表或 SmartArt 图形将会更改以匹配新的主题。当应用样式时，您的标题会进行更改以匹配新的主题。

Ctrl+Shift+Home 快捷键　将光标置于要选择的文本末尾，按<Ctrl+Shift+Home>快捷键，可以瞬间选中光标之前的所有文本。

Ctrl+Shift+End 快捷键　将光标置于要选择的文本起点，按<Ctrl+Shift+End>快捷键，可以瞬间选中光标之后的所有文本。

9.3.3 功能命令

对格式的修改总是循环往复的。有的时候刚设置好标题格式，却发现不合适需要重新调整。怎么办呢？再一个一个选中修改？不需要！

将光标置于一个标题的任意位置，依次单击【开始】→【编辑】组中的【选择】→【选定所有格式类似的文本（无数据）】，即可一键选中所有标题：

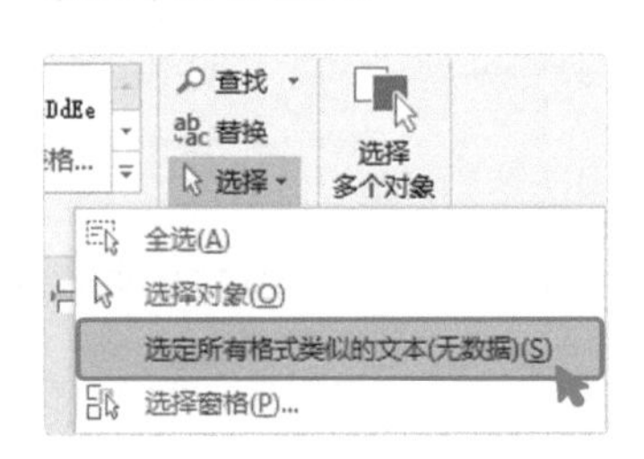

海宝是谁

一名不伟大的女性

吧啦吧啦假装有一大段话介绍，吧啦吧啦假装有一大段话介绍，吧啦吧啦假装有一大段话介绍。

向天歌Word讲师

吧啦吧啦假装有一大段话介绍，吧啦吧啦假装有一大段话介绍，吧啦吧啦假装有一大段话介绍。

为什么要关注海宝

学习WORD办公技巧

吧啦吧啦假装有一大段话介绍，吧啦吧啦假装有一大段话介绍，吧啦吧啦假装有一大段话介绍。

关注谁不是关注

吧啦吧啦假装有一大段话介绍，吧啦吧啦假装有一大段话介绍，吧啦吧啦假装有一大段话介绍。

关注海宝的方式

抖音号Word之光

吧啦吧啦假装有一大段话介绍，吧啦吧啦假装有一大段话介绍，吧啦吧啦假装有一大段话介绍。

微博@向天歌海宝

吧啦吧啦假装有一大段话介绍，吧啦吧啦假装有一大段话介绍，吧啦吧啦假装有一大段话介绍。

只要选择格式相同的文本，就可以应用此功能。

总结

将鼠标移动到页面左侧：

单击：选一行　　双击：选一段

三击：选全文　　拖动鼠标：选多行多段

快捷键+鼠标：

Ctrl+单击：选单句　　Ctrl+Shift+Home：选光标前的所有文本

Shift+单击：连续选择　　Ctrl+Shift+End：选光标后的所有文本

Alt+拖动：矩形选择

神技 9.4　制表符：A、B、C、D对齐

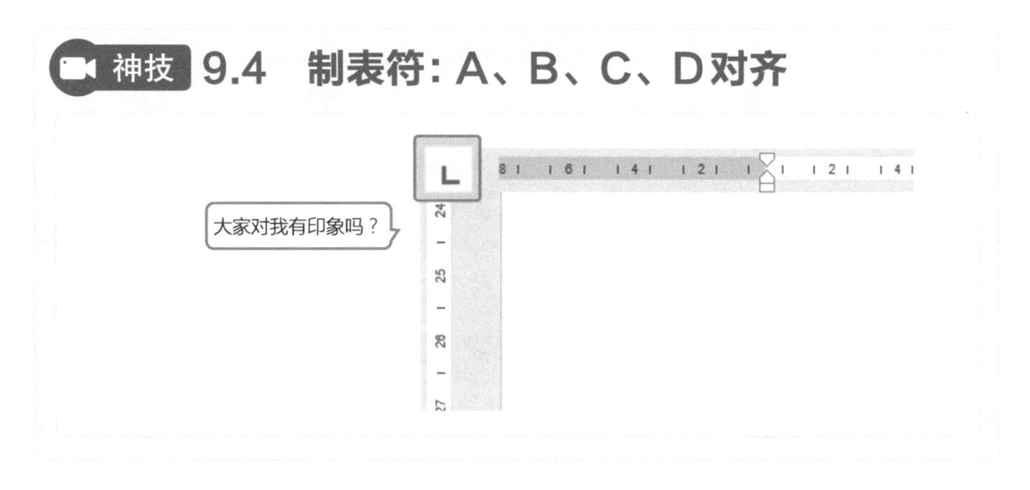

要讲对齐，怎么也不能少了制表符。

制表符也叫制表位，通常来说，无论是合同信息条款两栏对齐，还是问卷A、B、C、D选项对齐，抑或是表格里面的小数点对齐，只要是对齐，就需要用到制表符。

制表符总是伴随着标尺出现，在【视图】中勾选【标尺】，制表符就会出现在标尺的拐角处，夹缝而生。

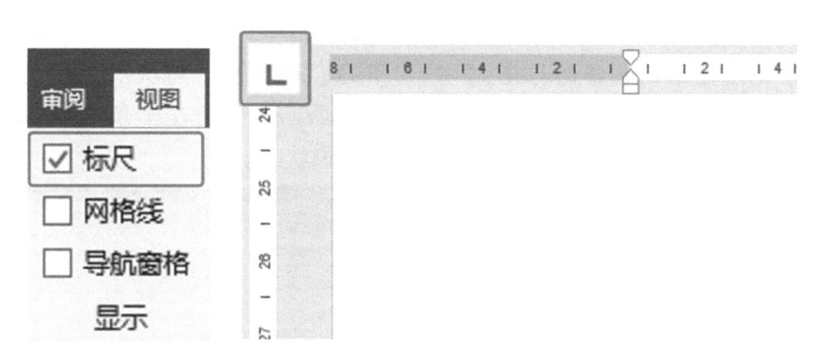

其中，我们最常用到的有4项：

左对齐	居中对齐	右对齐	小数点对齐

制表符在文档中的编辑标记是一个灰色的右向小箭头：→。

接下来，我们就以问卷A、B、C、D选项对齐为例，来了解制表符的应用。

效果预览

成品展示

1. 这本书的作者是谁?

A、海宝老师　B、大毛老师　C、注龙老师　D、沛文老师

2. 我们演示操作用的哪个版本软件?

A、Office 2003　B、Office 2010　C、Office 2016　D、WPS

3. 向天歌目前总共有几本书?

A、Word　B、Excel　C、PPT　D、PS

Step1

在文档中所有选项B、C、D字母前，插入制表符。将光标分别置于“B”“C”“D”前，然后按<Tab>键。

Tips：如果无法显示制表符的标记，【开始】→【显示/隐藏编辑标记】按钮即可。

Step2

在标尺上添加制表符（以第一选项行为例）。首先打开标尺，选择【左对齐】制表符。

然后选中第一选项行，分别在标尺的11字符处、22字符处、33字符处单击，在标尺上添加3个制表符。

此时，第一选项行已经完美对齐。

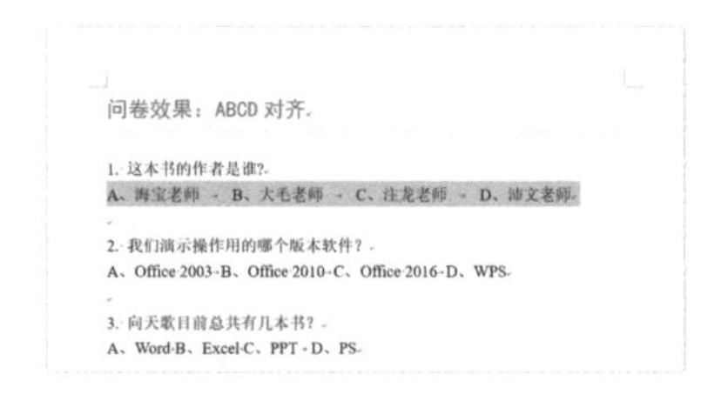

Step3

复制第一选项行的格式到下面所有选项行。选中第一选项行，然后双击【开始】中的【格式刷】，依次扫过所有选项行。完成以后，按键盘左上角的<Ese>键，退出格式刷状态。

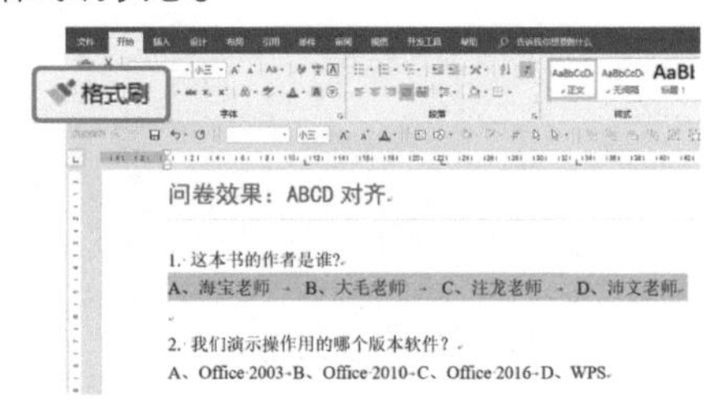

就这么简单，大功告成！

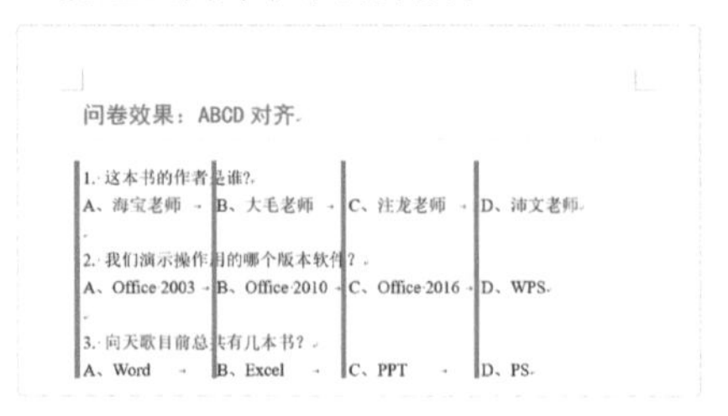

神技 9.5　长文档的查看

在【视图】中，有一些非常好用的辅助文档阅览的小工具。例如“新建窗口”“全部重排”“拆分”“并排查看”等，使编辑长文档的操作如虎添翼。

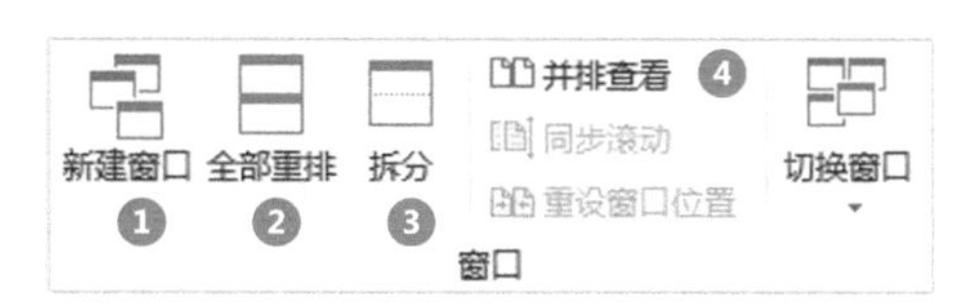

9.5.1　视图窗口查看

1. 新建窗口

新建窗口简直是双屏工作者的福音。单击【新建窗口】按钮，文档会自动复制出另一个窗口，方便我们在两个窗口中同时编辑一份文档。编辑完成以后，随便关闭一个窗口即可退出两个窗口编辑的状态。

2. 全部重排

单击【全部重排】按钮，Word会把所有打开的文档均匀地排列在屏幕中，方便一次性查看所有打开的文档（最小化文档除外）。这样在比对多篇文档的不同时，非常快捷、高效。

3. 拆分

有时候在一份文档中，当编辑其中一节内容需要参考另一节内容时，就可以使用【拆分】功能，它十分好用。

【拆分】会把一个窗口拆分成两个部分，帮助我们在编辑一节内容时方便查看其他节内容。

编辑完成以后，将光标置于窗口中间的分隔线位置，拖动分隔线到页面顶端，即可退出【拆分】状态。

4. 并排查看

在设置论文格式时，想必大家都遇到过这样的麻烦：一边要查看论文格式要求，一边要无数遍切换到论文文档进行修改，反复切换，苦不堪言。

而【并排查看】功能就是为此而生的：单击【并排查看】按钮，两篇文档即会均匀地分布在屏幕两侧，不需要切换文档，就可以同时查看两篇文档。

如果在并排查看文档时，两篇文档总是同步滚动，那么只需要在【窗口】组中单击【同步滚动】按钮，取消文档同步滚动即可。

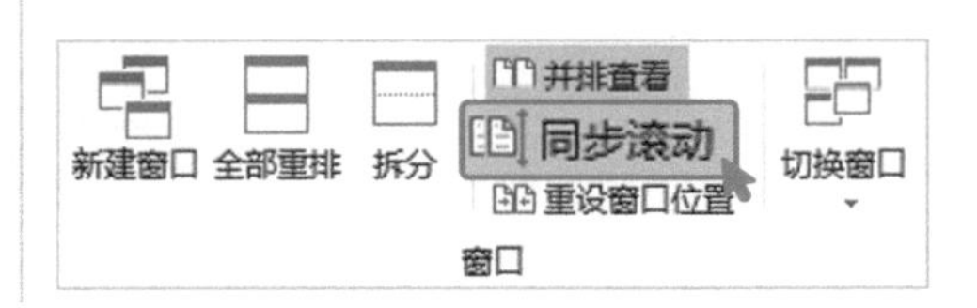

9.5.2 大纲视图的妙用

上面这些好用的小工具都是在页面视图中查看长文档时使用的，其实查看长文档还有一种好用的视图模式：大纲视图。Word文档的编辑和查看默认都在页面视图中，但是当文档太长时，在页面视图中往往只能看到局部的内容，很难从整体上把握文章的结构层次。

而大纲视图则弥补了页面视图之短，完美地解决了这个问题，在查看长文档的结构层次时方便至极。

1. 查看长文档的结构层次

依次单击【视图】→【视图】组中的【大纲】，进入大纲视图编辑界面。

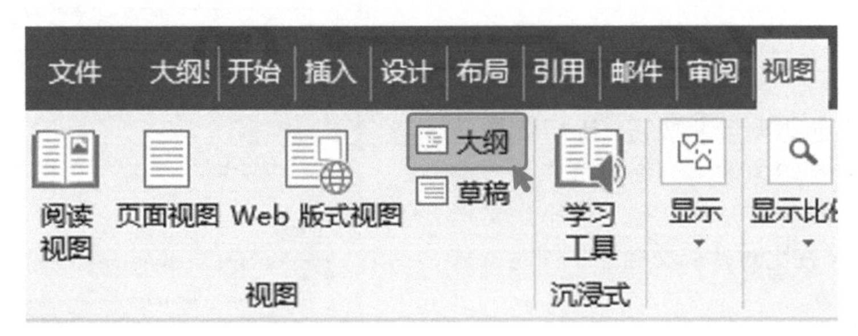

大纲视图省略了不必要的文本格式，把文章的结构层次清晰地摊在你的面前，一目了然。

通过观察发现，在文章标题的左侧有很多加号按钮，双击即可展开标题所对应的下级内容，再次双击即可折叠，方便我们查阅文章的结构层次。

同时也可以在【大纲显示】→【大纲工具】组的【显示级别】中设置大纲的显示层次，控制查看文章的级别。

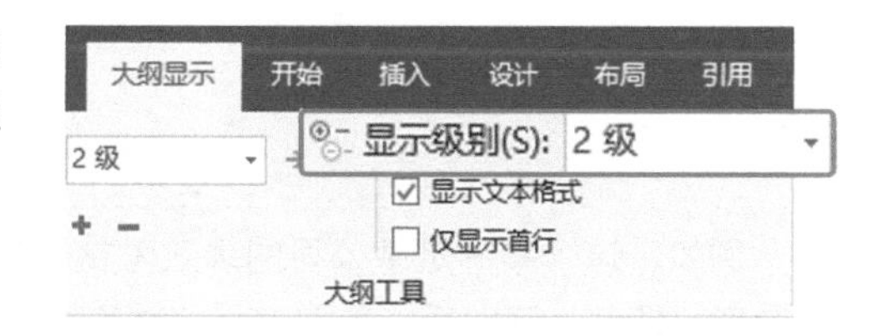

2. 更改文本的大纲级别

在大纲视图中，也是可以正常编辑文章的。只不过我们习惯于在页面视图中进行编辑，而大纲视图最好用的地方就是可以批量修改文本的大纲级别。

按住<Ctrl>键，将光标置于标题左侧点选，同时选中所有需要设置的标题，直接在【大纲工具】组中选择要应用的大纲级别即可。文档大纲级别总共可以划分为9级。

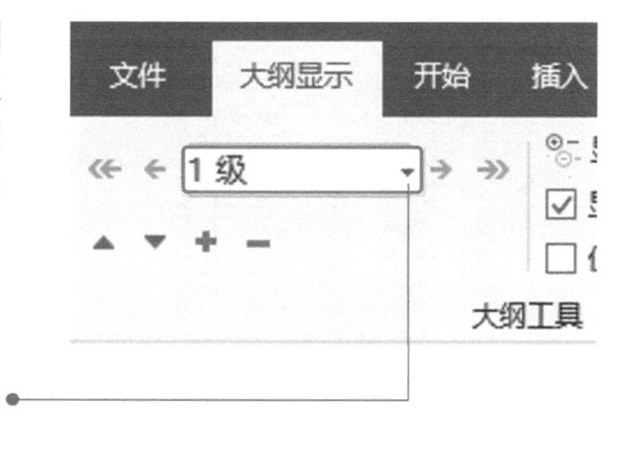

给文本确定大纲级别，一来方便查看文档的结构层次；二来方便对同一级别的内容进行整体操作。而且，**文本的大纲级别是制作目录和文档结构图的关键**。

神技 9.6 多文档的拆分与合并

多人协作编辑一份文档时，往往会涉及Word文档的重复拆分与合并。例如，几个老师共同完成一份教案、一个项目小组完成一份商业计划书、几个部门协作完成公司的年终总结报告……这些涉及多人协作的大篇幅内容文档，利用Word大纲视图中的主控文档功能再好不过了。

9.6.1 文档的快速拆分与汇总

1. 拆分文档

例如，这个案例是某公司的绩效考核咨询方案，其中包含了总经办、行政部、人力资源部、IT部、开发部、采购中心、财务部、预算部、资金管理中心9个部门。

怎么快速把这份文档拆分成9个子文档呢？

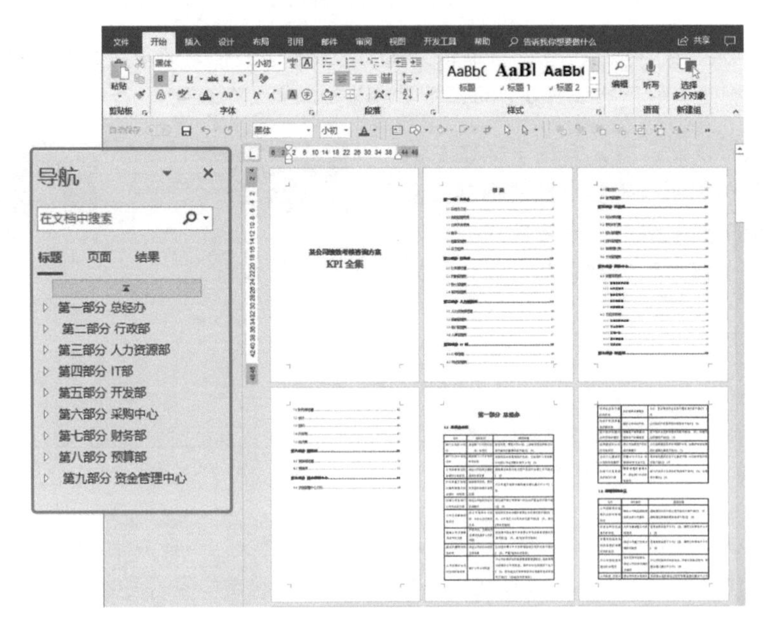

（1）给标题设置大纲级别

若要拆分文档，首先应把所有标题的大纲级别设置为1级文本。如果已经按照自动化排版要求，给文档中的所有一级标题应用了“标题1”样式，那么一级标题就已经应用了1级文本，直接开始下一步操作就可以了。如果一级标题没有应用“标题1”样式，那么就要给一级标题设置大纲级别。

选中文档中的所有一级标题，打开【段落】对话框。在【常规】中选择【大纲级别】为“1级”即可。

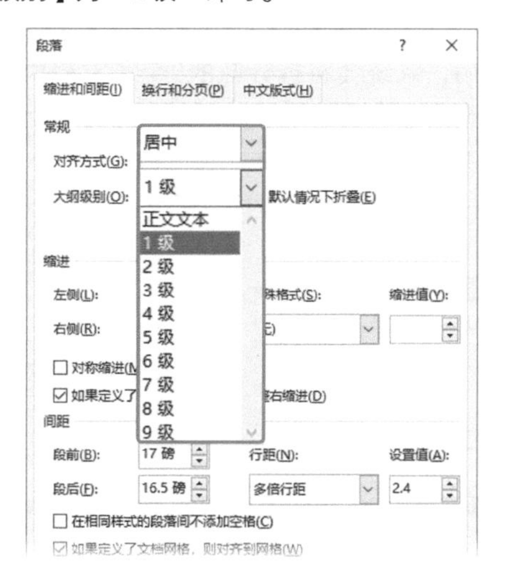

Tips：同时选中所有一级标题的技巧。

如果已经对文档做过简单的排版，为所有一级标题都设置了同样的格式，那么可以首先选中一个标题，然后依次单击【开始】→【编辑】组中的【选择】→【选择格式相似的文本】，即可同时选中所有一级标题。

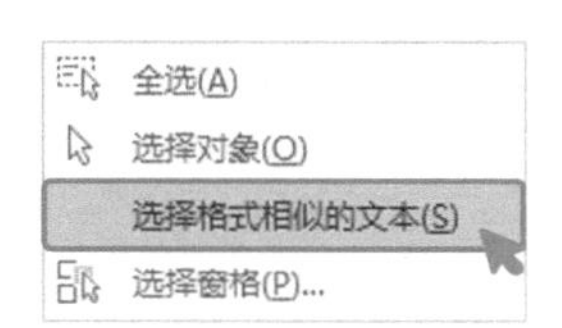

（2）拆分文档

所有一级标题的大纲级别设置完成以后，依次单击【视图】→【视图】组中的【大纲】，进入大纲视图编辑界面。

Step1：单击【大纲显示】→【主控文档】组中的【显示文档】，展开主控文档区域。

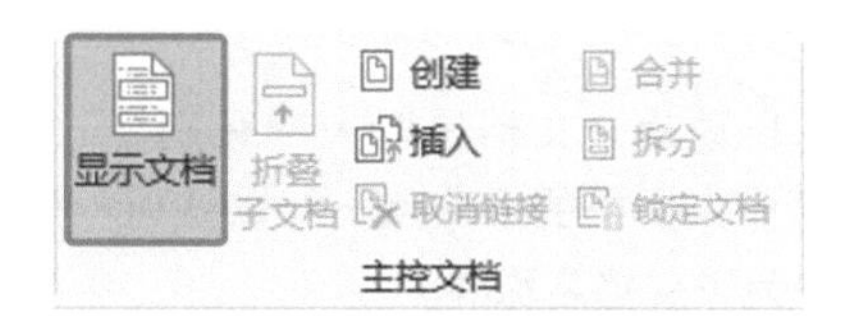

Step2：在【大纲工具】组中，选择【显示级别】为“1 级”。然后选中所有标题，单击【主控文档】组中的【创建】按钮，即可把主文档拆分成 9 个子文档。

Step3：此时系统会将拆分开的 9 个子文档内容分别用虚框围起来。首先单击【主控文档】组中的【拆分】按钮，然后按 <Ctrl+S> 快捷键，就会自动将 9 个子文档保存到主文档所在的文件夹中。

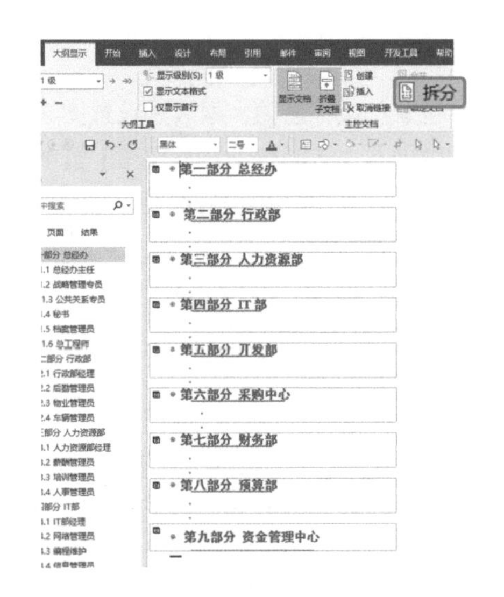

自动拆分文档是以大纲级别为1级的标题作为文档的拆分点，并默认以标题文字作为子文档名称的。

Tips：在保存了主文档后，子文档就不能再改名、移动了；否则，主文档会因找不到子文档而无法显示。

如果只需要单独拆分出某一部分内容而不是拆分整篇文档，则在【创建】子文档后，系统会将拆分开的9个子文档内容分别用虚框围起来。此时双击框线左上角的图标即可单独打开此部分的子文档，然后按<Ctrl+S>快捷键保存即可。

2. 汇总文档

把拆分开的子文档分别复制一份发给大家编辑时，记得一定交代大家不要更改文件名。等大家编辑好各自的文档发回来以后，再把这些文档复制并粘贴到原来的文件夹中，覆盖同名的文件，这样才能完成汇总。

Tips：在保存了主文档后，子文档就不能再改名、移动了；否则，主文档会因找不到子文档而无法显示。

Step1：打开主文档会发现，拆分开的部分在主文档中是以超链接的形式存在的。

D:\桌面\Word 之光第 8 章\案例 7：文件快速合并\02、文件拆分\第一部分 总经办.docx
D:\桌面\Word 之光第 8 章\案例 7：文件快速合并\02、文件拆分\第二部分 行政部.docx
D:\桌面\Word 之光第 8 章\案例 7：文件快速合并\02、文件拆分\第三部分 人力资源部.docx
D:\桌面\Word 之光第 8 章\案例 7：文件快速合并\02、文件拆分\第四部分 IT 部.docx
D:\桌面\Word 之光第 8 章\案例 7：文件快速合并\02、文件拆分\第五部分 开发部.docx
D:\桌面\Word 之光第 8 章\案例 7：文件快速合并\02、文件拆分\第六部分 采购中心.docx
D:\桌面\Word 之光第 8 章\案例 7：文件快速合并\02、文件拆分\第七部分 财务部.docx
D:\桌面\Word 之光第 8 章\案例 7：文件快速合并\02、文件拆分\第八部分 预算部.docx
D:\桌面\Word 之光第 8 章\案例 7：文件快速合并\02、文件拆分\第九部分 资金管理中心.docx

Step2：再次进入大纲视图界面，依次单击【大纲显示】→【主控文档】组中的【展开子文档】，即可正常显示各子文档的内容。

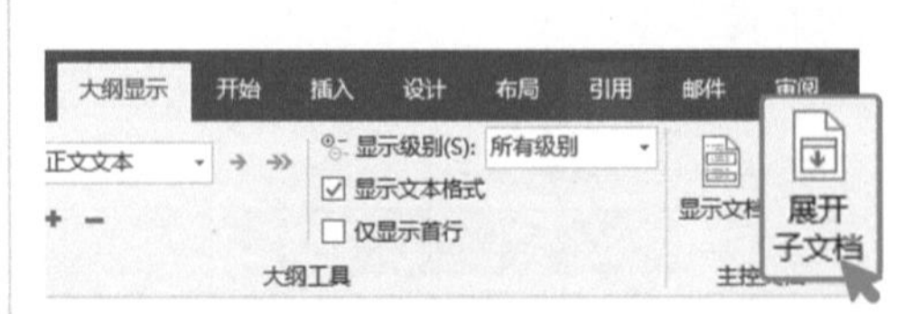

Step3：依次单击【视图】→【视图】组中的【页面视图】，返回页面视图。

在主文档汇总完新内容以后，我们可以直接在主文档中进行修改、批注。而且，在**主文档中修改的内容、添加的批注和修订记录都会被同步保存到相应的子文档中**。

当主文档修改完成以后，按<Ctrl+S>快捷键保存，然后关闭主文档。接下来把子文档重新发给大家，大家就可以按照修订、批注的内容进行修改完善了。重复以上步骤，直到最终完成工作任务。

3. 转换为普通文档

当文档最终完成以后，肯定需要交给上属领导审阅。但是拆分过的主文档是不会自动显示子文档内容的，而且在显示主文档内容时还必须要附上所有的子文档。所以不能直接上交主文档，还必须要把主文档转换为普通文档。

Step1：打开主文档，进入大纲视图界面。依次单击【大纲显示】→【主控文档】组中的【展开子文档】以显示完整内容。

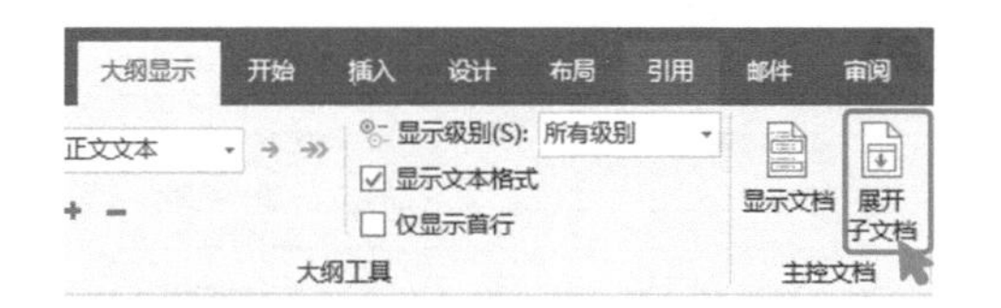

Step2：在【大纲工具】组中，选择【显示级别】为“1 级”。然后选中所有标题部分，依次单击【主控文档】组中的【显示文档】→【取消链接】。

Step3：按 <F12> 键另存为一份新文档，即可得到合并后的普通文档。

9.6.2 多文档的汇总合并

上一节讲的是一份文档从拆分到合并的全过程。但是如果文档没有经过拆分这个步骤，需要直接合并几个独立的文档，这要怎么办呢？

Step1：首先新建一个 Word 文档，然后依次单击【插入】→【文本】组中的【对象】→【文件中的文字】。

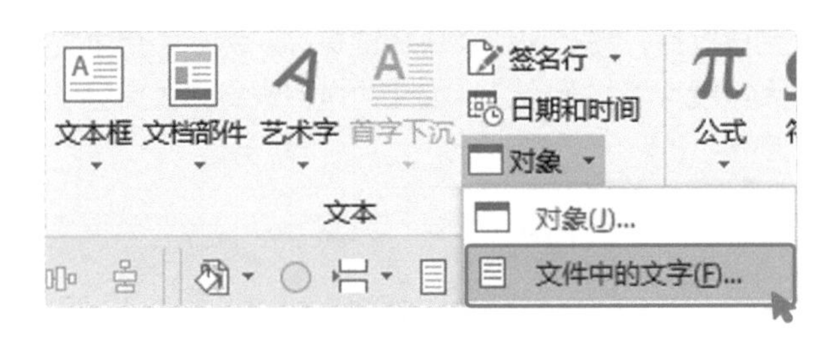

Step2：找到文件所在位置，选中所有文件，单击【插入】按钮即可快速合并多个文档。

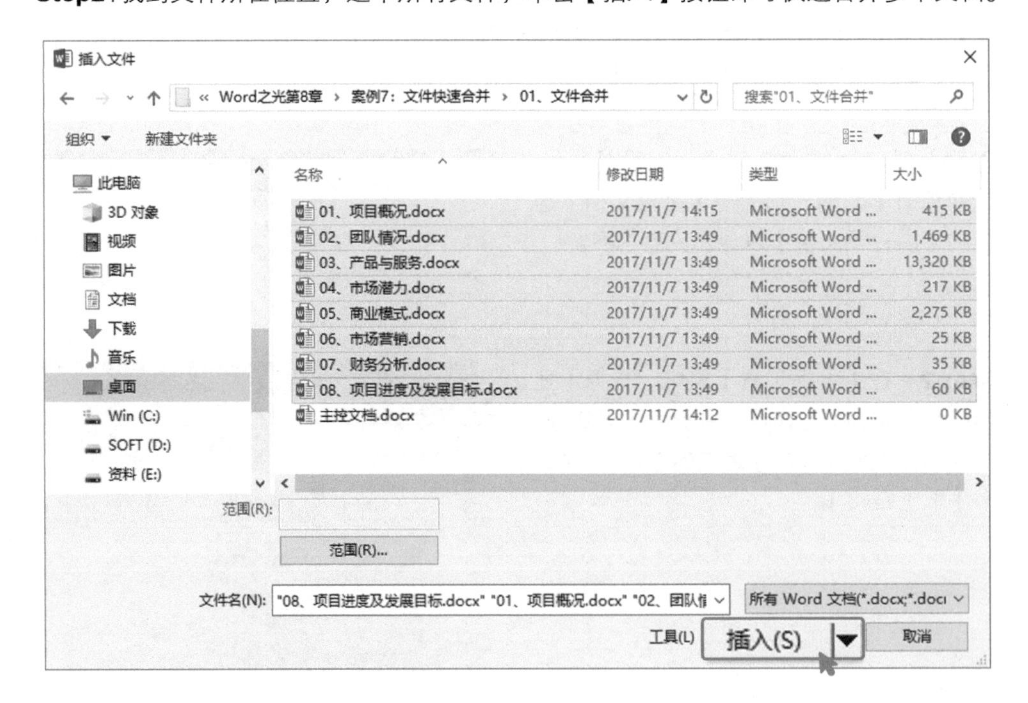

Tips：在合并之前要做好各独立文档的命名，例如01、02、03等，因为子文档的前后顺序即是主控文档显示内容的先后顺序。而且，使用插入对象的方法合并文档，原文档的各种格式设置基本都会保留。

神技 9.7　批注、修订和比较

在日常工作中，因为经常需要反复修改完善文档，为此很多人吃了不少苦头。传说中的“虐稿”、众人七嘴八舌的意见，只不过是家常便饭。关于审核和修订，你必须要掌握三项技能。

9.7.1　批注

有时候打开一篇文档，会发现在文档的右边多出来一栏。这里显示的是老板的批注，注明了修改建议。

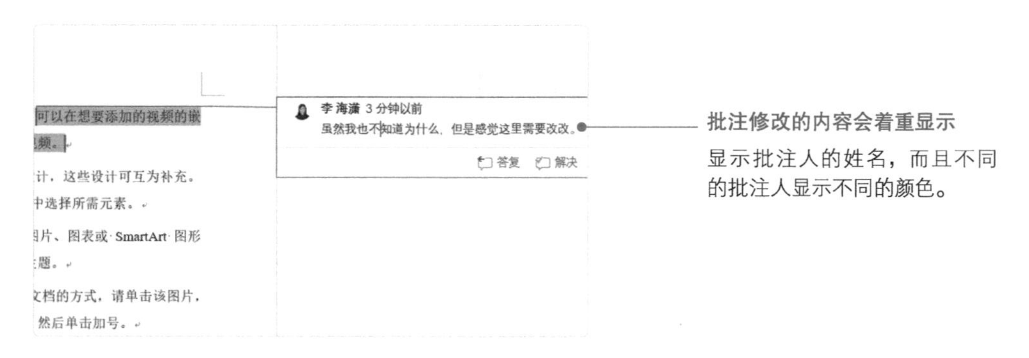

应用批注很简单，在【审阅】→【批注】组中，我们可以完成以下操作。

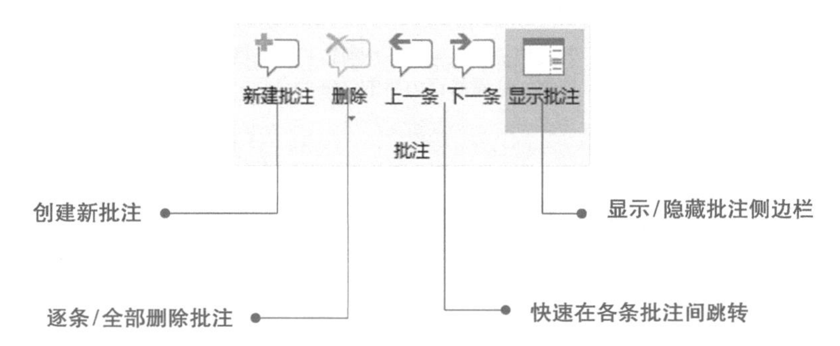

9.7.2 修订

批注可以给对方一个大致的修改建议，而修订可以更加直观地表达自己的主见。

在【修订】状态下对文档进行修改时，修改痕迹一目了然。

灰色竖线表示这个区域有修改

删除的内容会改色并加删除线

为使您的文档具有专业外观，Word 提供了~~页眉、页脚、封面~~和文本框设计，这些设计可互为补充。例如，您可以添加匹配的封面、页眉和提要栏。单击“插入”，然后从不同库中选择所需元素是这样。

主题和样式也有助于文档保持协调。当您单击设计并选择新的主题时，图片、图表或 SmartArt 图形将会更改以匹配新的主题。当应用样式时，您的标题会进行更改以匹配新的~~主题~~格式。

修改的内容会显示先删除后添加的格式标记

添加的内容会改色并加下画线

Tips：只有打开了【修订】状态，修改痕迹才能被记录！

那么，如何应用修订功能呢？

在【审阅】→【修订】组中，单击【修订】按钮，当该按钮呈高亮显示时，即激活了修订功能。

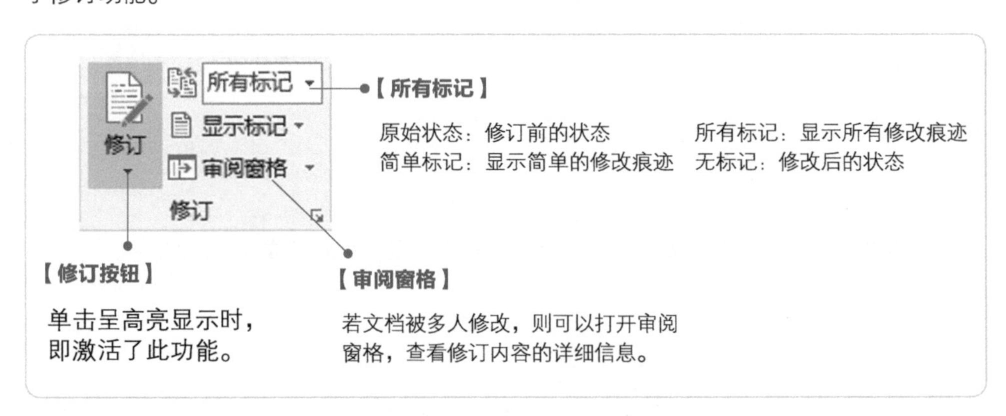
所有标记
显示标记
审阅窗格
修订
修订
【所有标记】
原始状态：修订前的状态
简单标记：显示简单的修改痕迹
所有标记：显示所有修改痕迹
无标记：修改后的状态
【修订按钮】
单击呈高亮显示时，
即激活了此功能。
【审阅窗格】
若文档被多人修改，则可以打开审阅
窗格，查看修订内容的详细信息。

而且，在【更改】组中，我们可以选择接受或拒绝修订建议。单击【接受】/【拒绝】下拉三角按钮，做出选择以后，修订的痕迹就会消失。

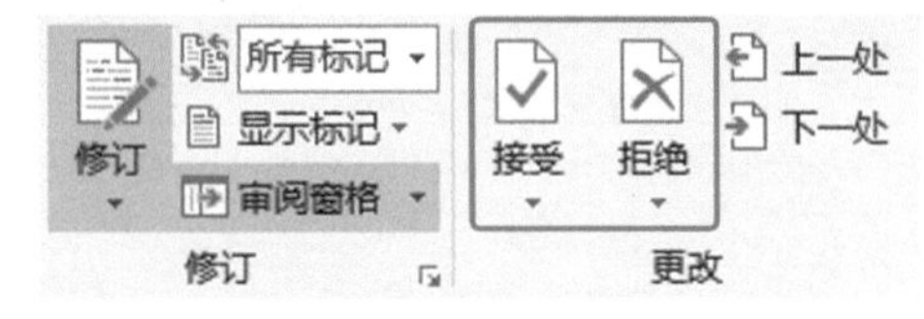
修订
所有标记
显示标记
审阅窗格
修订
接受
拒绝
上一处
下一处
更改

9.7.3　比较

在现代职场办公中，很多人都没有使用批注/修订功能的习惯，而是在原文档中直接进行修改。这就导致了一个问题：对修改后的文档仅靠肉眼进行核对，是不可想象的！所以Word就出了一个很贴心的功能：比较，专治各种乱改文档的坏习惯。

Step1：依次单击【审阅】→【比较】，选择【比较】命令。

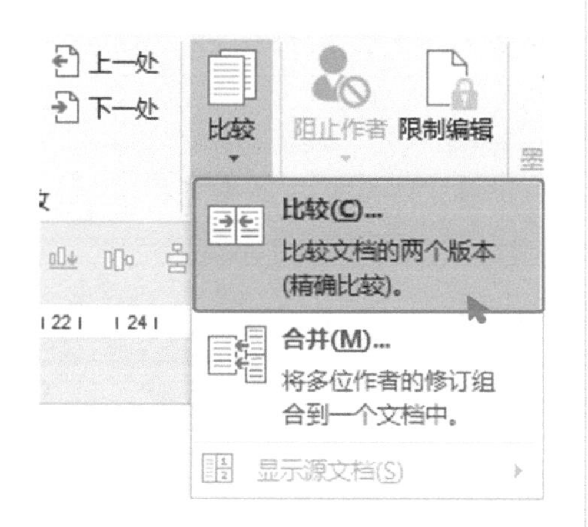

Step2：在打开的【比较文档】对话框中，按照提示分别打开修改前的原文档和修改后的修订文档，单击【确定】按钮进行比较。

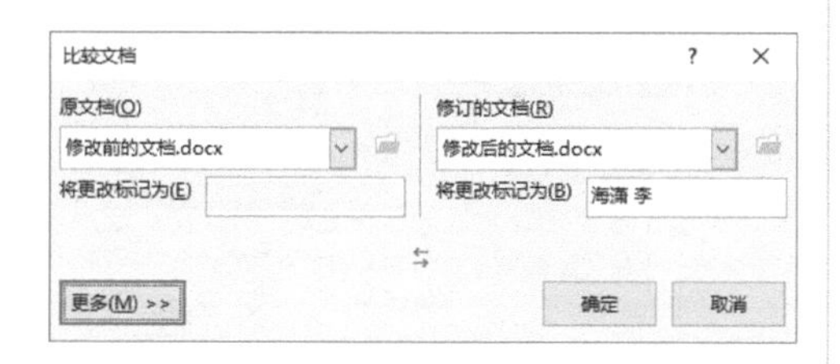

单击【更多】按钮，可以进行更多的比较设置，一般保持默认设置即可。

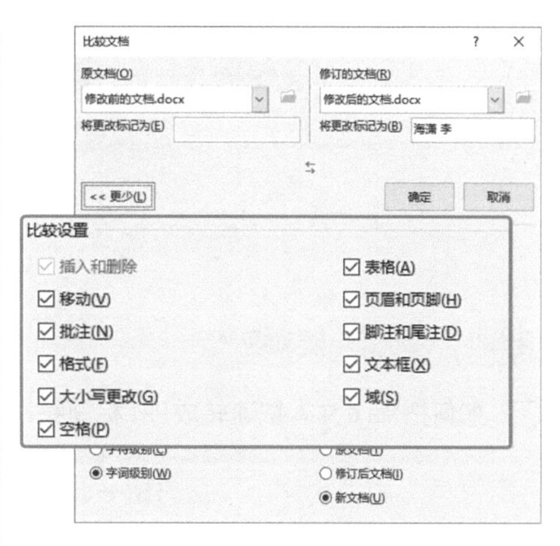

Step3：比较结果会生成一份新文档。在左侧的【修订】窗格中显示了修改痕迹。

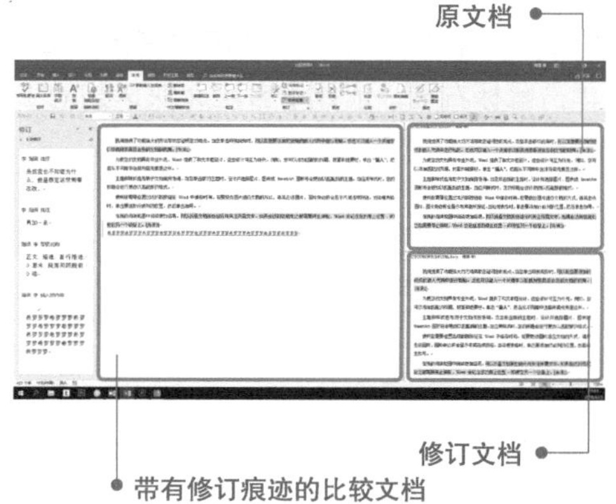

批注：只提意见不修改　　修订：多人修改可还原　　比较：修改位置秒速查

神技 9.8 Word与PPT、Excel的交互

9.8.1 Word一键转PPT

如何把Word文本快速转成PPT标题呢？有两种方法。

方法一：利用快速访问工具栏

（1）把【发送到Microsoft PowerPoint】添加到快速访问工具栏中

Step1：将光标置于功能区的任意位置，单击鼠标右键，选择【自定义快速访问工具栏】。

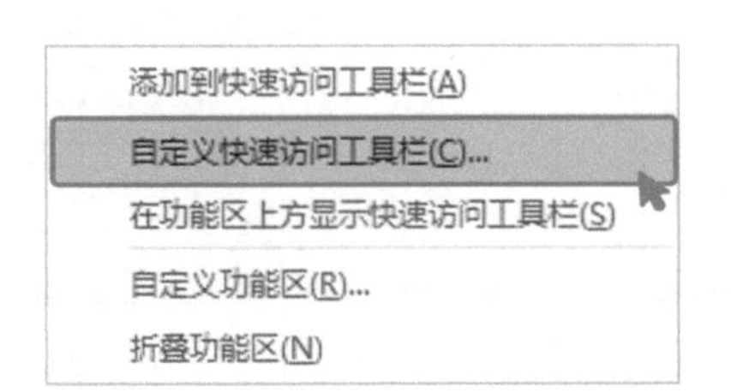

Step2：在打开的【 Word 选项】对话框中，在“从下列位置选择命令”列表中选择【所有命令】，然后选择【发送到 Microsoft PowerPoint】，单击【添加】按钮。最后单击【确定】按钮。

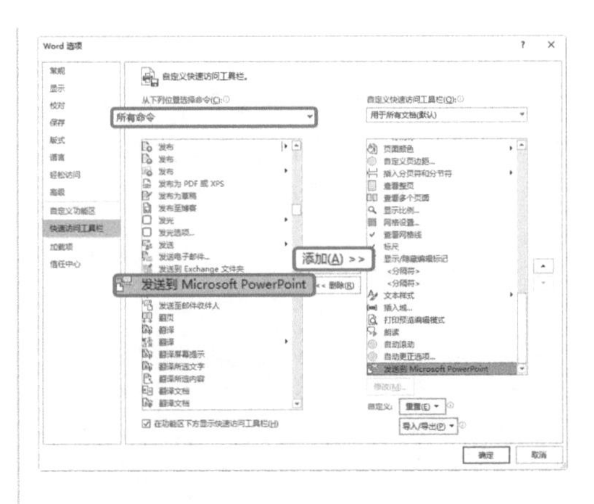

此时【发送到Microsoft PowerPoint】命令就会出现在快速访问工具栏中。

（2）给文档内容设置大纲级别

Step1：单击【视图】→【大纲】，进入大纲视图界面。

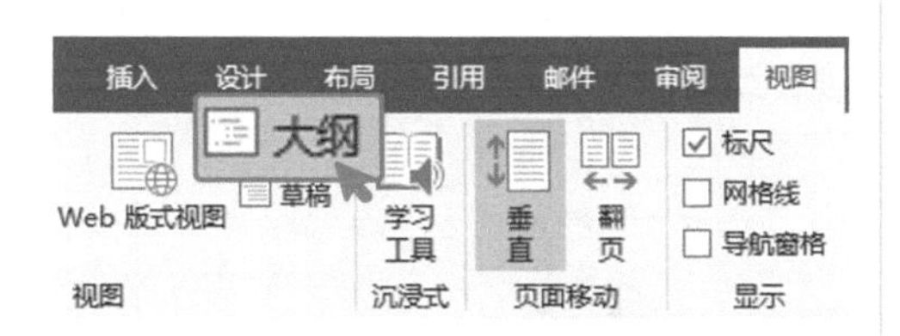

Step2：选中所有一级标题，将大纲级别设置为【1 级】；选中所有二级标题，将大纲级别设置为【2 级】；依此类推。

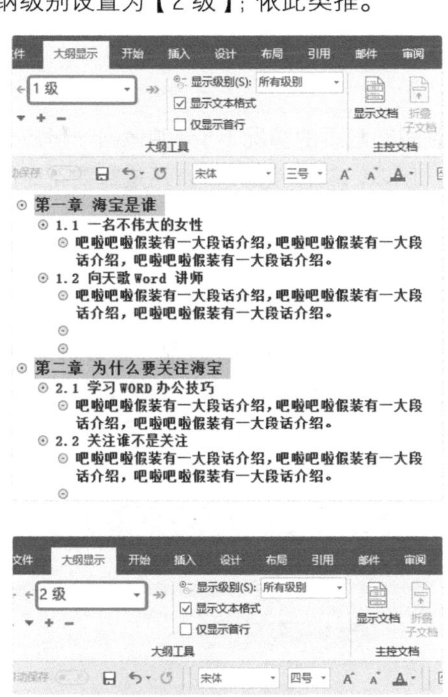

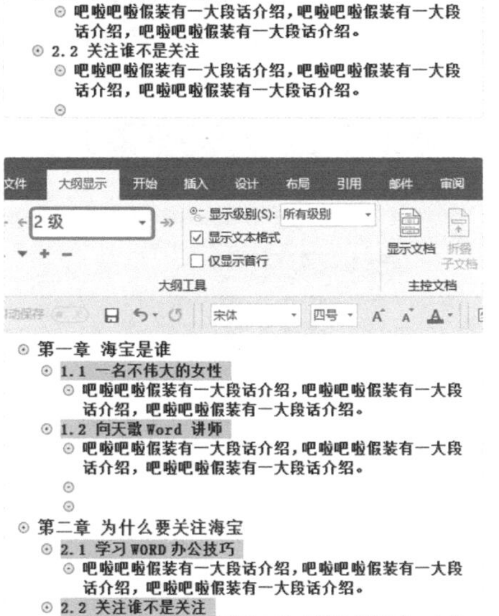

（3）发送到 Microsoft PowerPoint

Step1：当大纲级别全部设置完成以后，单击【大纲显示】→【关闭大纲视图】，退出大纲视图界面。

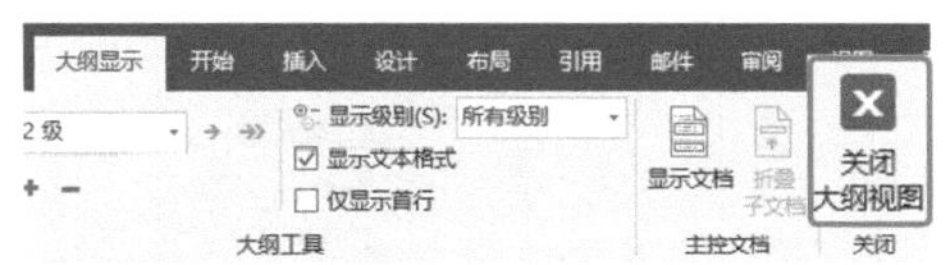

Step2：单击快速访问工具栏中的【发送到 Microsoft PowerPoint】命令，即可把 Word 文本发送到 PPT 中。

Tips：只有设置了大纲级别的内容才能一键转为 PPT。例如，如果希望正文的部分内容也出现在 PPT 中，则只需把该内容的大纲级别设置为【3 级】，然后单击【发送到 Microsoft PowerPoint】命令即可。

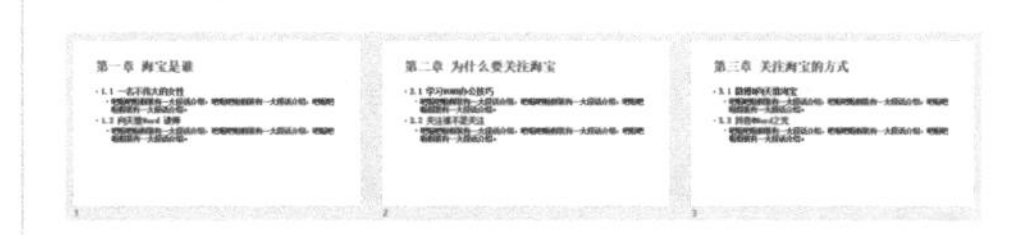

（4）一键美化 PPT

将 Word 文本发送到 PPT 中以后，单击【启用编辑】。然后在【设计】选项卡中，选择任意一种样式套用即可。

方法二：直接更改文件后缀名

其实，除了上面这种略烦琐的方法，还有一种更简单的方法，炫技专用。

首先还是要将Word文本设置为大纲级别，设置完成后关闭Word。接下来，只要把Word文件的后缀名“.docx”直接改成“.ppt”就大功告成了！

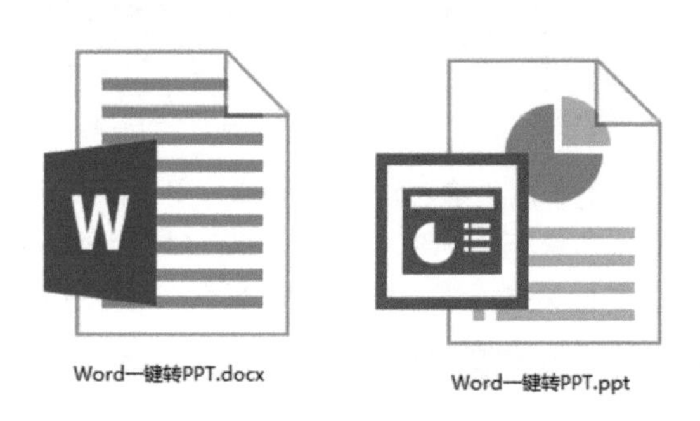

当然，这种转换有利有弊，它可以让你在时间非常紧的情况下5分钟做出一份应急PPT，但是这样做出来的PPT就没有美感可言了。所以，制作精品PPT，还是需要花时间认真学习的。

9.8.2 从Excel复制到Word，数据自动更新

在做工作汇报或者几个人协作做项目时，经常需要往Word文档中复制一些Excel表格数据。但是当表格复制/粘贴过来以后，几乎全变形了，变得非常难看！而且，如果粘贴成“图片格式”的话，虽然表格没有变形，但是当Excel表格数据更新时，还要再一遍一遍地重新复制/粘贴，可谓痛苦至极！

日期	销售人员	省份	商品	销售量	销售额
2016/11/11	吴文文	福建	彩电	13	29900
2016/11/11	武晓龙	河南	冰箱	27	70200
2016/11/11	王玮	江西	电脑	40	344000
2016/11/11	海宝	福建	相机	42	154980
2016/11/11	陈宇	广东	彩电	34	78200
2016/11/11	李燕	福建	冰箱	24	62400
2016/11/11	莫晓曼	上海	彩电	32	73600
2016/11/11	陈慈荣	北京	电脑	13	111800
2016/11/11	王裕祥	福建	相机	34	125460
2016/11/11	李建	深圳	彩电	20	46000

那么，怎么打破这个魔咒呢？

从Excel复制到Word以后，表格既不变形，数据也可以自动更新！

首先，按<Ctrl+C>快捷键复制Excel表格数据以后，切换到Word窗口，先不着急粘贴！

Step1：将光标置于需要粘贴表格数据的位置，依次单击【开始】→【剪贴板】组中的【粘贴】→【选择性粘贴】。

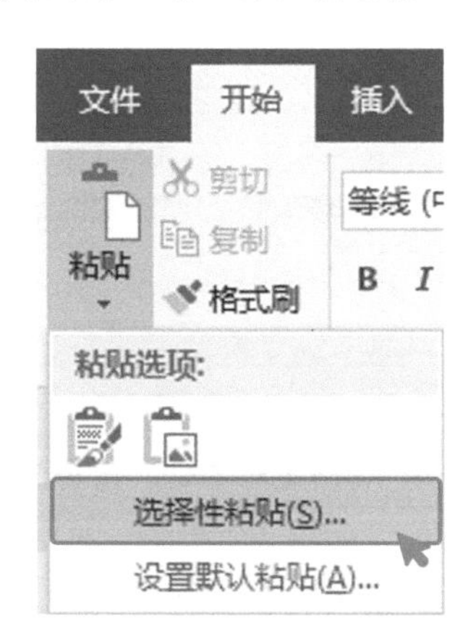

Step2：在打开的【选择性粘贴】对话框中，选择【粘贴链接】→【Microsoft Excel工作表对象】，单击【确定】按钮。

这样不仅表格的样式被原模原样地复制下来，而且当Excel表格数据更新时，Word中的表格数据也会同步更新！

Tips：Word中的表格数据自动更新要借助"域"来完成。所以，当Excel表格数据发生变化时，需要选中Word中的表格，单击鼠标右键，选择【更新链接】。或者直接按键盘上的<F9>键，更新域即可。

另外，在制作Word文档时，如果需要对Excel表格数据进行修改，则双击Word中的表格就可以自动打开Excel，直接对数据进行修改即可。

9.8.3　从Word复制到Excel，内容格式不变化

使用Word和Excel都能够制表，但是制作简单的表格我们一般会选择Word。当将Word表格直接复制到Excel中时，表格同样会出现变形问题。

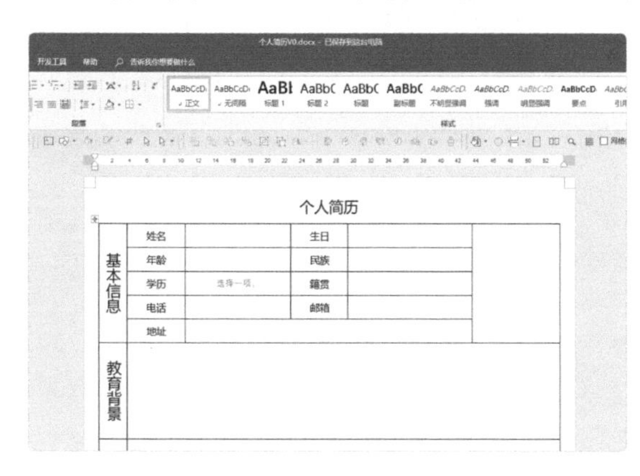

那么，如何做才能使复制到Excel中的Word表格保持原貌不变呢？

Step1：按<F12>键，把Word文档【另存为】“网页(*.htm;*.html)”格式。保存后关闭文档，此时文件后缀名就是.htm。

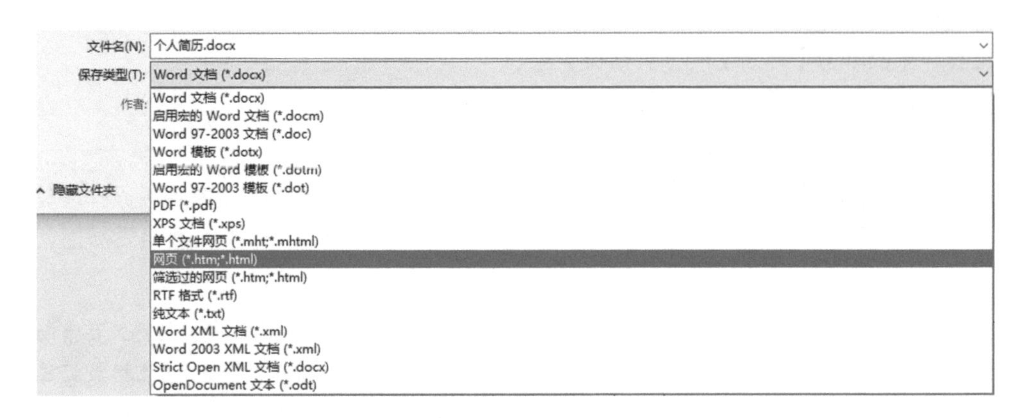

Tips：在将文档另存为网页格式之前，最好先复制一份Word文档备份。因为将网页格式再转为.docx格式就非常麻烦了！

Step2：新建一个Excel表格，依次单击【文件】→【打开】→【浏览】，找到刚刚保存的网页格式文件，在Excel中直接打开即可。

此时在Excel中打开的表格就与Word中的表格一样了。

神技 9.9　使用OneDrive同步文档

在效率至上的今天，方便快捷的办公操作也是提升工作满足感的重要条件。在日常办公中，我们在一台电脑上编辑文档，如果想换一台电脑，可能就需要拷贝到U盘中作为中转，这样不仅麻烦，而且还存在U盘丢失的风险。

其实Word 2016中有一个很体贴的功能：**OneDrive**，随写随存，只要有网就能随时在任何一台电脑上打开Word继续工作，大大提高了工作效率。

Microsoft账户是微软注册账户，适用于微软旗下的所有软件产品，例如Office办公三件套、Outlook邮箱、OneDrive云盘，以及任何运行Windows 8及以上版本的电脑等。如果没有Microsoft账户，则可以在网站上进行注册，或者在Word中根据提示直接进行注册。

单击功能区右上角的【登录】→【创建一个】链接。在创建Microsoft账户时，可以使用QQ邮箱注册，重新设置密码。

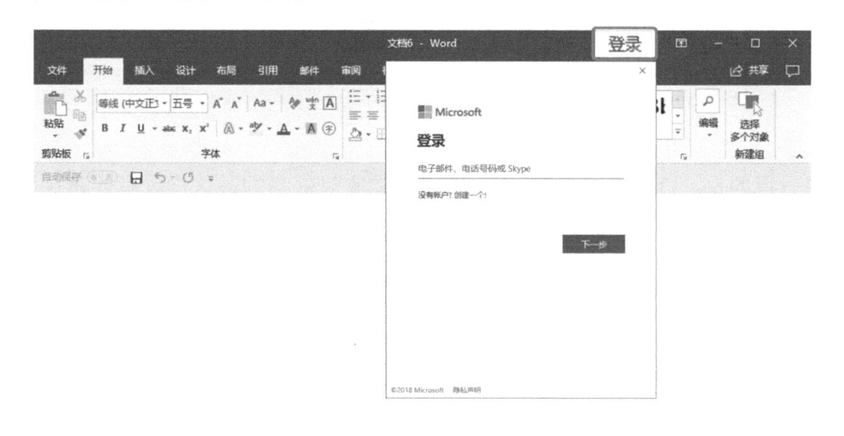

有了Microsoft账户以后，接下来的工作就简单多了。

Step1：依次单击【文件】→【打开】→【OneDrive】。

Step2：在OneDrive窗口中单击【登录】按钮。

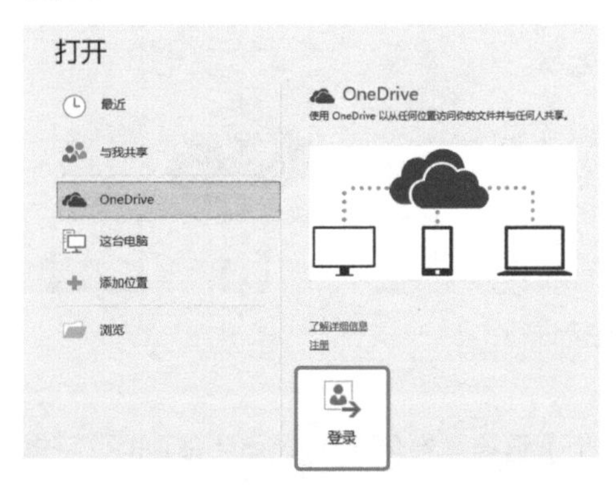

Tips：此处要使用Microsoft注册账户登录，并不是平时所使用的邮箱和密码。

Step3：编辑完文档以后，保存路径选择【OneDrive-个人】。依次单击【文件】→【另存为】→【OneDrive-个人】，做好文件的命名，单击【保存】按钮。

保存成功，文档标题即会显示"XXXX-已保存到OneDrive"字样。

Step4：换台电脑，只要登录Microsoft账户，依次单击【文件】→【打开】→【OneDrive - 个人】，就可以在右侧列表中找到保存在此处的文档，直接单击即可打开此文档。

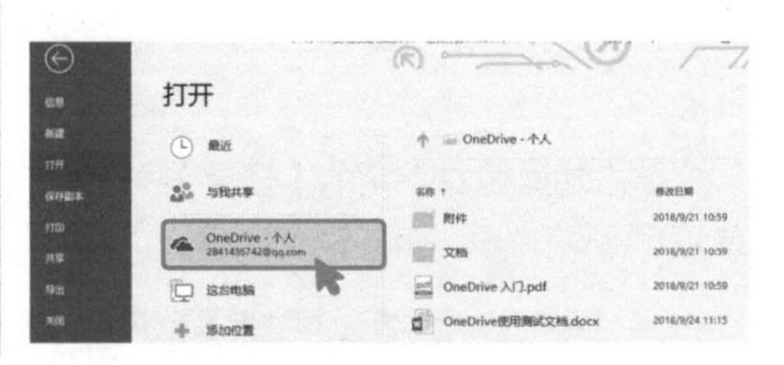

值得一提的是，OneDrive在线编辑的文件是实时保存的，这样就有效避免了本地编辑时宕机造成的文件内容丢失，提高了文件的安全性。

而且，OneDrive可以和本地的文件编辑任意切换，本地编辑在线保存或在线编辑本地保存，非常方便。

附录A

Word 常用快捷键

基础快捷键		
Ctrl+C 复制	Ctrl+X 剪切	Ctrl+V 粘贴
Ctrl+Z 撤销	Ctrl+P 打印	Ctrl+N 新建
Ctrl+O 打开	Ctrl+F 查找	Ctrl+H 替换

关 于 文 字		
Ctrl+B 加粗	Ctrl+I 倾斜	Ctrl+U 下画线
Ctrl+D 打开【字体】对话框	Ctrl+【 缩小字号	Ctrl+】 扩大字号
Ctrl+Shift+C 复制格式	Ctrl+Shift+V 粘贴格式	

关 于 段 落		
Ctrl+1 单倍行距	Ctrl+2 双倍行距	Ctrl+5 1.5倍行距
Ctrl+L 左对齐	Ctrl+E 居中	Ctrl+R 右对齐
Enter 下一段	Ctrl+Enter 下一页	Alt+O+P 打开【段落】对话框
Shift+Enter 手动换行符，下一行	Shift+Alt+↑↓ 快速移动段落	

快 速 定 位		
Home 快速跳到行首	End 快速跳到行尾	Ctrl+Home 跳到开头
Ctrl+End 跳到末尾	Page Up 上一屏幕	Page Down 下一屏幕
Ctrl+Page Up 上一页	Ctrl+Page Down 下一页	

其　他		
F1 打开【帮助】菜单栏	Shift+F3 切换英文大小写	F12 另存为
F4 重复上一个动作	Alt+F4 快速关闭	Ctrl+Shift+Enter 拆分表格
Alt+Shift+D 快速生成日期	Alt+Shift+T 快速生成时间